高等职业教育土建类专业规划教材

建筑力学

主　编　李丙申
副主编　刘　娜
参　编　郑现菊　刘紫曦　焦建伟
主　审　孙大风

机械工业出版社

本书是根据高等职业教育建筑工程技术专业“建筑力学”教学大纲要求编写的。本书着力体现高职高专教育和改革的特点，以培养技术应用型人才为目标，突出针对性、实用性，以应用为目的，以必需、够用为原则，精选内容，简化公式，突出工程应用。

本书共分十五章，涵盖的主要内容包括绪论，静力学基础，平面汇交力系，力矩和力偶，平面任意力系，空间力系和重心，轴向拉伸与压缩，扭转，截面的几何性质，平面弯曲，弯曲应力与强度计算，应力状态和强度理论，组合变形，压杆稳定。

本书可作为建筑工程技术、工程监理、工程造价等专业建筑力学教材，也可供有关工程技术人员参考。

图书在版编目（CIP）数据

建筑力学/李丙申主编. —北京：机械工业出版社，2010.1（2014.9 重印）
高等职业教育土建类专业规划教材
ISBN 978-7-111-29479-5

Ⅰ. 建… Ⅱ. 李… Ⅲ. 建筑力学-高等学校：技术学校-教材 Ⅳ. TU311

中国版本图书馆 CIP 数据核字（2010）第 002162 号

机械工业出版社（北京市百万庄大街 22 号 邮政编码 100037）
策划编辑：覃密道 责任编辑：李 鑫
版式设计：霍永明 责任校对：魏俊云
封面设计：张 静 责任印制：杨 曦
保定市中画美凯印刷有限公司印刷
2014 年 9 月第 1 版 · 第 5 次印刷
184mm×260mm · 14.75 印张 · 362 千字
13 001—15 500 册
标准书号：ISBN 978-7-111-29479-5
定价：29.00 元

凡购本书，如有缺页、倒页、脱页，由本社发行部调换

电话服务	网络服务
社服务中心：（010）88361066	教材网：http://www.cmpedu.com
销售一部：（010）68326294	机工官网：http://www.cmpbook.com
销售二部：（010）88379649	机工官博：http://weibo.com/cmp1952
读者购书热线：（010）88379203	**封面无防伪标均为盗版**

前　言

随着社会主义市场经济体制的建立，建筑业得到了迅猛发展，行业和社会对人才的培养提出了更高的要求，高职高专教育异军突起，顺应了培养多层次、应用型人才的需求。由于高职高专教育教学改革的深入发展，迫切需要针对高职高专培养目标，符合高职高专教学规律，满足高职高专教学基本要求的教材。本书就是为了适应社会需求，培养技术应用型人才，满足建筑工程技术、工程监理、工程造价等专业对教材的迫切需要而编写的。

本书的编写以应用为目的，以必需、够用为原则，突出职业技能和人才素质的教育，突出针对性和应用性。编写时，精选教材内容，力求语言精炼，概念清楚，简化理论论述和公式推导，突出工程应用，从各个方面、多个角度，精选例题、思考题和习题，培养学生独立分析问题、解决问题的能力。

参加编写的人员有：郑州经贸学院李丙申（第十、十一、十三、十四章）、刘娜（第一、二、三、四、五章）、郑现菊（第六、十二章）、刘紫曦（第七、八章）、焦建伟（第九、十五章）。全书由李丙申统稿。

本书由孙大凤教授担任主审，并提出了许多宝贵意见。

本书配有电子课件，凡使用本书作为教材的教师可登录机械工业出版社教材服务网www. cmpedu. com注册下载。咨询邮箱：cmpgaozhi@ sina. com。咨询电话：010-88379375。

限于编者水平有限，书中难免有不妥之处，恳请广大读者和同行专家批评指正。

编　者

目 录

第一章　绪　　论

第一节　建筑力学的研究对象、主要内容和任务

建筑工程、桥梁工程中各种各样的建筑物，例如房屋、桥梁、隧道、塔架等，从开始建造到投入使用，都担负着完成预定功能的任务，并承受各种力的作用。主动作用在建筑物上的外力称为荷载，例如自重，机具和人对楼板的压力，楼板对梁的压力，梁和楼板对墙体的压力等。建筑物中承受荷载、传递荷载起骨架作用的受力体系，称为建筑结构。组成结构的单个物体如板、梁、墙、柱等称为构件。本书讨论的建筑力学内容包括两部分，即静力学和材料力学。

在通常情况下，建筑结构相对于地球是静止不动的，工程上称为平衡状态。静力学主要研究物体的受力与平衡的规律，即根据所研究的物体和周围物体之间的相互连接关系，确定在所研究的物体上作用着哪些力以及这些力之间的数量关系。静力学不考虑物体的变形，其研究对象是刚体。

任何物体在外力的作用下都会产生变形，甚至会发生破坏。材料力学主要研究构件受力与变形（破坏）的规律，为设计构件合理地选择截面形状和尺寸，选用适当的材料，提供有关强度、刚度、稳定性分析的基本理论和计算方法。材料力学必须考虑物体的变形，其研究对象是变形体。

任何结构构件都必须能够安全可靠地工作，即必须具备一定的承载能力。构件的承载能力包括强度、刚度和稳定性。强度是指构件抵抗受力破坏的能力，构件能安全承受荷载而不发生破坏，就认为满足强度要求。刚度是指构件在抵抗变形的能力，构件在外力作用下产生的变形不超过工程所规定的允许值，就认为满足刚度要求。稳定性是指构件受力后保持其原有的平衡状态的能力，构件受力后能够以原有的平衡状态保持平衡（不改变其平衡状态），就认为满足稳定性要求。

综上所述，建筑力学的基本任务是研究物体的受力与平衡，构件的强度、刚度、稳定性，为设计构件选择合适的材料，确定合理的截面形式和尺寸提供理论基础和计算方法，使所设计和施工的构件既安全可靠，又经济合理。

第二节　建筑力学课程的特点、地位和学习方法

建筑力学是建筑工程技术专业的一门技术基础课，为结构安全可靠和经济合理提供基础理论和知识。建筑结构应当以最经济的代价，获得最大的承载能力。从事建筑结构设计和施工的工程技术人员必须掌握建筑力学的基本理论和知识。它既可以直接用来解决工程实际问题，又是学习一系列后续专业课程的重要基础。

建筑施工的主要任务是把设计图样变成实际的建筑物。从事建筑施工的工程技术人员，

只有掌握了建筑力学的基本理论和知识，才能掌握建筑物中各种构件的作用、受力情况、传力路线以及它们在各种力的作用下在什么条件下会产生什么样的破坏等。这样，才能在施工中正确理解设计意图，确保工程质量，避免事故发生。此外，只有掌握了建筑力学的基本理论和知识，才能根据不同的施工情况，采用合理的施工方法，并正确分析工程事故。许多工程事故大多是由于施工人员不懂得力学知识造成的，因此，建筑力学的基本理论和知识是从事建筑结构设计、建筑施工等工程技术人员必须掌握的，也是建筑工程技术等专业学生必须掌握的。

建筑力学是一门实践性很强的基础理论课，学习时应理论联系实际，着重理解理论，搞清方法，重在应用。建筑力学又是一门系统性科学，在学习过程中，既要注意到后面部分对前面部分理论方法的应用，又要注意它们在研究对象、内容、方法上的区别，只有做到以上几点，才能学好这门课。

第二章　静力学基础

内容提要：本章介绍力、刚体、平衡和约束等概念，静力学公理，工程中常见约束的特点及约束反力。重点介绍物体的受力分析和受力图的画法。

第一节　静力学的基本概念

一、力

力是物体内的相互机械作用，这种作用使物体的运动状态发生改变或者使物体产生变形。

力对物体的作用效应有两种，一是使物体的运动状态发生变化，称为外效应或运动效应；另一是使物体产生变形，称为内效应或变形效应。

力对物体作用效应取决于三个要素，即力的大小、方向和作用点，如果其中任一个要素发生变化，都会改变力对物体的作用效应。

力是既有大小、又有方向的量，因此，力是一个矢量。通常用一个带箭头的线段表示力矢量。线段长度表示力的大小，线段所在的直线表示力的作用线，箭头表示力的作用方向，线段的起点或终点表示力的作用点（图 2-1）。规定用 $\boldsymbol{F}$ 表示矢量，F 表示力的大小。

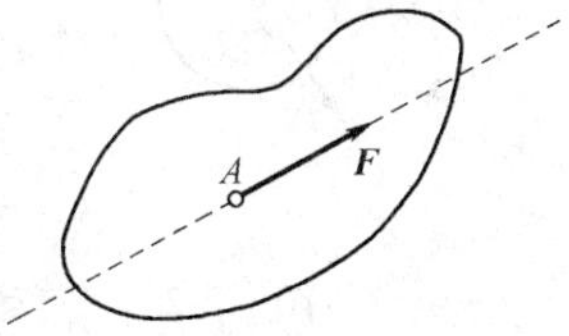

图　2-1

在国际单位为（SI）中，力的单位为 N（牛顿）或 kN（千牛顿）。

作用在同一物体上的一群力称为力系。如果两个力系对同一物体的作用效应相同，称为等效力系。如果一个力和一个力系等效，则称此力为该力系的合力，力系中的各力称为该力系的分力。

作用于一点的力称为集中力，单位为 N 或 kN。作用在某一块面积上的力称为面分布力，单位为 N/m^2 或 kN/m^2。沿某一直线分布的力称为线分布力，单位为 N/m 或 kN/m。

二、刚体

在任何外力作用下，其大小和形状不发生变化的物体称为刚体。或者说，在外力作用下，其内部任意两点之间的距离始终保持不变的物体称为刚体。刚体是一个理想化的力学模型，实际上，不论任何物体，受到外力作用时都会产生变形，所以，刚体实际上并不存在。当物体的变形很小时，变形对物体的平衡和运动影响很小，可以忽略不计，这时可把物体看作刚体，从而使所研究的问题大大简化。

在静力学中，主要研究物体受力与平衡，因此，不考虑物体的变形，可把物体视为刚体。

三、平衡

各种建筑物在正常使用时，总是处于平衡状态。平衡是指物体相对于地球处于静止或作匀速直线运动状态。能使物体保持平衡状态的力系，称为平衡力系。力系平衡时各个力所需满足的条件称为力系的平衡条件。

第二节 静力学基本公理

静力学公理是人们长期生产实践经验的积累和总结，并经过实践反复检验证明是正确的，关于力的性质的客观规律。它是力系简化与平衡的基本依据。

一、二力平衡公理

作用在同一刚体上的两个力，使刚体保持平衡的充分必要条件是：这两个力大小相等，方向相反，作用在同一直线上。

这个公理说明一个刚体在两个力作用下处于平衡的条件（图 2-2）。

工程中通常把只受两个力作用而处于平衡的构件称为二力构件。由二力平衡公理可知：二力构件不论其形状如何，所受两个力的作用线必沿二力作用点的连线，如图 2-3 所示的无重直杆 AB 和图 2-4 所示的无重弯杆 BC。

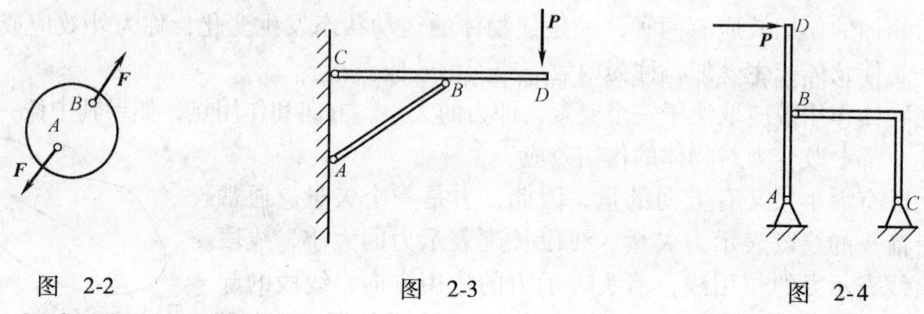

图 2-2　　图 2-3　　图 2-4

二、加减平衡力系公理

作用在刚体上的任何力系中，增加或减少任一个平衡力系，并不改变原力系对刚体的作用效应。

根据此公理可得到如下推论：

推论一：力的可传性原理

作用于刚体上某点的力，可以沿其作用线移到任一点，而不改变该力对刚体的作用效应（图 2-5）。

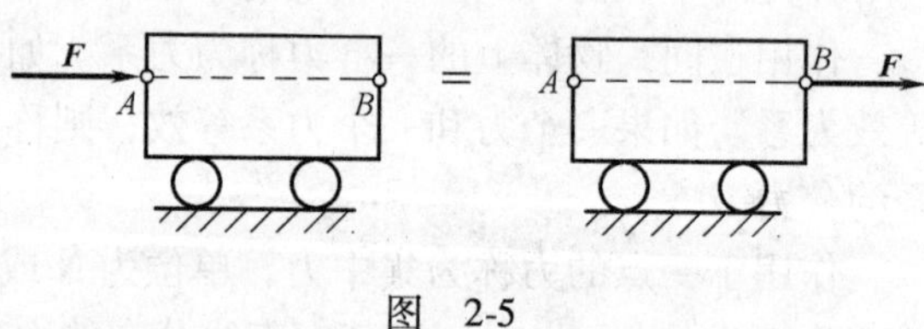

图 2-5

三、力的平行四边形法则

作用于物体上同一点的两个力，可以合成为一个合力，合力作用点仍在该点，合力的大小和方向由这两个力为邻边所构成的平行四边形的对角线确定（图 2-6a）。

平行四边形法则说明：两个共点力的合力，等于这两个力的矢量和，即

$$\boldsymbol{R} = \boldsymbol{F}_1 + \boldsymbol{F}_2$$

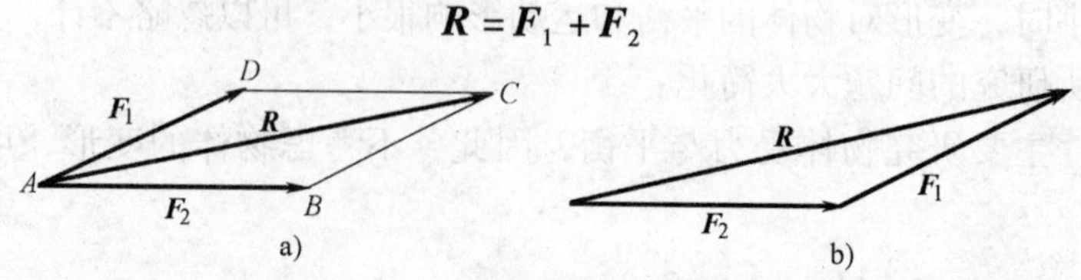

图 2-6

平行四边形法则也可以表示为力的三角形法则：两个共点力的合力为这两个力为邻边所构成的三角形的封闭边（图 2-6b）。

根据上述公理可以得到如下推论：

推论二：三力平衡汇交定理

若一刚体上受三个力作用而处于平衡，并且其中两个力的作用线相交于一点，则此三力必在同一平面内，且第三个力的作用线也通过汇交点（图 2-7）。

必须注意的是：①三个力作用在同一平面内，用作用线汇交于一点，三个力不一定平衡（图 2-8）；②三个力作用在同一平面内，作用线不交于一点，不一定不平衡（图 2-9）。

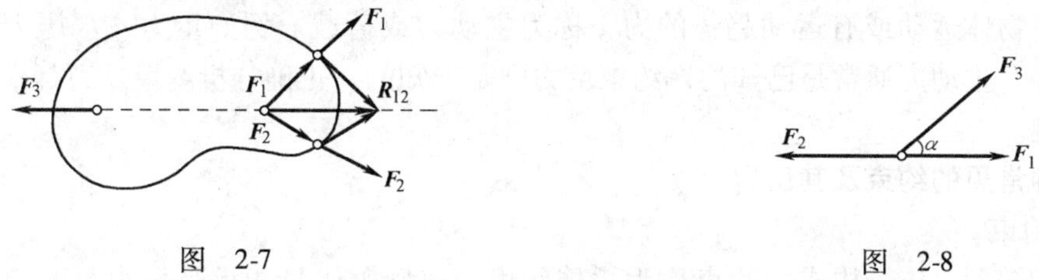

图　2-7　　　　图　2-8

四、作用反作用定律

两个物体之间的相互作用力总是同时存在，它们的大小相等，方向相反，沿着同一直线，分别作用在两个相互作用的物体上（图 2-10）。

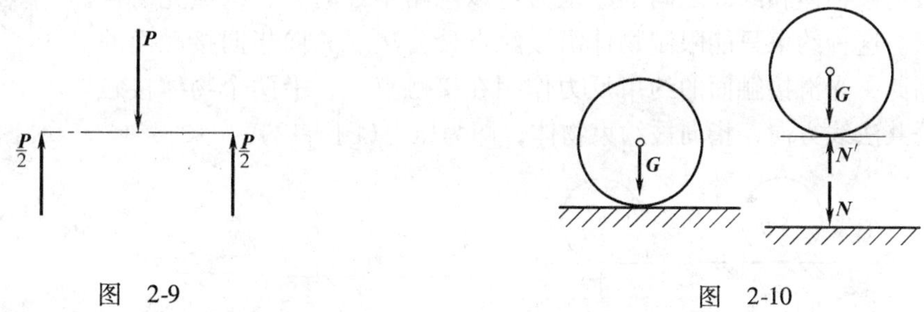

图　2-9　　　　图　2-10

五、刚化原理

变形体在某一力系作用下处于平衡，若将此变形体刚化为刚体，则其平衡状态不变。

刚化原理表明，用求解刚体平衡问题的方法求解变形体的平衡问题可以使问题大大简化。

第三节　约束与约束反力

一、基本概念

1. 自由体

如果一个物体在空间不受任何限制，可以自由运动，这样的物体称为自由体。例如：飞机、炮弹、火箭、断了线的风筝等。

2. 非自由体

受到某种限制，在某些方向不能运动的物体称为非自由体。例如放在桌面上的小球、用绳子挂起的重物、在轨道上行驶的机车等。

3. 约束

阻碍非自由体运动的限制物，在力学中称为约束。例如，上述例子中，桌面是小球的约束，绳子是重物的约束。

4. 约束反力

约束限制物体沿某些方向运动，当物体在这些方向有运动趋势时，约束就对物体有力的作用，这种力称为约束反力，简称反力。约束反力的方向总是和约束所能阻碍的运动方向相反。

5. 主动力

能主动使物体运动或有运动趋势的力，称为主动力或荷载。例如重力、水压力、削切力、牵引力等。主动力通常是已知的，约束反力则是未知的。正确分析约束反力是求解静力学问题的关键。

二、几种常见的约束及其反力

1. 柔体约束

由绳索、链条、皮带构成的约束称为柔体约束。由于柔体只能承受拉力，不能承受压力。因此，柔体的约束力反力在联结点上，方向沿着柔体中心线背离物体，即为拉力（图 2-11）。

2. 光滑接触面约束

当被约束物体和约束之间的摩擦力可以忽略不计时，就构成光滑接触面约束。这种约束只能限制物体沿接触点处公法线方向指向接触面的运动。因此，光滑接触面的约束反力作用在接触点处，沿两个物体接触表面的公共法线方向，指向被约束物体，即为压力(图 2-12)。

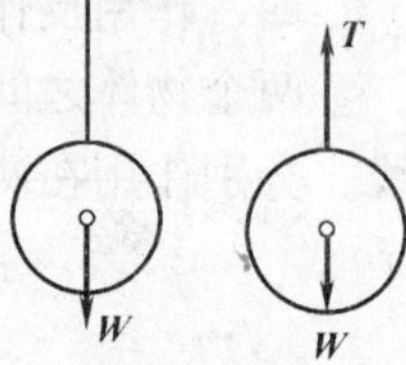

图 2-11

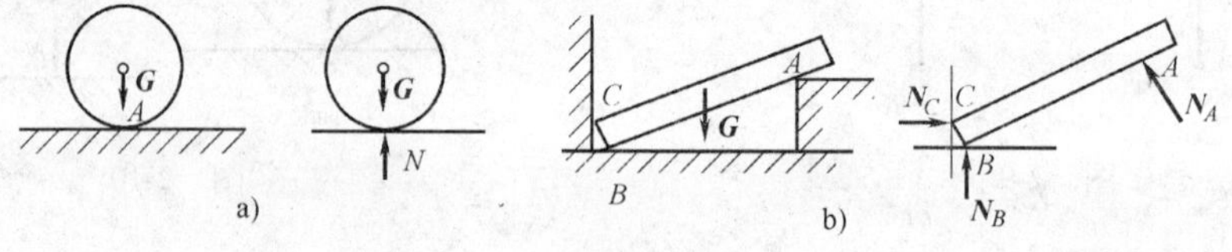

图 2-12

3. 光滑圆柱形铰链约束

两个构件分别钻有同样大小的圆孔，用销钉连接起来（图 2-13a），这种约束称为光滑铰链或简称铰链约束，这种约束只限制物体沿垂直于销钉轴线方向运动。其约束反力作用在接触点上，垂直于销钉轴线，通过销钉中心，方向不定（图 2-13b），用两个相互垂直的分力表示。

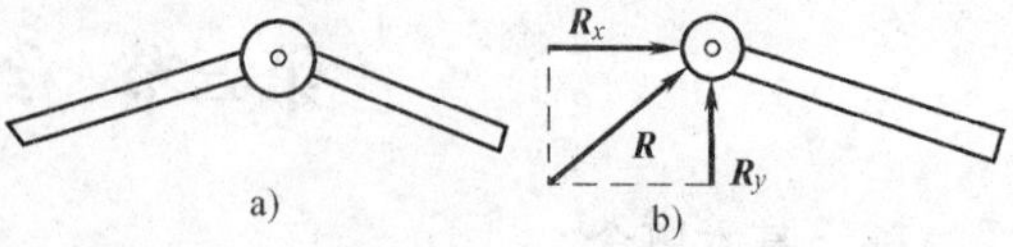

图 2-13

4. 固定铰支座约束

用铰链连接的两个构件中，如果其中一个固定在支座或机架上（图 2-14a ~ d），这种约束称为固定铰支座。它限制构件在销钉平面内沿任何方向移动。其约束反力与平面铰链约束相同，通过铰链中心，方向不定，用两个相互垂直的分力表示（图 2-14e）。

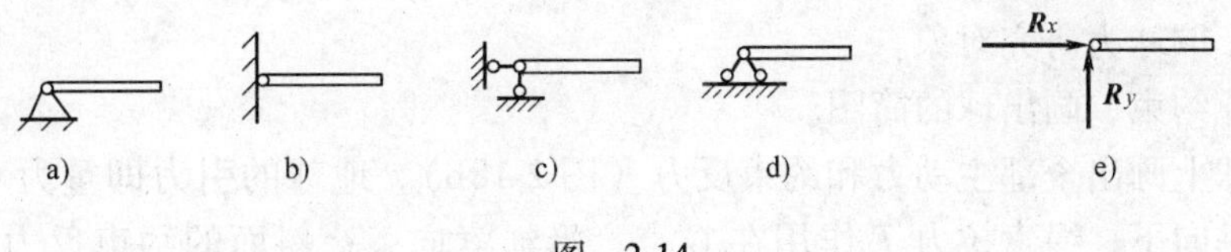

图　2-14

5. 活动铰支座

将上述固定铰支座底部不固定，直接放在辊轴上，如图 2-15a ~ c 所示，称为活动铰支座。这种支座只限制构件沿垂直于支承面方向移动。其约束反力垂直于支承面，通过铰链中心，指向待定（图 2-15d）。

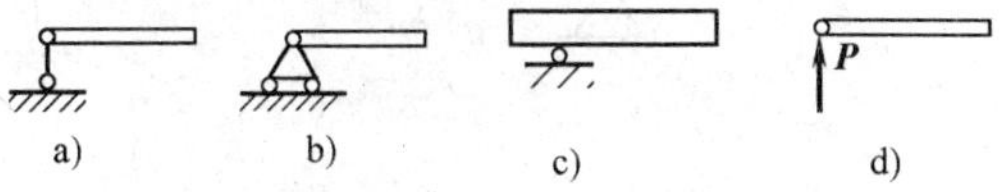

a)　b)　c)　d)　P

图　2-15

6. 链杆约束

用两端带有铰链的二力杆将构件连在基础上，这种约束称链杆约束。链杆约束只能限制构件沿链杆轴线方向移动。其约束反力通过铰链中心，沿链杆中心线，指向待定，即为拉力或压力（图 2-16）。

7. 固定端约束

构件和支承物固定在一起，这种约束称为固定端约束。它在固定端处限制物体既不能沿任何方向移动，也不能转动。其约束反力除了两个相互垂直的分力外，还有一个阻止转动的力偶（图 2-17）。

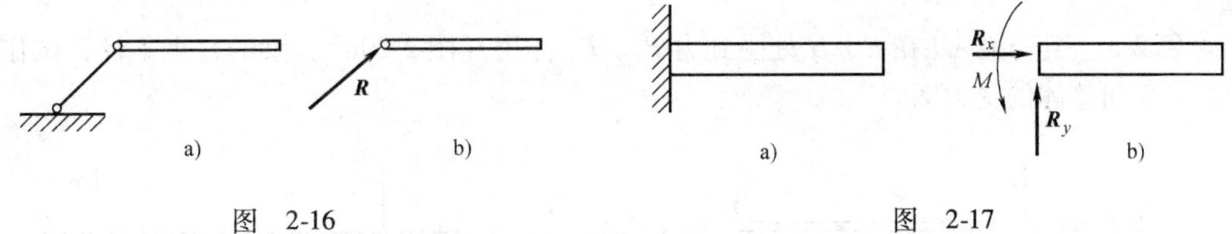

图　2-16　　图　2-17

第四节　物体的受力分析和受力图

受力分析就是分析被研究的物体的受力情况。被研究物体叫做研究对象。受力分析首要的任务是确定在物体上有哪些力以及这些力的作用位置和方向；其次是确定哪些力是已知的，哪些力是未知的。

为了正确对物体进行受力分析，必须把研究对象的周围约束全部去掉，并将其从周围物体中分离出来，画出研究对象的简图，称为取分离体。

将分离体上所受的全部主动力和约束反力用矢量形式标在相应位置上，这样得到的图形称为物体的受力图。画受力图的一般步骤是：①确定研究对象；②去约束，取分离体，画简图；③在简图上画上全部主动力和约束反力。

例 2-1　重力 $\boldsymbol{G}$ 的球放在光滑斜面上，并用绳索系于铅直的墙上，如图 2-18a 所示，试画出球的受力图。

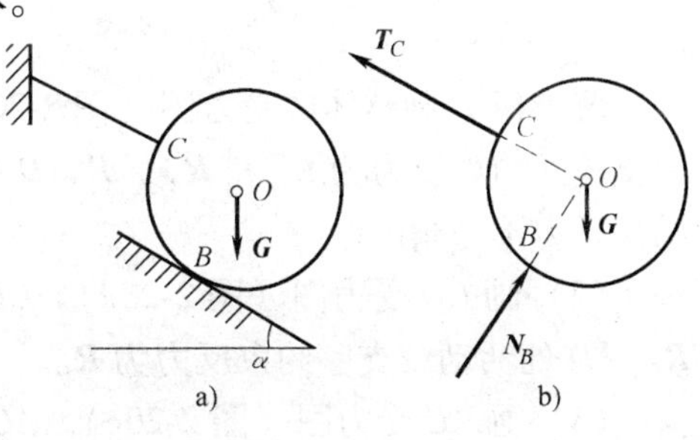

图　2-18

解：（1）取球为研究对象。

（2）去掉约束，画出球的简图。

（3）在球上画出全部主动力和约束反力（图 2-18b）。地球的引力即重力 $\boldsymbol{G}$，作用在球心 O 上，铅垂向下；绳索拉力 T 作用在 C 点，沿绳索向上；斜面的约束反力 $\boldsymbol{N}_B$ 作用在 B 点，垂直于斜面向上。

例 2-2 梁 AB 自重不计，受力如图 2-19a 所示，试作梁 AB 的受力图。

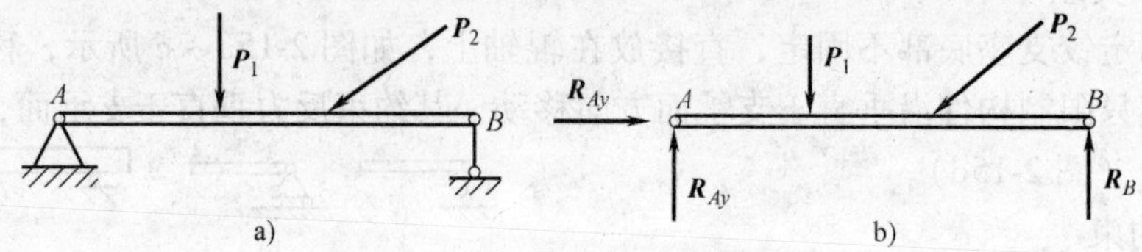

图 2-19

解：（1）取梁 AB 为研究对象。

（2）去掉约束，画出 AB 的简图。

（3）画出梁 AB 上的主动力和约束反力。

主动力 $\boldsymbol{P}_1$、$\boldsymbol{P}_2$ 作用位置方向均已给定。A 端为固定铰支座，约束反力用两个正交分力 $\boldsymbol{R}_{Ax}$，$\boldsymbol{R}_{Ay}$ 表示，指向假定。B 端为活动铰支座，约束反力沿铅垂方向，用 $\boldsymbol{R}_B$ 表示，指向假定。

例 2-3 组合梁 AD 在 E、H 处受到力 $\boldsymbol{P}_1$、$\boldsymbol{P}_2$ 作用（图 2-20a），梁的自重不计，试作梁 AC、CD 和整体的受力图。

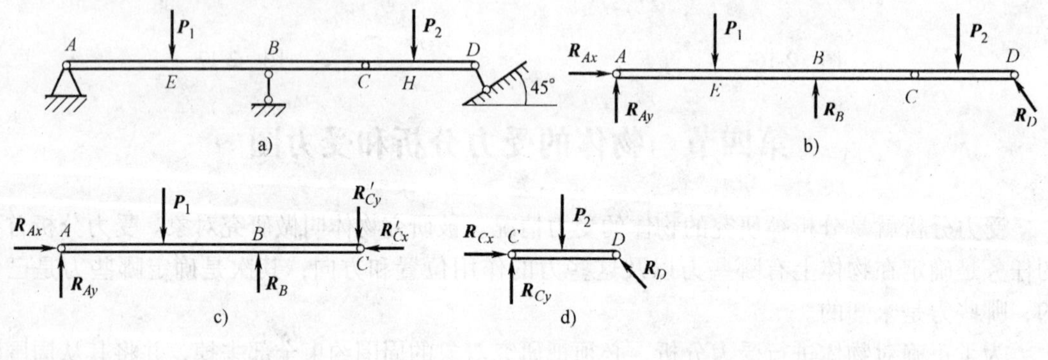

图 2-20

解：（1）画整体的受力图（图 2-20a）。作用在整个梁上的主动力有 $\boldsymbol{P}_1$、$\boldsymbol{P}_2$，A 处固定铰支座的约束反力为 $\boldsymbol{R}_{Ax}$ 和 $\boldsymbol{R}_{Ay}$，B、D 处活动铰支座反力为 $\boldsymbol{R}_B$ 和 R_D，C 处铰链没有去掉，约束反力不必画出。

（2）画 CD 受力图（图 2-20d）。CD 上主动力有 $\boldsymbol{P}_2$，C 处铰链约束的约束反力为 $\boldsymbol{R}_{Cx}$ 和 $\boldsymbol{R}_{Cy}$，D 处活动铰支座约束反力为 $\boldsymbol{R}_D$。

（3）画 AC 受力图（图 2-20c）。AC 上主动力为 $\boldsymbol{P}_1$，A 处固定铰支座约束反力为 $\boldsymbol{R}_{Ax}$ 和 R_{Ay}，B 处活动铰支座约束反力为 $\boldsymbol{R}_B$，C 处铰链约束反力为 $\boldsymbol{R}'_{Cx}$ 和 $\boldsymbol{R}'_{Cy}$。

例 2-4　三铰拱受力如图 2-21a 所示。不计三铰拱自重，试画出 AC、BC 及整体受力图。

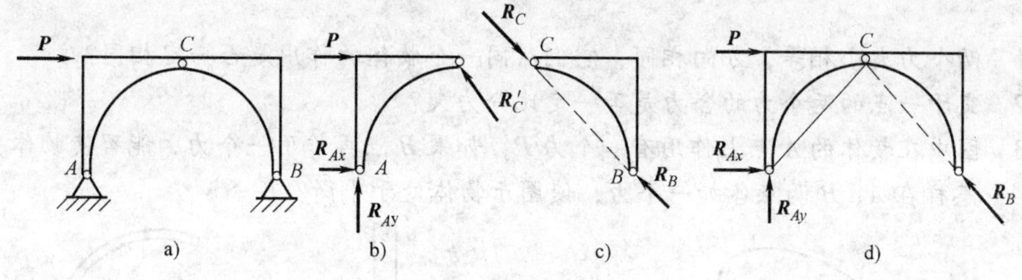

图　2-21

解：（1）画 BC 受力图（图 2-21c）。BC 为二力构件，铰链 C 和固定铰支座 B 的约束反力为 $\boldsymbol{R}_C$ 和 $\boldsymbol{R}_B$。

（2）画 AC 受力图（图 2-21b）。AC 上作用主动力为 $\boldsymbol{P}$，铰链 C 处约束反力为 $\boldsymbol{R}_C'$，固定铰支座 A 处约束反力为 $\boldsymbol{R}_{Ax}$ 和 $\boldsymbol{R}_{Ay}$。

（3）画整体受力图（图 2-21d）。作用在整体上主动力为 $\boldsymbol{P}$，固定支座 A 处约束反力为 $\boldsymbol{R}_{Ax}$ 和 $\boldsymbol{R}_{Ay}$，固定铰支座 R 处约束反力为 $\boldsymbol{R}_B$。

画受力图应当注意以下几点：

（1）明确研究对象，将研究对象周围的约束全部去掉，单独画出其简图。

（2）主动力按真实方向画，约束反力根据约束的性质确定或假定。

（3）不要多画，也不要少画，不要画错方向。

（4）同一约束的约束反力在不同受力图上符号方向相同。

（5）注意作用与反作用力。

（6）整体受力图上物体之间相互作用内力不必画出。

（7）一般情况下不考虑物体的重量，不画重力。

小　　结

本章讨论了静力学的基本概念、静力学公理、常见类型的约束和物体的受力图。

（1）四个概念：力、刚体、平衡、约束。力是物体间的相互作用，力不能离开物体单独存在。力对物体产生两种效应：运动和变形。力的三要素是：大小、方向和作用点。力是矢量。刚体是抽象化的力学模型，实际并不存在。平衡是相对地球处于静止或作匀速直线运动。约束是限制物体运动的周围物体。约束对物体的作用可用约束反力来代替。

（2）力的六条性质：二力平衡公理说明两个力的平衡条件。加减平衡力系用于力系的等效代换。作用、反作用公理说明两个物体间的相互作用关系。平行四边形公理说明两个汇交力的合成方法。

（3）七种约束：柔体约束、光滑面约束、活动铰支座约束、链杆约束等约束反力作用线是已知的；固定铰支座平面铰链的约束反力方向是未知的，常用两个相互垂直的分力来表示；因定端支座除了两个相互垂直的反力之外，还有一个阻止转动的反力偶。

（4）一个图形：受力图。主动力按真实方向画，约束反力根据约束的性质确定或假定。注意作用力与反作用力关系。物体系内各物体之间相互作用内力不必画出。

思考题

2-1 两个力大小相等，方向相同，它们对同一个物体的作用是否一定相同？

2-2 交于一点的两个力的合力是否一定比分力大？

2-3 图中在物体的 A 点上作用有一个力 $\boldsymbol{P}$，如果 B 点再作用一个力，能否使物体平衡？

2-4 怎样在 A、B 两点各加一个力，使图示物体处于平衡？

思考题 2-3 图　　　　思考题 2-4 图

2-5 图中哪些构件属于二力构件？

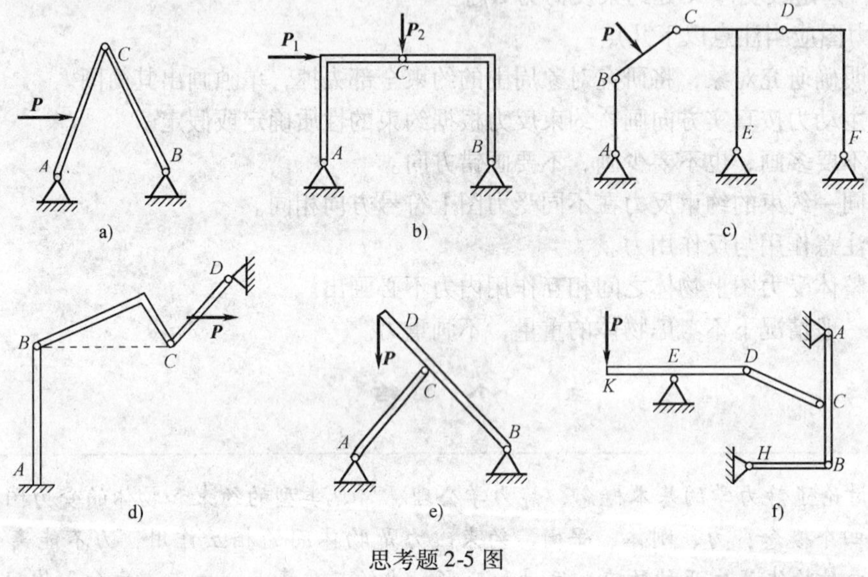

思考题 2-5 图

2-6 如图所示，某重物重 G，用两根绳索悬挂，问图示四种情况中哪种情况绳索拉力最大？哪种情况下绳索拉力最小？

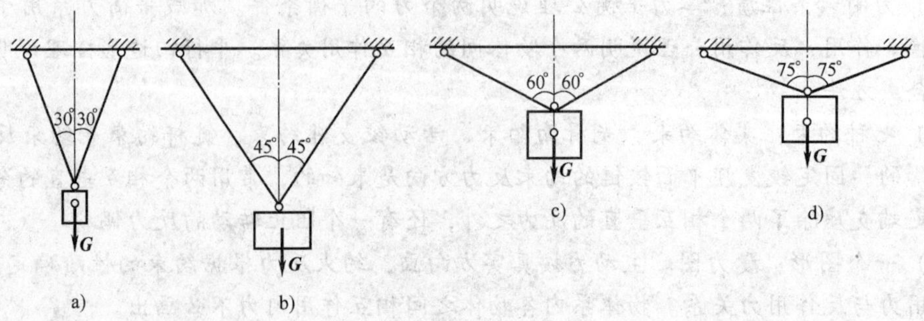

思考题 2-6 图

2-7　图示三种结构，构件自重不计，接触面为光滑平面，如果 B 处作用有相同的水平力 $\boldsymbol{F}$，问铰链 A 的约束反力是否相同？

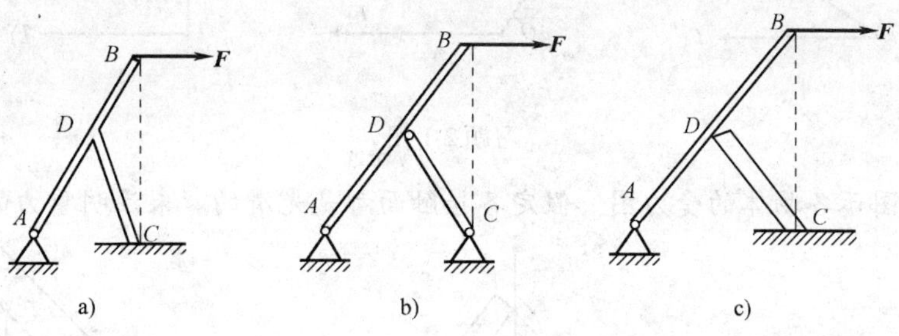

思考题 2-7 图

2-8　如图所示，求 A、B 约束反力时，能否将力 $\boldsymbol{F}$ 沿作用线由 D 移至 D' 点？

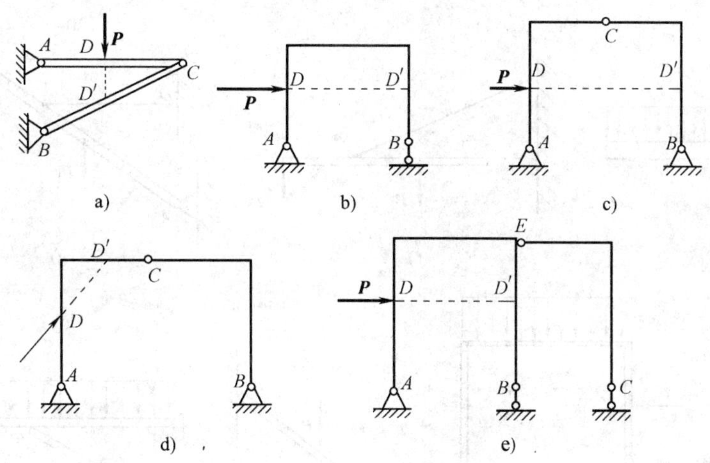

思考题 2-8 图

2-9　图示同一物体上三个力作用线在同一平面内，都汇交于一点且均不等于零，物体是否能平衡？

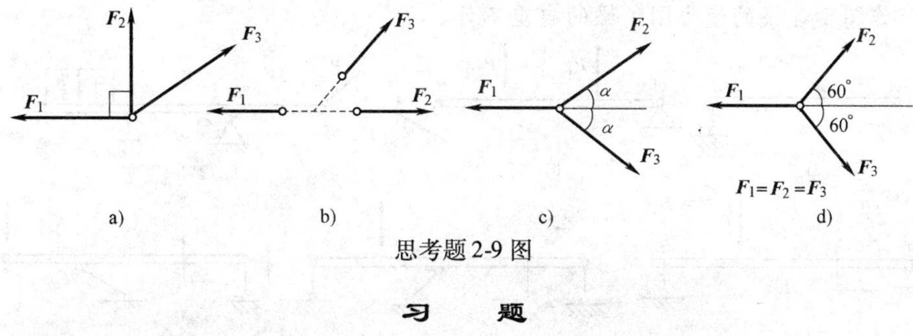

思考题 2-9 图

习　　题

2-1　用平行四边形法则求作用于物体上 O 点的两个力的合力。

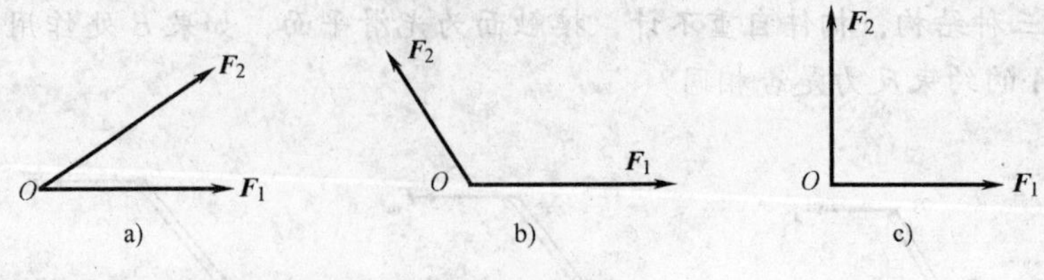

习题 2-1 图

2-2 画出图示各物体的受力图。假定各接触面都是光滑的。未注明重力的不计自重。

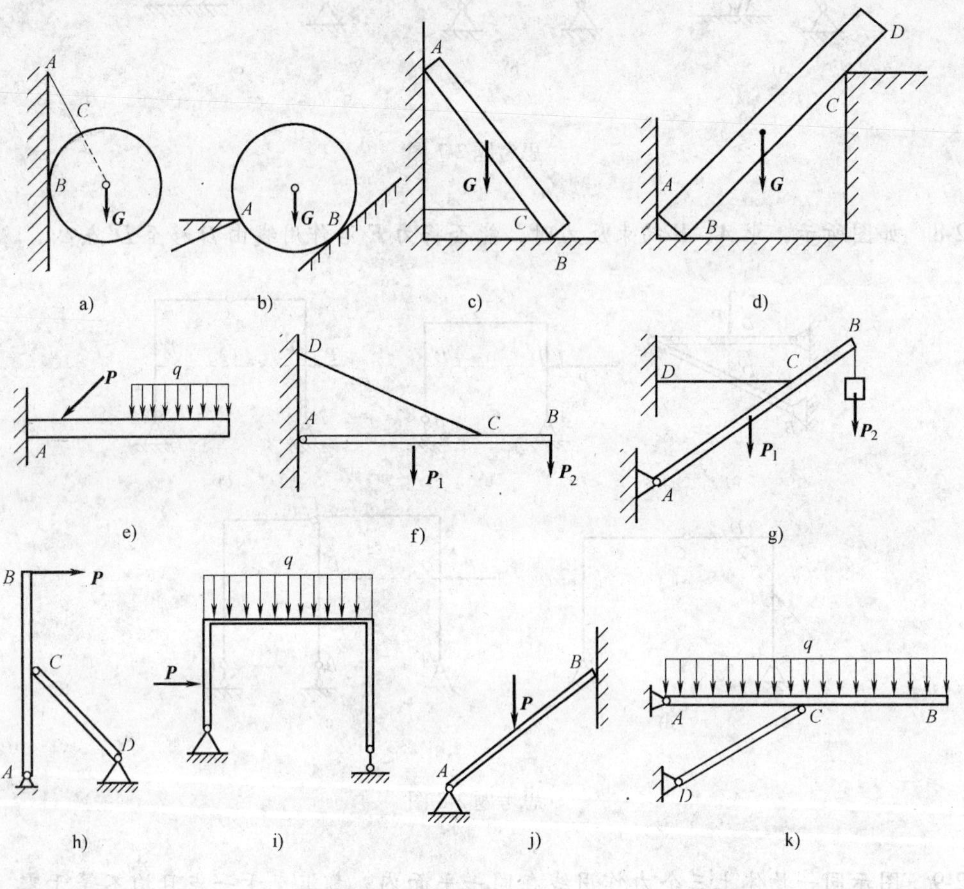

习题 2-2 图

2-3 作图示各梁的受力图，梁的自重不计。

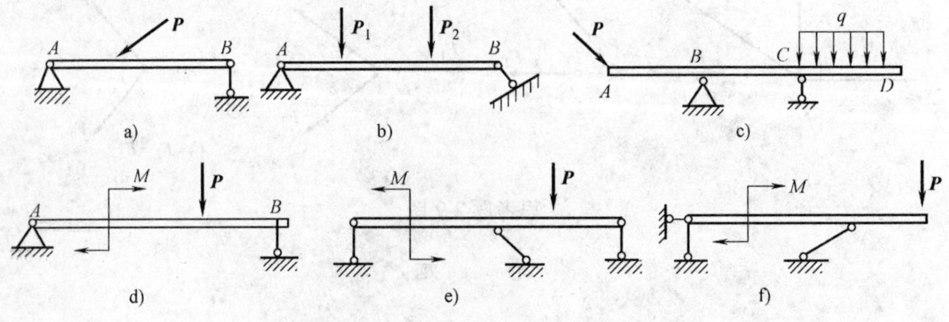

习题 2-3 图

2-4　画出图示各物体系中指定物体的受力图。所有接触处都是光滑的，未标出重力的不计自重。

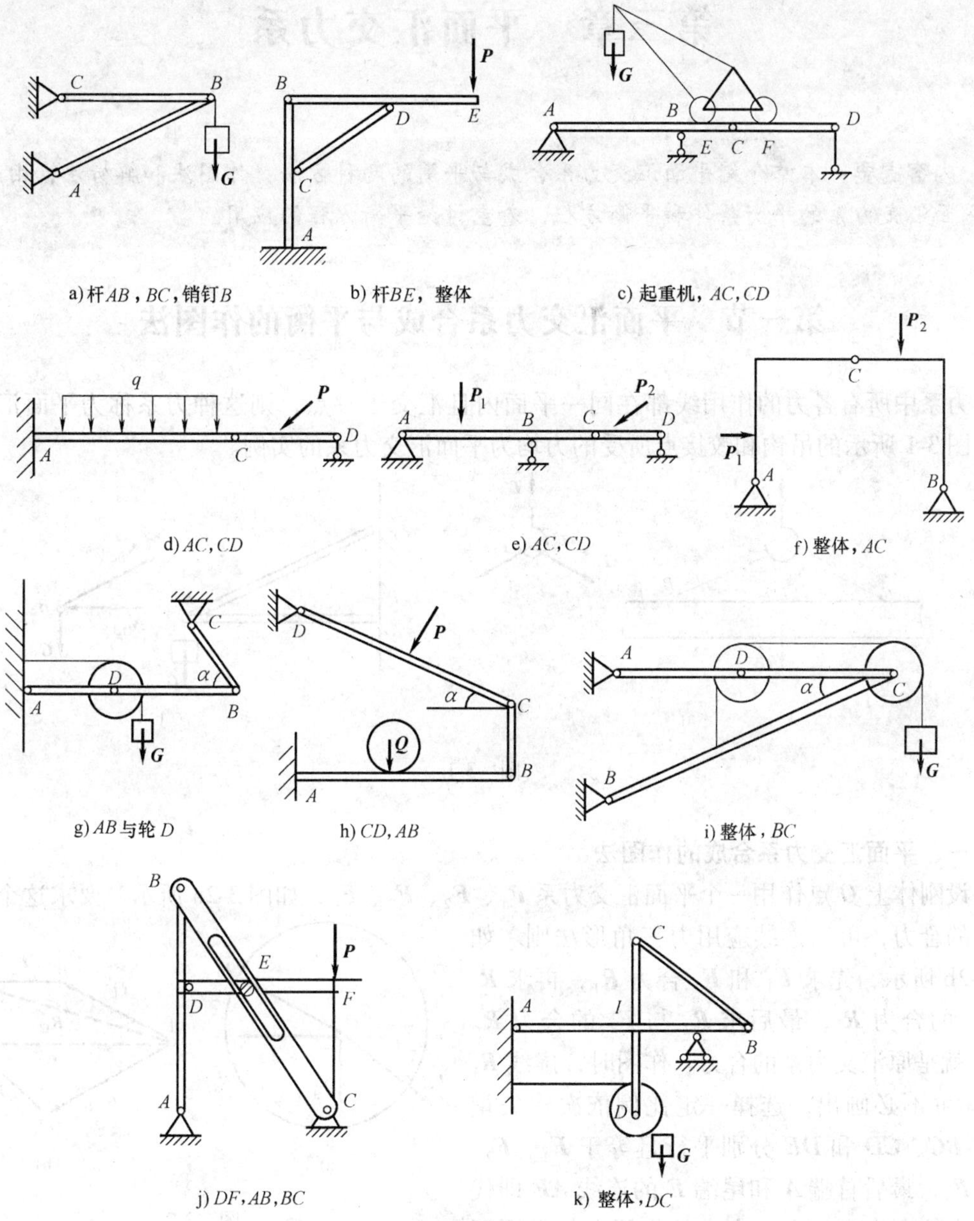

习题2-4图

第三章　平面汇交力系

内容提要：本章介绍平面汇交力系合成与平衡的两种方法：作图法和解析法，由此得出平面汇交力系的平衡条件和平衡方程，着重讨论平衡方程的应用。

第一节　平面汇交力系合成与平衡的作图法

力系中所有各力的作用线都在同一平面内且汇交于一点，则这种力系称为平面汇交力系。图 3-1 所示的吊钩和铰接点所受的力均为平面汇交力系的实例。

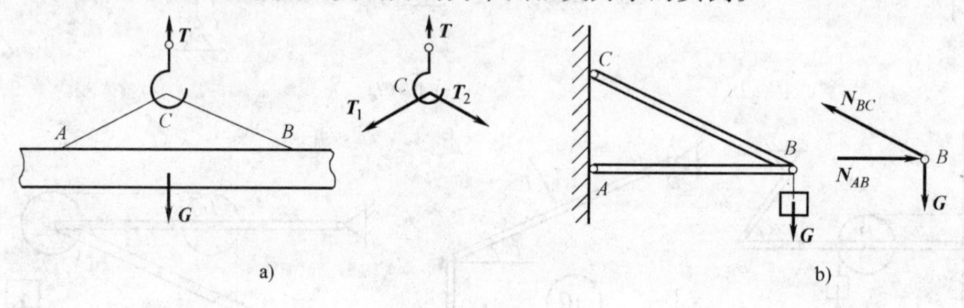

图　3-1

一、平面汇交力系合成的作图法

设刚体上 O 点作用一个平面汇交力系 $\boldsymbol{F}_1$、$\boldsymbol{F}_2$、$\boldsymbol{F}_3$、$\boldsymbol{F}_4$，如图 3-2a 所示。要求这个汇交力系的合力，可以连续应用力三角形法则。如图 3-2b 所示，先求 $\boldsymbol{F}_1$ 和 $\boldsymbol{F}_2$ 合力 $\boldsymbol{R}_1$，再求 $\boldsymbol{R}_1$ 和 $\boldsymbol{F}_3$ 的合力 $\boldsymbol{R}_2$，最后求 $\boldsymbol{R}_2$ 与 $\boldsymbol{F}_4$ 的合力 $\boldsymbol{R}$。力 $\boldsymbol{R}$ 就是原汇交力系的合力。作图时，虚线 $\boldsymbol{R}_1$ 和 $\boldsymbol{R}_2$ 可不必画出，选择一定比例依次作矢量 $\boldsymbol{AB}$、$\boldsymbol{BC}$、$\boldsymbol{CD}$ 和 $\boldsymbol{DE}$ 分别平行且等于 $\boldsymbol{F}_1$、$\boldsymbol{F}_2$、$\boldsymbol{F}_3$、$\boldsymbol{F}_4$，最后首端 $\boldsymbol{A}$ 和尾端 $\boldsymbol{E}$ 的连线 $\boldsymbol{AE}$ 即代表合力的大小和方向。合力的作用点仍是原汇交力系的汇交点 O。多边形 $ABCDE$ 称为力多边形，这种求合力的方法叫做力多边形法则。

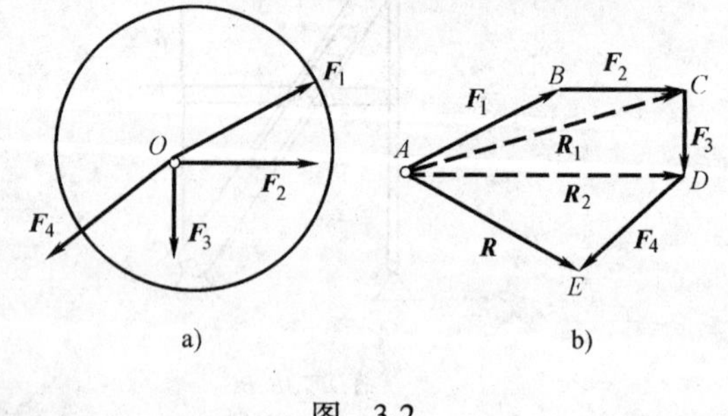

图　3-2

上述结果表明：平面汇交力系的合成结果是一个合力，合力的作用线通过各力的汇交点，合力的大小和方向等于原力系中各力的矢量和，由力多边形的封闭边确定，即

$$\boldsymbol{R} = \boldsymbol{F}_1 + \boldsymbol{F}_2 + \cdots + \boldsymbol{F}_n = \Sigma \boldsymbol{F}_i \tag{3-1}$$

二、平面汇交力系平衡的几何条件

由以上平面汇交力系的合成结果可知，平面汇交力系的合力是一个力 $\boldsymbol{R}$，合力 $\boldsymbol{R}$ 与原力系等效。如果合力 $\boldsymbol{R}$ 等于零，则力多边形首尾相重合，即力多边形自行封闭，物体处于平

衡状态。反之，欲使平面汇交力系平衡，其合力必须等于零，力多边形自行封闭。由此可知：平面汇交力系平衡的几何条件是力系中所有各力的矢量和等于零，即合力等于零或力多边形自行封闭。

第二节　平面汇交力系合成与平衡的解析法

一、力在坐标轴上的投影

在力 $\boldsymbol{F}$ 作用的平面内建立直角坐标 xOy（图 3-3）。由力 $\boldsymbol{F}$ 的起点 A 和终点 B 分别向坐标轴作垂线，在 x、y 轴上截得的线段长度 ab 和 a_1b_1，冠以适当的正负号，称为 $\boldsymbol{F}$ 在 x、y 轴上的投影，分别用 F_x、F_y 表示。即

$$\left.\begin{aligned} F_x &= \pm ab = \pm F\cos\alpha \\ F_y &= \pm a_1b_2 = \pm F\sin\alpha \end{aligned}\right\} \quad (3\text{-}2)$$

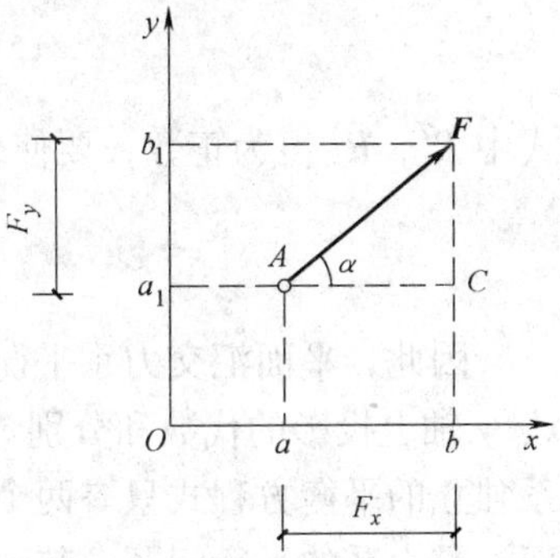

由式（3-2）可知：力在某一坐标轴上的投影，等于力的大小乘以力与该轴所夹锐角的余弦。投影的正负号规定为力 $\boldsymbol{F}$ 指向与坐标轴正向一致时取正号，相反时取负号。

当力与坐标轴垂直时，力在该轴上的投影为零；当力与坐标轴平行时，其投影的绝对值等于该力的大小。

如果力 $\boldsymbol{F}$ 在坐标轴 x、y 上的投影 F_x、F_y 为已知，则由图 3-3 的几何关系，可以求出力 $\boldsymbol{F}$ 的大小和方向，即

图　3-3

$$\left.\begin{aligned} F &= \sqrt{F_x^2 + F_y^2} \\ \tan\alpha &= \left|\frac{F_y}{F_x}\right| \end{aligned}\right\} \quad (3\text{-}3)$$

式中　α——力 $\boldsymbol{F}$ 与 x 轴所夹的锐角，$\boldsymbol{F}$ 指向由投影正负确定。

必须注意，力在坐标轴上的投影与力沿两个坐标轴上的分力是两个不同概念。力的投影是代数量，而分力是矢量。只有在直角坐标系中，力的投影和分力大小才相等。

例 3-1　求图 3-4 中各力在 x、y 轴上的投影。已知 $F_1 = 200\text{kN}$，$F_2 = 300\text{kN}$，$F_3 = 400\text{kN}$，$F_4 = 100\text{kN}$。

解：$F_{x1} = F_1\cos30° = 200\text{kN}\times0.866 = 173.2\text{kN}$

$F_{y1} = F_1\sin30° = 200\text{kN}\times0.5 = 100\text{kN}$

$F_{x2} = F_2\cos45° = -300\text{kN}\times0.707 = -212.1\text{kN}$

$F_{y2} = F_2\sin45° = 300\text{kN}\times0.707 = 212.1\text{kN}$

$F_{x3} = F_3\cos60° = 400\text{kN}\times0.5 = 200\text{kN}$

$F_{y3} = -F_3\sin60° = -400\text{kN}\times0.866 = -346.4\text{kN}$

$F_{x4} = 0$

$F_{y4} = -F_4 = -100\text{kN}$

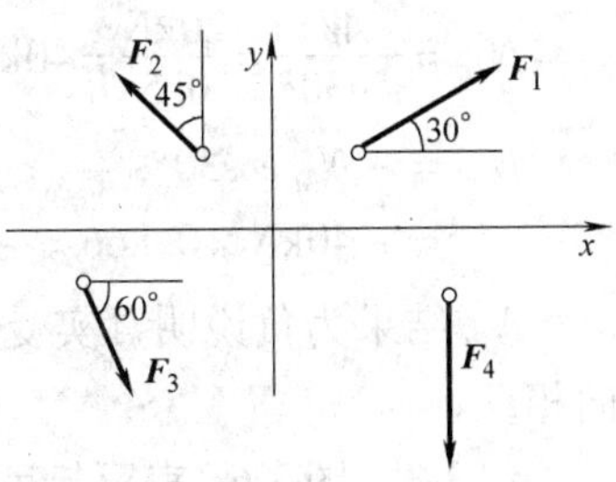

图　3-4

二、合力投影定理

平面汇交力系的合力在任一坐标轴上的投影，等于所有各力在同一坐标轴上投影的代数和。这就是合力投影定理。即

$$\left.\begin{aligned}R_x &= F_{x1} + F_{x2} + \cdots + F_{xn} = \Sigma F_{xi}\\ R_y &= F_{y1} + F_{y2} + \cdots + F_{yn} = \Sigma F_{yi}\end{aligned}\right\} \tag{3-4}$$

合力的大小方向为

$$\left.\begin{aligned}R &= \sqrt{R_x^2 + R_y^2} = \sqrt{(\Sigma F_{xi})^2 + (\Sigma F_{yi})^2}\\ \tan\alpha &= \left|\frac{R_y}{R_x}\right| = \left|\frac{\Sigma F_{yi}}{\Sigma F_{xi}}\right|\end{aligned}\right\} \tag{3-5}$$

三、平面汇交力系的平衡条件和平衡方程

平面汇交力系平衡的必要和充分条件是该力系的合力等于零，即 $R=0$。用解析式表示为

$$R = \sqrt{R_x^2 + R_y^2} = 0 \tag{3-6}$$

式中 R_x^2，R_y^2 恒为正数，要使合力 $R=0$，必须满足

$$\left.\begin{aligned}R_x &= \Sigma F_{xi} = 0\\ R_y &= \Sigma F_{yi} = 0\end{aligned}\right\} \tag{3-7}$$

因此，平面汇交力系平衡的充分必要条件是：力系中所有各力在两个相互垂直的坐标轴 x、y 轴上投影的代数和分别等于零。式（3-7）称为平面汇交力系的平衡方程。平面汇交力系独立的平衡方程式只有两个，利用这两个方程可求解两个未知量。利用式（3-7）求解平面汇交力系的平衡问题，其解题步骤如下：

（1）选取适当的物体为研究对象，画受力图。

（2）建立适当的坐标系，列平衡方程。

（3）解方程，求未知量。

例 3-2 已知重物 D 重 $W=20\text{kN}$，求图 3-5a 所示三角支架中杆 AC 和 BC 所受的力。

解：（1）取铰链 C 为研究对象，画受力图并建立坐标系如图 3-5b 所示。

（2）列平衡方程：

$\Sigma F_y = 0,\ N_{AC}\sin30° - W = 0$

$\Sigma F_x = 0,\ -N_{AC}\cos30° - N_{BC} = 0$

（3）解方程得：

$N_{AC} = \dfrac{W}{\sin30°} = \dfrac{20\text{kN}}{0.5} = 40\text{kN}$（拉力）

$N_{BC} = -N_{AC}\cos30°$

$= -40\text{kN} \times 0.866 = -34.64\text{kN}$（压力）

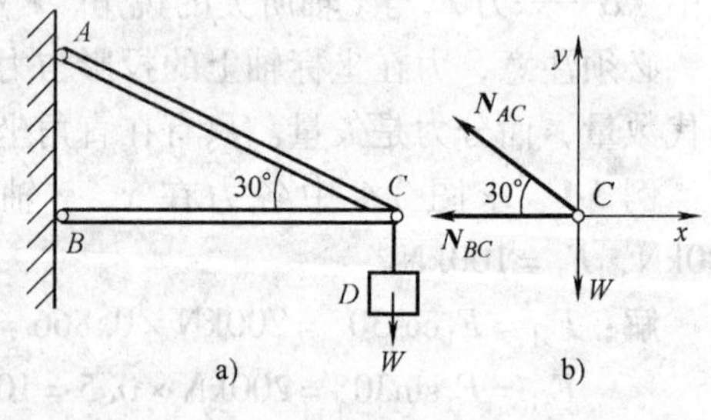

图 3-5

N_{BC}结果为负说明真实受力与图中所设的方向相反。

例 3-3 图 3-6a 表示起吊构件的情形。已知构件重 $W=10\text{kN}$，求构件匀速上升时，钢索的拉力。

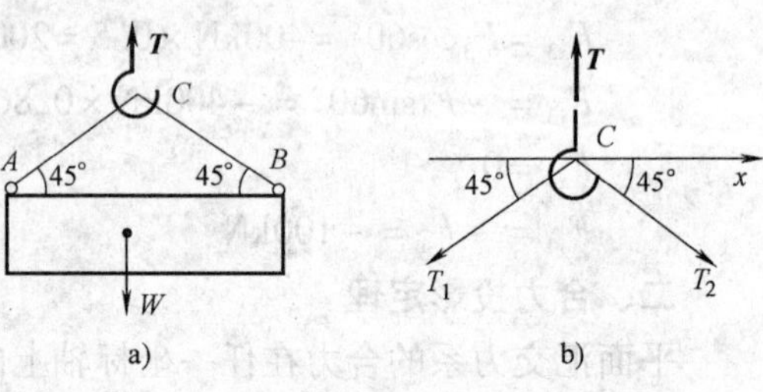

图 3-6

解：（1）取吊钩 C 为研究对象，画受力图并建立坐标系（图 3-6b）。

（2）列平衡方程：

$$\Sigma F_x = 0,\ T_2\cos45° - T_1\cos45° = 0$$

$$\Sigma F_y = 0,\ T - T_1\sin45° - T_2\sin45° = 0$$

（3）解方程：$T_1 = T_2 = \dfrac{T}{2\sin45°} = \dfrac{10\text{kN}}{2\times0.707} = 7.07\text{kN}$

小　结

本章介绍平面汇交力系合成平衡的两种方法，重点介绍力的投影和平衡方程的应用。

（1）力多边形法：平面汇交力系的合成结果是一个力，大小等于力系中各力的矢量和，即 $\boldsymbol{R} = \Sigma \boldsymbol{F}_x$，等于以各力为边所作力多边形的封闭边。当合力等于零时，力多边形自行封闭，力系平衡。

（2）力在坐标轴上的投影：$F_x = \pm F\cos\alpha$，$F_y = \pm F\sin\alpha$。投影为代数量不等于分力。

（3）合力投影定理：平面汇交力系的合力在某一轴上的投影等于力系中所有各力在同一轴上投影的代数和，即 $R_x = \Sigma F_{xi}$，$R_y = \Sigma F_{yi}$。合力 $\boldsymbol{R}$ 大小方向为：

$$R = \sqrt{R_x^2 + R_y^2} = \sqrt{(\Sigma F_{xi})^2 + (\Sigma F_{yi})^2}, \tan\alpha = \left|\frac{R_y}{R_x}\right| = \left|\frac{\Sigma F_{yi}}{\Sigma F_{xi}}\right|$$

（4）平衡方程与平衡条件：平面汇交力系平衡的充分必要条件是，所有各力在任意两个坐标轴上投影的代数和分别等于零，即 $\Sigma F_{xi} = 0$，$\Sigma F_{yi} = 0$。利用平衡方程可以求解两个未知量。

思 考 题

3-1　图示某平面汇交力系合成时的力多边形，问该力系的合力在力多边形上如何表示？

3-2　图中两个力三角形中的三个力关系有何不同？

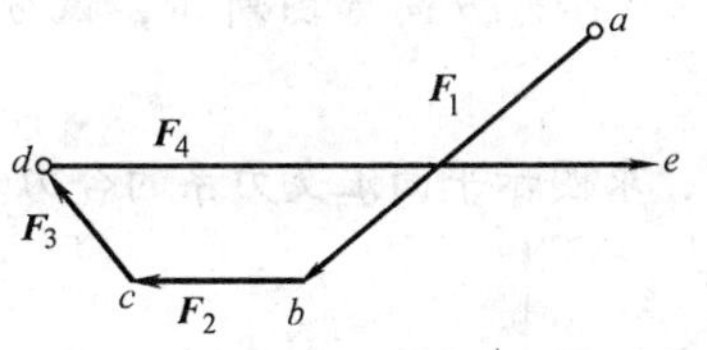

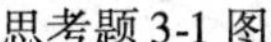
思考题 3-1 图

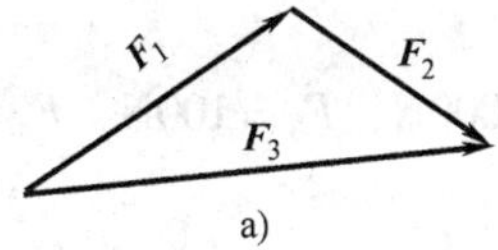

a)

b)

思考题 3-2 图

3-3　同一个力在两个相互平行的坐标轴上的投影是否相等？若两个力的大小相等，两个力在同一轴上的投影是否相等？若两个力在同一轴上的投影相等，两个力的大小是否相等？力沿坐标轴方向的分力与力在该轴上的投影是否一定相等？

3-4　图示平面汇交力系力多边形中各力关系为（a）________，（b）________，（c）________，（d）________。

3-5　平面汇交力系的独立平衡方程有________个，利用这些方程可求解________个未知量。

3-6 平面汇交力系平衡方程能否利用一矩式或二矩式方程，各需附加什么条件？

3-7 平面汇交力系的合力不等于零，但$\Sigma F_y=0$，则合力的大小等于平面汇交力系中各力在__________轴上投影的代数知。

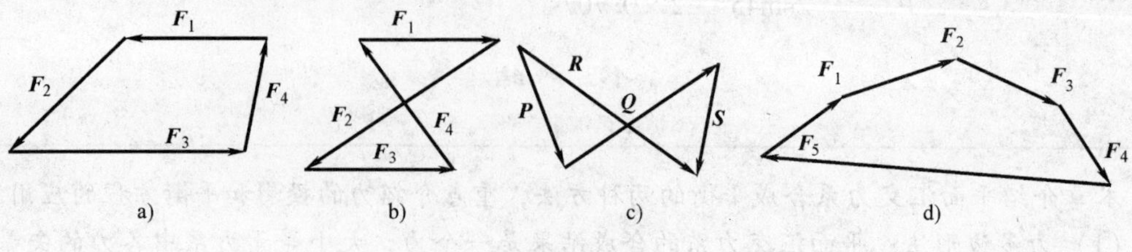

思考题 3- 4 图

3-8 如图用钢索起吊一构件，α 角是大些好，还是小些好？

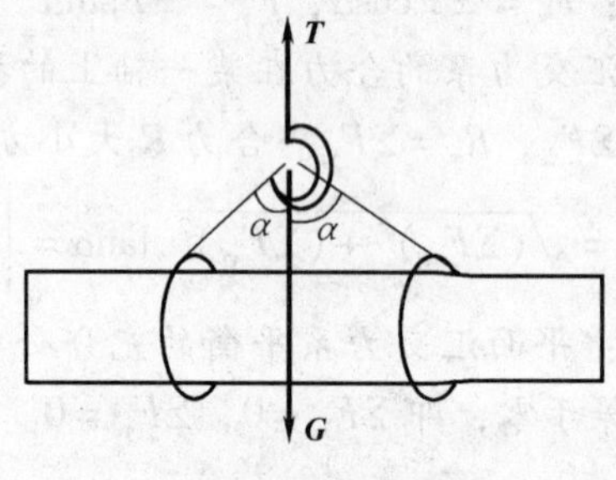

思考题 3-8 图

3-9 已知力 $\boldsymbol{F}$ 在 x、y 轴上的投影分别为 6kN 和 8kN，则力 $\boldsymbol{F}$ 的大小等于多少？

3-10 平面汇交力系满足条件 $\Sigma F_x=0$，试问此力系合成后，可能是什么结果？

习 题

3-1 已知 $F_1=500\text{N}$，$F_2=600\text{N}$，$F_3=900\text{N}$，$F_4=800\text{N}$，各力方向如图所示，试分别求各力在 x、y 轴上的投影。

3-2 已知 $F_1=400\text{N}$，$F_2=1000\text{N}$，$F_3=100\text{N}$，$F_4=500\text{N}$，求图示平面汇交力系的合力。

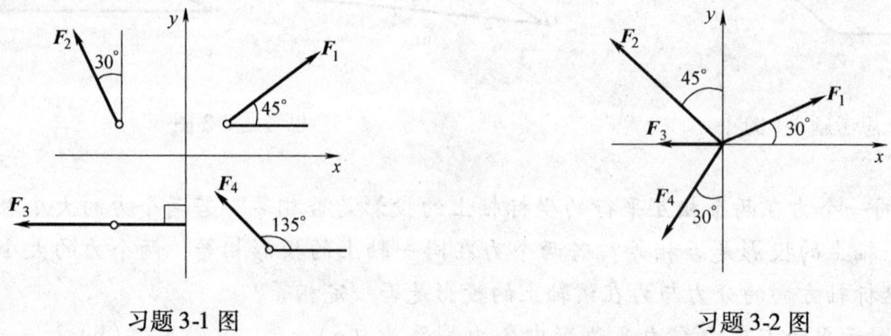

习题 3-1 图　　习题 3-2 图

3-3 已知 $P=10\text{kN}$，A、B、C 三处都是铰接，杆自重不计，求图示三角支架中各杆所受的力。

3-4 用起重机架可借绕过滑轮 C 的绳索将重为 G 的重物吊起，滑轮 C 由两端铰接杆

AC 和 BC 支承，如图所示。设 $G = 20\text{kN}$，滑轮与杆自重不计，滑轮大小不计。求 AC 和 BC 杆所受的力。

3-5 起重支架，由 AC、AB 杆用铰链和立柱相连，并在 A 处铰接。铰车 D 引出水平钢索绕过滑轮起吊重物，设重物重 $G = 20\text{kN}$，各杆及滑轮自重不计，滑轮大小不计。求杆 AB、AC 所受的力。

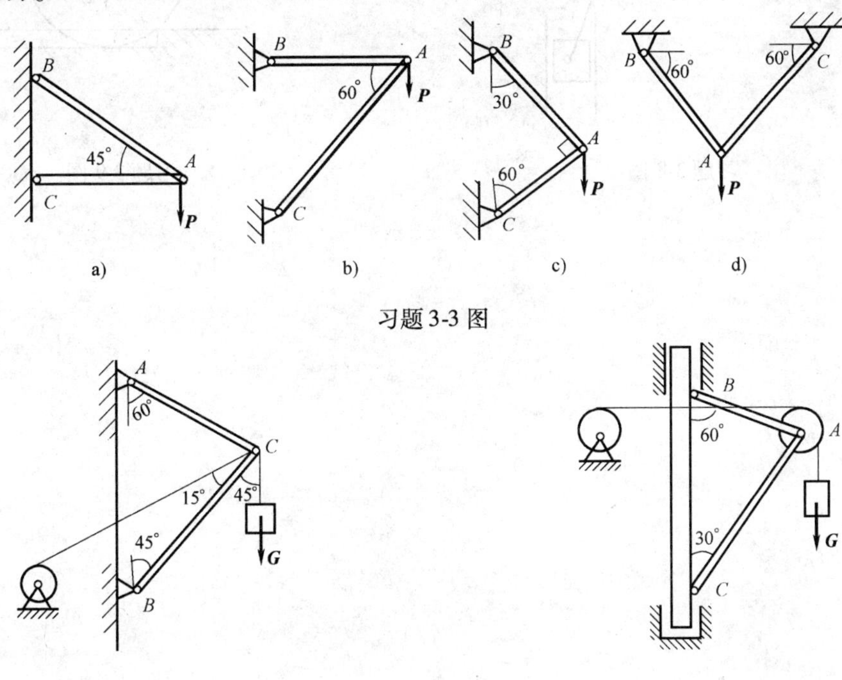

习题 3-3 图

习题 3-4 图

习题 3-5 图

3-6 图示起吊构件的情况。构件重 $G = 10\text{kN}$，钢索与水平线夹角为 α。求当 $\alpha = 15°$、$30°$、$45°$时，构件匀速上升时，钢索所受的拉力。

3-7 起重物架如图示，在 B 处起重量为 W。求 AB、BC 两杆所受的力。

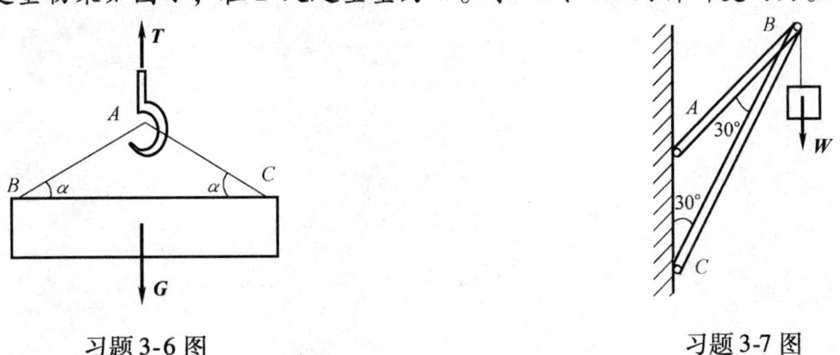

习题 3-6 图

习题 3-7 图

3-8 压榨机如图所示，杆 AB、BC 自重不计，A、B、C 三处均为铰接。油泵压力 $F = 3\text{kN}$，水平方向，$h = 20\text{mm}$，$l = 150\text{mm}$，求滑块 C 施于工件的压力。

3-9 压路机碾子重 $Q = 20\text{kN}$，半径 $r = 40\text{cm}$，现用一通过重心的水平力 $\boldsymbol{P}$ 使此碾子越过高为 $h = 80\text{mm}$ 的台阶，求此水平力的大小。

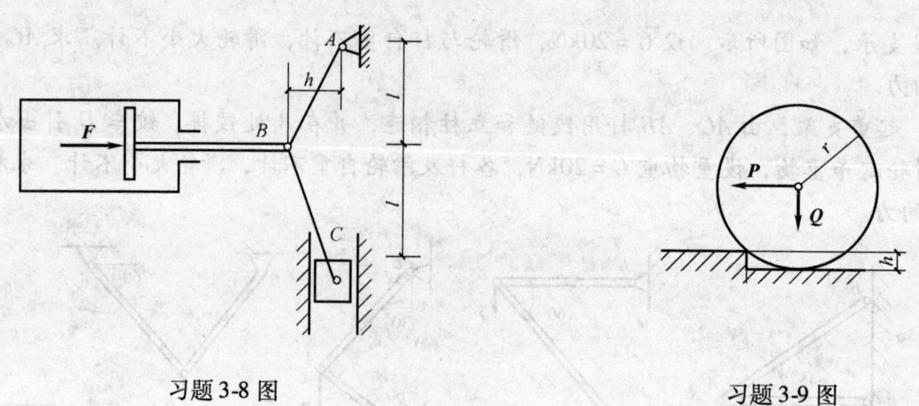

习题 3-8 图

习题 3-9 图

第四章　力矩和力偶

内容提要： 本章介绍力对点的矩，力偶及其性质，平面力系的合成与平衡。着重介绍平面力偶系的平衡方程及其应用。

第一节　力对点之矩

一、力对点之矩

力不仅能使物体移动，还能使物体转动。如图4-1所示，用扳手拧紧螺母时，作用在扳手上的力 $\boldsymbol{F}$ 使扳手绕螺母中心 O 转动，其作用效应不仅与力的大小和方向有关，而且与 O 点到力作用线的距离有关。因此用力的大小与力臂的乘积 Fd 再加上正负号来表示力使物体绕 O 点转动效应的度量，称为力 $\boldsymbol{F}$ 对 O 点之矩，用 $M_O(\boldsymbol{F})$ 表示，即

$$M_O(\boldsymbol{F}) = \pm Fd \tag{4-1}$$

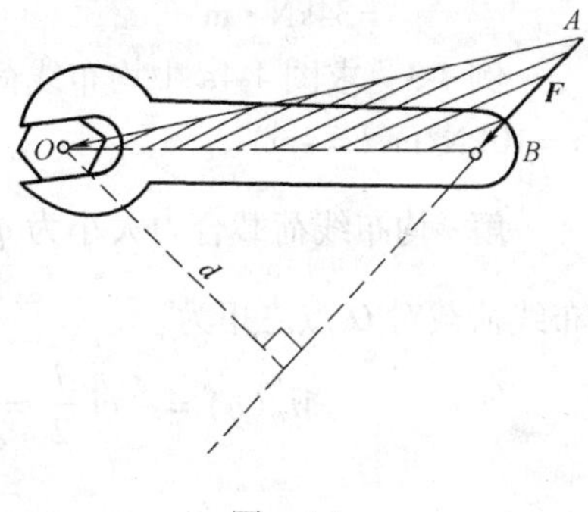

图　4-1

O 点称为矩心。矩心 O 到力 $\boldsymbol{F}$ 作用线的垂直距离 d 称为力臂。通常规定：力 $\boldsymbol{F}$ 使物体绕 O 点逆时针转动时力矩为正，反之为负。所以，力矩是代数量，其单位是 N · m或 kN · m。

由图4-1可知，力 $\boldsymbol{F}$ 对 O 点之矩也可以用△OAB 面积的两倍来表示，即

$$M_O(\boldsymbol{F}) = \pm 2A_{\triangle OAB} \tag{4-2}$$

由式（4-1）可知，当力 $\boldsymbol{F}$ 的大小等于零，或者力的作用线通过矩心 O（即力臂 $d=0$）时，力矩等于零；当力沿作用线移动时，力矩不变。

二、合力矩定理

若平面汇交力系有合力时，则其合力对任一点之矩，等于所有分力对同一点力矩的代数和。这个关系称为合力矩定理。即

$$M_O(\boldsymbol{R}) = M_O(\boldsymbol{F}_1) + M_O(\boldsymbol{F}_2) + \cdots + M_O(\boldsymbol{F}_n) = \Sigma M_O(\boldsymbol{F}_i) \tag{4-3}$$

合力矩定理可以用来确定物体的重心位置，也可以用来简化力对点之矩的计算。例如求力对某点之矩时，力臂不易求出，采用合力矩定理求出两个分力对该点力矩的代数和，即为已知力对该点之矩。

例4-1　已知 $P=100\text{kN}$，作用在平板上的 A 点，板的尺寸如图4-2所示。试求力 $\boldsymbol{P}$ 对 O 点之矩。

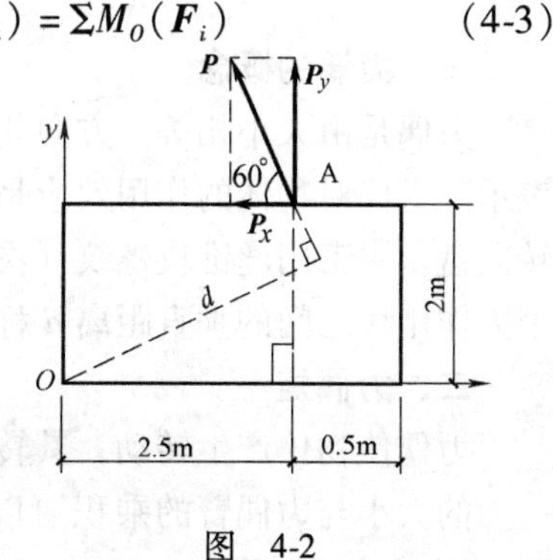

图　4-2

解： 本题用合力矩定理求解比较简单，首先将力 $\boldsymbol{P}$ 分解为相互垂直的两个分力 $\boldsymbol{P}_x$ 和 $\boldsymbol{P}_y$，再利用合力矩定理计算。

$$P_x = P\cos60° = 100\text{kN} \times 0.5 = 50\text{kN}$$

$$P_y = P\sin60° = 100\text{kN} \times 0.866 = 86.6\text{kN}$$

$$M_O(\boldsymbol{P}) = M_O(P_x) + M_O(P_y) = 50\text{kN} \times 2\text{m} + 86.6\text{kN} \times 2.5\text{m} = 316.5\text{kN} \cdot \text{m}$$

例 4-2　求图 4-3 中汇交于 A 点的各力的合力对 O 点的矩。已知 $F_1 = 40\text{kN}, F_2 = 30\text{kN}, F_3 = 50\text{kN}, F_4 = 40\text{kN}$，杆长 $OA = 0.5\text{m}$。

解：直接求各力对 O 点之矩，再利用合力矩定理求合力对 O 点之矩。

$$\begin{aligned}M_O(\boldsymbol{R}) &= M_O(\boldsymbol{F}_1) + M_O(\boldsymbol{F}_2) + M_O(\boldsymbol{F}_3) + M_O(\boldsymbol{F}_4)\\ &= F_1 d_1 - F_2 d_2 + F_3 d_3 + 0\\ &= 40\text{kN} \times 0.5\text{m} \cdot \cos30° - 30\text{kN} \times 0.5\text{m} \cdot \sin30° +\\ &\quad 50\text{kN} \times 0.5\text{m} \cdot \sin75°\\ &= 40\text{kN} \times 0.5\text{m} \times 0.866 - 30\text{kN} \times 0.5\text{m} \times 0.5 +\\ &\quad 50\text{kN} \times 0.5\text{m} \times 0.9659\\ &= 34\text{kN} \cdot \text{m}\end{aligned}$$

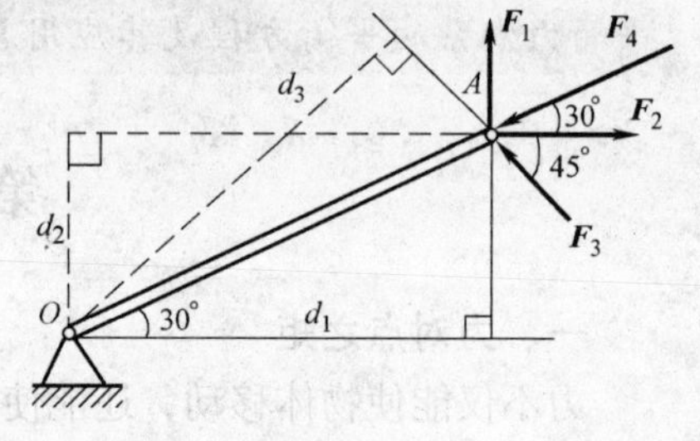

图 4-3

例 4-3　求图 4-4a 中均布线荷载 q 对 O 点之矩（已知：$q = 10\text{kN/m}, l = 4\text{m}$）。

解：均布线荷载合力大小为 ql，合力到 O 点的距离为 $\frac{l}{2}$（图 4-4b），根据合力矩定理，均布线荷载对 O 点之矩为

$$M_O(q) = -ql\frac{l}{2} = -\frac{1}{2}ql^2 = -\frac{1}{2} \times 10\text{kN} \times (4^2)\text{m} = -80\text{kN} \cdot \text{m}$$

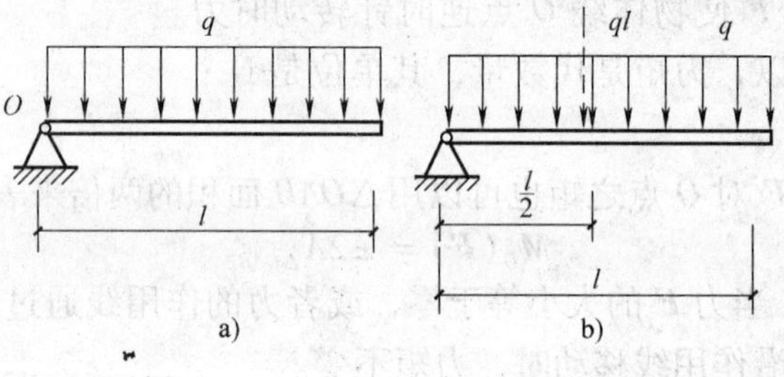

a)　　b)

图 4-4

第二节　力偶和力偶矩

一、力偶的概念

力偶是由大小相等、方向相反、不共线的两个平行力组成的力系，并用符号（$\boldsymbol{F}$，$\boldsymbol{F}'$）表示。力偶对物体的作用效应是使物体产生转动，而不产生移动。例如汽车司机用双手转动转向盘。钳工用丝锥攻螺纹（图 4-5）等。力偶中两个力所在的平面称为力偶的作用面，两个力作用线之间的垂直距离 d 称为力偶臂。

二、力偶矩

力偶使物体产生转动，其转动效应与力的大小及力偶臂的长短有关。因此，把力偶中任一力的大小与力偶臂的乘积冠以适当的正负号作为力偶使物体转动效应的度量，称为力偶矩，用 M 表示。即

$$M = \pm Fd \tag{4-4}$$

规定力偶使物体逆时针转动时，取正号，反之取负号。力偶矩是一个代数量，力偶的单位是牛·米（N·m）或千牛·米（kN·m）。

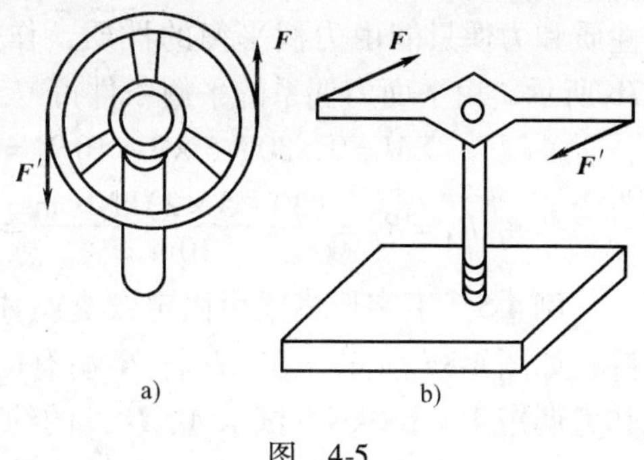

图 4-5

三、力偶的性质

（1）力偶不能简化为一个合力。力偶不能与一个力等效，也不能与一个力平衡，力偶只能由力偶来平衡。力偶不能合成为更简单的力系，所以力偶和力都是组成力系的基本元素。

（2）力偶对其作用面内任一点之矩恒等于力偶矩，而与矩心位置无关。因此，力偶在作用面内用 M ↺ 或 M ↻ 表示力偶，其中 M 表示力偶的大小，箭头表示力偶的转向。

（3）在同一平面内的两个力偶，如果它们的力偶矩大小相等，则这两个力偶是等效的。

（4）只要保持力偶矩的大小和转向不变，力偶可以在它的作用面内任意移动或转动，而不改变它对刚体的作用效应。即力偶对刚体的转动效应与它在作用面内的位置无关。

（5）只要保持力偶矩的大小和转向不变，可以任意改变力偶中力的大小和力偶臂的长短，而不改变力偶对刚体的作用效应（图 4-6）。

（6）力偶在任意坐标轴上的投影等于零。

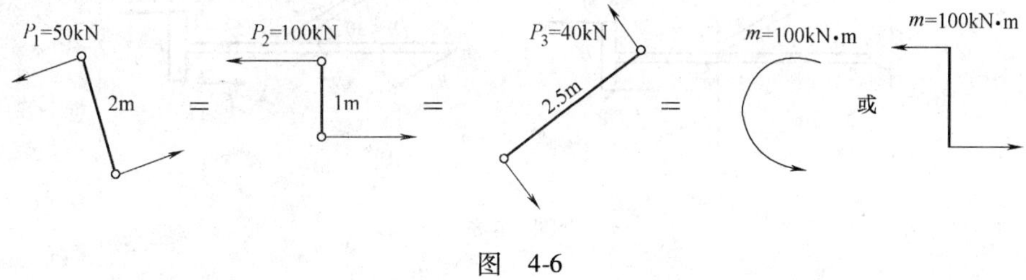

图 4-6

第三节 平面力偶系的合成与平衡

一、平面力偶系的合成

作用在同一物体的同一平面内的若干力偶，称为平面力偶系。由于力偶无合力，其作用效应完全取决于力偶矩。因此，平面力偶系的合成结果是一个合力偶，其合力偶矩等于力系中各个力偶矩的代数和，即

$$M = M_1 + M_2 + \cdots + M_n = \Sigma M_i \tag{4-5}$$

二、平面力偶系的平衡条件和平衡方程

平面力偶系的合成结果是一个合力偶，当合力偶矩等于零时，物体处于平衡状态；如果合力偶矩不等于零，物体必然不平衡而产生转动。因此，平面力偶系平衡的必要和充分条件是：力偶系中所有力偶矩的代数和等于零，即

$$\Sigma M_i = 0 \tag{4-6}$$

式（4-6）称为平面力偶系的平衡条件或平衡方程。平面力偶系独立的平衡方程式只有一个，利用平面力偶系的平衡方程只能求解一个未知量。

例 4-4 图 4-7a 所示梁 AB 处平衡状态，试求支座 A、B 的约束反力。

解：取梁 AB 为研究对象。由于梁 AB 受到一个平面力偶系作用，根据支座 A、B 的约束性质和力偶只能由力偶平衡的性质，作受力图如图 4-7b 所示。由平面力偶系的平衡条件得

$$\Sigma M=0,\ 30-5\times2-10R_A=0$$

$$R_A=R_B=\frac{(30-5\times2)\mathrm{kN\cdot m}}{10\mathrm{m}}=2\mathrm{kN}$$

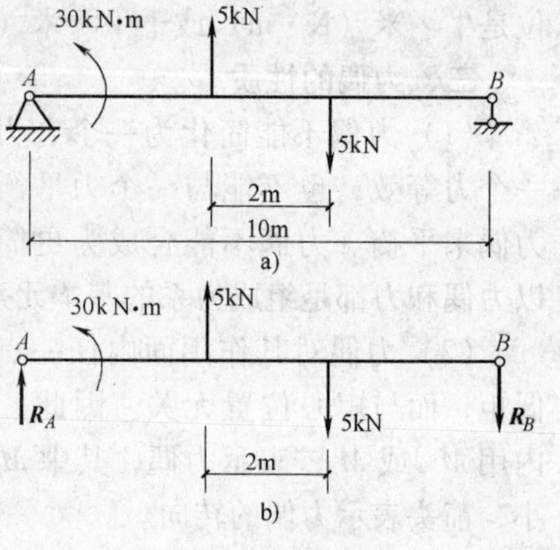

图 4-7

例 4-5 丁字形横梁由固定铰支座 A 和链杆 CD 支持，如图 4-8a 所示。在 AB 杆 B 端有一个力偶作用，其力偶矩 $M=100\mathrm{kN}$，试求 A、D 处的约束反力。

解：取整体为研究对象。由链杆约束的性质和力偶只能与力偶平衡的性质，画受力图如图 4-8b 所示。由平面力偶系的平衡条件得

$$\Sigma M=0,\ R_A AC\sin30^\circ-M=0$$

$$R_\mathrm{A}=R_\mathrm{D}=\frac{M}{AC\sin30^\circ}=\frac{100\mathrm{kN\cdot m}}{1\mathrm{m}\times0.5}=200\mathrm{kN}$$

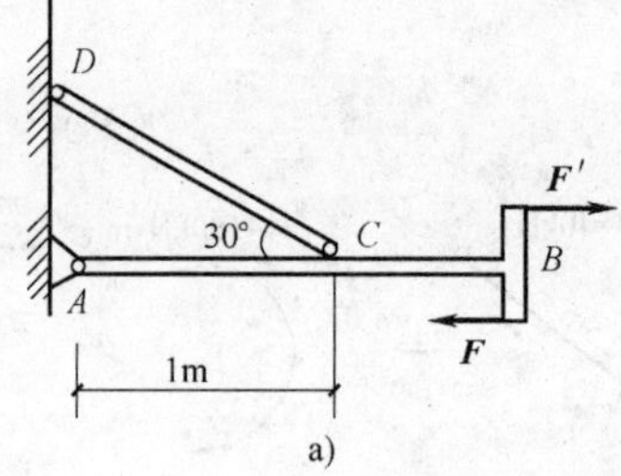

a)

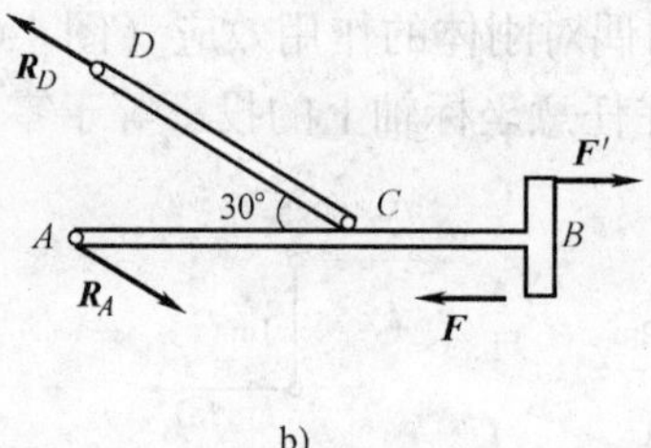

b)

图 4-8

小 结

本章介绍力对点之矩，力偶和力偶矩和平面力偶系的平衡条件。

(1) 力对点之矩：$M_O(\boldsymbol{F})=\pm Fd$，合力矩定理：$M_O(\boldsymbol{R})=\Sigma M_O(\boldsymbol{F}_i)$

(2) 力偶矩：$M=\pm Fd$

(3) 平面力偶系的合成结果有两种可能：①合成为一个合力偶；②平衡。

当力偶合成为一个合力偶时，其力偶矩等于各个力偶矩的代数和，即

$$M=M_1+M_2+\cdots+M_n=\Sigma M_i$$

当平衡时，其平衡的充分和必要条件是力系中各力偶的力偶矩代数和为零，即

$$\Sigma M_i=0$$

思 考 题

4-1 图示三轮半径均为 r，这三种情况下，力对轮的作用有何不同？

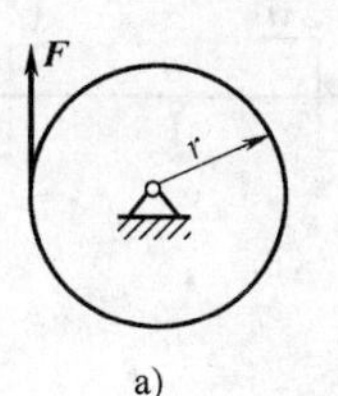

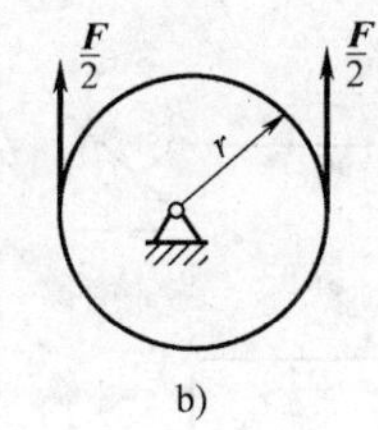

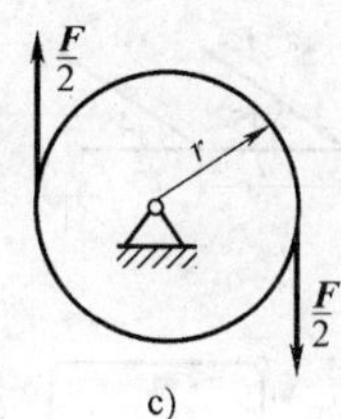

思考题 4-1 图

4-2 一个力偶不能与一个力平衡，为何图中的轮子能够平衡？

4-3 在图中所示的圆轮上作用有一个力 F。

(1) 加力时 B 点还受一水平力 $\boldsymbol{F}'$ 作用；(2) 加力时 B 点还受一铅垂力 $\boldsymbol{F}'$ 作用；(3) 加力时 B 还受一个力偶 m 作用。

试问在这三种情况下力 $\boldsymbol{F}$ 对 O 点之矩是否相同？

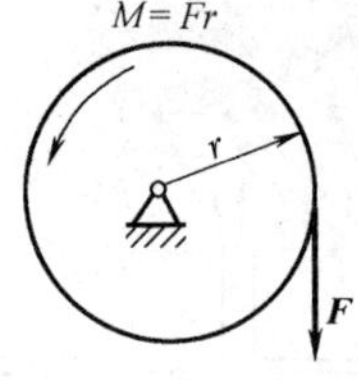

思考题 4-2 图

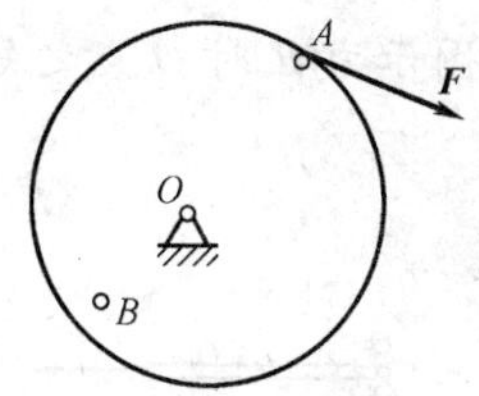

思考题 4-3 图

4-4 什么情况下力对点之矩等于零？

4-5 图示压路机的碾子半径为 r，现用一通过其重心的力 $\boldsymbol{P}$ 使此碾子越过高度为 h 的台阶。如果要使作用的力 $\boldsymbol{P}$ 为最小，应沿哪个方向加力？

4-6 图示矩形钢板边长为 a、b，要使钢板转动，需在板的 1、3 两点加两个等值反向的平行力 $\boldsymbol{P}$ 和 $\boldsymbol{P}'$。问怎样加力才能使钢板转动且用力最小？

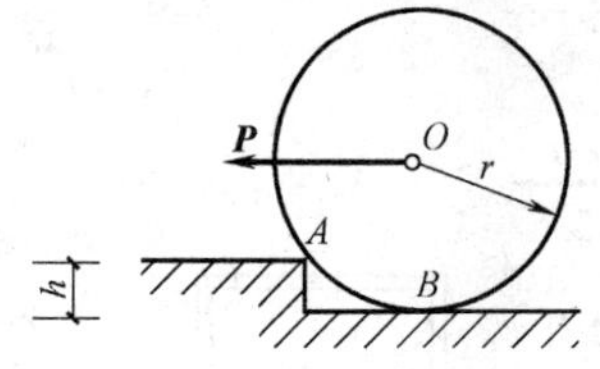

思考题 4-5 图

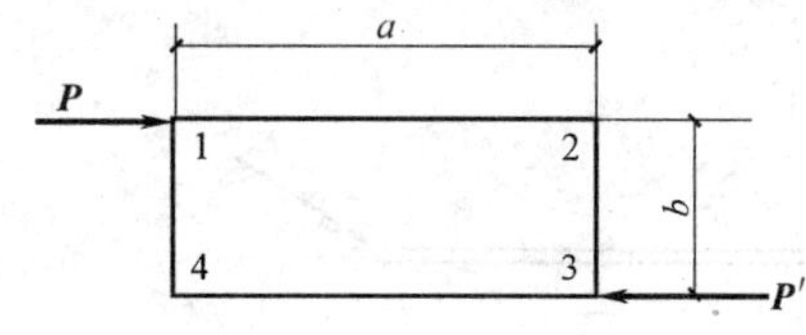

思考题 4-6 图

4-7 图示各力偶中，哪几个是等效的？

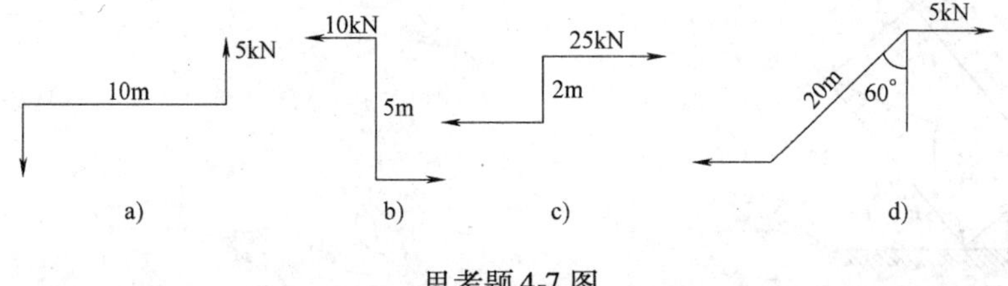

思考题 4-7 图

4-8 图示 A 点的约束反力沿什么方向？

4-9 图示力偶 M 对 A、B 两点的作用效果是否相同？

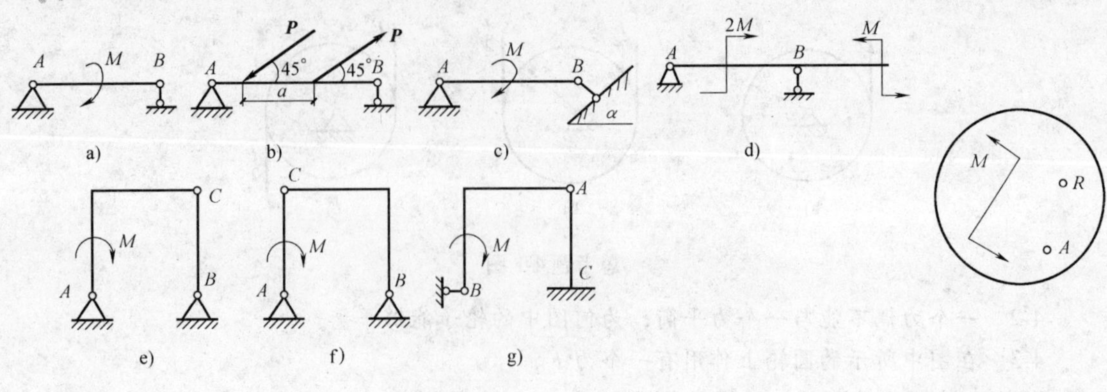

思考题4-8 图

思考题4-9 图

习　题

4-1　求图示力 $\boldsymbol{F}$ 对 O 点之矩。

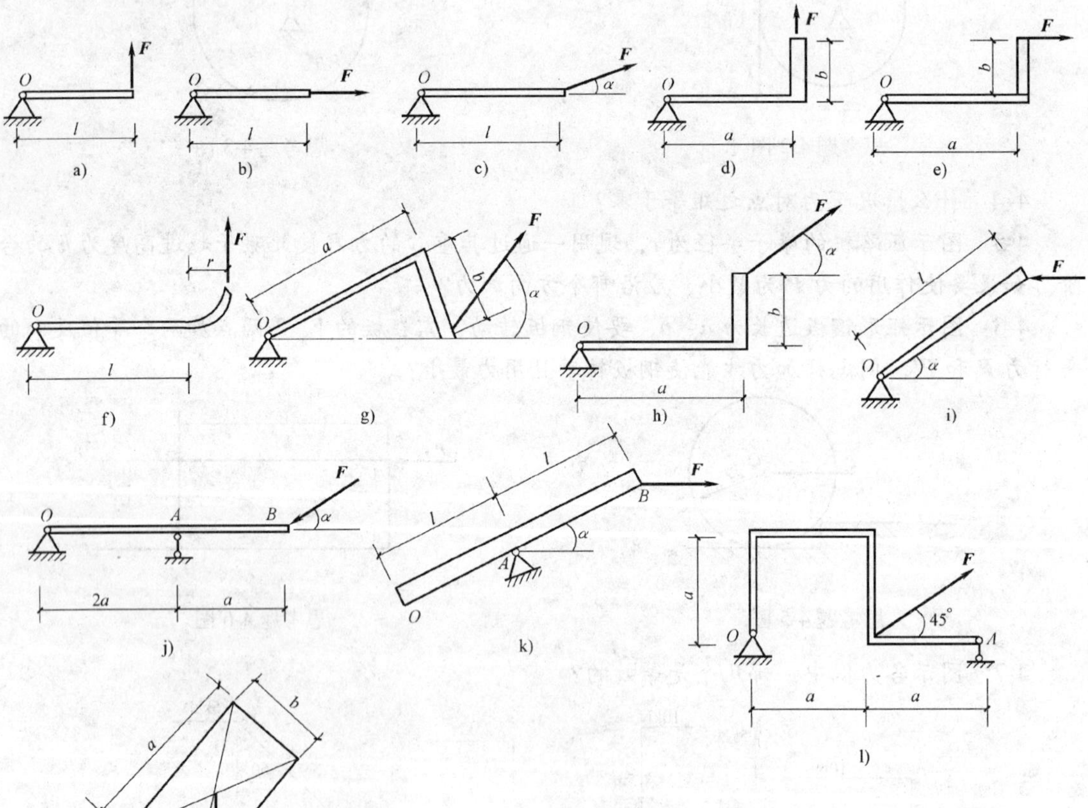

习题 4-1 图

4-2 求图示各梁的支座反力。

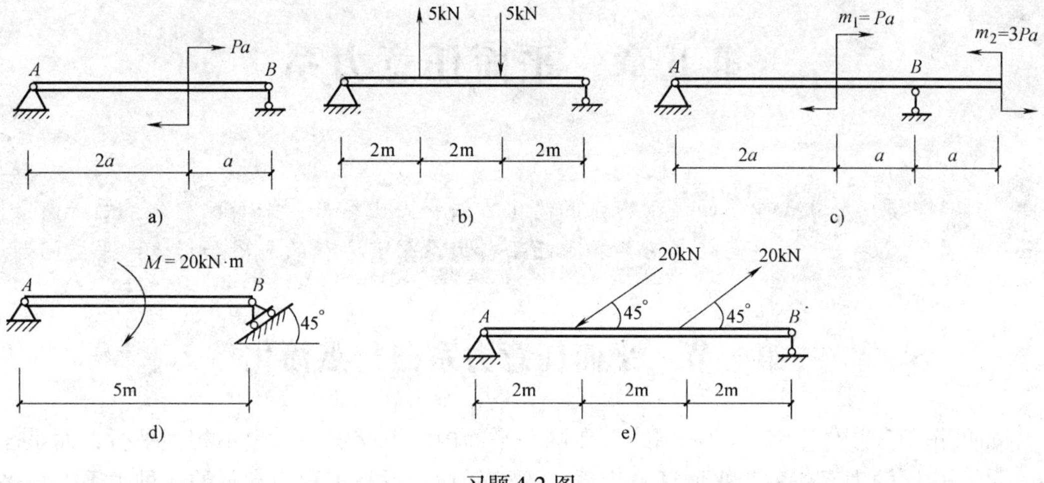

习题 4-2 图

4-3 求图示刚架的支座反力。

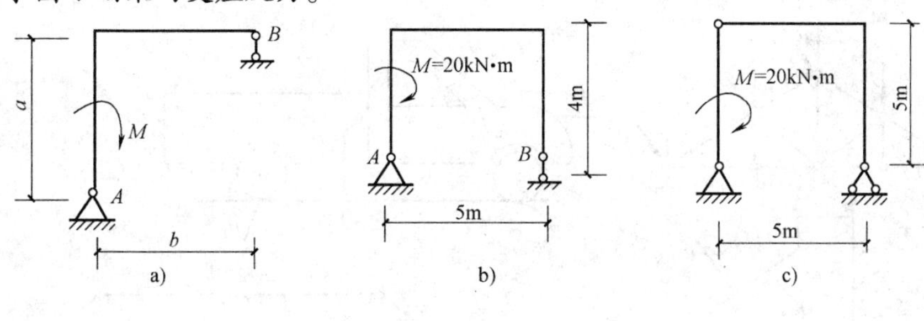

习题 4-3 图

第五章　平面任意力系

内容提要：本章介绍平面任意力系的简化方法和简化结果，平面任意力系的平衡条件和平衡方程。重点讨论平面任意力系和平面平行力系平衡方程的应用和物体系平衡问题。

第一节　平面任意力系向一点简化

如果作用于物体上各力的作用线都在同一平面内既不交于一点也不相互平行，而是任意分布的，这样的力系就称为平面任意力系。平面任意力系是工程中常见的一种力系，很多工程实际问题都可以简化为平面任意力系。例如图 5-1 所示的屋架、汽车、重力坝、桁架等，作用在这些结构上的力系都是平面任意力系。

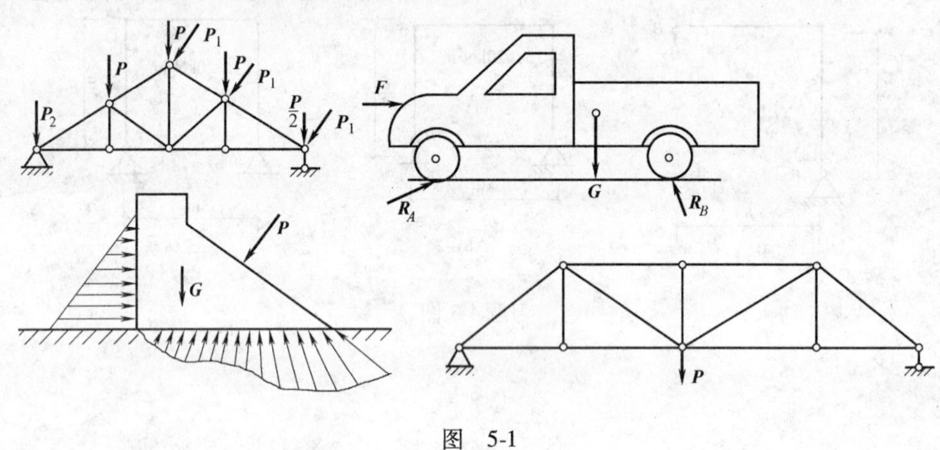

图　5-1

一、力的平移定理

定理：作用在刚体上的力可以平移到刚体的任一点，但必须附加一个力偶，其力偶矩等于原力对新作用点的力矩（图 5-2）。即

$$M = M_O(\boldsymbol{F}) = \pm Fd \tag{5-1}$$

应用力的平移定理可以将一个力分解为一个力和一个力偶。反之，也可以将同一平面内的一个力 $\boldsymbol{F}'$ 和一个力偶矩为 M 的力偶合成为一个合力。

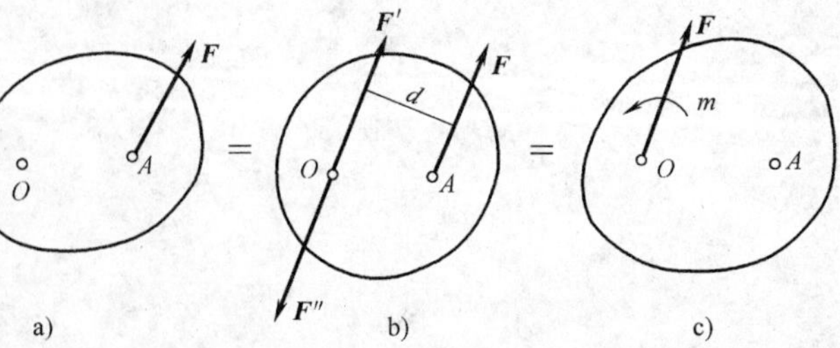

图　5-2

力的平移定理揭示了力对物体作用的两种效应：移动和转动。

利用力的平移定理可以分析和解决许多工程实际问题。例如用丝锥攻螺纹时，必须用双手操作（组成一个力偶），而不能用单手操作，否则丝锥就容易弯曲折断（图5-3）。在分析受偏心荷载的柱子变形情况时，可将力 $\boldsymbol{F}$ 平移至柱子轴线上变成力 $\boldsymbol{F}'$ 和附加力偶 M，力 $\boldsymbol{F}$ 使柱子压缩，力偶 M 使柱子弯曲（图5-4）。

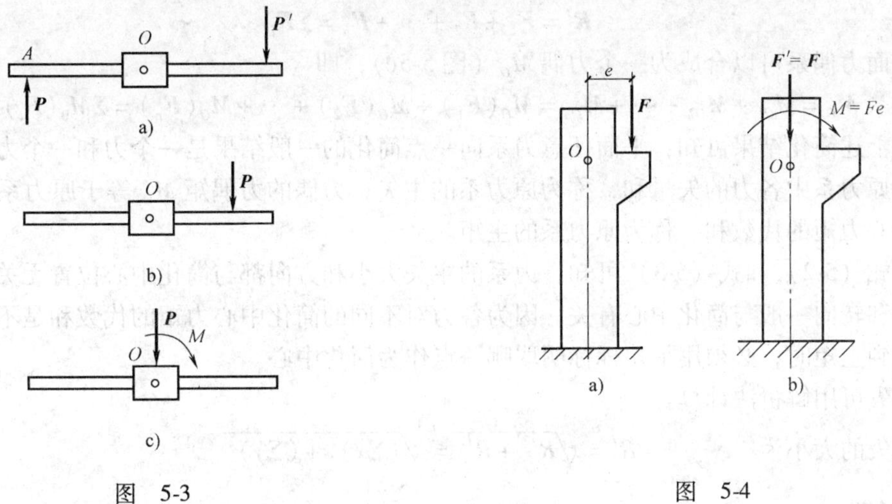

图　5-3　　　图　5-4

二、平面任意力系向一点简化

为了将平面任意力系合成，可利用力的平移定理，将平面任意力系中各力的作用线全部平移到力系作用面内某一定点 O，从而使力系被分解为一个平面汇交力系和一个平面力偶系。然后再分别求两个力系的合成结果。这种方法叫做平面力系向一点简化。点 O 称为简化中心。

设在刚体上 A_1，A_2，…，A_n 点分别作用一力 $\boldsymbol{F}_1$、$\boldsymbol{F}_2$，…，$\boldsymbol{F}_n$，如图5-5a所示。在力系作用平面内任取一点 O，作为简化中心，利用力的平移定理将各力分别向 O 点平移，每个力变为一个力 $\boldsymbol{F}_n'$ 和一个力偶 $M_{io}=m_o(\boldsymbol{F}_i)$。于是得到一个作用于 O 点的平面汇交力系 $\boldsymbol{F}_1'$，$\boldsymbol{F}_2'$，…，$\boldsymbol{F}_n'$ 和一个附加的平面力偶系 M_{O1}，M_{O2}，…，M_{On}（图5-5b）。这些附加力偶系的力偶矩分别等于原力系中各力对 O 点之矩，即

$$M_{O1}=M_O(\boldsymbol{F}_1),\ M_{O2}=M_O(\boldsymbol{F}_2),\cdots,M_{On}=M_O(\boldsymbol{F}_n)$$

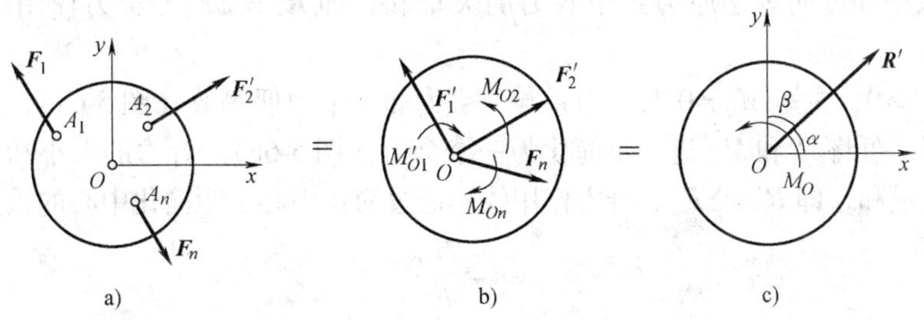

图　5-5

这两个基本力系对刚体的作用效应与原平面任意力系是相等的。于是，原平面任意力系就被分解为两个基本力系：平面汇交力系和平面力偶系。

平面汇交力系 $\boldsymbol{F}_1'$，$\boldsymbol{F}_2'$，…，$\boldsymbol{F}_n'$ 可以合成为一个合力 $\boldsymbol{R}'$，即

$$R' = F_1' + F_2' + \cdots + F_n'$$

因为 $F_1' = F_1$，$F_2' = F_2$，…，$F_n' = F_n$，则

$$R' = F_1 + F_2 + \cdots + F_n = \Sigma F_i \tag{5-2}$$

平面力偶系可以合成为一个力偶 M_O（图 5-5c），即

$$M_O = M_{O1} + M_{O2} + \cdots + M_{On} = M_O(F_1) + M_O(F_2) + \cdots + M_O(F_n) = \Sigma M_0(F_i) \tag{5-3}$$

由上述简化结果可知：平面任意力系向一点简化的一般结果是一个力和一个力偶，力矢 R'等于原力系中各力的矢量和，称为原力系的主矢；力偶的力偶矩 M_O 等于原力系中各力对简化中心力矩的代数和，称为原力系的主矩。

由式（5-2）和式（5-3）可知，力系的主矢大小和方向都与简化中心位置无关，而主矩的大小和转向一般与简化中心有关。因为各力对不同的简化中心力矩的代数和是不同的。因此，提到主矩时，必须用下角标标明取哪一点作为简化中心。

主矢可用解析法计算。

主矢的大小为 $$R' = \sqrt{R_x'^2 + R_y'^2} = \sqrt{(\Sigma x)^2 + (\Sigma y)^2} \tag{5-4}$$

方向为 $$\tan\alpha = \left|\frac{\Sigma y}{\Sigma x}\right|$$

主矩可直接用式（5-3）计算，即

$$M_O = \Sigma M_O(F_i) \tag{5-5}$$

三、平面任意力系的简化结果分析

平面任意力系向一点简化，一般可以得到一个力和一个力偶，应用力的平移定理，可以将力系进一步简化，得到一个力（图 5-6），称为平面任意力系的合力。平面任意力系的简化结果为以下三种可能的情况：

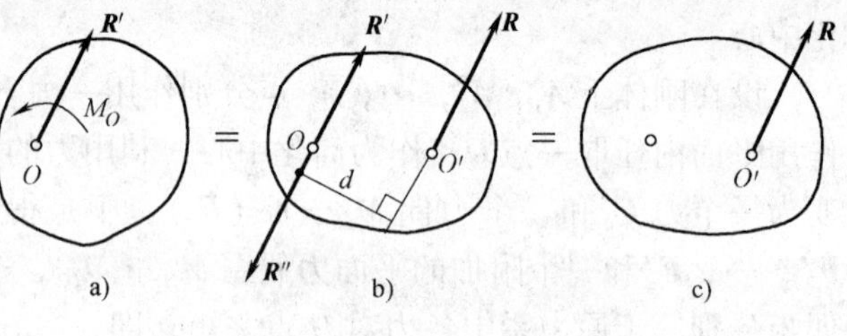

图 5-6

1. 简化为一个合力

当主矢 $R' \neq 0$，主矩 $M_O = 0$ 时，力系与一个力等效，即力系简化为一个合力。合力的大小和方向等于原力系中各力的矢量和，即 $R' = \Sigma F_n$。合力作用线通过简化中心。

当主矢 $R' \neq 0$，主矩 $M_O \neq 0$ 时，力系与一个力和一个力偶等效（图 5-6a），根据力的平移定理的逆过程，可将 R'和 M_O 进一步简化为一个合力（图 5-6c）。合力的大小和方向等于原力系中各力的矢量和，即 $R' = \Sigma F_n$。合力作用线不通过简化中心，距简化中心的垂直距离为

$$d = \frac{M_O}{R'} \tag{5-6}$$

2. 简化为一个合力偶

当主矢 $R' = 0$，主矩 $M_O \neq 0$，力系与一个力偶等效，即在力系可简化为一个合力偶。合力偶的力偶矩等于力系中各力对简化中心力矩的代数和，即 $M_O = \Sigma M_O(F_i)$。此时主矩与简化中心位置无关。

3. 力系处于平衡状态

当主矢 $R' = 0$，主矩 $M_O = 0$ 时，力系相当于没有力也没有力偶作用，即力系处于平衡状

态。

综上所述，平面任意力系简化的最后结果有三种：简化为一个合力；简化为一个力偶；力系处于平衡状态。

例 5-1　在一个弯管的对称平面内，作用着一个平面任意力系（图 5-7a），试求此力系的合成结果。

解：取 A 为简化中心，直角坐标系 Axy 如图 5-7b 所示。

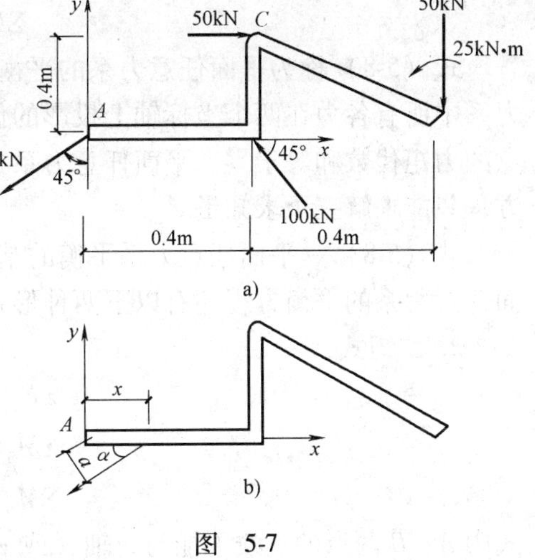

图　5-7

主矢 $\boldsymbol{R}'$在 x、y 轴上投影

$$R'_x = \Sigma F_{xi} = (-100\sin45° - 100\cos45° + 50)\text{kN} = -91.42\text{kN}$$

$$R'_y = \Sigma F_{yi} = (-100\cos45° + 100\sin45° - 50)\text{kN} = -50\text{kN}$$

主矢 R'大小为

$$R' = \sqrt{R'^2_x + R'^2_y} = \sqrt{(-91.42)^2 + (-50)^2}\text{kN} = 104.2\text{kN}$$

因为 R'_x与 R'_y均小于零，所以 R'指向左下方，其方位角

$$\tan\alpha = \left|\frac{R'_y}{R'_x}\right| = \left|\frac{-50}{-91.42}\right| = 0.5469$$

得 $\alpha = 28°41'$

力系向 A 点简化主矩为

$$M_A = \Sigma M_A(\boldsymbol{F}_i) = (100 \times 0.4\sin45° - 50 \times 0.4 - 50 \times 0.8 + 25)\text{kN} \cdot \text{m} = -6.72\text{kN} \cdot \text{m}$$

因为 $R''\neq0$，$M_0\neq0$，故力系最后简化不通过简化中心的合力 $\boldsymbol{R}$，合力到 A 点的垂直距离为

$$a = \left|\frac{M_A}{R'}\right| = \frac{6.72\text{kN} \cdot \text{m}}{104.2\text{kN}} = 0.06449\text{m}$$

第二节　平面任意力系的平衡方程及其应用

1. 基本形式

如果平面任意力系向任一点简化的主矢和主矩都等于零，则力系平衡。反之，若平面任意力系平衡，则其主矢和主矩都必须等于零。假如主矢和主矩有一个不等于零，则力系简化为一个力或一个力偶，力系就不能平衡。因此，平面任意力系平衡的充分必要条件是：力系的主矢和对任一点的主矩都等于零。即

$$\left.\begin{aligned} \boldsymbol{R}' &= 0 \\ M_O &= 0 \end{aligned}\right\} \tag{5-7}$$

因为　$R' = \sqrt{(\Sigma F_x)^2 + (\Sigma F_y)^2}$，$M_O = \Sigma M_O(\boldsymbol{F}_i)$

所以有

$$\left.\begin{aligned}\Sigma F_{xi}&=0\\ \Sigma F_{yi}&=0\\ \Sigma M_O(\boldsymbol{F}_i)&=0\end{aligned}\right\} \tag{5-8}$$

式（5-8）称为平面任意力系的平衡方程。因此，平面任意力系平衡的充分必要条件是：力系中所有各力在两个坐标轴上投影的代数和分别等于零；力系中所有各力对作用面内任一点的力矩代数和等于零。平面任意力系独立的平衡方程式有三个，利用平面任意力系的平衡方程只能求解三个求知量。

式（5-8）是平面任意力系平衡的基本形式，称为一矩式方程。在解决实际问题时，平面任意力系的平衡方程还有以下两种形式。

2. 二矩式

$$\left.\begin{aligned}&\Sigma F_x=0(\text{或}\ \Sigma F_y=0)\\ &\Sigma M_A(\boldsymbol{F}_i)=0\\ &\Sigma M_B(\boldsymbol{F}_i)=0\end{aligned}\right\} \tag{5-9}$$

式中 A、B 两点的连线不能与 x 轴（或 y 轴）垂直。

3. 三矩式

$$\left.\begin{aligned}\Sigma M_A(\boldsymbol{F}_i)&=0\\ \Sigma M_B(\boldsymbol{F}_i)&=0\\ \Sigma M_C(\boldsymbol{F}_i)&=0\end{aligned}\right\} \tag{5-10}$$

式中 A、B、C 三点不能在同一直线上。

平面任意力系的平衡方程有三种不同形式，在求解时可以根据不同情况选取其中任一种形式。其具体求解步骤如下：

（1）选取研究对象。根据已知条件和待求量，选择合适的物体为研究对象。

（2）画受力图。在研究对象的分离体图上画上全部外力。

（3）列平衡方程。选择适当的坐标轴和力矩中心，列出平衡方程。坐标轴应尽量选取与力系中多个未知力平行或垂直，矩心选在两个未知力交点上，尽量使一个方程只包含一个未知量，避免解联立方程。

（4）解方程，求未知量。

例 5-2 悬臂起重机如图 5-8a 所示。已知梁 AB 重 $P=10\text{kN}$，吊重 $P_1=30\text{kN}$。求铰链 A 的反力和杆 CB 所受的力。

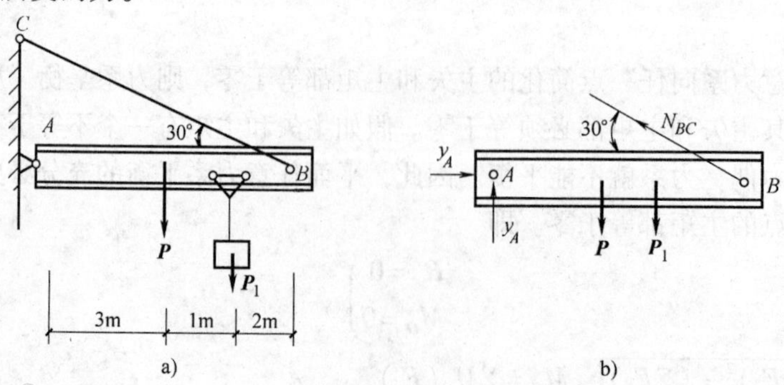

图 5-8

解：选梁 AB 为研究对象，画受力图如图 5-8b 所示。

由 $\Sigma M_A=0$，$-P\times3-\boldsymbol{P}_1\times4+N_{BC}\times6\sin30°=0$

得
$$N_{BC}=\frac{3P+4P_1}{6\sin30°}=\frac{3\times10+4\times30}{6\times0.5}\text{kN}=50\text{kN}$$

由 $\Sigma F_x=0$，$X_A-N_{BC}\cos30°=0$，

得
$$X_A=N_{BC}\cos30°=50\text{kN}\times0.860=43.3\text{kN}$$

由 $\Sigma F_y=0$，$F_{yA}-P-P_1+N_{BC}\sin30°=0$

得
$$F_{yA}=P+P_1-N_{BC}\sin30°=10\text{kN}+30\text{kN}-50\text{kN}\times0.5=15\text{kN}$$

例 5-3　已知简支梁 AB 受力如图 5-9 所示。已知：$P=40\text{kN}$，$q=20\text{kN/m}$。求 A、B 两支座的反力。

解：选梁 AB 为研究对象，画受力图如图 5-9 所示。

由 $\Sigma F_x=0$，$F_{xA}-P\cos60°=0$

$$F_{xA}=P\cos60°=40\text{kN}\times0.5=20\text{kN}$$

由 $\Sigma M_A=0$，$R_B\times6-P\sin60°\times2-2q\times5=0$

$$R_B=\frac{1}{6}(P\sin60°\times2+2q\times5)=(40\times0.86\times2+2\times20\times5)\text{kN}=44.88\text{kN}$$

由 $\Sigma F_y=0,F_{yA}+R_B-P\sin60°-2q=0$

$$F_{yA}=P\sin60°+2q-R_B=(40\times0.866+2\times20-44.88)\text{kN}=29.76\text{kN}$$

例 5-4　刚架受力如图 5-10 所示。已知 $P=10\text{kN},m=4\text{kN}\cdot\text{m}$,试求 A、B 处的支座反力。

解：选刚架为研究对象,画受力图如图 5-10 所示。

由 $\Sigma F_x=0,P-F_{xB}=0$

$$F_{xB}=P=10\text{kN}$$

由 $\Sigma M_A=0$，$-P\times3-m+F_{yB}\times3=0$

$$F_{yB}=\frac{3P+m}{3}=11.33\text{kN}$$

由 $\Sigma F_y=0,R_A+F_{yB}=0$

$$R_A=F_{yB}=-11.331\text{kN}$$

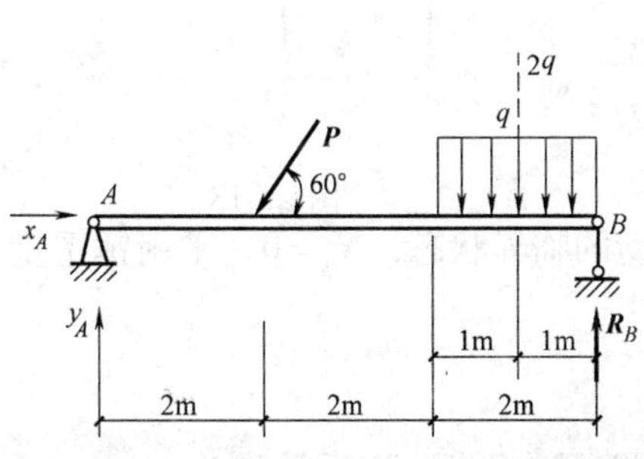

图　5-9

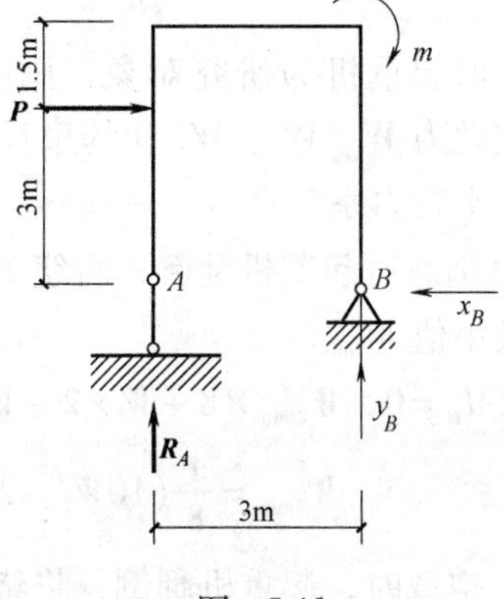

图　5-10

第三节 平面平行力系的平衡方程及其应用

若平面力系中各力作用线相互平行，这样的力系称为平面平行力系。平面平行力系是平面任意力系的特殊情况。根据平面任意力系的平衡方程式（5-8）和式（5-9），若取 x 轴垂直于各力的作用线，y 轴平行于各力作用线（图 5-11）。显然 $\Sigma F_x \equiv 0$。因此，平面平行力系的平衡方程为

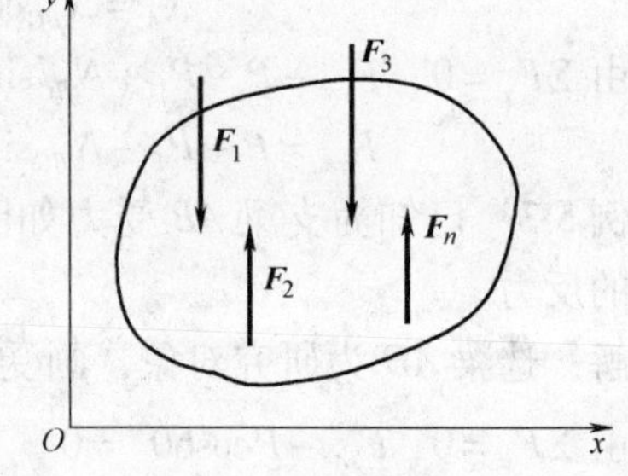

图 5-11

1. 一矩式方程

$$\left.\begin{aligned}\Sigma F_y &= 0\\ \Sigma M_0(\boldsymbol{F}_i) &= 0\end{aligned}\right\} \tag{5-11}$$

2. 二矩式方程

$$\begin{aligned}\Sigma M_A(\boldsymbol{F}_i) &= 0\\ \Sigma M_B(\boldsymbol{F}_i) &= 0\end{aligned} \tag{5-12}$$

式中 A、B 两点连线不能与各力作用线平行。

平面平行力系独立的平衡方程式只有两个，利用这两个方程只能求解两个未知量。

例 5-5 外伸梁如图 5-12 所示。试求支座 AB 的约束反力。

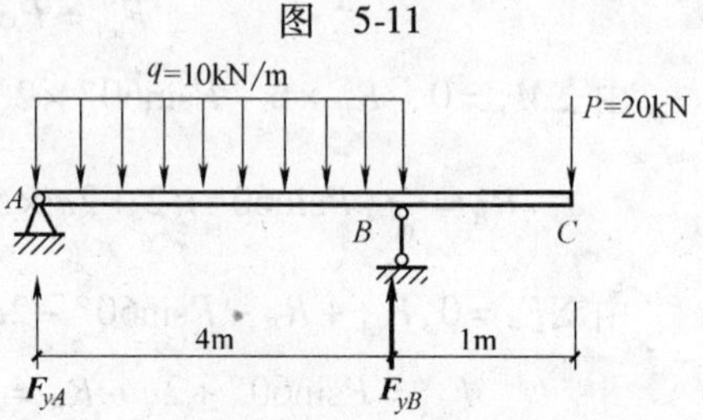

图 5-12

解： 取梁 AB 为研究对象，画受力图如图 5-12 所示。

由 $\Sigma M_A = 0$，$F_{yB} \times 4 - q \times 4 \times 2 - P \times 5 = 0$

$$F_{yB} = \frac{1}{4}(q \times 4 \times 2 + P \times 5) = \frac{1}{4}(10 \times 4 \times 2 + 20 \times 5)\text{kN}$$

$$= 45\text{kN}$$

由 $\Sigma F_y = 0, F_{yA} + F_{yB} - 4q - P = 0$

$$F_{yA} = 4q + P - F_{yB} = (4 \times 10 + 20 - 45)\text{kN} = 15\text{kN}$$

例 5-6 塔式起重机如图 5-13 所示。机架自重 $W = 700\text{kN}$，最大起重量 $W_1 = 200\text{kN}$，平衡锤重 W_2。为保证起重机在满载和空载时都不翻倒，试求平衡锤的重量范围。

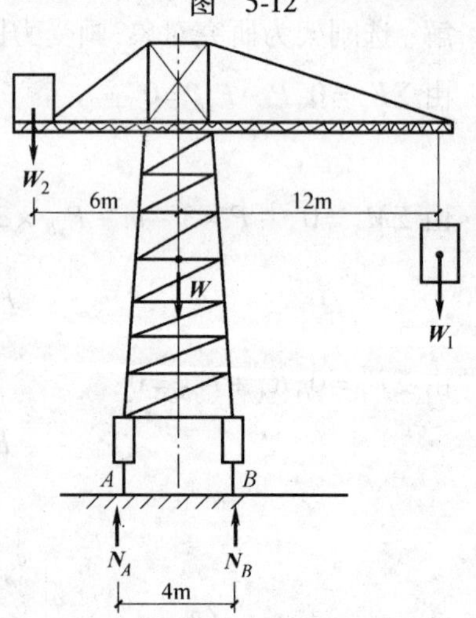

图 5-13

解： 取起重机为研究对象，画受力图如图 5-13 所示。主动力 $\boldsymbol{W}$、$\boldsymbol{W}_1$、$\boldsymbol{W}_2$ 和约束反力 $\boldsymbol{N}_A$、$\boldsymbol{N}_B$ 组成一个平面平行力系。

（1）满载时起重机翻倒，将绕 B 点转动。在平衡的临界状态，$N_A = 0$，平衡锤重量达到允许的最小值 $W_{2\min}$。

由 $\Sigma M_B = 0$，$W_{2\min} \times 8 + W \times 2 - W_1 \times 10 = 0$

$$W_{2\min} = \frac{1}{8}(10W_1 - 2W) = \frac{1}{8}(10 \times 200 - 2 \times 700)\text{kN} = 75\text{kN}$$

（2）空载时，起重机翻倒，将绕 A 点转动。在平衡临界状态，$N_B = 0$，平衡锤重量达到

允许的最大值 W_{2max}。

由 $\Sigma M_A=0$，$W_{2max}\times4-W\times2=0$

$$W_{2max}=\frac{1}{2}W=\left(\frac{1}{2}\times700\right)kN=350kN$$

因此，要保证起重机在满载和空载均不致翻倒，平衡锤重 W_2 的范围为

$$75kN\leqslant W_2\leqslant350kN$$

例 5-7　外伸梁如图 5-14 所示。已知 $q=20kN/m$，$P=20kN$，$M=8kN\cdot m$，$a=0.8m$，求支座 A、B 的约束反力。

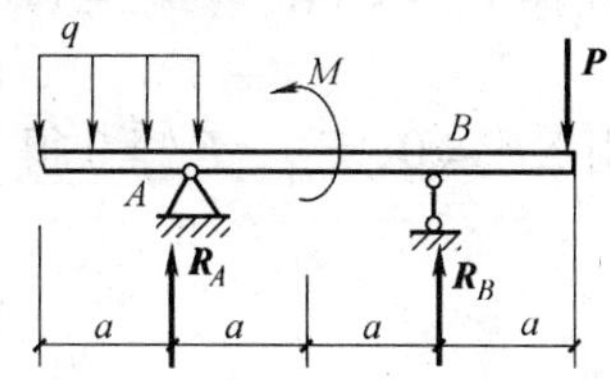

图　5-14

解： 取梁 AB 为研究对象，画受力图如图 5-14 所示。

由 $\Sigma M_A=0$ 得

$$\frac{1}{2}qa^2+m-3Pa+R_B\times2a=0$$

$$R_B=\frac{1}{2a}\left(3Pa-\frac{1}{2}qa^2-m\right)=\frac{1}{2\times0.8}\left(3\times20\times0.8-\frac{1}{2}\times20\times0.8^2-8\right)kN=21kN$$

$$\Sigma F_y=0,\ R_A+R_B-qa-P=0$$

$$R_A=p+qa-R_B=(20+20\times0.8-21)kN=15kN$$

第四节　物体系的平衡及桁架内力计算

由若干物体通过一定的约束方式联接而成的系统，称为物体系。当物体系平衡时，系统中的每一个物体或每一部分物体也都是平衡的。所以在求解物体系的平衡问题时，可以取整个物体为研究对象，也可以取其中某一个物体或某一部分物体为研究对象，然后分别列出相应的平衡方程，求解所求的未知量。

例 5-8　组合梁荷载和尺寸如图 5-15a 所示。求支座 A、C 及铰链 B 处的约束反力。

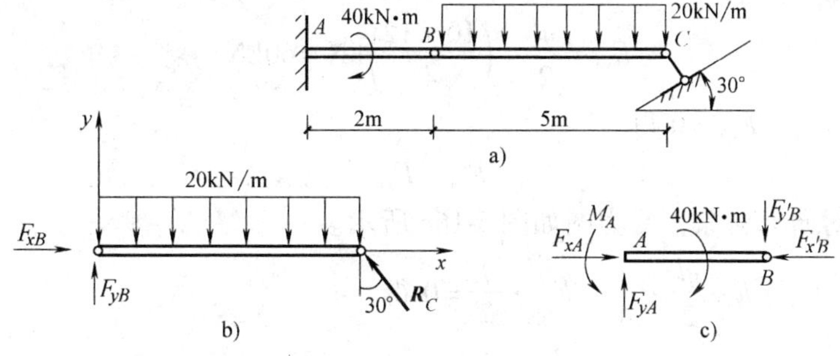

图　5-15

解：(1) 取 BC 为研究对象，画受力图如图 5-15b 所示。

由 $\Sigma M_B=0$，$R_C\cos30°\times5-20\times5\times2.5=0$ 得

$$R_C=57.74kN$$

由 $\Sigma F_x=0$，$F_{xB}-R_C\sin30°=0$ 得

$$F_{xB}=28.87\text{kN}$$

由 $\Sigma F_y=0$，$F_{yB}+R_C\cos30°-20\times5=0$ 得

$$F_{yB}=50\text{kN}$$

（2）取 AB 为研究对象，画受力图如图 5-15c 所示。

由 $\Sigma F_x=0$，$F_{xA}=F'_{xB}=0$ 得

$$F_{xA}=F'_{xB}=F_{xB}=28.87\text{kN}$$

由 $\Sigma F_y=0$，$F_{yA}-F'_{yB}=0$ 得

$$F_{yA}=F'_{yB}=F_{yB}=50\text{kN}$$

$$\Sigma M_A=0,\ M_A-40-F'_{yB}\times2=0$$

$$M_A=140\text{kN}\cdot\text{m}$$

例 5-9 三铰刚架荷载及尺寸如图 5-16a 所示。已知 $q=10\text{kN/m}$，$l=12\text{m}$，$h=6\text{m}$，求支座 A、B 及铰链 C 处的约束反力。

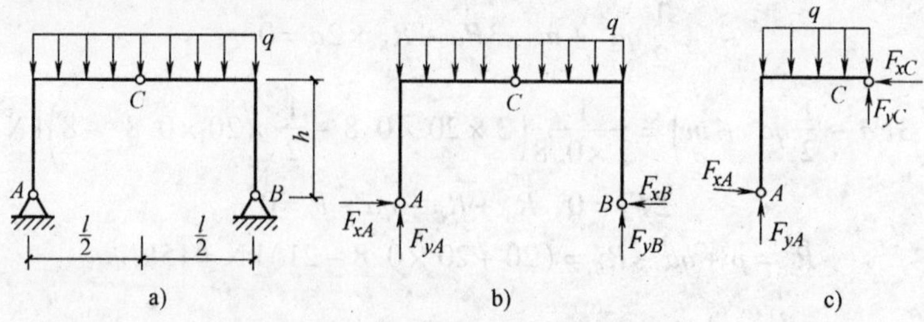

图 5-16

解：（1）取整体为研究对象，受力图如图 5-16b 所示

由 $\Sigma M_A=0-F_{yB}l-ql\times\dfrac{l}{2}=0$ 得

$$F_{yB}=\frac{ql}{2}=\left(\frac{1}{2}\times10\times12\right)\text{kN}=60\text{kN}$$

$$\Sigma M_B=0,\ F_{yA}\times l+ql\cdot\frac{l}{2}=0$$

$$F_{yA}=\frac{ql}{2}=\left(\frac{10\times12}{2}\right)\text{kN}=60\text{kN}$$

由 $\Sigma F_x=0$，$F_{xA}-F_{xB}=0$ 得

$$F_{xA}=F_{xB}$$

（2）取 AC 对研究对象，受力图如图 5-16c 所示。

由 $\Sigma M_C=0$，$F_{xA}\cdot h+\dfrac{ql}{2}\cdot\dfrac{l}{4}-F_{yA}\cdot\dfrac{l}{2}=0$ 得

$$F_{xA}=\frac{F_{yA}\times\frac{l}{2}-\frac{ql^2}{8}}{h}=\left(\frac{60\times6-\frac{1}{8}\times10\times12^2}{6}\right)\text{kN}=30\text{kN}$$

因 $F_{xB}=F_{xA}$

所以 $F_{xB}=30\text{kN}$

由 $\Sigma F_x=0$，$F_{xA}-F_{xC}=0$ 得

$$F_{xC} = F_{xA} = 30\text{kN}$$

由 $\Sigma F_y = 0$，$F_{yA} + F_{yC} - \frac{ql}{2} = 0$ 得

$$F_{yC} = \frac{ql}{2} - F_{yA} = \left(\frac{10 \times 12}{2} - 60\right)\text{kN} = 0$$

例 5-10 起重机架荷载及尺寸如图 5-17a 所示。已知 $P = 10\text{kN}$。求固定端 A 和铰链 B、D、E 处的约束反力。

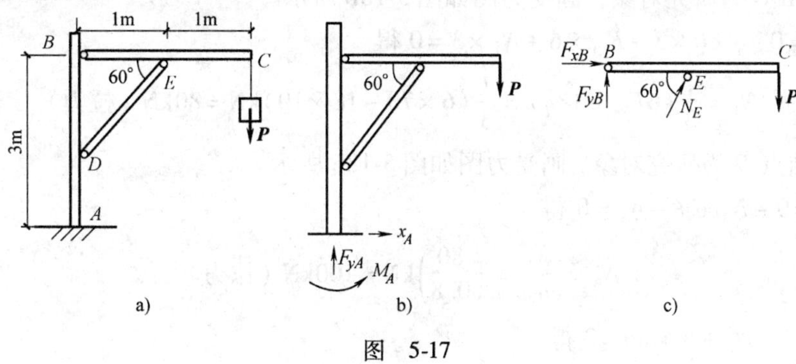

图 5-17

解:（1）取整体为研究对象，画受力图，如图 5-17b 所示。

由 $\Sigma F_x = 0$，得 $F_{xA} = 0$

由 $\Sigma F_y = 0$，$F_{yA} - P = 0$ 得

$$F_{yA} = P = 10\text{kN}$$

由 $\Sigma M_A = 0$，$M_A - 2P = 0$ 得

$$M_A = 2P = 20\text{kN} \cdot \text{m}$$

（2）取 BC 为研究对象，画受力图如图 5-17c 所示。

由 $\Sigma M_B = 0$，$N_E \sin 60° \times 1 - P \times 2 = 0$ 得

$$N_E = \frac{2P}{\sin 60°} = \frac{2 \times 10}{0.866}\text{kN} = 23.1\text{kN}$$

由 $\Sigma F_x = 0$，$F_{xB} + N_E \cos 60° = 0$ 得

$$F_{xB} = -N_E \cos 60° = (23.1 \times 0.5)\text{kN} = -11.55\text{kN}$$

由 $\Sigma M_E = 0$，$F_{yB} \times 1 + P \times 1 = 0$ 得

$$F_{yB} = -P = -10\text{kN}$$

例 5-11 在图 5-18 所示的组合结构中，已知 $P = 60\text{kN}$，$q = 10\text{kN/m}$，求支座 A、B 的约束反力及链杆 1、2、3 的受力。

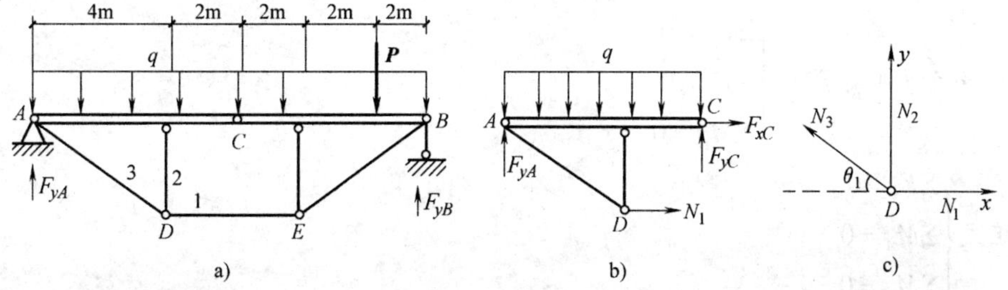

图 5-18

解:(1)取整体为研究对象,画受力图如图 5-18a 所示。

由 $\Sigma M_B=0$,$F_{yA}\times12+q\times12\times6+P\times2=0$ 得

$$F_{yA}=\frac{1}{12}(72q+2P)=\frac{1}{12}(72\times10+60\times2)\text{kN}=70\text{kN}$$

由 $\Sigma F_y=0$,$F_{yA}+F_{yB}-12q-P=0$ 得

$$F_{yB}=12q+P-F_{yB}=(12\times10+60-70)\text{kN}=110\text{kN}$$

(2)取 ADC 为研究对象,画受力图如图 5-18b 所示。

由 $\Sigma M_C=0$,$q\times6\times3-F_{yA}\times6+N_1\times3=0$ 得

$$N_1=\frac{1}{3}(6F_{yA}-18q)=\frac{1}{3}(6\times70-18\times10)\text{kN}=80\text{kN}\ (拉力)$$

(3)取结点 D 为研究对象,画受力图如图 5-18c 所示。

由 $\Sigma F_x=0-N_3\cos\theta+N_1=0$ 得

$$N_3=\frac{N_1}{\cos\theta}=\left(\frac{80}{0.8}\right)\text{kN}=100\text{kN}\ (拉力)$$

由 $\Sigma F_y=0$,$N_2+N_3\sin\theta=0$ 得

$$N_2=-N_3\sin\theta=\left(-100\times\frac{3}{5}\right)\text{kN}=-60\text{kN}\ (压力)$$

小　结

(1)一个定理:力的平移定理。力的平移定理说明,将一个力搬到另外一点,就变成一个力和一个力偶。反过来,一个力和一个力偶可以合成为另一点的一个力。

(2)一种方法,两个结果:向一点简化方法。平面任意力系向一点简化,一般可得到作用于简化中心的一个力和一个力偶。这个力的大小,等于原力系中各力的矢量和(称为原力系的主矢),与简化中心位置无关;这个力偶的力偶矩,等于原力系中各力对简化中心力矩的代数和(称为原力系的主矩),一般与简化中心位置有关。

(3)三种情况:平面任意力系的最后简化结果:①合力;②合力偶;③平衡。

(4)两个条件,三个方程,三种形式:

平衡条件:

$$\left.\begin{aligned}\boldsymbol{R}'&=0\\M_O&=0\end{aligned}\right\}$$

基本形式(一矩式) $\begin{cases}\Sigma F_x=0\\\Sigma F_y=0\\\Sigma M_O=0\end{cases}$

二矩式 $\begin{cases}\Sigma F_x=0\\\Sigma M_A=0\\\Sigma M_B=0\end{cases}$

其中 A、B 连线不能与 x 轴垂直。

三矩式$\begin{cases}\Sigma M_A=0\\ \Sigma M_B=0\\ \Sigma M_C=0\end{cases}$

其中A、B、C点不在同一直线上。

平面任意力系独立的平衡方程只有三个，利用它只能求解三个未知量。

（5）平面平行力系的平衡方程有两种形式、两个方程：

$$\begin{cases}\Sigma F_y=0\\ \Sigma M_O=0\end{cases}\quad 或 \quad\begin{cases}\Sigma m_A=0\\ \Sigma m_B=0\end{cases}$$

其中A、B两点连线不能与各力的作用线平行。

平面平行力系只有两个独立的平衡方程，利用它只能求解两个未知量。

（6）一个问题：物体系的平衡问题。抓住两个关键词："拆开"，"桥梁"。将物体系从相互连接的约束处拆开，在拆开处代之以相应的约束反力。这样，就将一个复杂的不便求解的物体系变成几个简单的便于求解的单个物体。在单个物体的受力图上，拆开处的约束反力符合作用-反作用关系，因此它是顺次求解未知力的"桥梁"。拆开处的约束反力在前一个物体上是已知的可以求解的未知力，到下一个物体上就成为已知力了。

思　考　题

5-1　将图示力$\boldsymbol{F}$向A、B两点平移后，附加力偶沿什么方向？

5-2　图示力$\boldsymbol{F}$与力偶m的合力大小是多少？合力作用线在O点哪一侧？

思考题5-1图　　　　思考题5-2图

5-3　图示平面力系为多边形封闭，力系是否平衡？

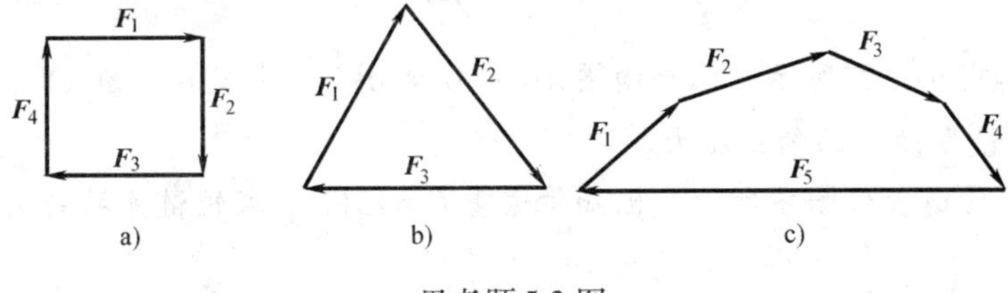

思考题5-3图

5-4　图示四个力$F_1=F_2=F_3=F_4$，力系向A、B两点简化结果是什么？两者是否等效？

5-5　图示平面平行力系最后简化结果是什么？是否与简化中心无关？

5-6　平面汇交力系的平衡方程能否用一矩式或二矩式，如果能用，需附加什么条件？

5-7　平面任意力系向A点简化主矢为$\boldsymbol{R}'$，主矩为M_A。在下列四种情况下，该力系向另外一点B简化结果是什么？

（1）$\boldsymbol{R}'\neq0$，$M_A=0$；（2）$\boldsymbol{R}'\neq0$，$M_A\neq0$；（3）$\boldsymbol{R}'=0$，$M_A\neq0$；（4）$\boldsymbol{R}'=0$，$M_A=0$。

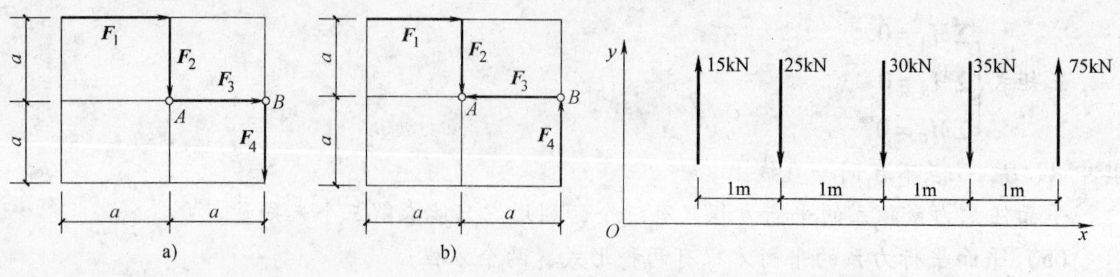

思考题 5-4 图　　　　思考题 5-5 图

5-8　刚体受力如图所示，当力系满足方程 $\Sigma F_y=0$，$\Sigma M_A=0$，$\Sigma M_B=0$ 或满足 $\Sigma M_0=0$，$\Sigma M_A=0$，$\Sigma M_B=0$，刚体是否一定能平衡？

5-9　平面任意力系如图所示，下列哪些方程是不正确的？

(1) $\begin{cases}\Sigma F_x=0\\ \Sigma F_y=0\\ \sum M_A=0\end{cases}$　(2) $\begin{cases}\Sigma F_y=0\\ \sum M_A=0\\ \sum M_B=0\end{cases}$　(3) $\begin{cases}\Sigma F_x=0\\ \sum M_A=0\\ \sum M_C=0\end{cases}$　(4) $\begin{cases}\Sigma M_A=0\\ \sum M_B=0\\ \sum M_C=0\end{cases}$　(5) $\begin{cases}\Sigma M_A=0\\ \sum M_B=0\\ \sum M_D=0\end{cases}$

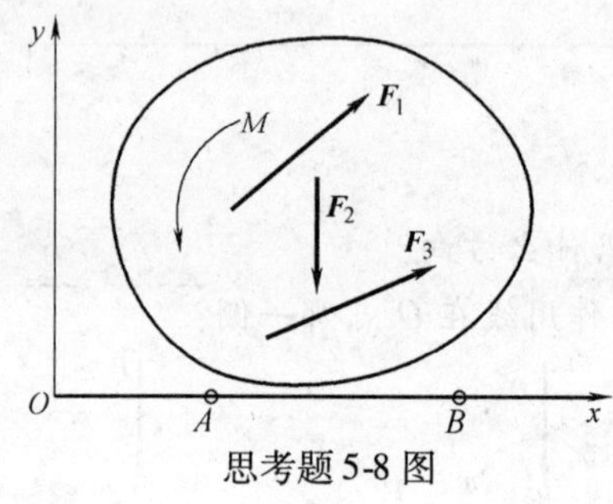

思考题 5-8 图

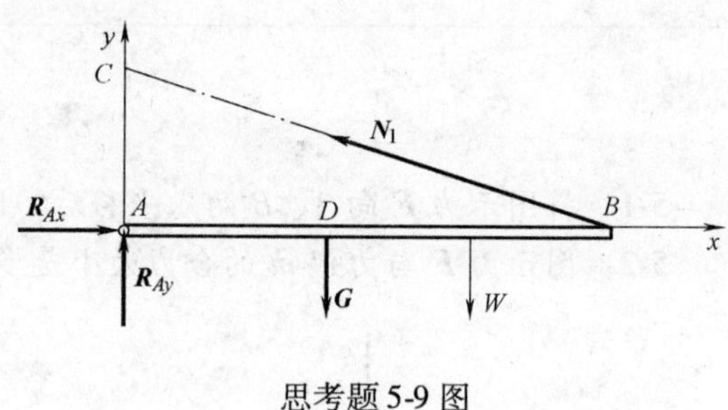

思考题 5-9 图

5-10　平衡方程 $\Sigma F_x=0$，$\Sigma M_A=0$，$\Sigma M_B=0$，适用于什么力系？需附加什么条件？

5-11　平衡方程 $\Sigma M_A=0$，$\Sigma M_B=0$，适用于什么力系？需附加什么条件？

习　题

5-1　悬臂起重机如图所示。已知横梁 AB 重 $G=10\text{kN}$，吊重 $G_1=80\text{kN}$。试求钢索 BC 所受的拉力和固定铰支座 A 的约束反力。

5-2　三角形管道支架如图所示。已知管道重 $P=15\text{kN}$。求铰链 A 的约束反力和杆 BC 所受的力。

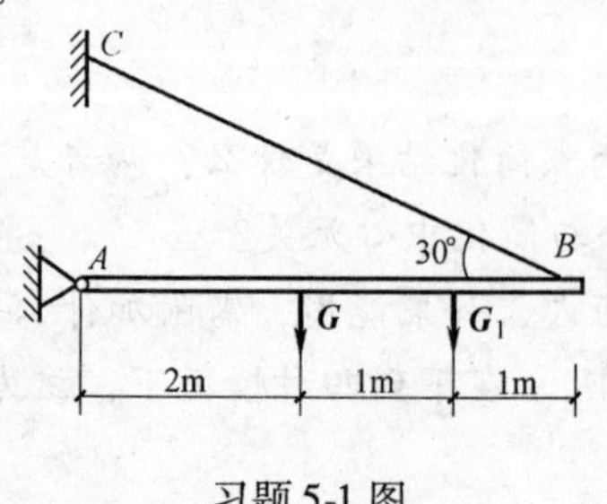

习题 5-1 图

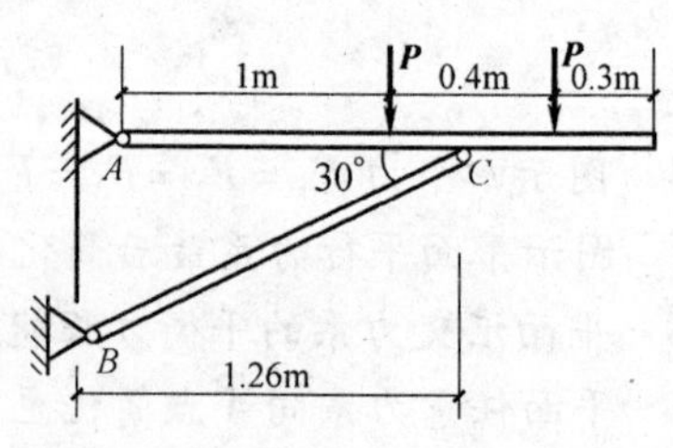

习题 5-2 图

5-3　外伸梁如图所示。已知 $P=20\text{kN}$，$M=15\text{kN}\cdot\text{m}$，不计梁自重，求 A、B 两支座的约束反力。

5-4　简支梁如图所示。已知 $P=20\text{kN}$，$q=10\text{kN/m}$，不计自重，求 A、B 两支座的约束反力。

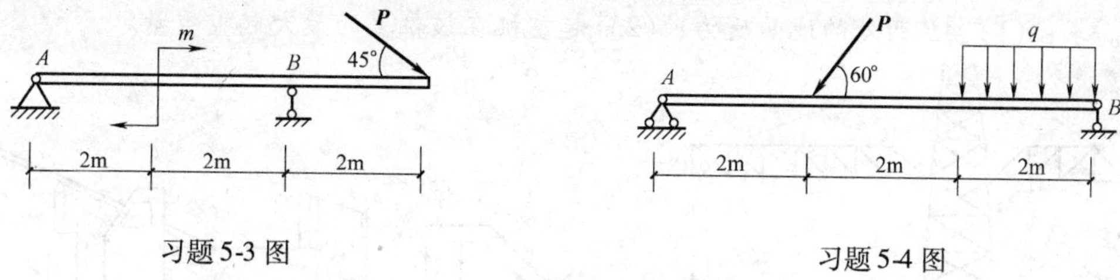

习题 5-3 图　　习题 5-4 图

5-5　已知平面任意力系 $F_1=50\text{kN}$，$F_2=60\text{kN}$，$F_3=50\text{kN}$，$F_4=80\text{kN}$，各力方向如图所示，各力作用点的坐标依次是 A_1(200，200)，A_2(300，100)，A_3(400，400)，A_4(0，0)，求该力系的简化结果。

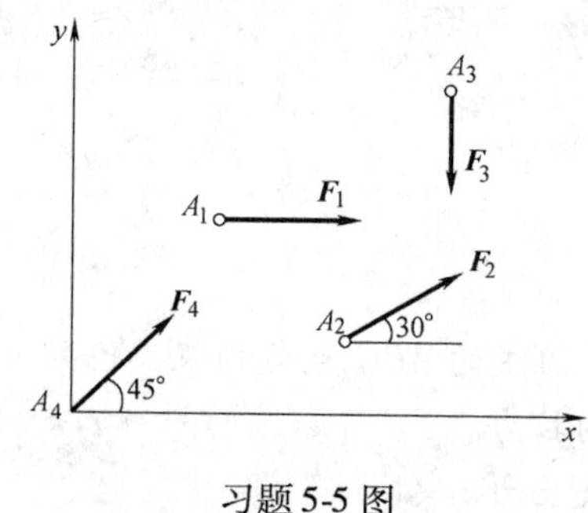

习题 5-5 图

5-6　试求图示各梁的支座反力。

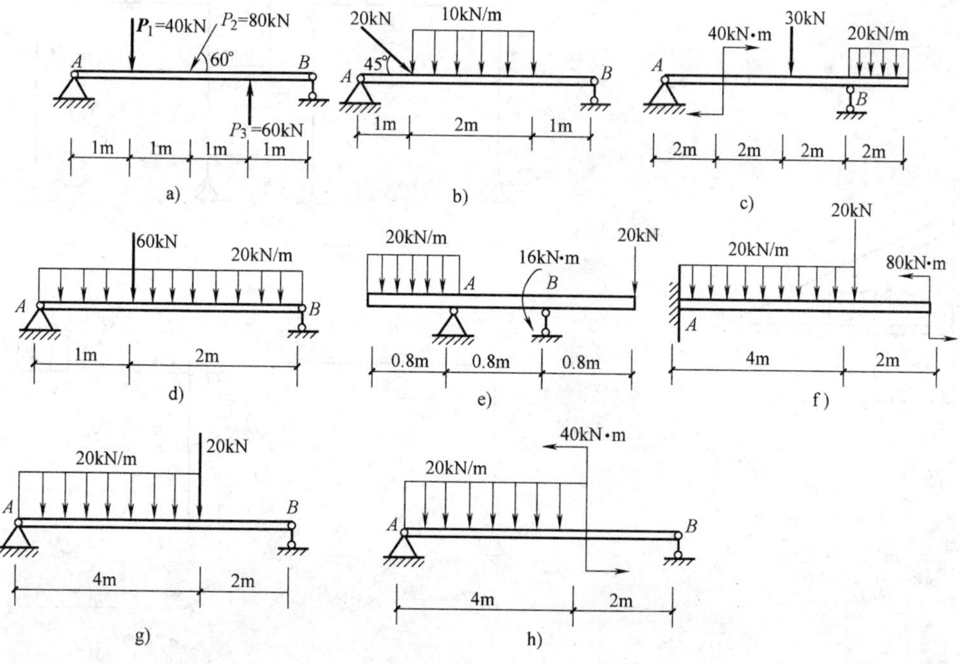

习题 5-6 图

5-7 塔式起重机如图所示。机身重 $G=100\text{kN}$，最大起吊重量 $P=36\text{kN}$，$l=10\text{m}$，$b=0.6\text{m}$，$a=3\text{m}$，$c=4\text{m}$，欲使起重机满载不向右翻倒，空载不向左翻倒，求相应平衡锤重 θ 的大小。

5-8 汽车式起重机在图示位置保持平衡。已知起重重量 $Q=10\text{kN}$，起重机自重 $W=70\text{kN}$。求：(1) AB 两处的地面反力；(2) 起重机在该位置的最大起重重量。

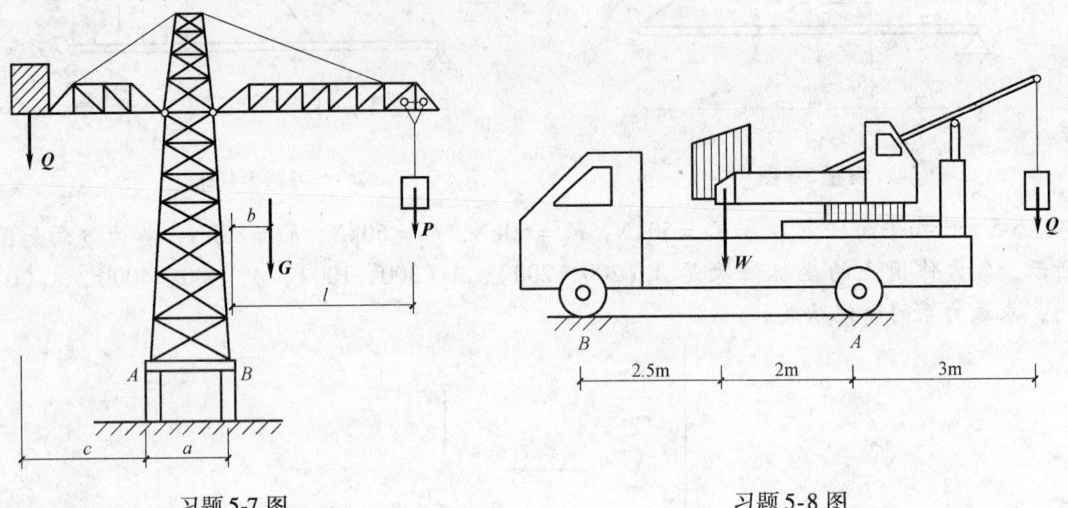

习题 5-7 图　　习题 5-8 图

5-9 由钢杆 AB 和钢索 BC 组成的 ABC 直角构架，已知 AB 钢杆上承受重物 $W=50\text{kN}$，求 A 处的约束反力和钢索 BC 的拉力。

5-10 求图示各刚架的支座反力。

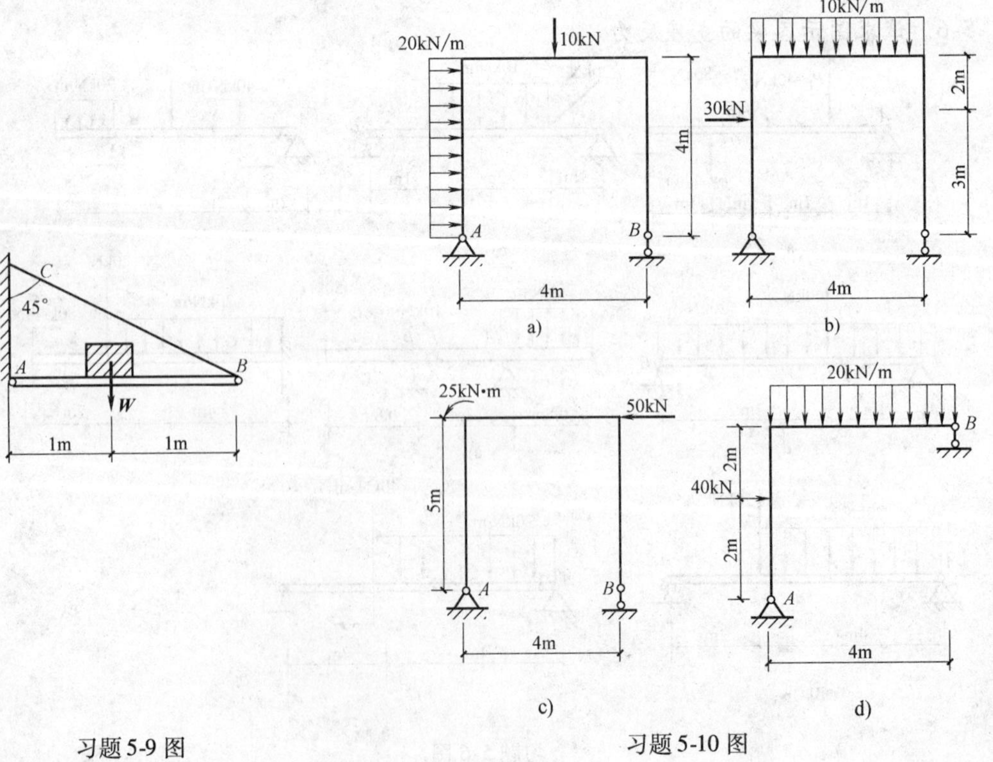

习题 5-9 图　　习题 5-10 图

5-11　图示为一个三角把架，在横杆上 D 点作用的荷载 $P=10\text{kN}$，求 A、B 处的支座反力。

5-12　滑轮架如图所示。已知：滑轮半径 $r=100\text{mm}$，$BO=400\text{mm}$，$AO=200\text{mm}$，$\alpha=45°$，挂重 $W=1800\text{N}$。求铰 A 反力和 BC 杆所受的力。

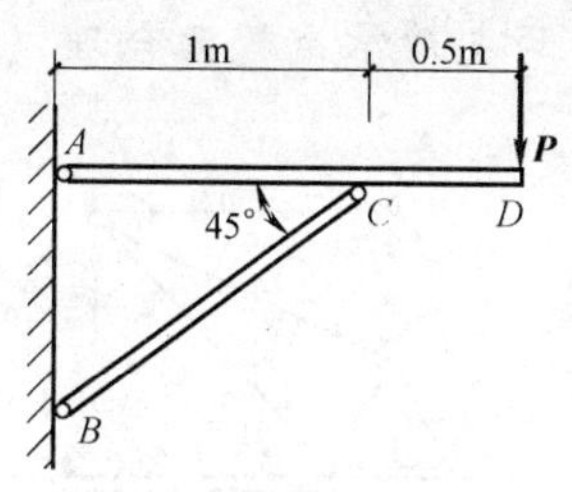

习题 5-11 图

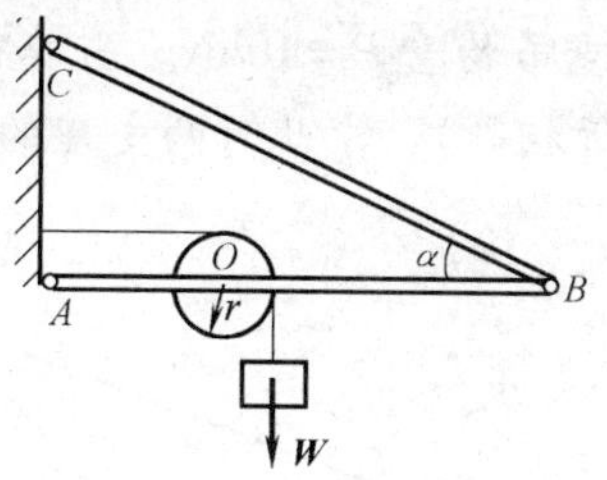

习题 5-12 图

5-13　挡土墙自重 $W=400\text{kN}$，土压力 $F=320\text{kN}$，水压力 $F_H=176\text{kN}$，试求这些力向底边中点 O 的简化结果，并求合力作用线位置。

5-14　起重机如图所示。已知吊杆 AB 长 10m，重量 $G=10\text{kN}$，起吊重量 $Q=30\text{kN}$，$\alpha=45°$，$\beta=30°$，求钢索 BC 拉力和铰 A 的支座反力。

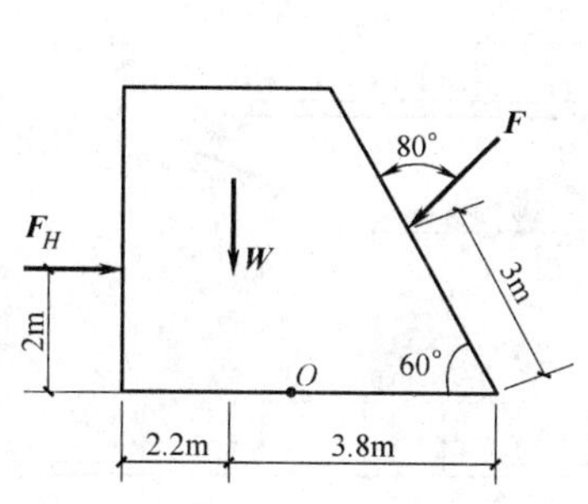

习题 5-13 图

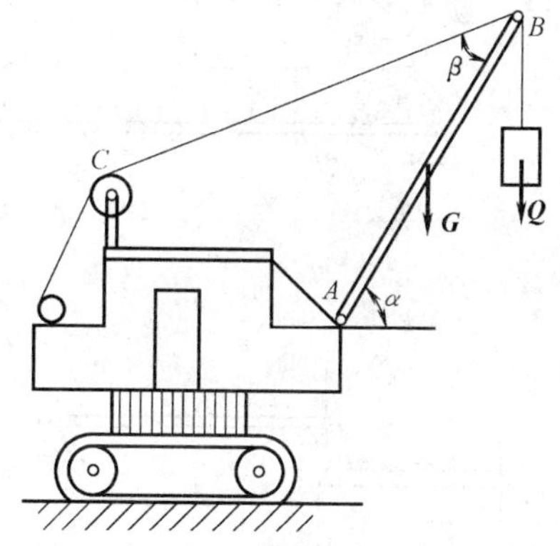

习题 5-14 图

5-15　叉车自重 $G_1=52\text{kN}$，起吊重量为 G，尺寸如图所示。试问：(1) G 和 x 应满足什么条件时，才能保证叉车不绕 A 逆时针转动；(2) 当 $G=30\text{kN}$，$x=400\text{mm}$ 时，求地面对轮 A、B 的约束反力。

5-16　起重机如图所示。已知自重 $P=10\text{kN}$，吊重 $P_1=40\text{kN}$，求支座 A、B 的约束反力。

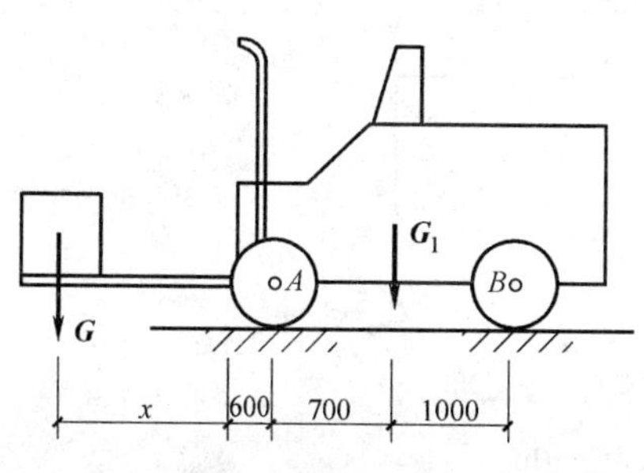

习题 5-15 图

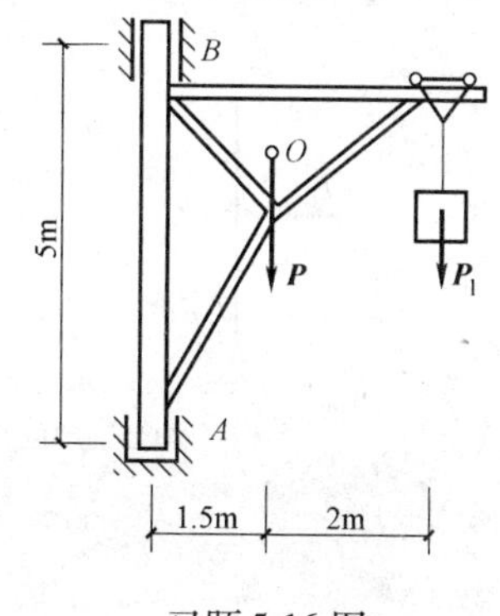

习题 5-16 图

5-17 在安装设备用起重机扒杆如图所示。已知：起重扒杆 AB 重 $G=1.8\text{kN}$，提升设备重 $G_1=20\text{kN}$。求绳索 AC 的拉力和铰 B 处的约束反力。

5-18 如图所示，跨长为 10m 的简支梁 AC 上铺设起重机轨道。已知起重机总重 $W=50\text{kN}$，起重吊物重 $P=10\text{kN}$。当其行走至 x 为多少米时，两支座承重较为合理（两支座支座反力接近相等），求此时两支座的支座反力。

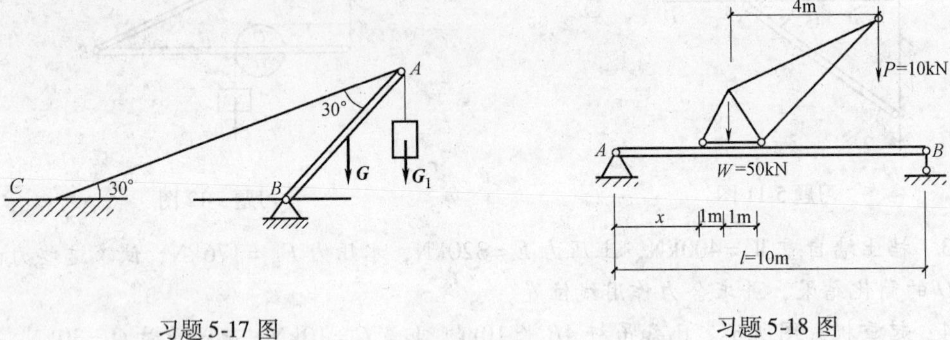

习题 5-17 图　　　　习题 5-18 图

5-19 静定多跨梁的荷载和尺寸如图所示，求支座反力和中间铰的约束反力。

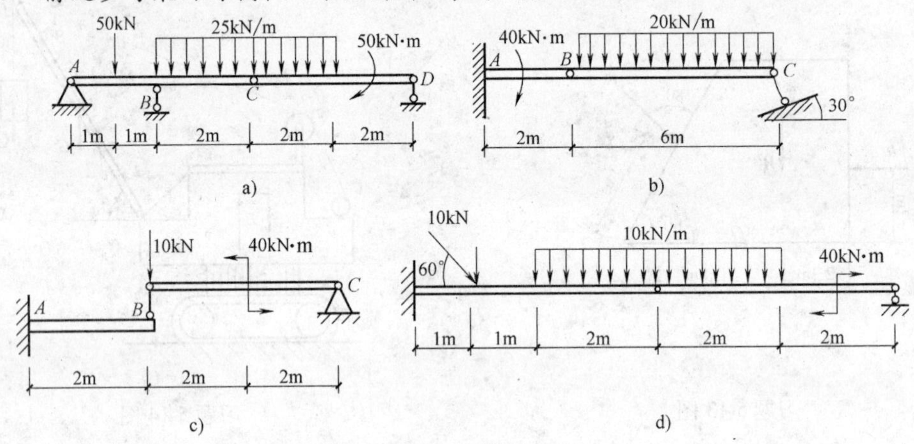

习题 5-19 图

5-20 三铰刚架如图所示，已知：图 a $F_1=100\text{kN}$，$F_2=60\text{kN}$；图 b $q=15\text{kN/m}$，$P=60\text{kN}$。求 A、B 支座和中间铰 C 的约束反力。

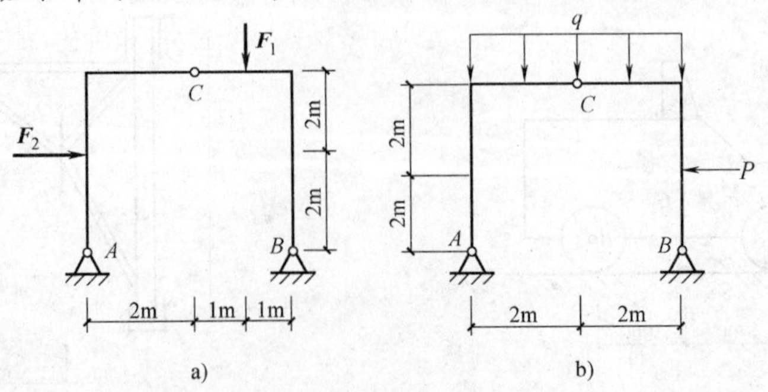

习题 5-20 图

第六章　空间力系与重心

内容提要： 本章介绍力在空间直角坐标轴上的投影和力对轴之矩，空间力系的平衡方程和物体重心的计算。

力系中各力作用线不在同一平面内，这样的力系称为空间力系。如同平面力系一样，空间力系按其各力作用线的相互关系，也可以分为空间汇交力系（各力作用线汇交于一点，如图 6-1a 所示）、空间平行力系（如图 6-1b 所示，各力作用线相互平行）和空间任意力系（如图 6-1c 所示，各力作用线任意分布）。

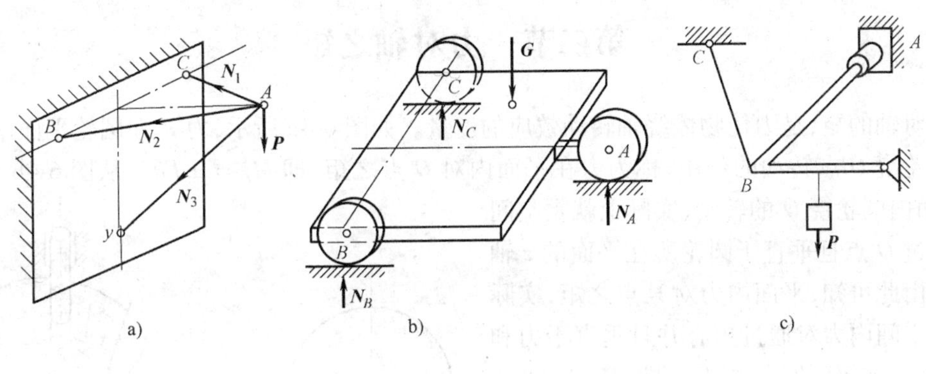

图　6-1

第一节　力在空间直角坐标轴上的投影

力在空间坐标轴上的投影与力在平面坐标轴上的投影概念相同。根据已知条件不同，力在空间坐标轴上的投影有两种计算方法，即直接投影法和二次投影法。

一、直接投影法

如图 6-2 所示，已知力 $\boldsymbol{F}$ 作用线与空间直角坐标 x、y、z 三个坐标轴正向夹角分别为 α、β、γ，则力 $\boldsymbol{F}$ 在三个坐标轴上的投影 F_x、F_y、F_z 分别为

$$\left.\begin{aligned}F_x&=F\cos\alpha\\F_y&=F\cos\beta\\F_z&=F\cos\gamma\end{aligned}\right\}\tag{6-1}$$

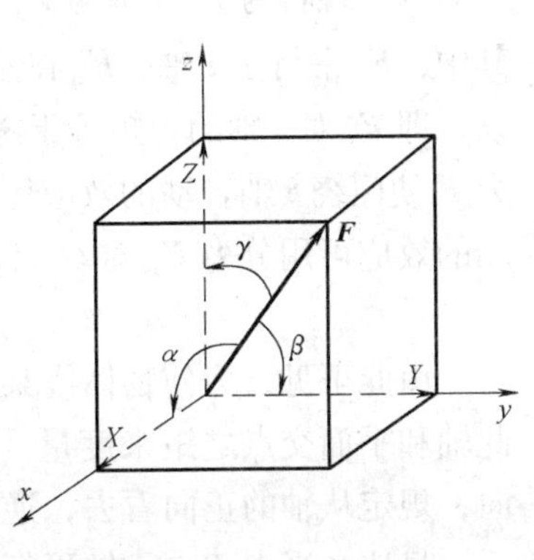

图　6-2

与平面上的情况相同，规定当力矢量的指向与坐标轴正向一致时，投影取正号；相反时，取负号。

二、二次投影法

如图 6-3 所示，已知力 $\boldsymbol{F}$ 与 z 轴夹角 γ，力 $\boldsymbol{F}$ 在 x、y 平

面上的投影 F_{xy} 与 x 轴夹角 ϕ，则可采用二次投影法，先将力 $\boldsymbol{F}$ 投影到 z 轴和 xy 平面上，分别得到 F_z 和 F_{xy}，然后再将 F_{xy} 投影到 x、y 轴上，得

$$\begin{aligned} F_x &= F\cos\phi\sin\gamma \\ F_y &= F\sin\phi\sin\gamma \\ F_z &= F\cos\gamma \end{aligned} \tag{6-2}$$

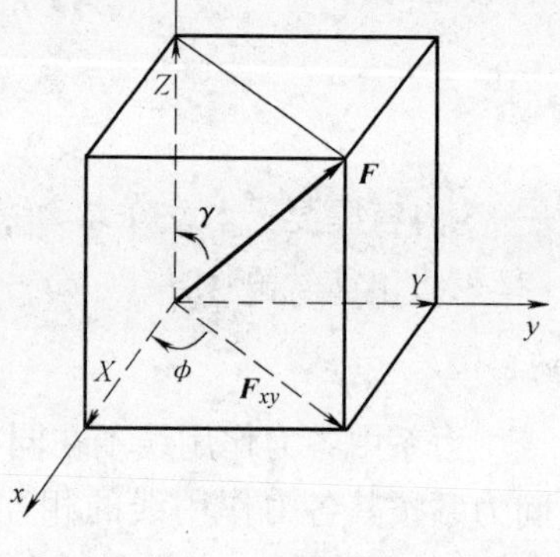

图 6-3

若已知力 F 在三个坐标轴上的投影 F_x、F_y、F_z，利用力的平行四边形法则，可求得力 F 的大小和方向，即

$$F = \sqrt{F_x^2 + F_y^2 + F_z^2} \tag{6-3}$$

$$\cos\alpha = \frac{F_x}{F} = \frac{F_x}{\sqrt{F_x^2 + F_y^2 + F_z^2}}, \cos\beta = \frac{F_y}{F} = \frac{F_y}{\sqrt{F_x^2 + F_y^2 + F_z^2}},$$

$$\cos\gamma = \frac{F_z}{F} = \frac{F_z}{\sqrt{F_x^2 + F_y^2 + F_z^2}}$$

第二节 力对轴之矩

力对轴的矩,是力使物体绕轴转动效应的度量。如图 6-4a 所示,力 $\boldsymbol{F}$ 在圆轮平面内,力产生使圆轮绕 O 点转动的作用,称为力在平面内对 O 点之矩,即 $M_O = \pm Fd$。从图 6-4b 可以看出,平面内圆轮绕 O 的转动,实际上就是空间内绕通过 O 点且垂直于圆轮所在平面的 z 轴转动。由此可知,平面内力对某点之矩,实际上就是空间内力对通过矩心并且垂直于力和矩心所在平面的轴之矩。即 $M_O(\boldsymbol{F}) = M_Z(\boldsymbol{F}) = \pm Fd$。

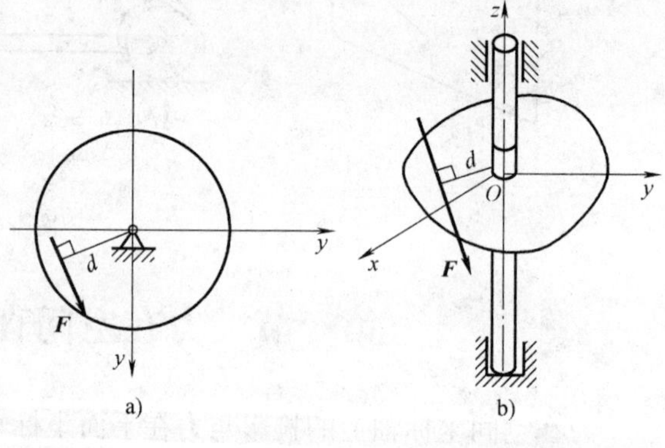

图 6-4

在一般情况下，力并不在与轴垂直的平面内，如何计算该力对轴之矩呢?

下面以推门、关门为例加以说明。如图 6-5 所示，推门用的力 $\boldsymbol{F}$ 不在垂直于 z 轴的平面内，现将力 $\boldsymbol{F}$ 分解为 $\boldsymbol{F}_z$ 和 $\boldsymbol{F}_{xy}$ 两个力，其中，$\boldsymbol{F}_z$ 平行于 z 轴，$\boldsymbol{F}_{xy}$ 在垂直于 z 轴的平面内。因为 $\boldsymbol{F}_z$ 平行于 z 轴，不会使门绕 z 轴转动，即 $\boldsymbol{F}_z$ 对 z 轴的力矩等于零。分力 $\boldsymbol{F}_{xy}$ 在垂直于 z 轴的平面内，只有它才会使门转动。故力 $\boldsymbol{F}$ 使门绕 z 轴转动的效应等于其分力 $\boldsymbol{F}_{xy}$ 使门绕 z 轴转动的效应。而分力 $\boldsymbol{F}_{xy}$ 使门绕 z 轴转动的效应可用分力 $\boldsymbol{F}_{xy}$ 对 O 点之矩来表示，O 点是分力 F_{xy} 所在平面与 z 轴的交点 O，即

$$M_Z(\boldsymbol{F}) = M_O(\boldsymbol{F}_{xy}) = \pm Fd \tag{6-4}$$

由此可见，力使物体绕某轴转动效应可用此力在垂直于该轴平面上的分力（投影）对此轴和平面交点之矩来度量。力对轴之矩是个代数量。正负号表示力使物体绕轴转动的转向，规定从轴的正向看去，逆时针转动力矩为正，顺时针转动力矩为负（图 6-6）。

显然，当力 $\boldsymbol{F}$ 与 z 轴平行（此时 $F_{xy}=0$）或相交时（此时 $d=0$），力对轴之矩等于零。

空间力系的合力对某轴之矩等于各个分力对同一轴之矩的代数和，即

$$M_z(\boldsymbol{R}) = M_z(\boldsymbol{F}_1) + M_z(\boldsymbol{F}_2) + \cdots + M_z(\boldsymbol{F}_n) = \Sigma M_z(\boldsymbol{F}_i) \tag{6-5}$$

力对任一轴之矩等于它在三个坐标轴方向的分力对同一轴力矩的代数和，即

$$\left.\begin{aligned} M_z(\boldsymbol{F}) &= M_z(\boldsymbol{F}_x) + M_z(\boldsymbol{F}_y) + M_z(\boldsymbol{F}_z) \\ M_x(\boldsymbol{F}) &= M_x(\boldsymbol{F}_x) + M_x(\boldsymbol{F}_y) + M_x(\boldsymbol{F}_z) \\ M_y(\boldsymbol{F}) &= M_y(\boldsymbol{F}_x) + M_y(\boldsymbol{F}_y) + M_z(\boldsymbol{F}_z) \end{aligned}\right\} \tag{6-6}$$

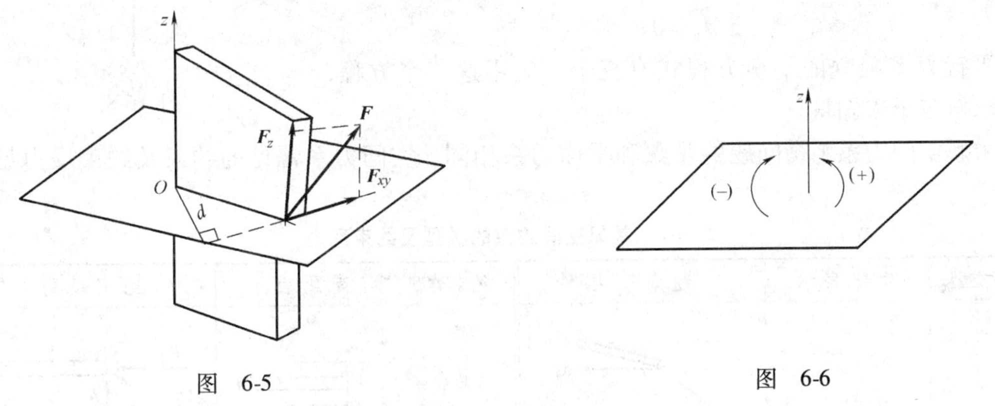

图　6-5　　　　图　6-6

第三节　空间力系的平衡方程

同平面力系一样，空间任意力系在三个坐标轴上投影的代数和 ΣF_x，ΣF_y，ΣF_z，对三个坐标轴力矩的代数和为 ΣM_x，ΣM_y，ΣM_z，将分别使物体发生沿 x、y、z 轴方向移动和绕 x、y、z 轴转动。当物体在空间任意力系作用下处于平衡时，必须既不发生移动，也不发生转动。因此，空间力系平衡的充分必要条件是：力系中各力在三个坐标轴上投影的代数和以及各力对三个坐标轴之矩的代数和分别等于零。空间力系的平衡方程为

$$\left.\begin{aligned} \Sigma F_x = 0,\ \Sigma F_y = 0,\ \Sigma F_z = 0 \\ \Sigma M_x = 0,\ \Sigma M_y = 0,\ \Sigma M_z = 0 \end{aligned}\right\} \tag{6-7}$$

空间力系独立的平衡方程有六个，应用这六个方程可以求解六个未知量。

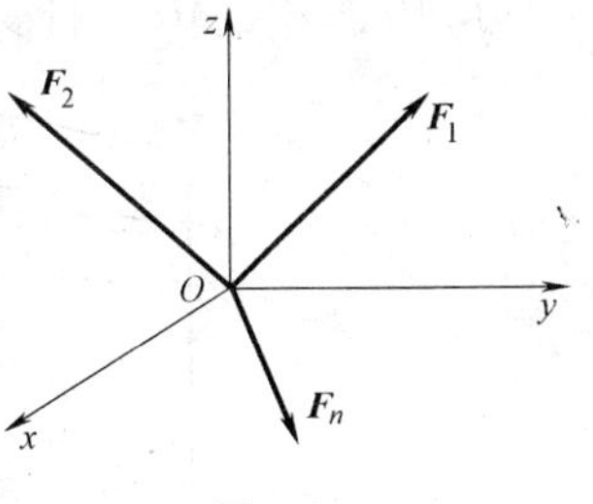

图　6-7

如果空间力系中所有各力的作用线都汇交于一点，则称为空间汇交力系（图 6-7）。如果取各力汇交点为坐标原点，建立空间直角坐标系，则各力对 x、y、z 轴的力矩代数和都等于零。因此，在式（6-7）中，有

$$\Sigma M_x \equiv 0,\ \Sigma M_y \equiv 0,\ \Sigma M_z \equiv 0$$

这三式为恒等式，不能表示平衡条件，因此，空间汇交力系的平衡方程为

$$\left.\begin{aligned} \Sigma F_x = 0 \\ \Sigma F_y = 0 \\ \Sigma F_z = 0 \end{aligned}\right\} \tag{6-8}$$

空间汇交力系有三个独立的平衡方程式，应用这三个方程可以求解三个未知量。

如果空间力系所有各力的作用线都互相平行，则称为空间平行力系（图 6-8），如果选

取 z 轴和各力平行，则各力在 x、y 轴上投影的代数和必等于零，且各力对 z 轴的力矩代数和也必等于零。因此式（6-7）中 $\Sigma F_x=0$，$\Sigma F_y=0$，$\Sigma M_z=0$ 三式均为恒等式，已不能表示平衡条件。故空间平行力系的计算方程为

$$\left.\begin{aligned}\Sigma F_z&=0\\ \Sigma M_x&=0\\ \Sigma M_y&=0\end{aligned}\right\} \quad (6\text{-}9)$$

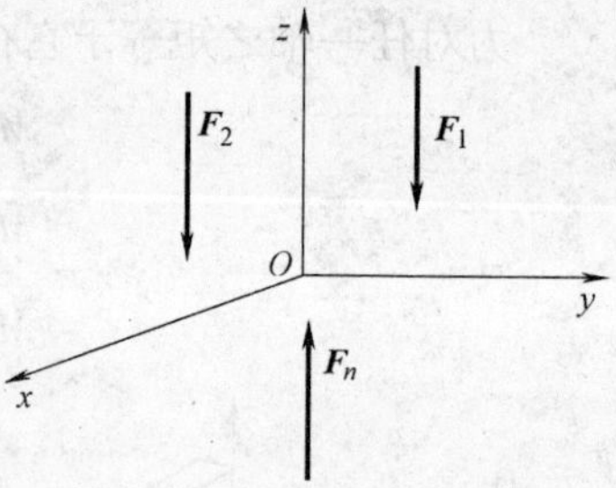

空间平行力系独立的平衡方程式有三个，应用这三个方程，可以求解三个未知量。

图 6-8

求解空间力系平衡问题的步骤和平面力系相同。空间力系常见的约束及约束反力见表 6-1。

表 6-1 常见空间约束的类型及约束反力

约束类型	简化表示	约束反力	约束类型	简化表示	约束反力
球铰		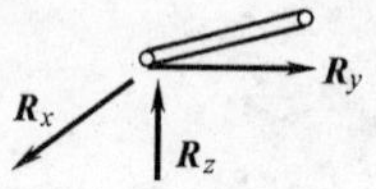 R_x R_y R_z	止推轴承	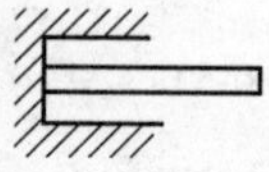	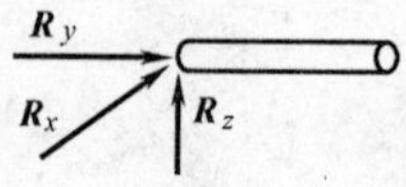 R_y R_x R_z
径向轴承	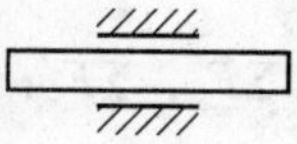	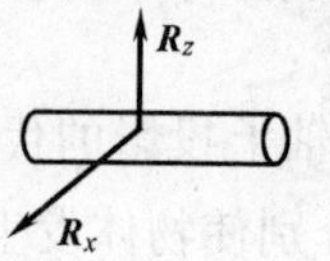 R_z R_x	固定端	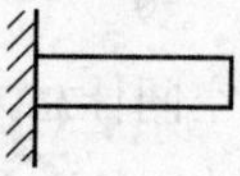	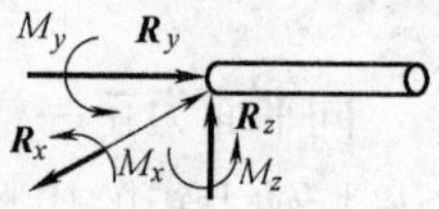 M_y R_y R_z R_x M_x M_z

例 6-1 三角支架如图 6-9a 所示。已知 $P=40\text{kN}$。求 AB、AC、AD 三杆受力。

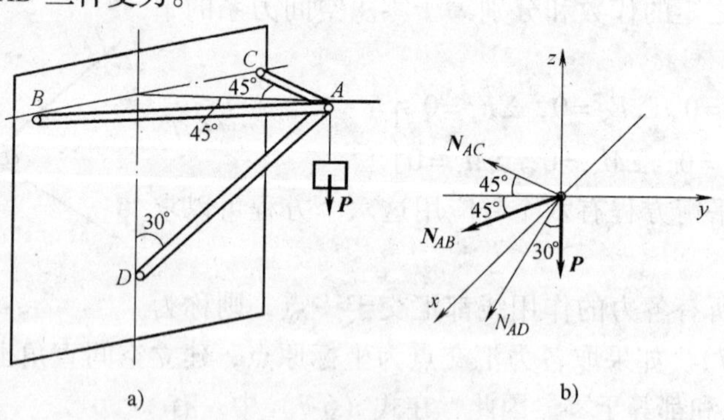

a)　　b)

图 6-9

解：取铰链 A 为研究对象，画受力图如图 6-9b 所示。

由 $\Sigma F_x=0$，$N_{AB}\sin45°-N_{AC}\sin45°=0$，得

$$N_{AB}=N_{AC}$$

由 $\Sigma F_z=0$，$-N_{AD}\cos30°-P=0$，得

$$N_{AD}=-\frac{P}{\cos30°}=-\frac{40}{0.866}\text{kN}=-46.2\text{kN}$$

由 $\Sigma F_y=0$，$-N_{AC}\cos45°-N_{AB}\cos45°-N_{AD}\sin30°=0$，得

$$N_{AB}=N_{AC}=-\frac{N_{AD}\sin30°}{2\cos45°}=\frac{46.2\times0.5}{2\times0.707}\text{kN}=16.33\text{kN}$$

例 6-2　三轮平推车如图 6-10 所示。

已知 $P=40\text{kN}$，$AH=BH=0.5\text{m}$，$CH=1.5\text{m}$，$EH=0.3\text{m}$，$DE=0.5\text{m}$，求地面对三个轮子 A、B、C 的约束反力。

解： 取小车为研究对象，画受力图如图 6-10 所示。

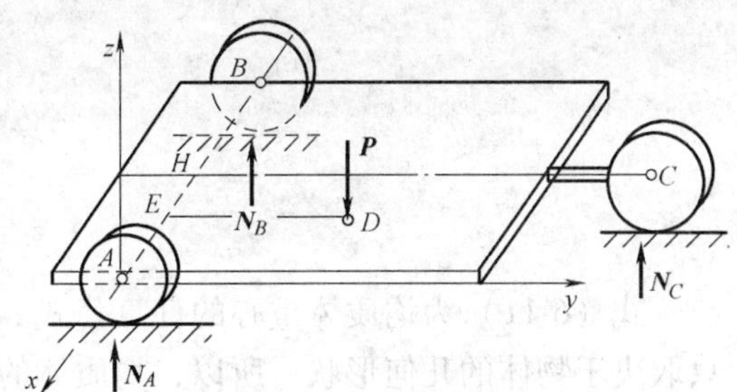

图　6-10

由 $\Sigma M_x=0$，$N_C CH-PDE=0$，得

$$N_C=P\frac{DE}{CH}=\left(40\times\frac{0.5}{1.5}\right)\text{kN}=13.33\text{kN}$$

由 $\Sigma M_y=0$，$N_C AH+N_B AB-PAE=0$

即 $13.33\text{kN}\times0.5\text{m}+NB\times1\text{m}-40\text{kN}\times0.2\text{m}=0$，得

$$N_B=1.33\text{kN}$$

由 $\Sigma F_z=0$，$N_A+N_B+N_C-P=0$

即 $N_A+1.33\text{kN}+13.2\text{kN}-40\text{kN}=0$，得

$$N_A=25.34\text{kN}$$

第四节　物体的重心和形心

一、重心的概念

物体的重力（重量）是地球对物体的吸引力。设想物体由无数个微小体积组成，每个微小体积都受到重力的作用。这些重力汇交于地球的中心，但因物体的尺寸远远小于地球的半径，因此可以近似地认为这些微小的重力作用线相互平行且垂直于地球表面，构成一个空间平行力系。此平行力系的合力即为物体的重力，合力的作用点即为物体的重心。因此，求物体的重心位置，就是求空间平行力系合力作用点的位置。

二、重心的坐标公式

如图 6-11 所示，为求物体的重心位置，将物体分成 n 块，每一块重力为 $\boldsymbol{W}_i$，其作用点坐标为 x_i，y_i，z_i。显然，各块重力的合力即为整个物体的重力，其大小为 $\boldsymbol{W}=\Sigma\boldsymbol{W}_i$，作用于 C 点，其坐标为 x_C，y_C，z_C，利用合力矩定理对 y 轴取矩，有

$$\boldsymbol{W}x_c=\Sigma W_i x_i$$

得

$$\left.\begin{aligned}x_c&=\frac{\Sigma W_i x_i}{W}\\ y_c&=\frac{\Sigma W_i y_i}{W}\\ z_c&=\frac{\Sigma W_i z_i}{W}\end{aligned}\right\}\qquad(6\text{-}10)$$

同理可得

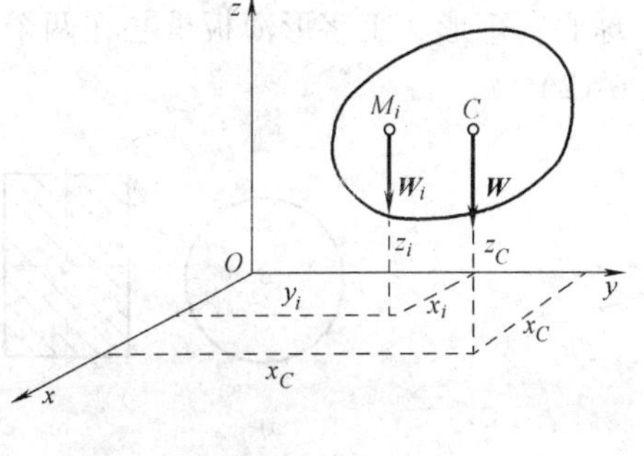

图　6-11

式（6-10）为求物体重心的一般公式。

对均质体，用γ表示相对密度，体积为V，则$W=\gamma V$，每小块体积为V_i，则$W_i=\gamma V_i$，于是式（6-10）变为

$$\left.\begin{aligned}x_c&=\frac{\Sigma V_i x_i}{V}\\y_c&=\frac{\Sigma V_i y_i}{V}\\z_c&=\frac{\Sigma V_i z_i}{V}\end{aligned}\right\}\tag{6-11}$$

式（6-11）为均质体重心的计算公式。由式（6-11）可知，均质体的重量与材料无关，只取决于物体的几何形状。所以，均质体的重心就是物体的几何中心，通常称为形心。

对于均质等厚薄板（或平面图形）用δ表示其厚度，面积为A，则$V=\delta A$，每小块面积为A_i，则$V_i=\delta A_i$，于是式（6-11）变为

$$\left.\begin{aligned}x_c&=\frac{\Sigma A_i x_i}{A}\\y_c&=\frac{\Sigma A_i y_i}{A}\\z_c&=\frac{\Sigma A_i z_i}{A}\end{aligned}\right\}\tag{6-12}$$

式（6-12）为均质板的重心计算公式。由式（6-12）可见，均质板的重心与板厚无关，仅取决于板的平面几何形式。式（6-12）也是平面几何图形的形心计算公式。

对于均质等截面细长杆，用A表示截面积，则$V=LA$，$V_i=L_iA$，于是式（6-11）变为

$$\left.\begin{aligned}x_c&=\frac{\Sigma L_i x_i}{L}\\y_c&=\frac{\Sigma L_i y_i}{L}\\z_c&=\frac{\Sigma L_i z_i}{L}\end{aligned}\right\}\tag{6-13}$$

式（6-13）为均质等截面杆的重心计算公式。由式（6-13）可见，均质等截面杆的重心与截面积无关。

三、重心的求法

1. 利用对称性

凡是对称的均质体，其重心必在其对称面、对称轴或对称中心上。例如球体的重心就是球心，矩形、工字形薄板重心在两个对称轴交点上，T形、槽形薄板重心在其对称轴上（图6-12）。

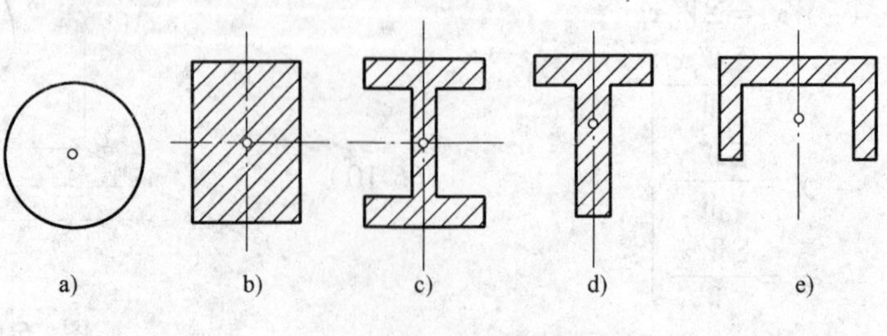

图 6-12

2. 积分法

对于简单形状的物体，式（6-11）和式（6-12）可以写成积分形式，用积分法求其重心和形心。表6-2给出了几种简单形体的重心坐标，供读者参考。

表6-2　常用简单形状均质体的重心

图　形	重　心	图　形	重　心	图　形	重　心
	$x_c=\frac{b}{2}$ $y_c=\frac{h}{2}$ $A=bh$		$y_c=\frac{1}{3}h$ $A=\frac{1}{2}bh$		$y_c=\frac{4R}{3\pi}$ $A=\frac{1}{2}\pi R^2$

例6-3　求图6-13所示T形截面的形心位置。

解：建立坐标系 xOy，由于截面关于 y 轴对称，形心 C 必在 y 轴上，故 $x_c=0$。将图形按虚线分为Ⅰ、Ⅱ两部分。

矩形Ⅰ：$A_1=270\text{mm}\times50\text{mm}=13500\text{mm}^2$，$y_1=165\text{mm}$

矩形Ⅱ：$A_2=300\text{mm}\times30\text{mm}=9000\text{mm}^2$，$y_2=15\text{mm}$

由式（6-12）可得

$$y_c=\frac{\Sigma A_i y_i}{A}=\frac{A_1y_1+A_2y_2}{A_1+A_2}$$
$$=\frac{13500\times165+9000\times15}{13500+9000}\text{mm}$$
$$=105\text{mm}$$

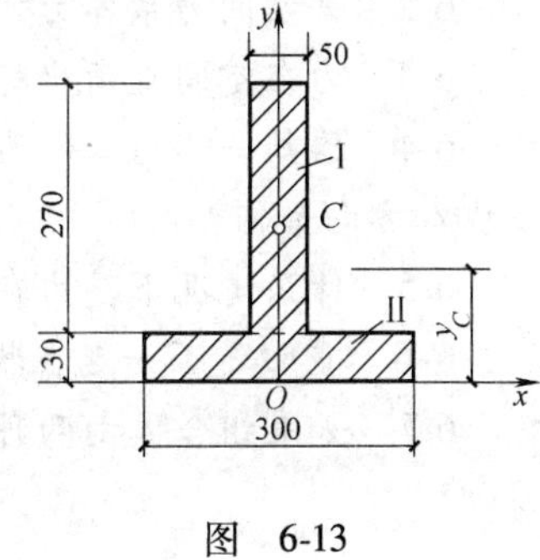

图　6-13

小　　结

（1）两种方法：直接投影法 $\begin{cases}F_x=F\cos\alpha\\F_y=F\cos\beta\\F_z=F\cos\gamma\end{cases}$

二次数影法 $\begin{cases}F_x=F\cos\phi\sin\gamma\\F_y=F\sin\phi\sin\gamma\\F_z=F\cos\gamma\end{cases}$

（2）一个力矩：力对轴之矩，$M_z(F)=M_0(\boldsymbol{F}_{xy})=\pm F_{xy}d$

（3）六个方程：

$\left.\begin{matrix}\Sigma F_x=0,\ \Sigma F_y=0,\ \Sigma F_z=0\\\Sigma M_x=0,\ \Sigma M_y=0,\ \Sigma M_z=0\end{matrix}\right\}$空间一般力系

$\left.\begin{matrix}\Sigma F_x=0\\\Sigma F_y=0\\\Sigma F_z=0\end{matrix}\right\}$空间汇交力系

$$\left.\begin{array}{l}\Sigma F_z=0\\ \Sigma M_x=0\\ \Sigma M_y=0\end{array}\right\}\text{空间平行力系}$$

(4) 一个重心

$$\left.\begin{array}{l}X_c=\dfrac{\Sigma A_i x_i}{A}\\ Y_c=\dfrac{\Sigma A_i y_i}{A}\end{array}\right\}\text{平面图形形心}$$

思考题

6-1 设有一力 $\boldsymbol{F}$，试问在什么情况下有：(1) $F_x=0$，$Mx(\boldsymbol{F})=0$；(2) $F_x=0$，$Mx(\boldsymbol{F})\neq0$；(3) $F_x\neq0$，$Mx(\boldsymbol{F})\neq0$；(4) $F_x\neq0$，$Mx(\boldsymbol{F})=0$；(5) $F_y=0$，$F_z=0$。

6-2 若空间力系各力作用线平行于某一固定平面，则此力系有几个独立的平衡方程？

6-3 力在空间直角坐标轴上的投影有哪两种方法？

6-4 已知一不为零的力 $\boldsymbol{F}$ 在 x、y 轴上的投影 F_x、F_y 分别等于零，则此力的大小等于多少？方向如何？

6-5 什么情况下，力在空间轴上投影等于零，什么情况下力对轴之矩等于零？

6-6 重心是否一定在物体上？

6-7 如果组合体由两种材料组成，它们的重心和形心是否一定重合？

习题

6-1 已知图 a $F_1=20\text{kN}$，$F_2=50\text{kN}$，$F_3=60\text{kN}$；图 b $F_1=10\text{kN}$，$F_2=8\text{kN}$，$F_3=6\text{kN}$，$F_4=20\text{kN}$。求各力在 x、y、z 轴上的投影。

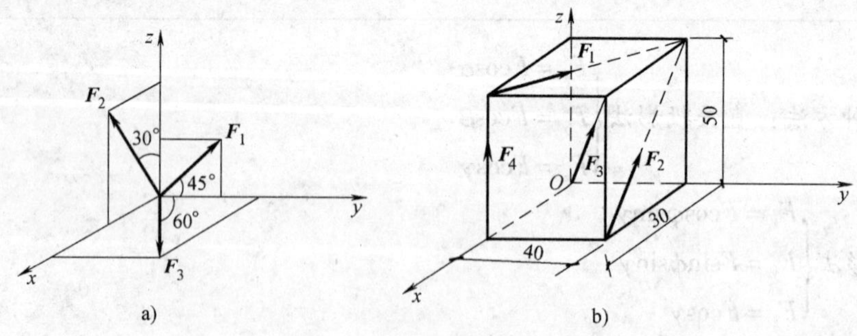

习题 6-1 图

6-2 图示一立柱在 A 点受一力 $\boldsymbol{P}$ 作用。已知 $\boldsymbol{P}=100\text{kN}$，求力 $\boldsymbol{P}$ 对 x、y、z 三轴的力矩。

6-3 图示手柄 A' 处作用一力 $P=500\text{N}$，$\boldsymbol{P}$ 在与 x 垂直的平面内，与铅垂线夹角 $\alpha=20°$，手柄半径平行于 z 轴，已知 $AB=r=200\text{mm}$，$OB=h=300\text{mm}$。求力 $\boldsymbol{P}$ 在 x、y、z 三轴上的投影和对三轴之矩。

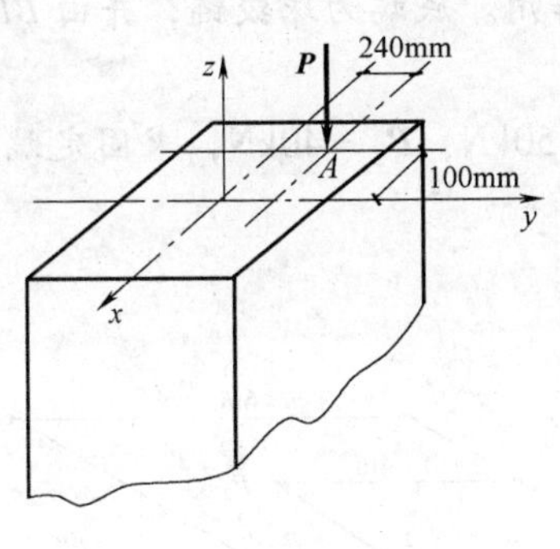

习题 6-2 图

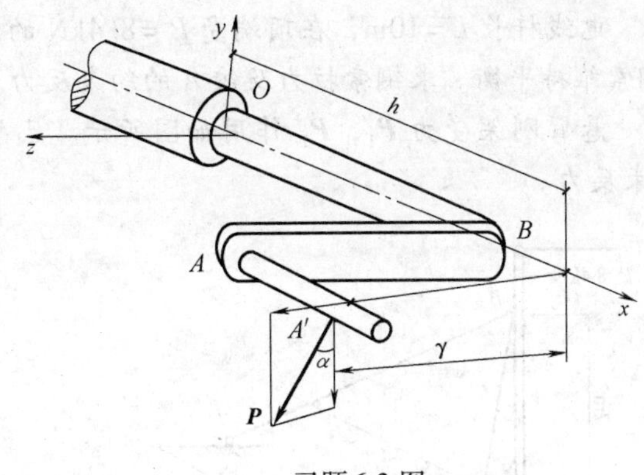

习题 6-3 图

6-4　三链杆支撑重为 W 的重物如图所示。已知 $W=20\text{kN}$，求各杆所受的力。

6-5　图示正方形板重 $W=50\text{kN}$，边长 $a=2\text{m}$，在 A、B、C 三点用三根铅垂的绳子吊起来，使板保持水平。B、C 分别为两边中点。求各绳子的拉力。

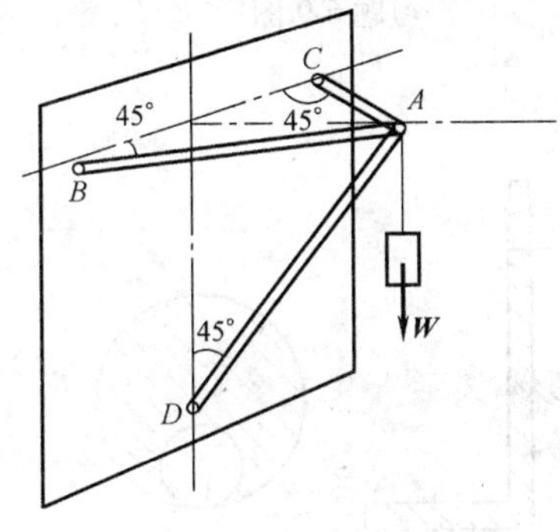

习题 6-4 图

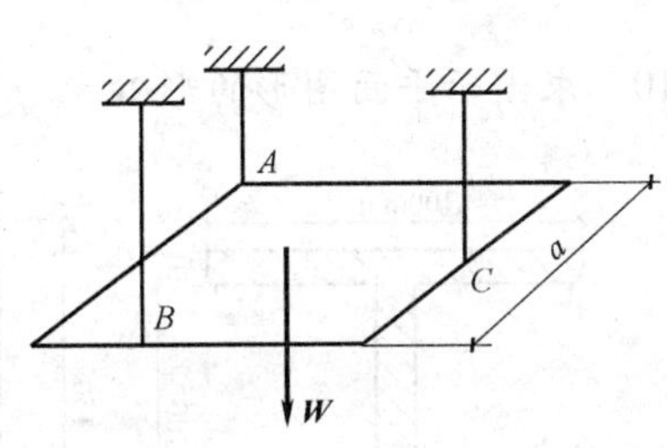

习题 6-5 图

6-6　三脚圆桌半径 $r=600\text{mm}$，重 $W=260\text{N}$，三脚 A、B、C 形成一个等边三角形。若在中线 CD 上作用一个竖向力 $\boldsymbol{P}=660\text{N}$，求使圆桌不致翻倒的最大距离 a。

6-7　起重机装在三轮小车 ABC 上，如图所示。已知 $AD=DB=1\text{m}$，$CD=1.5\text{m}$，$CM=1\text{m}$，$KL=4\text{ m}$。机身连同平衡锤重 $W_1=100\text{kN}$，重心在 G 点，$GH=0.5\text{m}$。起吊重物重 $W=30\text{kN}$，求 A、B、C 三轮对地面的压力。

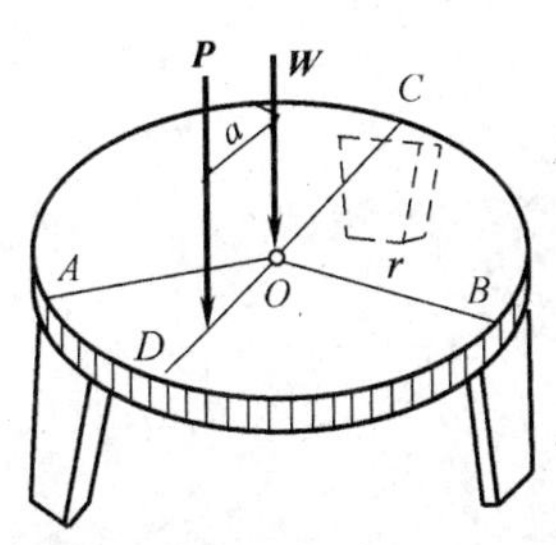

习题 6-6 图

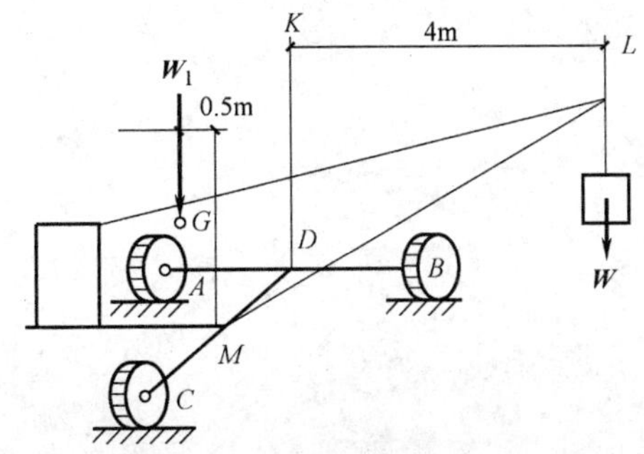

习题 6-7 图

6-8 电线杆长 $L=10\text{m}$，在顶端受 $P=8.4\text{kN}$ 的水平力作用。底端为球铰链，并由 BD、BE 两钢索维持平衡。求钢索拉力及铰 A 的约束反力。

6-9 悬臂刚架受力 $\boldsymbol{P}_1$，$\boldsymbol{P}_2$ 作用如图所示。已知：$\boldsymbol{P}_1=50\text{kN}$，$\boldsymbol{P}_2=40\text{kN}$，求固定端 A 处的约束反力。

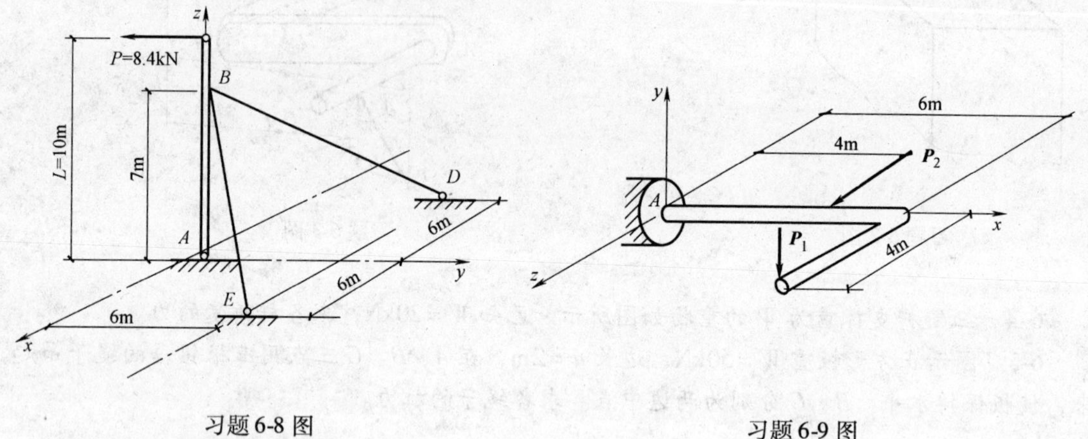

习题 6-8 图　　习题 6-9 图

6-10 求图示平面图形的形心。

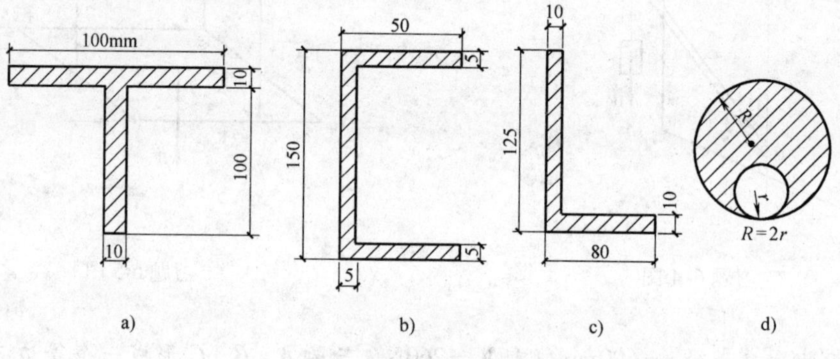

习题 6-10 图

第七章　轴向拉伸与压缩

内容提要：本章介绍弹性变形体静力分析，轴向拉杆的概念及相关受力计算，应力集中的概念和连接件的强度计算。

第一节　弹性变形体静力分析基础

一、材料力学的任务

材料力学的研究对象是变形体，即结构构件。这些构件在外力作用下，形状和尺寸都会发生变化，当外力增大到一定数值时会发生破坏。构件过大的变形和破坏都会影响构件的正常工作。为了保证构件能安全工作，构件应满足以下三方面基本要求：

（1）构件应有足够的强度。所谓强度是指构件抵抗破坏的能力。所谓破坏是指构件断裂或产生了过大的塑性变形。如果构件在预定荷载作用下能够安全工作而不破坏，则认为满足了强度要求。

（2）构件应具有足够的刚度。所谓刚度是指构件抵抗变形的能力。一个构件在荷载作用下，虽然满足了强度要求，但如果变形过大，也会影响正常使用。例如，楼面梁变形过大，楼面会漏水；车床主轴变形过大，会影响加工精度或造成齿轮磨损等。如果把构件变形限制在正常使用的允许范围内，则认为它满足了刚度要求。

（3）构件应具有足够的稳定性。所谓稳定性是指构件保持原有平衡状态的能力。例如，细长压杆，当压力增大到一定数值时，杆件会突然发生弯曲，甚至折断。如果构件在原有荷载作用下，能保持原有的平衡状态，则认为它满足了稳定性要求。

综上所述，材料力学的任务是研究构件的受力与变形之间的关系，即研究构件的受力状态，根据构件的受力情况和工作要求，为构件选择合适的材料，设计合理的截面形状和尺寸，使构件既满足强度刚度和稳定性要求，又经济合理。

二、变形体的性质及其基本假设

构件所用的材料是各种各样的，它们的内部结构和力学性能也各不相同。为了使问题简化，对变形体的性质作了如下的基本假设：

1. 连续性假设

即认为组成物体的材料毫无间隙地充满了整个体积。这样从构件中取无限小的部分进行研究，其研究结果中以推广应用于整个构件。

2. 均匀性假设

即认为构件各点处的力学性质完全相同。这样从构件中任何位置取出一小部分来研究材料性质，其结果可以代表整个构件的材料性质。

3. 各向同性假设

即认为构件内一点沿各个方向的力学性质都是相同的。根据这一假设测得材料任一方向的力学性质后，可以用于其他方向。

4. 弹性假设

构件在外力作用下所产生的变形分为两类：弹性变形和塑性变形。在外力作用撤去后可以消失的变形，称为弹性变形；不能消失的变形，称为塑性变形。当所受的外力不超过某一数值时，外力撤去后，其变形完全消失，具有这种性质的变形体，称为完全弹性体。本书只研究完全弹性体，即外力与变形成线性关系。

5. 小变形假设

即物体在外力作用下产生的变形与整个物体的原有尺寸相比很小，可以忽略不计。这样，在研究构件上的平衡关系时可不考虑构件的变形，而利用其原有尺寸进行计算，使计算大大简化。

三、杆件的变形形式

工程构件的形式是多种多样的，根据几何形状和尺寸不同，通常分为杆板（如楼板）、壳（如薄壳）、块体（如水坝）等。材料力学主要研究杆件。所谓杆件，是指长度方向的尺寸远远大于宽度和厚度方向尺寸的构件。例如建筑结构中的梁柱、机械机构中的传动轴等。如图 7-1 所示，与杆件长度方向相垂直的截面称为横截面，所有横截面形心的连线称为杆件的轴线。

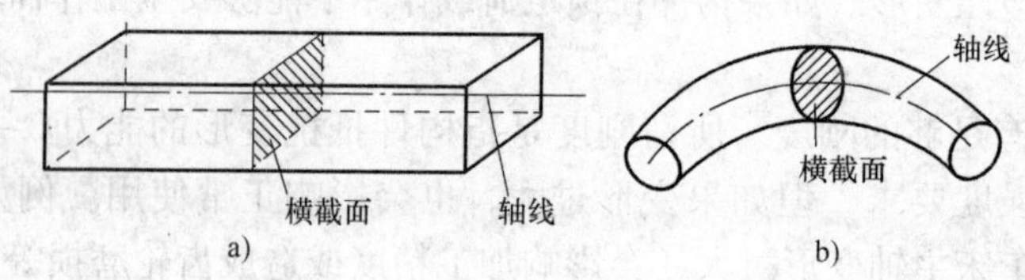

图 7-1

杆件在不同外力作用下，可以产生不同的变形形式，通常以以下四种基本变形中的一种或两种及两种以上基本变形的组合（组合变形）形式出现。

1. 轴向拉伸与压缩

如果杆件两端受到两个大小相等、方向相反、作用线与杆件轴线重合的外力作用，杆件将沿轴线方向伸长或缩短。使杆件沿长度方向伸长变形的称为轴向拉伸（图 7-2a）；长度方向产生缩短变形的称为轴向压缩（图 7-2b）。

2. 剪切

在杆轴两侧受到两个大小相等、方向相反、作用线垂直于杆轴且相距很近的外力作用，杆件横截面沿外力作用方向发生相对错动，这种变形称为剪切变形（图 7-2c）。

3. 扭转

在杆件两端受到一对大小相等、转向相反、作用面与杆件轴线垂直的力偶作用，杆件横截面绕轴线发生相对转动，这种变形称为扭转变形（图 7-2d）。

4. 弯曲

在杆件的纵向对称平面内作用一对大小相等、转向相反的力偶或受垂直于杆轴的横向力作用，杆件横截面发生相对倾斜，且杆件轴线发生弯曲，这种变形称为弯曲变形（图 7-2e、f）。

还有一些杆件，同时产生几种变形式，这种情形称为组合变形（图 7-3）。

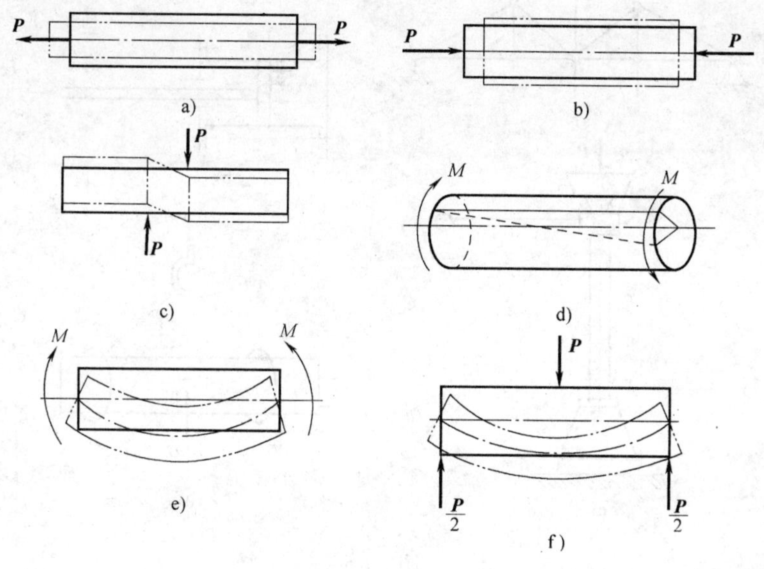

图 7-2

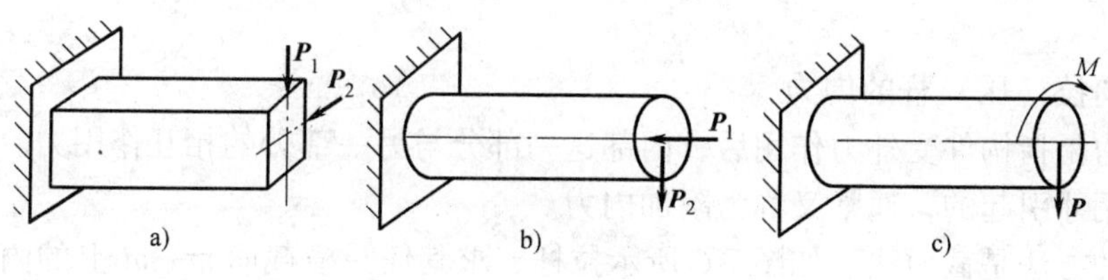

图 7-3

第二节 轴向拉伸（压缩）的概念和实例

如果在杆件两端受到两个大小相等、方向相反、作用线与杆件轴线重合的外力作用，则杆件将产生轴向伸长或缩短。当两个外力背离杆件时，杆件受拉而伸长，称为轴向拉伸。当两个外力指向杆件时，杆件受压缩而缩短，称为轴向压缩，如图 7-4 所示。

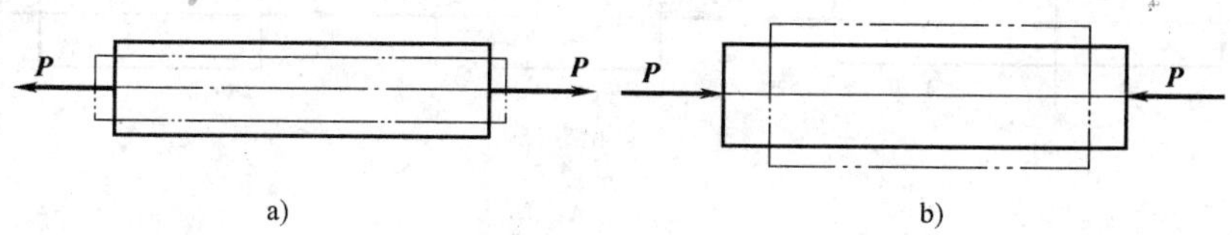

图 7-4

工程结构中经常遇到受轴向拉伸或压缩的构件。例如桁架的杆件（图 7-5a），压缩机中活塞杆（图 7-5b），千斤顶的螺杆（图 7-5c），起吊重物的钢禀（图 7-5d）等。

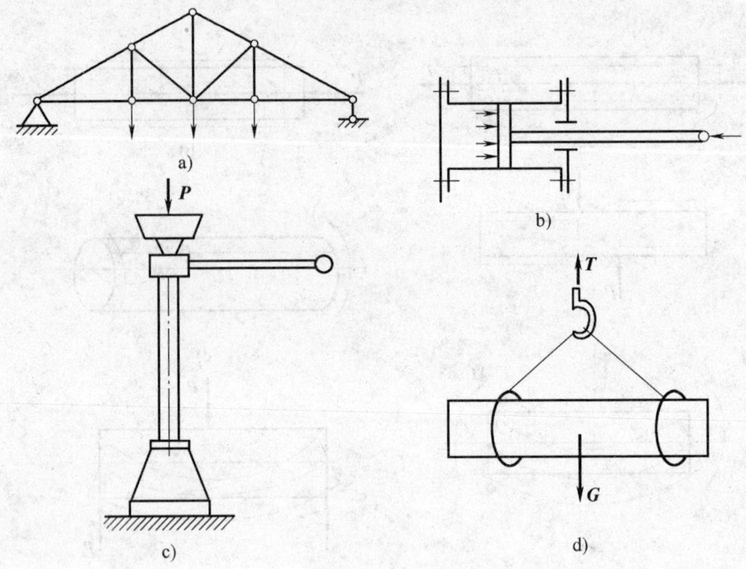

图 7-5

第三节 轴向拉（压）杆的内力和轴力图

一、轴向拉（压）杆的内力

构件内力是指构件受外力作用后，内部这一部分与另一部分的相互作用力。构件内力是由于外力作用才引起的，通常又称为附加内力。

求内力的方法是截面法。如图 7-6 所示拉杆，求其任一横截面 $m—m$ 上的内力。利用截面法，假想地用一平面沿横截面 $m—m$ 处将杆件截开，分成左、右两段，取其中一段，例如左段作为研究对象。将 $m—m$ 截面上右段对左段的相互作用内力以外力形式显示出来，令其合力为 N。由于原来杆件是平衡的，所以截取的左段也应处于平衡状态。列左段的平衡方程。

由 $\Sigma F_x=0$，$\boldsymbol{N}-\boldsymbol{P}=0$ 得

$$\boldsymbol{N}=\boldsymbol{P}$$

由于内力 $\boldsymbol{N}$ 与杆件轴线重合，故称为轴力。

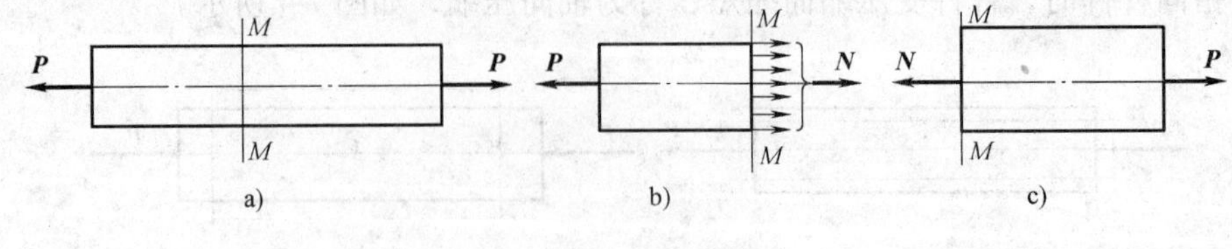

图 7-6

这种利用将杆件截开显示并确定内力的方法称为截面法。利用截面法求内力的步骤归纳如下：

（1）截取：用一个假想截面，将杆件沿所求内力的截面处截开，分为两部分，取其中一部分为研究对象。

（2）替代：将去掉部分对保留部分的作用，用所求截面的内力代替，画出保留部分的受力图。

（3）平衡：列保留部分的平衡方程，根据已知外力求出内力。

若取右段为研究对象，同样可求得轴力 $N=P$，但其方向与上述求得的轴力方向相反。为了使取左、右两段求得同一截面上的轴力不仅大小相等，而且符号相同，对轴的正负号规定如下：当轴力方向与横截面外法线方向一致时，杆件受拉伸长，轴力为正；当轴力方向与截面外法线方向相反时，杆件受压缩短，轴力为负。在实际计算轴力时，通常按规定的正方向假设。如果计算结果为正，则表示力的实际方向与假设方向一致，轴力为拉力；如果计算结果为负，则表示实际轴力的方向与假设相反，轴力为压力。

二、轴力图

杆件受到多个轴向外力作用时，杆件各个截面上的轴力将不相同。为了表示轴力沿杆件长度的变化规律，以平行于杆件轴线的坐标 x 表示截面位置，垂直于杆件轴线的坐标 N 表示相应截面上轴力的大小，正值画在 x 轴上方，负值画在下方，从而画出轴力与横截面位置关系的图形，称为轴力图。

例 7-1　拉压杆如图 7-7a 所示，求 1—1、2—2、3—3 截面上的轴力，并画轴力图。

解：（1）在 AB 段内，沿 1—1 截面将杆件截开，取左段研究对象（图 7-7b）。假设 1—1 截面上轴力 $\boldsymbol{N}_1$ 为拉力，由平衡方程

$$\Sigma F_x=0,\ N_1-10\text{kN}=0$$

得 $N_1=10\text{kN}$

（2）在 BC 段内，沿 2—2 截面假想把杆件截开，取左段为研究对象（图 7-7c）

由 $\Sigma F_x=0$，$N_2+40\text{kN}-10\text{kN}=0$

得 $N_2=-30\text{kN}$

（3）在 CD 段内，沿 3—3 截面假想把杆件截开，取右段为研究对象（图 7-7d）

由 $\Sigma F_x=0$，$20\text{kN}-N_3=0$

得 $N_3=20\text{kN}$

（4）根据各段 N 值作出轴力图，如图 7-7e 所示。由图可知，BC 段各横截面上轴力最大，$|N|_{max}=30\text{kN}$，且为压力。

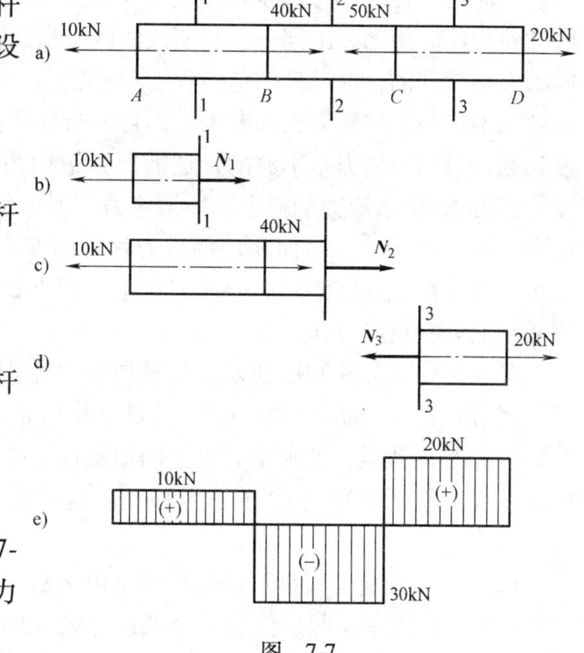

图　7-7

根据上例，可以归纳出求轴力的结论：

杆件任一截面上的轴力，在数值上等于该截面一侧（左侧或右侧）所有轴向外力的代数和，即 $N=\Sigma P_i$。在代数和中，外力为拉力时取正号，为压力时取负号。轴力最大的截面称为危险截面，杆件破坏最先由该截面发生。

计算杆件轴力，作轴力图时应注意以下问题：

（1）选取受力简单的部分为研究对象。

（2）计算某一段轴力时，不能在外力作用点处截开。

（3）截面上的轴力通常先假设为正（设正法），当计算结果为正时，说明假设正确，轴

力为拉力；若计算结果为负，说明与假设方向相反，轴力为压力。

(4) 轴力图一般应与受力图对正。在图上应注明轴力的数值和单位，图框内画上垂直于杆轴的竖线，并标明正负号。

例 7-2 三角支架如图 7-8a 所示。已知 $P=40\text{kN}$，求 AB、BC 两杆的轴力。

解：以铰链 B 为研究对象，画受力图如图 7-8b 所示。

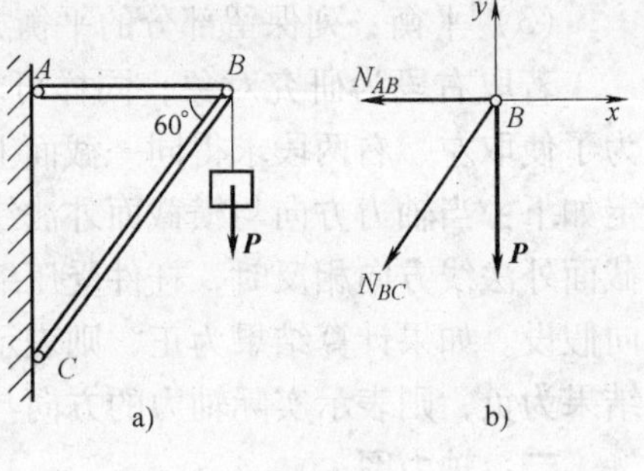

图 7-8

由 $\Sigma F_y=0\ -N_{BC}\sin60°-P=0$

得 $N_{BC}=-P/\sin60°=-\dfrac{40}{0.866}\text{kN}=-46.2\text{kN}$

由 $\Sigma F_x=0$，$-N_{AB}-N_{BC}\cos60°=0$

得 $N_{AB}=23.1\text{kN}$

第四节 轴向拉（压）杆横截面上的正应力

轴向拉（压）杆横截面的内力，只表示截面总的受力情况，还不足以准确地反映杆件的危险程度。例如，由同一材料制成的两根粗细不同的杆件，在相同轴向拉力作用下，它们的轴力是相同的，但二杆的危险程度却不相同，显然细杆比较容易破坏。这说明杆件的危险程度，不仅与杆件轴力大小有关，而且还与杆件横截面积的大小有关。因此，研究构件的强度问题，只知道内力是不够的，还需要知道内力在截面上各点处的密集程度（简称内力集度）。为此，引入应力的概念。所谓应力，即单位面积上的内力。和截面垂直的应力称为正应力，用 σ 表示；和截面相切的应力称为切应力，用 τ 表示。因为拉压杆横截面上的内力与截面相垂直，所以横截面上只有正应力。

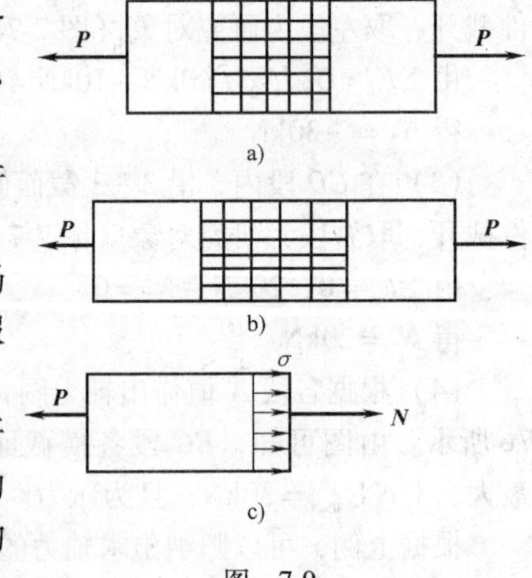

图 7-9

等截面直杆如图 7-9a 所示，受轴向拉力作用，杆件将产生均匀变形，如图 7-9b 所示。为此，作出如下假设：

(1) 平面假设：变形前为平面的横截面，变形后仍保持平面，仅沿轴线方向作平行移动。这就是平面假设。

(2) 均匀线应变假设：设想杆件是由无数根纵向纤维所组成，根据平面假设任意两个截面内的纵向纤维的伸长都相等，即线应变等于常量。各点线应变沿截面均匀分布。这就是均匀线应变假设。

由以上两个假设，根据材料均匀连线假设，可以推得横截面上内力是均匀分布的，即正应力 σ 等于常量（图 7-9c）。

因为 σ 为常量，所以轴力 N 等于正应力 σ 与横截面积的乘积，即

$$N=\sigma A$$

则

$$\sigma=\frac{N}{A} \tag{7-1}$$

式（7-1）为轴向拉压杆横截面上正应力的计算公式。正应力 σ 的符号和轴力的符号规定相同，当轴力为正号时，应力也为正号，称为拉应力；当轴力为负号时，应力也为负号，称为压应力。

应力的单位为帕斯卡（Pa），1 帕 = 1 牛顿/米^2，即 $1\text{Pa}=1\text{N/m}^2$。因为此单位偏小，工程常用兆帕为应力单位，即 $1\text{MPa}=1\text{N/mm}^2=10^6\text{N/m}^2$。

进行强度计算时，需要确定杆的各个横截面上应力的最大值，即杆的最大正应力，应力最大的截面即为危险截面。由式（7-1）可知，对等截面杆，轴力最大截面即为危险截面；对不等截面杆，应力最大截面即为危险截面。

例 7-3　图 7-10a 所示一正方形截面砖柱。已知 $P_1=100\text{kN}$、$P_2=200\text{kN}$，求砖柱的最大正应力。

解：（1）计算轴力，作受力图如图 7-10b 所示。

用截面求得各段轴力分别为

$$N_{AB}=-100\text{kN},\ N_{BC}=-300\text{kN}$$

（2）计算应力。

$$\sigma_{AB}=\frac{N_{AB}}{A_{AB}}=\frac{100\times10^3}{240^2}\text{MPa}=-1.736\text{MPa}$$

$$\sigma_{BC}=\frac{N_{BC}}{A_{BC}}=-\frac{300\times10^3}{370^2}\text{MPa}=-2.19\text{MPa}$$

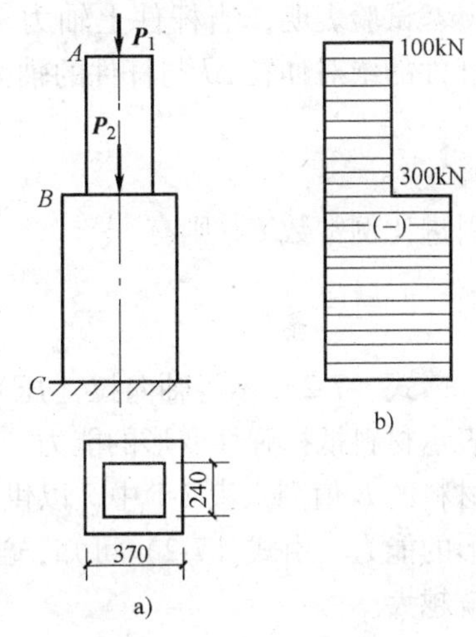

图　7-10

例 7-4　如图 7-11a 所示三角架，AB 杆为直径 $d=25\text{mm}$ 的圆截面杆，BC 杆为边长 $a=100\text{mm}$ 的正方形杆，$P=30\text{kN}$。求各杆横截面上的应力。

解：（1）计算各杆的轴力，作受力图如图 7-11b 所示。

由 $\Sigma F_y=0$，$N_{AB}\sin30°-P=0$ 得

$$N_{AB}=\frac{P}{\sin30°}=\frac{30\text{kN}}{0.5}=60\text{kN}$$

由 $\Sigma F_x=0$，$-N_{AB}\cos30°-N_{BC}=0$ 得

$$N_{BC}=-N_{AB}\cos30°=-60\text{kN}\times0.866=-51.961\text{kN}$$

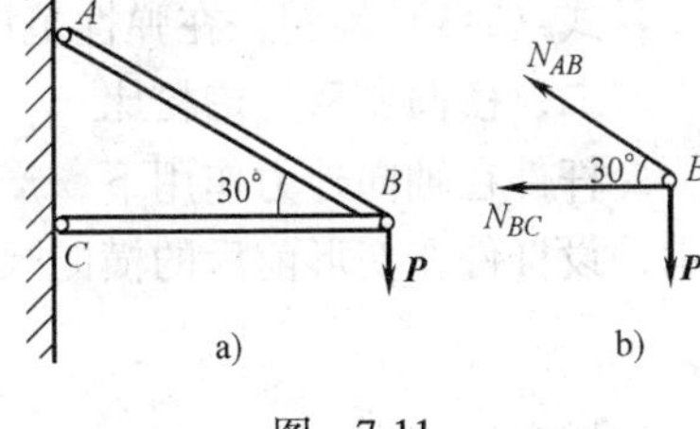

图　7-11

（2）计算各杆的应力。

$$\sigma_{AB}=\frac{N_{AB}}{A_{AB}}=\frac{4N_{AB}}{\pi d^2}=\frac{4\times60\times10^3}{3.14\times25^2}\text{MPa}=122.3\text{MPa}$$

$$\sigma_{BC}=\frac{N_{BC}}{A_{BC}}=-\frac{51.96\times10^3}{100^2}\text{MPa}=-5.196\text{MPa}$$

第五节　轴向拉（压）杆的变形

一、绝对伸长、线应变和胡克定律

如图 7-12 所示，杆件原长为 l。受轴向拉力 P 作用，变形后的长度为 l_1，则杆件的绝对伸长或变形用 Δl 表示，则

$$\Delta l = l_1 - l$$

当杆件伸长时，Δl 取正号；缩短时，Δl 取负号。

绝对变形只表示了杆件变形的大小，不能表示杆件的变形程度。为了消除杆件原来尺寸对杆件变形的影响，将绝对伸长 Δl 除以原长 l，用单位长度的伸长（相对伸长）ε 表示杆件的变形程度，即

$$\varepsilon = \frac{\Delta l}{l}$$

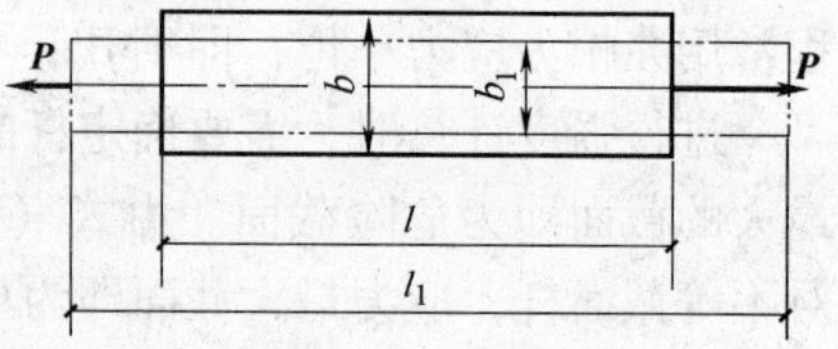

ε 称为相对伸长或线应变，是一个无量纲的量。当杆件受拉时，ε 取正号；受压时，ε 取负号。

图 7-12

试验表明，当杆件上轴力 N 不超过某一限度时，杆件的绝对伸长 Δl 与杆件的轴力 N 和杆长 l 成正比，与杆件的横截面积 A 成反比，即

$$\Delta l \propto \frac{Nl}{A}$$

引进比例常数 E，则有

$$\Delta l = \frac{Nl}{EA} \tag{7-2}$$

式（7-2）称为轴向拉（压）时的胡克定律。式中比例常数 $\boldsymbol{E}$ 称为材料的弹性模量，它表示材料抵抗弹性变形的能力，其常用单位为 MPa 或 GPa。E 的数值由试验测定，一些常用材料的 E 值列入表 7-1 中，以供参考。EA 称为杆件的抗拉刚度，反映杆件抵抗拉（压）变形的能力。由式（7-2）可知，当 N 与 l 不变时，EA 越大，则 Δl 越小；反之，EA 越小，Δl 就越大。

将式 $\sigma = \dfrac{N}{A}$，$\varepsilon = \dfrac{\Delta l}{l}$ 代入式（7-2）中，可得胡克定律的另一表达式：

$$\sigma = E\varepsilon \tag{7-3}$$

式（7-3）表明，在弹性范围内，应力和应变成正比。

二、横向变形、泊松比

杆件在轴向外力作用下，产生纵向变形的同时，横向尺寸也相应地改变。如图 7-12 所示，设杆件在变形前后的横向尺寸分别为 b 和 b_1，则其横向变形 Δb 为

$$\Delta b = b_1 - b$$

横向线应变 ε' 为

$$\varepsilon' = \frac{\Delta b}{b}$$

对于拉杆，Δb 与 ε' 都为负；对于压杆，Δb 和 ε' 都为正。因此，杆件在拉伸和压缩时，纵向线应变和横向线应变符号总是相反的。

试验表明，在弹性变形范围内，横向线应变 ε' 与纵向线应变 ε 成正比，即

$$\varepsilon' = -\mu\varepsilon \tag{7-4}$$

式中 $\mu = \left|\dfrac{\varepsilon'}{\varepsilon}\right|$ 是一个无量纲的常数，称为材料的泊松比或横向变形系数，也是通过试验测定的。常用材料的 μ 值列入表 7-1 中。

表 7-1　常用材料的 E、μ 值

材料名称	E/GPa	μ	材料名称	E/GPa	μ
低碳钢	196 ~ 216	0.24 ~ 0.28	石灰岩	41	0.16 ~ 0.34
16 锰钢	196 ~ 216	0.25 ~ 0.3	木材(顺纹)	10 ~ 12	—
合金钢	186 ~ 216	0.25 ~ 0.3	橡胶	0.0078	0.47
铸铁	59 ~ 162	0.23 ~ 0.27	铝及硬铝合金	21	0.33
混凝土	15 ~ 35	0.16 ~ 0.18			

例 7-5　如图 7-13 所示短柱，承受荷载 $P_1=600\text{kN}$，$P_2=800\text{kN}$，尺寸 $l_1=0.5\text{m}$，$l_2=0.6\text{m}$，$a_1=50\text{mm}$，$a_2=80\text{mm}$，$E=200\text{GPa}$。求各段柱的线应变和柱顶端的位移。

图 7-13

解：（1）求各段轴力。

$$N_1=-P_1=-600\text{kN}$$

$$N_2=-P_1-P_2=-1400\text{kN}$$

（2）求各段变形。

$$\Delta l_1=\frac{N_1l_1}{EA_1}=\frac{-600\times10^3\times500}{200\times10^3\times50^2}\text{mm}=-0.6\text{mm}$$

$$\Delta l_2=\frac{N_2l_2}{EA_2}=\frac{-1400\times10^3\times600}{200\times10^3\times80^2}\text{mm}=-0.656\text{mm}$$

短柱顶位移为

$$\Delta l=\Delta l_1+\Delta l_2=(-0.6-0.656)\text{mm}=-1.256\text{mm}$$

（3）求各段线应变。

$$\varepsilon_1=\frac{\Delta l_1}{l_1}=\frac{-0.6}{500}=-120\times10^{-5}$$

$$\varepsilon_2=\frac{\Delta l_2}{l_2}=-\frac{0.656}{600}=-109.3\times10^{-5}$$

第六节　材料在拉伸和压缩时的力学性能

材料的力学性能是材料在外力作用下，在强度和变形等方面表现出来的各种性能，它是对构件进行强度计算的重要依据。材料的力学性能通是过试验测定的。

材料的力学性能不仅与材料本身性质有关，而且与荷载类型及试验条件有关。本节主要以工程中常用的低碳钢和铸铁这两种最有代表性的材料为例，介绍它们在常温、静荷载下拉伸和压缩时的力学性能。

一、材料拉伸的力学性能

（一）低碳钢拉伸时的力学性能

为了便于比较不同材料的试验结果，将试验材料按照国家标准制成标准试件（图 7-14）。试件中部工作段长度为 l_0，称为标距，直径为 d，且 $l_0=10d$ 或 $5d$。

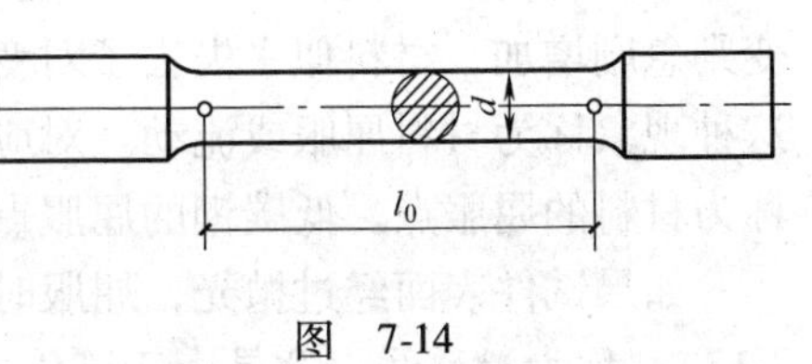

图　7-14

试验在万能材料试验机上进行，荷载缓慢平稳增加直至试件拉断。每加一级荷载，测量一次试件在标距范围内的变形 Δl。取拉力 P 为纵坐标，Δl 为横坐标，可画出 P 与 Δl 的关系曲线，称为 $P-\Delta l$ 图或拉伸图，如图 7-15 所示。拉伸图一般可由试验机上的自动绘图装置直接画出。

拉伸图受试件几何尺寸影响，不能直接反映材料的力学性能。因为试件的绝对伸长与杆长 l 和截面积 A 有关，因此，即使同一种材料，试件尺寸不同，作出的拉伸图也不同。为了消除试件尺寸的影响，使试验结果能反映材料的力学性能，将拉力 P 除以原横截面积 A，得到应力 $\sigma=\dfrac{P}{A}$为纵坐标，将绝对伸长 Δl 除以标距的原有长度 l_0，得到应变 $\varepsilon=\dfrac{\Delta l}{l_0}$为横坐标，画出应力 σ 和应变 ε 的关系曲线，称为 σ-ε 图或应力-应变图，其形状与拉伸图相似，如图 7-16 所示。

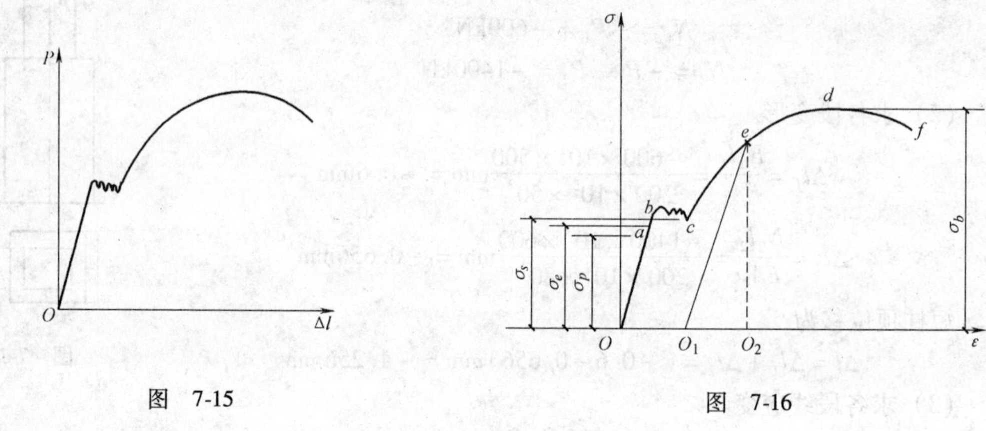

图 7-15　　图 7-16

从应力-应变图上可以看出，低碳钢拉伸过程经历了以下四个阶段：

1. 弹性阶段（图 7-16 中 Ob 段）

应力-应变图上 Ob 段称为弹性阶段。在此阶段内，如果在试件加载后再卸载，则试件变形完全消失，即试件只产生弹性变形。弹性阶段最高点 b 的应力值 σ_e 称为材料的弹性极限，即只产生弹性变形的最大应力。在 Ob 段中，Oa 段为直线，说明应力与应变成正比例关系，材料服从胡克定律，其最高点 a 的应力值 σ_p 称为材料的比例极限，即应力与应变成正比例的最大应力。直线 Ob 的斜率 $\tan\alpha=\dfrac{\sigma}{\varepsilon}=E$ 是一个常数，E 称为材料的弹性模量，即应力与应变成正比的比例常数。低碳钢的弹性模量 $E=200\text{GPa}$。

由于比例极限和弹性极限非常接近，实际应用不作严格区分，认为两者数值相等。低碳钢的弹性极限 $\sigma_e=200\text{MPa}$。

2. 屈服阶段（图 7-16 中 bc 段）

bc 段称为屈服阶段，应力-应变曲线沿锯齿形上下波动。此时应力基本保持不变，而应变则急剧增加，材料似乎失去了对变形的抵抗能力，从而产生明显的不可恢复的塑性变形，这种现象称为材料屈服或流动。对应于应力-应变曲线首次下降后的最低点 c 点的应力值 σ_s，称为材料的屈服点。低碳钢的屈服点 $\sigma_s=235\text{MPa}$。

如果试件表面经过抛光，屈服时试件表面会出现一些与轴线大致成 45°的倾斜条纹（图 7-17），称为滑移线，这是由于试件内部晶格之间产生相对滑移而引起的。当应力到达屈服点时，杆件会产生明显的塑性变形，从而影响构件的正常工作。因此，屈服点是衡量材料强度的一个重要指标。

图 7-17

3. 强化阶段（图 7-16*cd* 段）

材料经过屈服阶段后，曲线变成逐渐上升上凸的曲线。这表明要继续增加变形，必须增大应力，材料似乎又恢复了对变形的抵抗能力。这种现象称为材料强化。强化阶段最高点 d 点的应力 σ_b 称为材料的强度极限，即材料所能承受的最大应力。当应力到达强度极限 σ_b 时，材料将发生破断，从而丧失承载能力。因此，强度极限 σ_b 是衡量材料强度的又一重要指标。低碳钢的强度极限 $\sigma_b = 400\text{MPa}$。

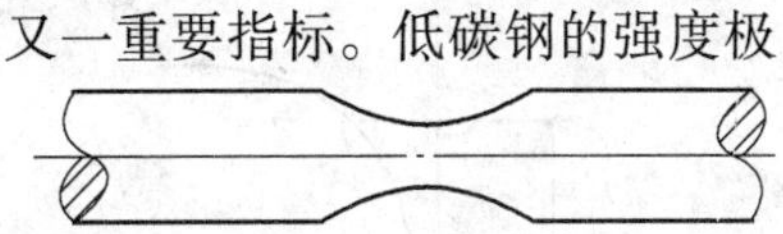

图 7-18

4. 缩颈阶段（图 7-16 中 *de* 段）

当应力小于强度极限时，试件在全长范围内均匀变形。但当应力超过强度极限后，试件的变形集中在某一局部区域内，即在此区域内，试件长度急剧伸长，横截面积急剧收缩，出现“细脖子”现象，这种现象称为缩颈现象（图 7-18）。

由于截面局部收缩，试件继续变形，所需拉力逐渐减小，很快直至 f 点试件被拉断。

（二）冷作硬化

若将试件拉伸到超过弹性范围后某一点（例如图 7-16 中 e 点），然后卸载，在卸载过程中试件的应力、应变沿着与 Oa 平行的直线 eO_1 回到 O_1 点，如图 7-16 所示，弹性变形 OO_1 消失，塑性变形 O_1O_2 保留。如果卸载后重新加载，则应力、应变沿卸载直线 O_1e 上升，到达 e 后仍沿曲线 edf 发展直至拉断。

由此可见，重新加载后，材料的比例极限提高了，而断裂后的塑性应变减少了。这种在常温下将钢材拉伸超过屈服点，卸载后再重新加载，比例极限提高而塑性下降的现象，称为冷作硬化。工程中，常通过冷拉来提高钢筋的强度。

（三）塑性指标

工程中，常用试件拉断后的残余变形来表示材料的塑性性能。试件拉断后标距由原来的 l_0 变为 l_1。横截面积在断裂处由原来的 A 变为 A_1。工程上将 $\delta = \dfrac{l_1 - l_0}{l} \times 100\%$ 称为材料的伸长率，即试件断裂后单位长度的残余伸长量。将 $\psi = \dfrac{A - A_1}{A} \times 100\%$ 称为材料的断面收缩率，即断裂后，横截面积的相对残余收缩量，延伸率 δ 和断面收缩率 ψ 都是衡量材料塑性性能的重要指标。

低碳钢的延伸率 $\delta = 20\% \sim 30\%$，断面收缩率 $\psi = 60\% \sim 70\%$。

工程中常把 $\delta \geqslant 5\%$ 的材料称为塑性材料，如低碳钢、黄铜、铝合金等，而把 $\delta < 5\%$ 的材料称为脆性材料，如铸铁、陶瓷、混凝土等。

（四）其他塑性材料拉伸时的力学性能

图 7-19 给出了几种塑料材料的 σ-ε 曲线。它们的共同特点是延伸率比较大。有些金属材料，没有明显的屈服点，对于这些塑料性材料，通常规定产生 0.2% 残余变形所对应的应力为条件屈

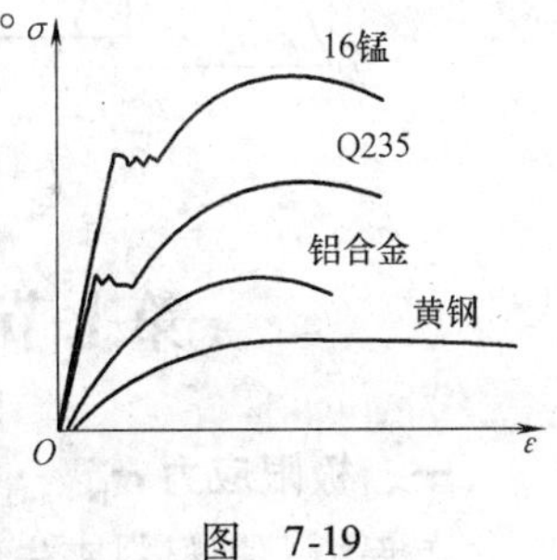

图 7-19

服极限，或名义屈服极限，用 $\sigma_{0.2}$ 表示（图 7-20）。

（五）铸铁拉伸时的力学性能

图 7-21 为铸铁拉伸时的应力-应变曲线。铸铁是典型的脆性材料，从图上可以看出，它没有直线段，没有屈服现象和缩颈现象，断裂是突然发生的，断裂后产生的塑性变形很小。断裂面垂直于试件轴线。断裂时的应力即为材料的强度极限 σ_b。铸铁的弹性模量 E，通常用产生 0.1% 总应变所对应的曲线的割线斜率来表示铸铁的弹性模量，$E = 120 \sim 180\text{MPa}$。

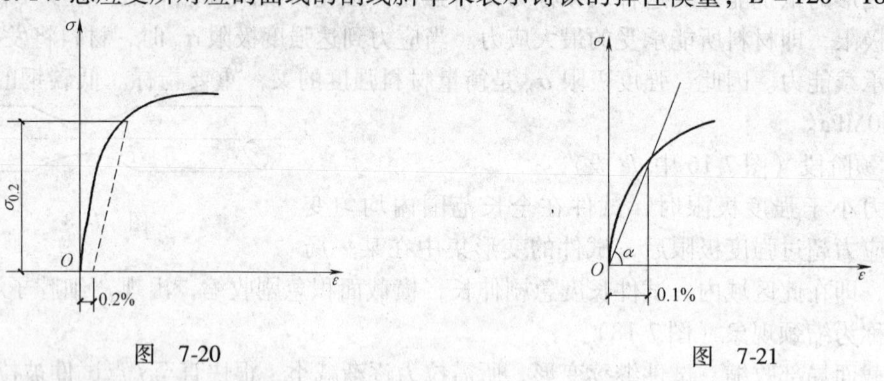

图 7-20　　图 7-21

二、材料压缩时的力学性能

压缩试件做成短柱形式，高度与截面直径之比为 1.5 ~ 3.0。

1. 低碳钢压缩时的力学性能

图 7-22 中实线为低碳钢压缩时的应力-应变曲线，虚线表示拉伸时的应力-应变曲线。由图可见，在屈服阶段以前，两条曲线基本重合。因此，低碳钢压缩时的比例极限 σ_p、屈服极限 σ_s、弹性模量 E 与拉伸时基本相同。但在屈服阶段以后，压缩与拉伸大不相同，随着荷载增加，压缩时横截面积越来越大，试件由圆柱形变成鼓形，越压越扁，σ-ε 曲线呈上翘趋势，并不破坏。因此，无法测出低碳钢压缩时的强度极限。

2. 铸铁压缩时的力学性能

图 7-23 画出了铸铁压缩和拉伸时的应力-应变曲线。由图可见，铸铁压缩与拉伸相似，无屈服现象，无直线段，断裂是突然发生的，但抗压强度极限远大于抗拉强度极限，大约为抗拉强度的 4 ~ 5 倍。压缩时，断口与轴线成 45°角（图 7-23）。

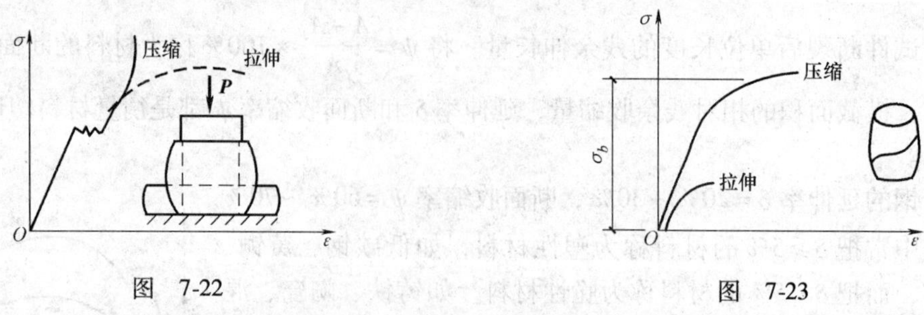

图 7-22　　图 7-23

第七节　轴向拉伸与压缩时杆件的强度计算

一、极限应力 σ_{jx}

工程中，把材料丧失正常工作能力的应力，称为破坏应力或极限应力，用符号 σ_{jx} 表示。

由上节讨论可知，当塑性材料应力达到屈服极限时，会产生显著的塑性变形，影响构件正常工作；而对脆性材料，当应力达到强度极限 σ_b 时，会发生断裂破坏。这两种情况都是不允许的。工程中把塑性材料的屈服点 σ_s（$\sigma_{0.2}$）和脆性材料的强度极限 σ_b 统称为极限应力，即

塑性材料：$\sigma_{jx}=\sigma_s$ 或 $\sigma_{jx}=\sigma_{0.2}$

脆性材料：$\sigma_{jx}=\sigma_b^+$ 或 $\sigma_{jx}=\sigma_b^-$

二、许用应力［σ］和安全系数 n

为了保证构件安全正常工作，仅把工作应力限制在极限应力范围内是不够的，因为构件受诸多外界因素和本身材料性质的影响，必须把工作应力限制在更小的范围内，以保证有必要的强度储备。

通常把极限应力除以一个大于 1 的安全系数 n，作为构件安全工作所允许承受的最大应力，称为许用应力，用［σ］表示，即

$$[\sigma]=\frac{\sigma_{jx}}{n}$$

安全系数主要考虑以下因素：材料性能差异，荷载估计不准确，计算方法的精确度，加工制造误差，构件的重要性和工作条件等。塑性材料安全系数 $n=1.4\sim1.8$，脆性材料安全系数 $n=2\sim3$。

三、拉压杆的强度条件

为了保证构件安全可靠地工作，必须使构件的最大工作应力不超过材料的许用应力。拉压杆的强度条件为

$$\sigma_{max}=\frac{N}{A}\leqslant[\sigma] \tag{7-5}$$

式（7-5）称为拉（压）杆的强度条件。利用强度条件，可以解决以下三种强度计算问题：

1. 强度校核

已知杆件的材料、尺寸和承受的荷载，要求校核杆件的强度是否满足要求。此时只要检查式（7-5）是否成立。如果 $\sigma=\dfrac{N}{A}\leqslant[\sigma]$，则满足强度要求，否则应增大截面积，或减小轴力。

2. 设计截面尺寸

已知杆件的材料、荷载，要求确定横截面面积或尺寸，则用下式计算横截面面积或尺寸

$$A\geqslant\frac{N}{[\sigma]}$$

3. 确定许用荷载

已知材料和尺寸，要求确定杆件能承受的最大荷载。先用下式计算杆件所能承受的最轴力（$N\leqslant[\sigma]A$），再由轴力和荷载关系，计算杆件所能承受的最大荷载。

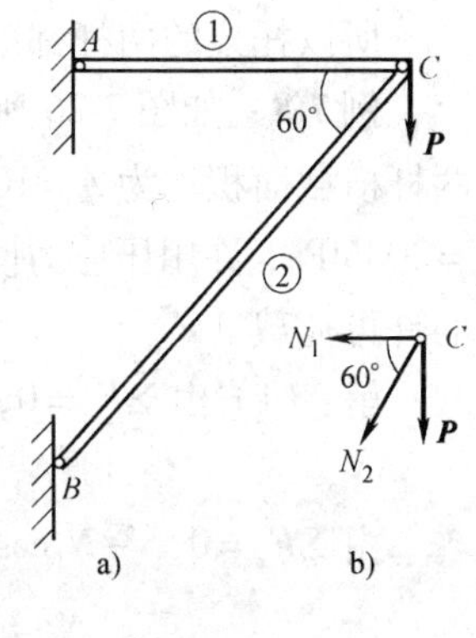

图　7-24

例 7-6　图 7-24a 所示支架中，荷载 $P=100\text{kN}$，杆①为圆形截面钢杆，其许用应力 $[\sigma]_1=150\text{MPa}$；杆②为正方形截面木杆，其

许用应力为 $[\sigma]_2=4\text{MPa}$。试确定钢杆的直径 d 和木杆截面的边长 a。

解：(1) 取节点 C 为研究对象，画受力图如图 7-24b 所示。列平衡方程

由 $\Sigma F_y=0$，$-P-N_2\sin60°=0$ 得

$$N_2=\frac{P}{\sin60°}=\frac{100}{0.860}\text{kN}=115.47\text{kN}$$

由 $\Sigma F_x=0$，$-N_1-N_2\cos60°=0$ 得

$$N_1=N_2\cos60°=(115.47\times0.5)\text{kN}=57.74\text{kN}$$

(2) 根据强度条件确定截面尺寸。

$$A_1=\frac{\pi d^2}{4}\geqslant\frac{N_1}{[\sigma]_1}$$

$$d\geqslant\sqrt{\frac{4N_1}{\pi[\sigma]_1}}=\sqrt{\frac{4\times57.74\times10^3}{3.14\times150}}\text{mm}=22.1\text{mm}$$

$$A_2=a^2\geqslant\frac{N_2}{[\sigma]_2}$$

$$a\geqslant\sqrt{\frac{N_2}{[\sigma]_2}}=\sqrt{\frac{115.74\times10^3}{4}}\text{mm}=170\text{mm}$$

例 7-7 如图 7-25a 所示托架 BC 杆为圆钢，直径 $d=20\text{mm}$。BD 为 8 号槽钢。若 $[\sigma]=160\text{MPa}$，试校核托架的强度。设 $P=60\text{kN}$。

解：(1) 取节点 B 为研究对象，作受力图如图 7-25b 所示，由平衡方程

由 $\Sigma F_y=0$，$-P-N_2\sin\alpha=0$ 得

$$N_2=-\frac{P}{\sin\alpha}=-\frac{60}{0.8}\text{kN}=-75\text{kN}$$

由 $\Sigma F_x=0$，$-N_1-N_2\cos\alpha=0$ 得

$$N_1=-N_2\cos\alpha=(75\times0.6)\text{kN}=45\text{kN}$$

(2) 校核强度（8 号槽钢 $A_2=10.24\text{cm}^2$）。

$$\sigma_1=\frac{N_1}{A_1}=\frac{N_1}{\frac{\pi d^2}{4}}=\frac{45\times10^3}{\frac{3.14\times20^2}{4}}\text{MPa}=143.3\text{MPa}<[\sigma]$$

$$\sigma_2=\frac{N_2}{A_2}=\frac{75\times10^3}{1024}\text{MPa}=73.2\text{MPa}<[\sigma]$$

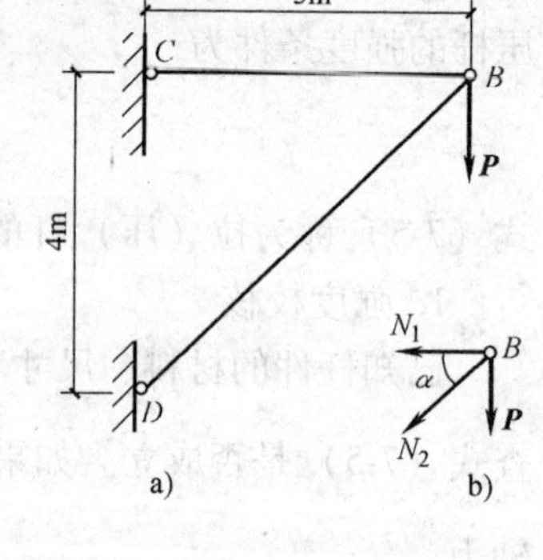

图 7-25

所以托架的两杆都满足强度要求。

例 7-8 如图 7-26 所示结构，由杆 AC 和 BC 构成，在节点 C 受竖向拉力 $\boldsymbol{P}$ 作用。已知两杆横截面积均为 $A=100\text{mm}^2$，许用拉应力 $[\sigma^+]=200\text{MPa}$，许用压应力 $[\sigma^-]=150\text{MPa}$，试求结构的许可荷载 $[\boldsymbol{P}]$

解：(1) 由 $\Sigma F_y=0$，$N_1\sin30°-P=0$ 得

$$N_1=2P$$

由 $\Sigma F_x=0$，$-N_1\cos30°-N_2=0$ 得

$$N_2=-\sqrt{3}P$$

(2) 求许可荷载。

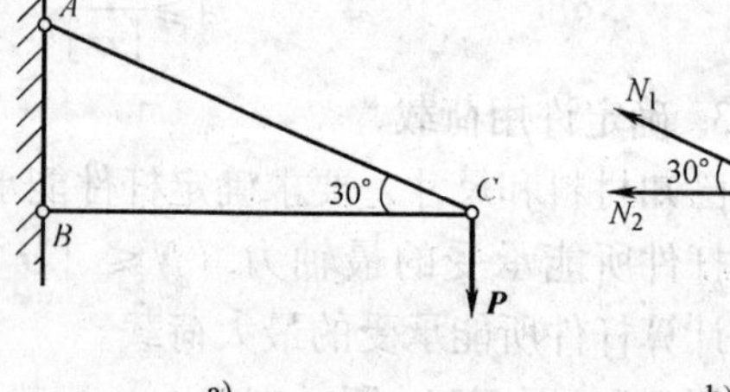

图 7-26

由 $N_1=2P\leqslant[\sigma_+]A$ 得

$$P\leqslant\frac{1}{2}[\sigma^+]A=\left(\frac{1}{2}\times200\times100\right)\mathrm{N}=10000\mathrm{N}=10\mathrm{kN}$$

$$N_2=\sqrt{3}P\leqslant[\sigma]A$$

$$P\leqslant\frac{[\sigma^-]A}{\sqrt{3}}=\frac{150\times100}{1.732}\mathrm{N}=8660\mathrm{N}=8.66\mathrm{kN}$$

因此，许可荷载 $P=8.66\mathrm{kN}$

第八节 应力集中的概念

等截面直杆在轴向外力的作用下，横截面的正应力是均匀分布的。若杆件的截面尺寸突然改变，例如在杆件上开槽、钻孔、车削螺纹等，则在截面突然变化处，应力不再均匀分布。处于孔、槽附近的局部区域内应力急剧增大，在离开这些区域处，应力迅速下降趋于均匀（图 7-27），这种由于截面尺寸突然改变而引起局部应力急剧增大的现象，称为应力集中。

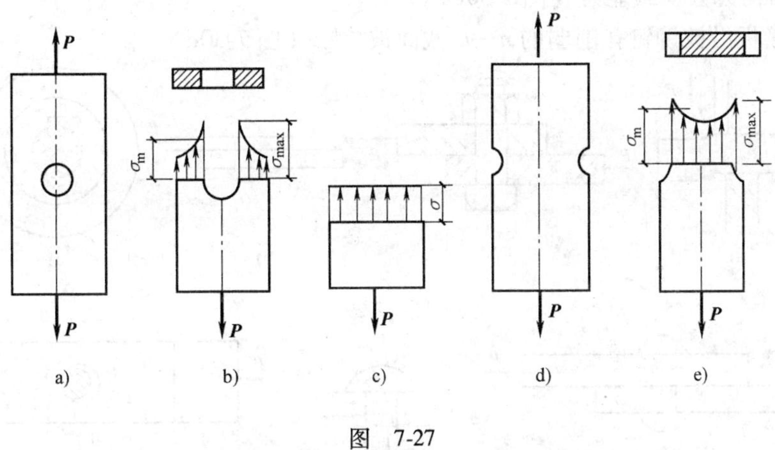

图 7-27

试验表明，截面尺寸改变得越急剧，孔越小，角越尖锐，应力集中越严重。通常用最大局部应力与按削弱后的净面积算得的平面应力 σ_m 的比值 α 表示应力集中的程度，即

$$\alpha=\frac{\sigma_{max}}{\sigma_m} \tag{7-6}$$

式中 α 称为应力集中系数，是大于 1 的系数。

在静荷载条件下，对塑性材料，当最大应力 σ_{max} 达到 σ_s 时，该处应力不再增加，而是产生塑性变形，而邻近区域应力将随荷载增加而增加，直至整个截面应力都达到 σ_s，故塑性材料不考虑应力集中。脆性材料，最大应力达到 σ_b 时，材料在该处首先破坏。但考虑到脆性材料的内部缺陷（杂质、气孔等）引起的应力集中比尺寸应变引起的应力集中严重，而材料试验已包含了这部分应力的影响，故脆性材料也不考虑应力集中。但对于动荷载，无论塑性材料或脆性材料，均必须考虑应力集中。

第九节　连接件的强度计算

一、剪切的概念与实例

如图7-28a所示，当杆件受到大小相等、方向相反、作用线相距很近的一对横向力作用时，杆件在两个横向力作用线之间的各截面都发生相对错动（图7-28b），这种变形称为剪切变形。两个横向力之间的截面称为剪切面，剪切面上的内力称为剪力，相应的应力称为切应力，用符号 τ 表示。

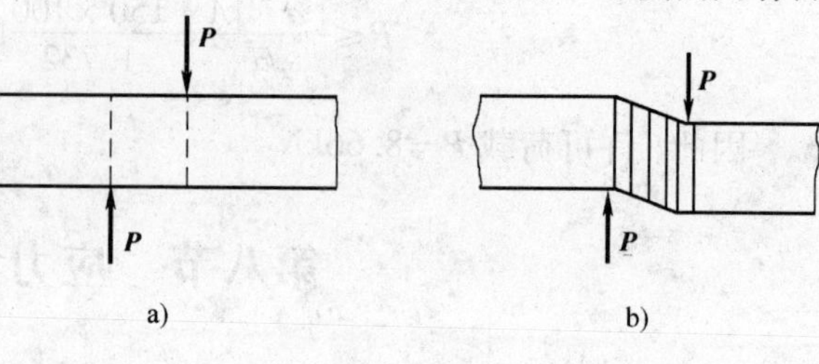

图　7-28

工程中有许多剪切变形的实例，如图7-29所示。铆钉连接是最普遍、最典型的连接方式之一（图7-30a），铆钉连接的破坏主要有以下三种形式：

（1）铆钉沿剪切面 m—m 被剪断（图7-30b）。

（2）由于铆钉与连接板孔壁之间的局部挤压，使铆钉或连接板孔壁产生显著的塑性变形，从而使结构失去承载能力（图7-30c）。

（3）连接板沿被铆钉孔削弱的 n—n 截面被拉断（图7-30d）。

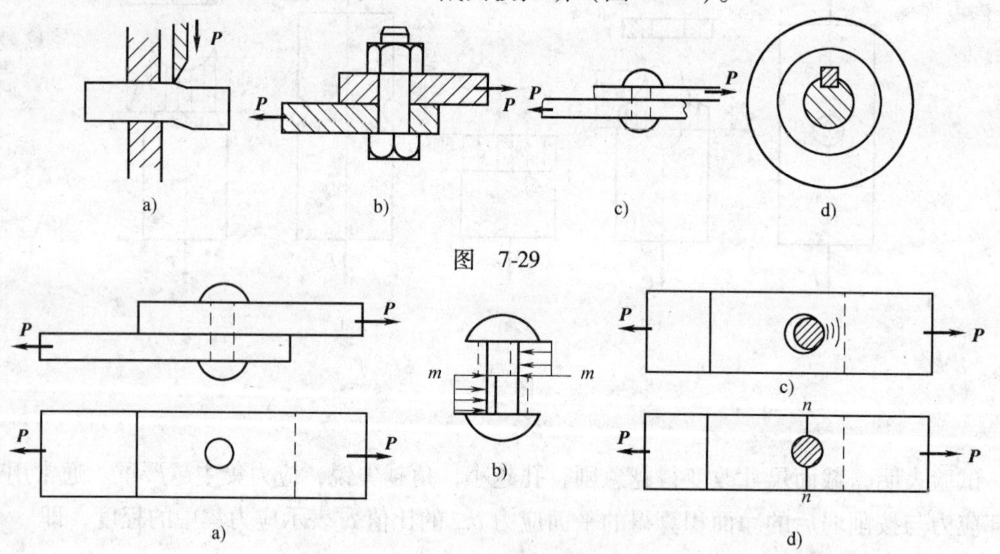

图　7-29

图　7-30

为此，要保证连接件能安全正常地工作，要对上述三种情况进行强度计算。由于连接部分受力和应力都比较复杂，工程上常采用实用计算法。

二、剪切的实用计算

如图7-30a所示铆钉链接件，用一假想平面沿剪切面将铆钉截开，取下部为研究对象，画受力图如图7-31所示。

由平衡方程 $\Sigma F_x=0$，$P-Q=0$，得

$$Q = P$$

剪力 Q 是剪切面上切应力 τ 的合力。假设切应力在剪切面上是均匀分布的，则

$$\tau = \frac{Q}{A}$$

为了保证连接件不被剪断，剪切面上的切应力不得超过材料的许用应力，即要求

$$\tau = \frac{Q}{A} \leqslant [\tau] \qquad (7\text{-}7)$$

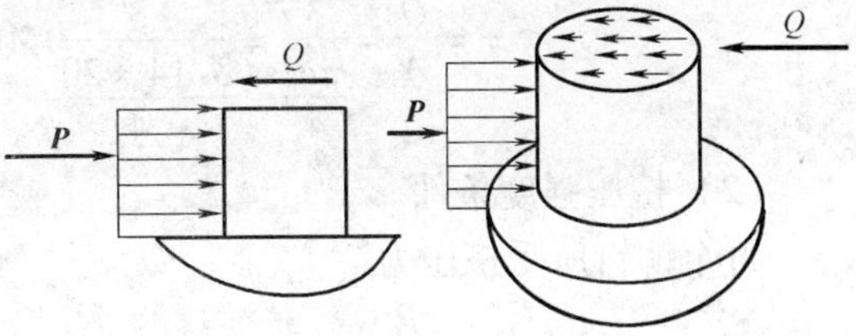

图　7-31

式（7-7）称为剪切强度条件。

三、挤压的实用计算

将图 7-30c 所示连接件中左边连接段单独取出，作受力图如图 7-32 所示。

由平衡方程 $\Sigma F_x = 0$，$P_{jy} - P = 0$ 得

$$P_{jy} = P$$

挤压力 P_{jy} 是挤压面上挤压应力 σ_{jy} 的合力。假设：①挤压面 A_{jy} 为真实挤压面的正投影面（直径面）；②挤压应力在挤压面上是均匀分布的，则

$$\sigma_{jy} = \frac{P_{jy}}{A_{jy}}$$

为了防止挤压破坏，挤压面上的挤压应力不得超过材料的许用挤压应力 $[\sigma_{jx}]$，即要求

$$\sigma_{jy} = \frac{p_{jy}}{A_{jy}} \leqslant [\sigma_{jy}] \qquad (7\text{-}8)$$

四、连接板强度计算

将图 7-32a 所示连接板沿 n—n 截面切开，取左边部分为研究对象，画受力图如图 7-33 所示。假设截面上的正应力沿截面均匀分布，则有

$$\sigma = \frac{N}{A_j} \leqslant [\sigma] \qquad (7\text{-}9)$$

式（7-9）为连接板的拉伸强度条件，其中 $A_j = (b - a)t$ 为被削弱截面的净面积。

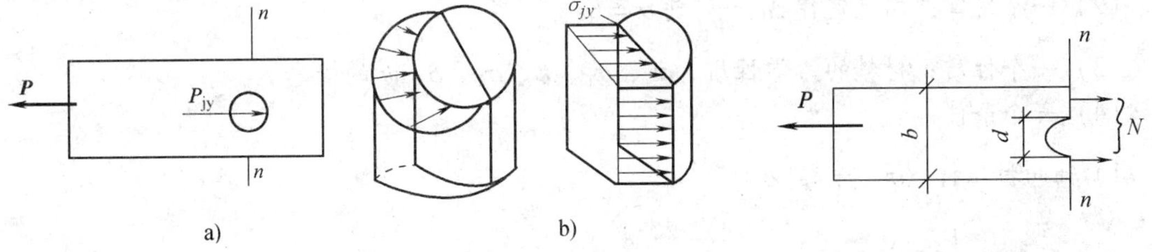

图　7-32　　　　图　7-33

例 7-9　两钢板用三个直径相同的铆钉连接如图 7-34a 所示。已知钢板与铆钉材料相同，材料许用拉应力 $[\sigma] = 160\text{MPa}$，许用切应力 $[\tau] = 100\text{MPa}$，许用挤压应力 $[\sigma_{jy}] = 300\text{MPa}$，铆接件所受拉力 $P = 80\text{kN}$。试校核该铆接件的连接强度。

解：（1）剪切强度条件。

由于各铆钉的材料和直径均相同，且外力作用线通过铆钉群剪切面的形心，可以假定各铆钉所受剪切力相同。作铆钉及板受力图如图 7-34b 所示。每个铆钉所受剪切力为

$$Q = \frac{P}{3}$$

则有

$$\tau=\frac{Q}{A}=\frac{\frac{P}{3}}{\frac{\pi d^2}{4}}=\frac{\frac{80\times10^3}{3}}{\frac{3.14\times20^2}{4}}\text{MPa}=84.9\text{MPa}<[\tau]=100\text{MPa}$$

（2）挤压强度条件。

每个铆钉所受挤压力

$$P_{jy}=\frac{P}{3}$$

则有

$$\sigma_{jy}=\frac{P_{jy}}{A_{jy}}=\frac{\frac{P}{3}}{dl}=\frac{\frac{80\times10^3}{3}}{20\times10}\text{MPa}$$

$$=133.3\text{MPa}<[\sigma_{jy}]=300\text{MPa}$$

（3）拉伸强度条件。

由图 7-34b 可知，1-1 截面内力最大而面积最小，为危险截面，则有

$$\sigma=\frac{N_1}{A_1}=\frac{P}{(b-d)l}=\frac{80\times10^3}{(100-20)\times10}\text{MPa}$$

$$=100\text{MPa}<[\sigma]=160\text{MPa}$$

根据计算结果可知，连接件强度是足够的。

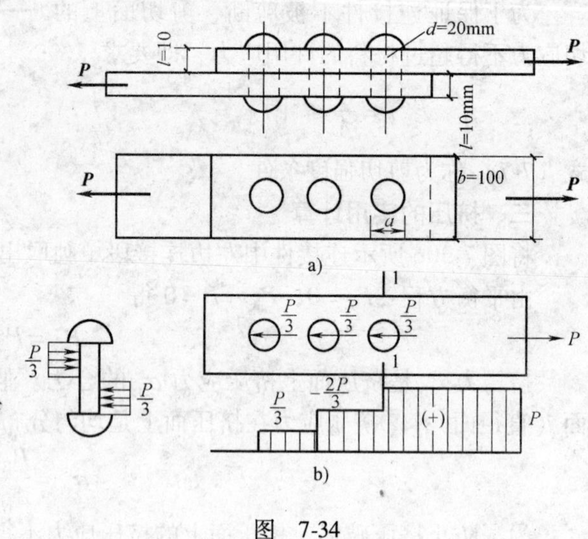

图 7-34

小 结

本章讨论了轴向拉伸与压缩变形、剪切变形的强度计算。

（1）一种方法：求内力的截面法。轴力 $N=\Sigma P$。

（2）一个定律：胡克定律 $\Delta l=\frac{Nl}{EA}$ 或 $\sigma=E\varepsilon$。

（3）一个性质：材料的力学性质，σ_s、σ_b、E、σ_P、δ、ψ 的概念。

（4）一个条件：

1）轴向拉压杆 $\sigma=\frac{N}{A}\leqslant[\sigma]$

2）连接件 $\begin{cases}\tau=\frac{\theta}{A}\leqslant[\tau]\\ \sigma_{jy}=\frac{p_{jy}}{A_{jy}}\leqslant[\sigma_{jy}]\\ \sigma=\frac{N}{A_j}\leqslant[\sigma]\end{cases}$

（5）三种计算 $\begin{cases}\text{强度校核}\quad \sigma=\frac{N}{A}\leqslant[\sigma]\\ \text{截面设计}\quad A\geqslant\frac{N}{[\sigma]}\\ \text{求许用荷载}\quad N\leqslant[\sigma]A\end{cases}$

(6) 一个问题：应力集中问题。

思　考　题

7-1　试判断图示构件中哪些属于轴向拉伸与压缩？

7-2　直杆 AB 的 B 端受轴向拉力作用，若将力 $\boldsymbol{P}$ 移到 C 截面，对支座反力有无影响？对 AB 杆的变形有何影响？

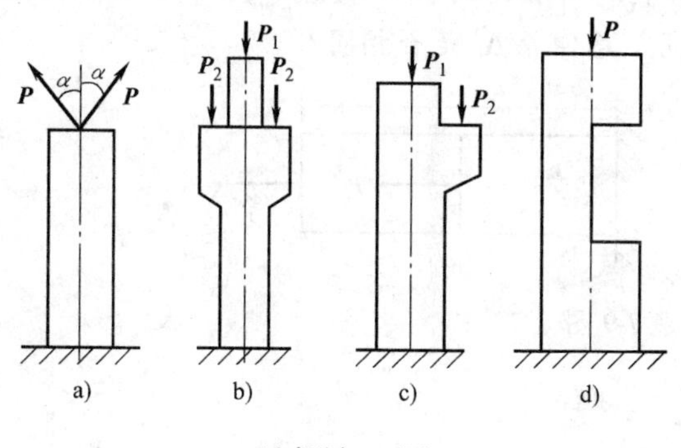

思考题 7-1 图

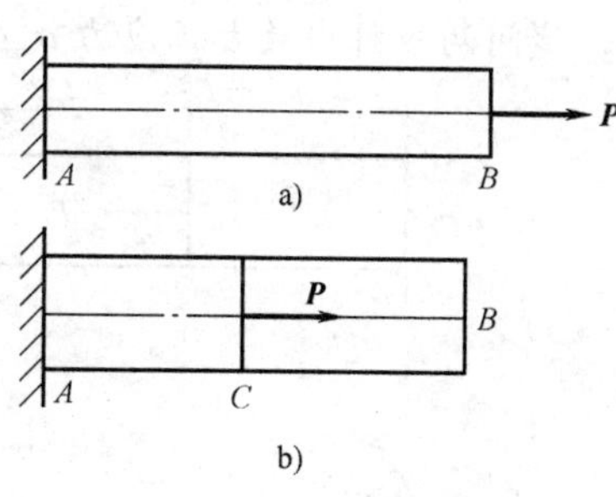

思考题 7-2 图

7-3　两根材料不同，截面不同的杆，受同样的拉力作用，它们的内力是否相同？应力是否相同？变形是否相同？

7-4　两根轴力相同，截面面积相同的拉杆，它们的正应力是否相同？

7-5　某拉杆总伸长等于零，那么杆内的应变及各点的位移是否等于零？

7-6　三种材料的 σ-ε 曲线如图所示，试问，哪一种材料强度最高，哪一种材料刚度最大？哪一种材料塑性最好？

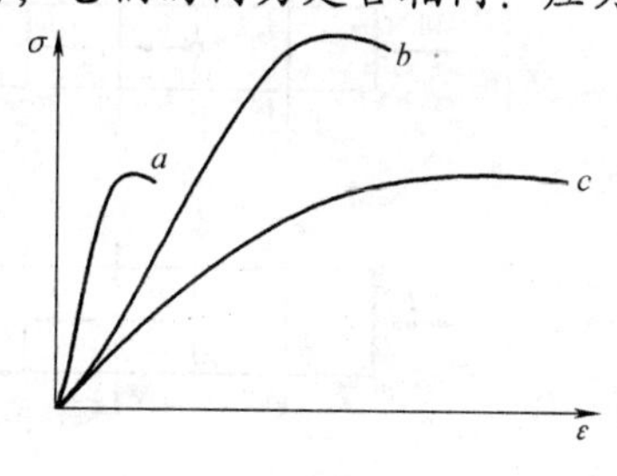

思考题 7-6 图

7-7　现有低碳钢和铸铁两种材料，在图示三种结构中，若用钢材制造杆①，用铸铁制造杆②，是否合理？

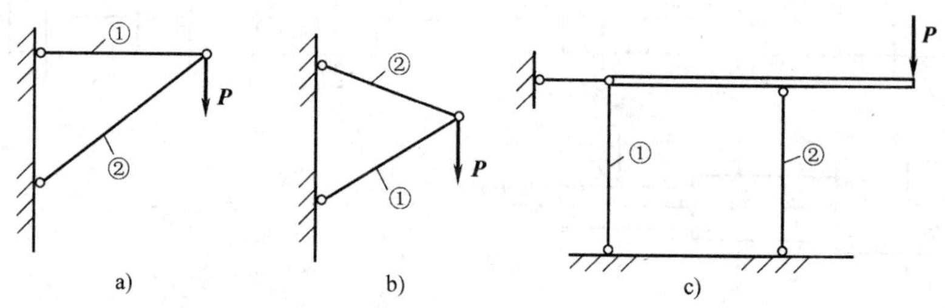

思考题 7-7 图

7-8　如图所示，用两根钢索起吊一重物，为保证钢索强度，α 角是大些好还是小些好？

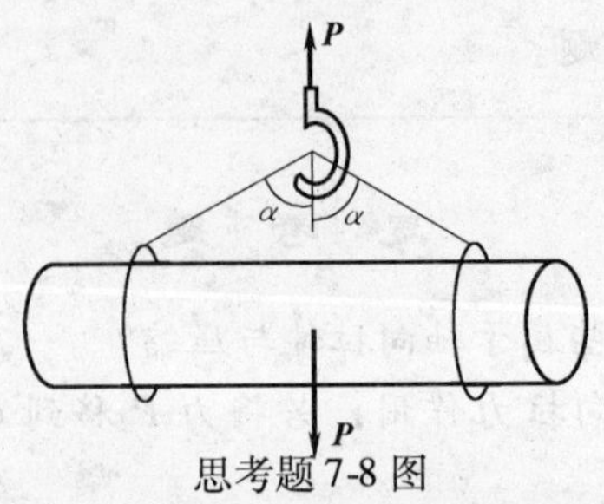

思考题 7-8 图

7-9 如图（a）、（b）所示，两根尺寸和材料都相同的拉杆，受 $\boldsymbol{P}_1$，$\boldsymbol{P}_2$ 作用，已知 $P_1 > P_2$，试问两根杆内最大正应力 σ_{max} 是否相同？总伸长 Δl 是否相同？

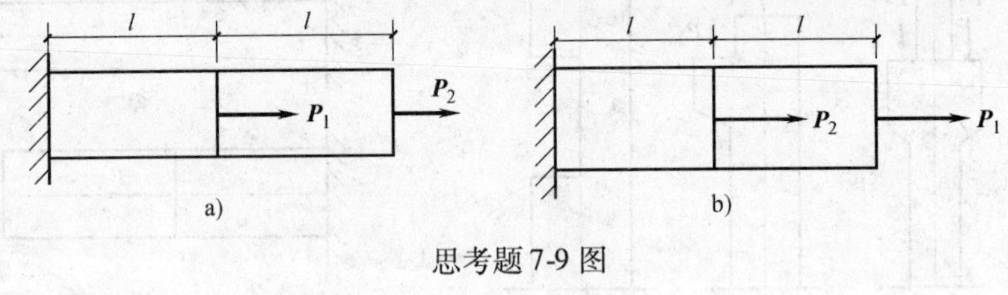

思考题 7-9 图

习　　题

7-1 试计算图示各杆指定截面上的轴力。

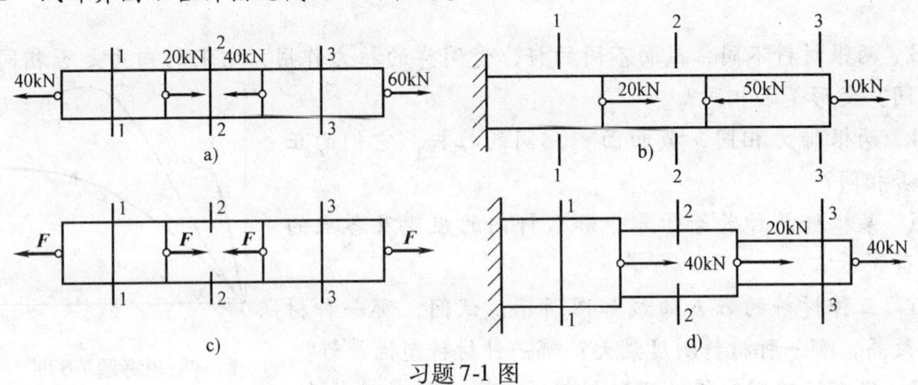

习题 7-1 图

7-2 试绘出图示杆件的轴力图。

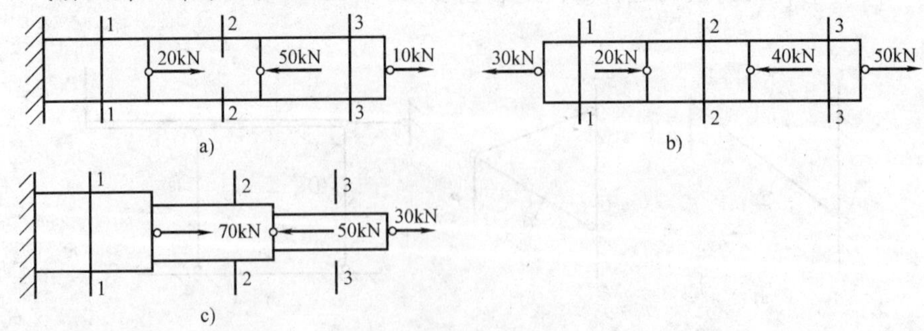

习题 7-2 图

7-3 阶梯杆受力如图所示。AB 段横截面积为 $A_1 = 300\text{mm}^2$，BC 和 CD 段横截面积为 $A_2 = 200\text{mm}^2$，已知 $E = 200\text{GPa}$，试求：（1）杆内最大正应力；（2）杆的下端 D 点的轴向位移。

7-4 一阶梯状钢杆如图所示。已知 $E=200\text{GPa}$，求杆内横截面上的最大正应力及总伸长。

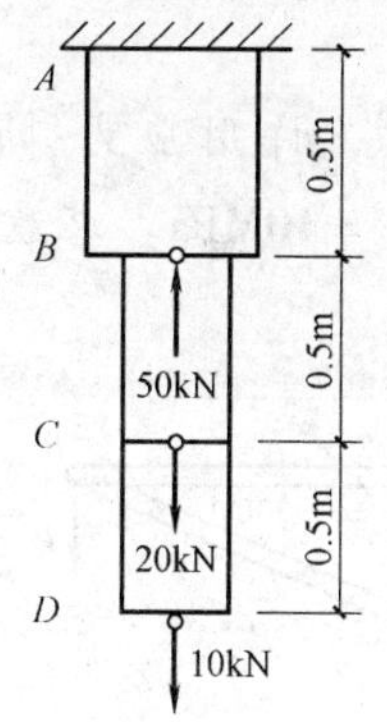

习题 7-3 图

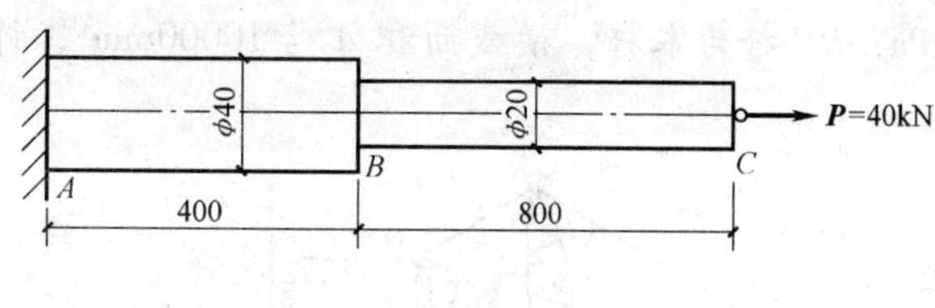

习题 7-4 图

7-5 图示铰接支架，AB 杆为 $d=12\text{mm}$ 的圆钢，许用应力 $[\sigma_1]=160\text{MPa}$，BC 杆为边长 $a=100\text{mm}$ 的方木，$[\sigma_2]=10\text{MPa}$，校核支架的强度。

7-6 用绳索起吊一根管子，如图所示。已知管子重 $W=10\text{kN}$，绳索直径 $d=40\text{mm}$，许用应力 $[\sigma]=10\text{MPa}$，校核绳索的强度。

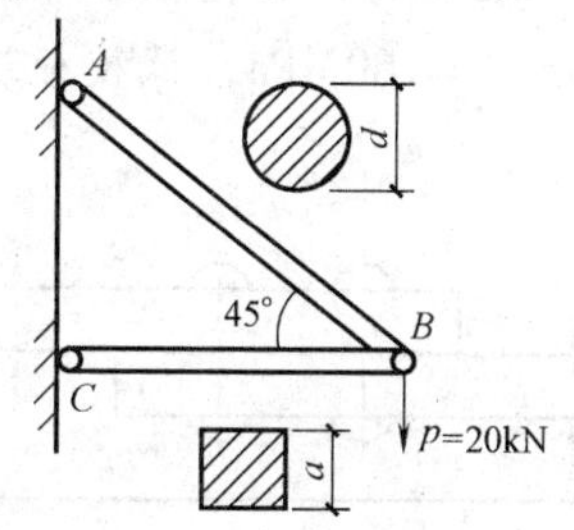

习题 7-5 图

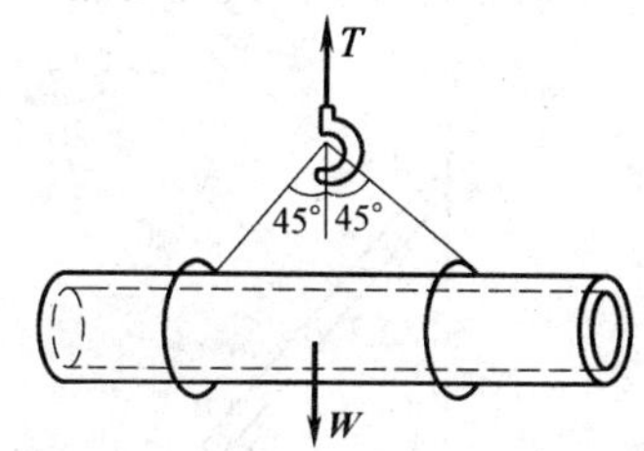

习题 7-6 图

7-7 悬臂起重机如图所示，小车可在 AC 梁上移动，斜杆 AB 的截面为圆形，许用应力 $[\sigma]=170\text{MPa}$，小车连同荷重 $P=15\text{kN}$，试设计 AB 杆的直径 d。

7-8 截面为正方形的阶梯砖柱，如图所示，上柱高 $H_1=3\text{m}$，截面面积 $A_1=240\text{mm}\times240\text{mm}$；下柱高 $H_2=4\text{m}$，截面面积 $A_2=370\text{mm}\times370\text{mm}$。已知：$P=40\text{kN}$，$E=3\text{GPa}$，求：(1) 上下柱的轴力和应力；(2) 上、下柱的应变；(3) 截面 A、B 向下的位移。

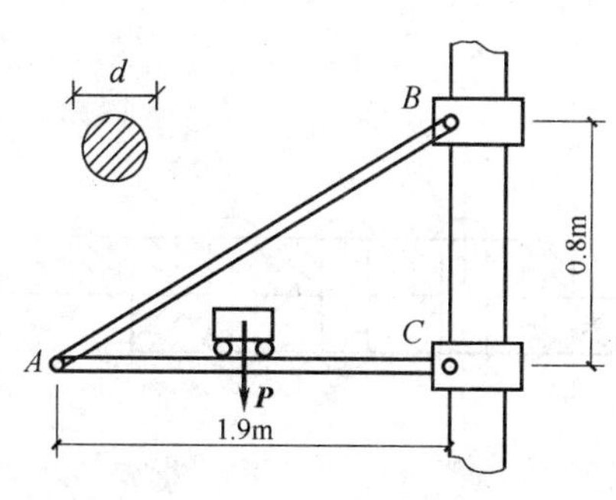

习题 7-7 图

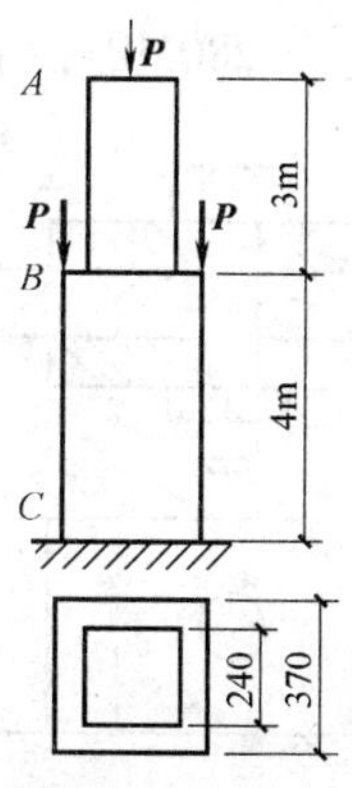

习题 7-8 图

7-9 图示起重机，BC 杆由钢索 AB 拉住，钢索直径 $d=26\text{mm}$，$[\sigma]=160\text{MPa}$，求最大起吊重量 W。

7-10 图示三角托架，AB 杆为钢杆，横截面积 $A_1=400\text{mm}^2$，许用应力 $[\sigma_1]=170\text{MPa}$；BC 杆为木杆，横截面积 $A_2=10000\text{mm}^2$，许用应力 $[\sigma_2]=10\text{MPa}$。求最大荷载 $P_{\max}$。

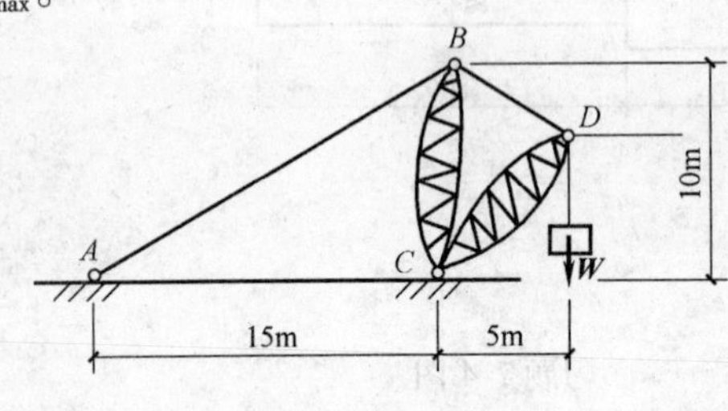

习题 7-9 图

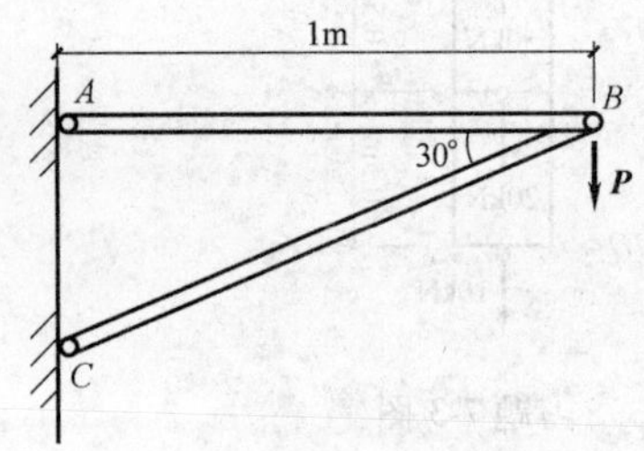

习题 7-10 图

7-11 图示结构，杆 AB 为 5 号槽钢，许用应力 $[\sigma_1]=160\text{MPa}$；杆 BC 为截面尺寸为 $50\text{mm}\times100\text{mm}$ 木杆，许用应力 $[\sigma_2]=8\text{MPa}$。荷载 $P=128\text{kN}$，试校核结构的强度。

7-12 两块厚度均为 10mm 的钢板，用两个直径 $d=16\text{mm}$ 的铆钉搭接在一起，如图所示。已知 $P=6\text{kN}$，$[\tau]=140\text{MPa}$，$[\sigma_{jy}]=280\text{MPa}$，$[\sigma]=160\text{MPa}$，试校核连接件的强度。

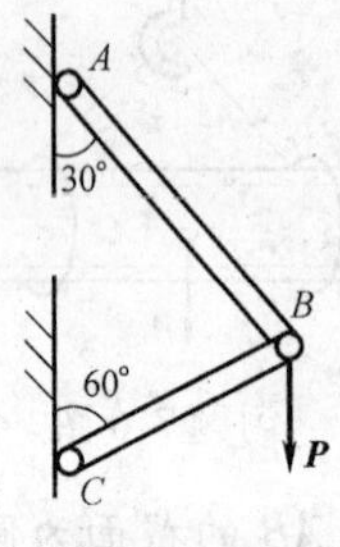

习题 7-11 图

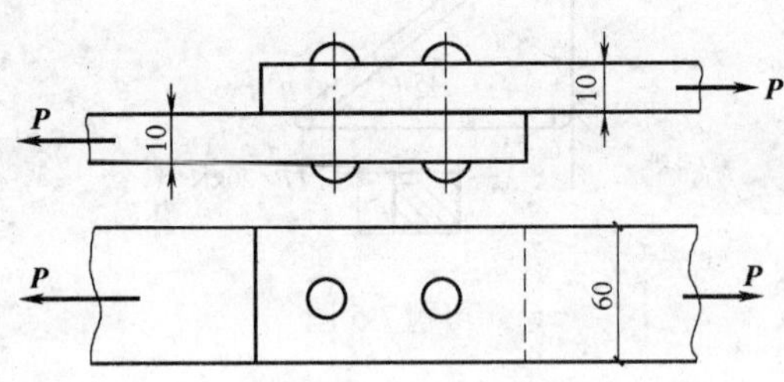

习题 7-12 图

7-13 螺栓连接如图所示。已知：$P=200\text{kN}$ $[\tau]=80\text{MPa}$，$[\sigma_{jy}]=280\text{MPa}$，$[\sigma]=160\text{MPa}$，$t=20\text{mm}$。求螺栓直径 d。

7-14 如图所示，厚度 $t=6\text{mm}$ 的两块钢板用三个铆钉连接，已知 $F=50\text{kN}$，$[\tau]=100\text{MPa}$，$[\sigma_{jy}]=280\text{MPa}$，求铆钉直径 d。若用 $d=12\text{mm}$ 的铆钉，问需几个？

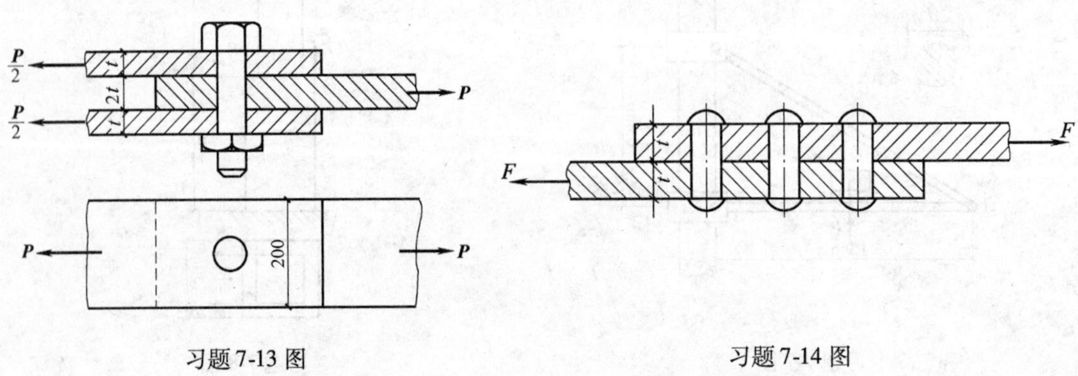

习题 7-13 图

习题 7-14 图

7-15　起重机吊具如图所示。已知 $P=20\text{kN}$，板厚 $t_1=10\text{mm}$，$t_2=6\text{mm}$，铆钉直径 $d=15\text{mm}$，铆钉与板材料相同，已知 $[\tau]=60\text{MPa}$，$[\sigma_{jy}]=200\text{MPa}$，试设计销钉直径 d。

7-16　两块宽为 $b=150\text{mm}$ 的受拉钢板按图示铆钉布置对接相连。已知：$t_1=10\text{mm}$，$t_2=20\text{mm}$，$d=26\text{mm}$。板与铆钉材料相同，$[\tau]=100\text{MPa}$，$[\sigma]=170\text{MPa}$，$[\sigma_{jy}]=280\text{MPa}$，求接头所能承受的最大拉力 P。

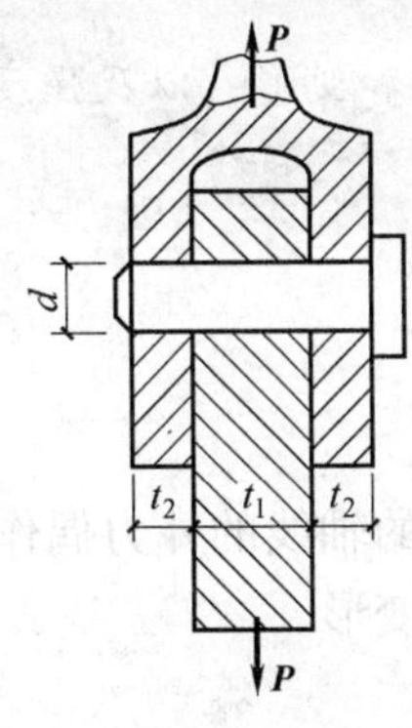

习题 7-15 图

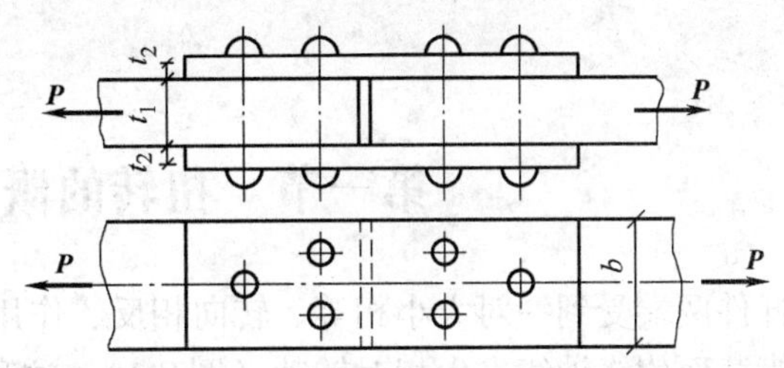

习题 7-16 图

第八章　扭　　转

内容提要：本章介绍圆轴扭转的外力和内力，圆轴扭转的应力和变形，以及强度与刚度条件。

第一节　扭转的概念和实例

当杆件两端受到一对大小相等、转向相反、作用面都垂直于杆的轴线的外力偶作用时，杆件各横截面均绕轴线发生相对转动（图 8-1），这种变形称为扭转变形。

工程中以扭转变形为主要变形形式的杆件，称为轴，而且大多数为圆轴。

杆件任意两截面相对转过的角度 ϕ 称为扭转角。与此同时杆件表面上的纵向线边倾斜一个角度 γ，称为剪切角 γ。

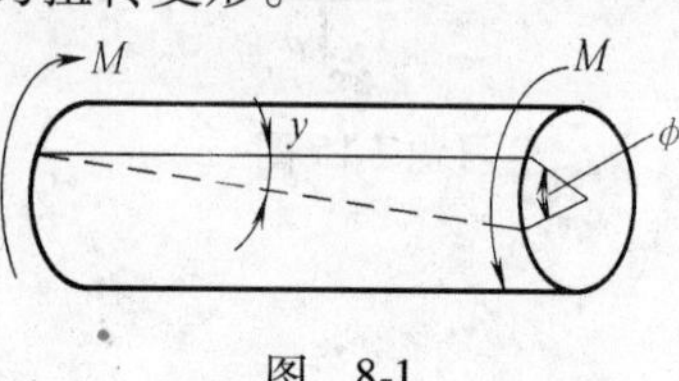

图　8-1

工程实际中，受扭构件是很多的。例如，汽车转向盘的操纵杆（图 8-2a），攻螺纹用丝锥（图 8-2b），机械传动轴等（图 8-2c）。

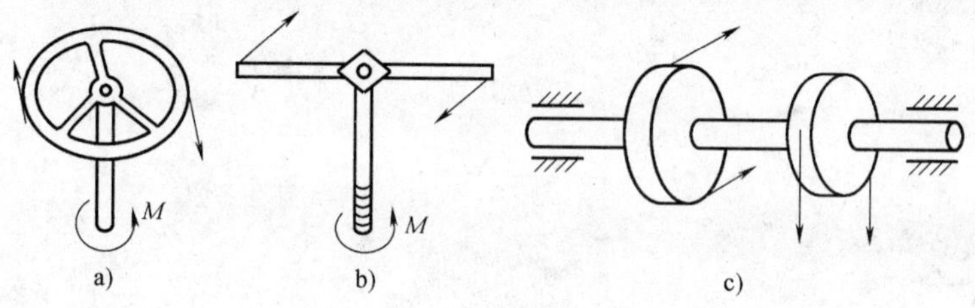

图　8-2

第二节　外力偶矩和扭矩计算

一、外力偶矩计算

作用在轴上的外力偶矩 M，通常不是直接给出其数值，而是通过该轴所传递的功率 N 和转速 n 来计算，即

$$M = 9549\frac{N}{n} \tag{8-1}$$

式中　N——功率（kW）；

n——转速（r/min）；

M——外力偶矩（N · m）。

二、扭矩计算、扭矩图

当杆件受到外力偶矩作用发生扭转变形时，在杆的横截面上产生相应的内力，称为扭

矩，用 T 表示。转矩的单位是 N·m 或 kN·m。

扭矩 T 可用截面法求出。如图 8-3a 所示圆轴 AB，为求任意截面 $m—m$ 上的内力，可设想将杆沿截面 $m—m$ 截开，任取其中一段（例如左段）其受力图如图 8-3b 所示，根据平衡条件，所有力对杆件轴线 x 之矩的代数和等于零，即

$$\sum M_x = 0,\ M - T = 0$$

得 $$T = M$$

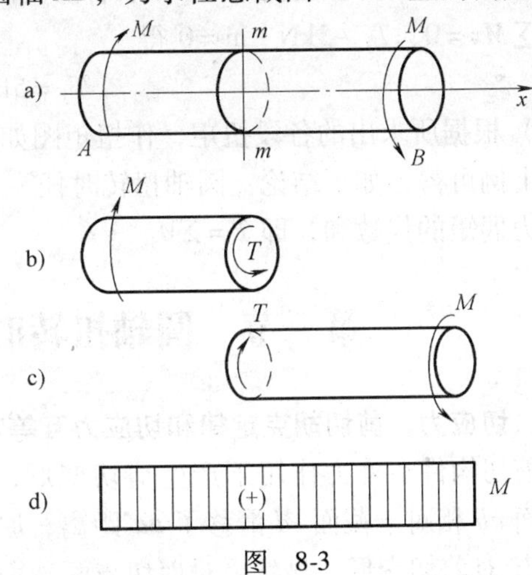

图　8-3

扭矩的正负号规定如下：采用右手螺旋法则，即以右手四指表示扭矩的转向，则大拇指指向与截面外法线方向一致时，扭矩取正号（图 8-4a）；拇指指向与截面外法线相反时，扭矩取负号（图 8-4b）。

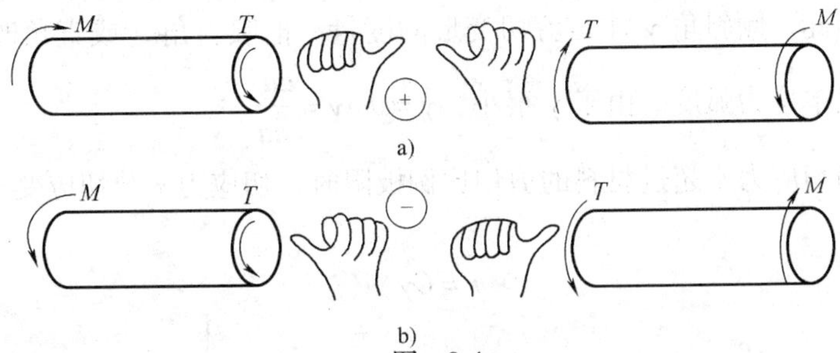

图　8-4

当轴上同时受到多个外力偶作用时，轴上各截面上扭矩各不相同，为了表示整个杆件扭矩沿轴线的变化规律，以便确定危险截面位置和扭矩值的大小，以横坐标表示横截面的位置，纵坐标表示相应横截面上的扭矩，正的扭矩画在横坐标轴上方，负的扭矩画在轴的下方，由此作出的图线称为扭矩图。

例 8-1　作图 8-5a 所示的圆轴的扭矩图。

解：（1）用截面法分别求出各段上的扭矩。假想在 1-1 截面处将轴截开，取左段为研究对象，画受力图如图 8-5b 所示，

当 $\sum Mx = 0$，$T_1 - 7\text{kN}\cdot\text{m} = 0$

得 $T_1 = 7\text{kN}\cdot\text{m}$

假想在 2—2 截面处将轴截开，仍取左段为研究对象，画受力图加图 8-5c 所示。

由 $\sum Mx = 0$，$T_2 + (10-7)\text{kN}\cdot\text{m} = 0$

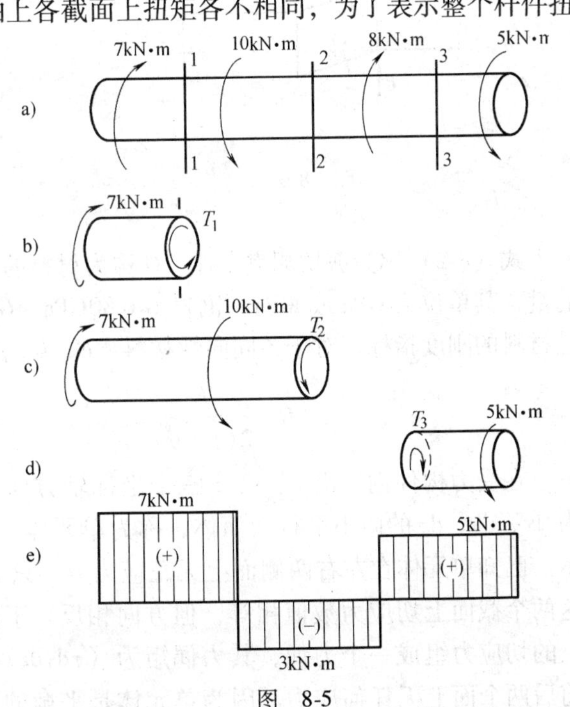

图　8-5

得 $T_2 = -3\text{kN}\cdot\text{m}$

假想在 3—3 截面处将轴截开，取右段为研究对象，作受力图如图 8-5d 所示。

由 $\sum Mx = 0$，$T_3 - 5\text{kN}\cdot\text{m} = 0$ 得

$$T_3 = 5\text{kN}\cdot\text{m}$$

（2）根据所求出的各段扭矩，作扭矩图如图 8-5e 所示。

由上例可得出如下结论：圆轴扭转时任一截面上的扭矩，等于截面一侧（左侧或右侧）所有外力偶矩的代数和，即 $T = \Sigma M_i$

第三节　圆轴扭转时的应力及强度条件

一、切应力、剪切胡克定律和切应力互等定理

受剪切构件在外力作用下产生剪切变形，如图 8-6 所示。由图可以看出，在外力作用下，截面 ab 相对于截面 cd 滑移了 $\boldsymbol{aa'}$ 距离，原来的矩形 $abcd$ 变为平行四边形 $a'b'cd$，距离 $\boldsymbol{aa'}$ 称为绝对剪切变形。显然绝对剪切与两截面内距离有关。而倾斜的角度 γ 则与两截面之间的距离无关。因此，倾斜角 γ 才是剪切变形的度量。把倾斜角（或直角改变里）称为切应变或角应变，其单位为弧度。由于 γ 很小，$\gamma = \tan\gamma = \dfrac{aa'}{aa}$。

试验证明，当切应力不超过材料的剪切比例极限时，切应力 τ 与切应变 γ 成正比，如图 8-7 所示，即

$$\tau = G\gamma \tag{8-2}$$

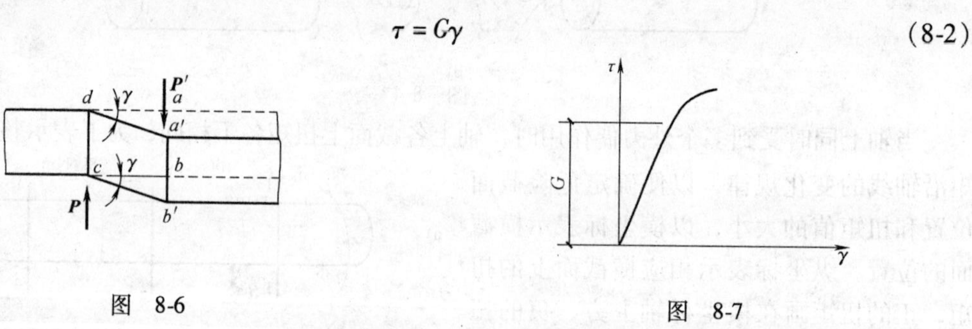

图 8-6　　　　图 8-7

式（8-2）称为剪切胡克定律。G 称为材料的剪切弹性模量，是材料抵抗剪切变形能力的量，其单位为 GPa 或 MPa。钢材 $G = 80\text{GPa}$。G 值越大，材料抵抗剪切变形的能力越大，是材料的刚度指标。对于各同向性材料，E、G、μ 三者关系为

$$G = \frac{E}{2(1+\mu)} \tag{8-3}$$

在受力构件内，沿 x、y、z 三个坐标轴方向分别取边长为 $\mathrm{d}x$、$\mathrm{d}y$、$\mathrm{d}z$ 的微小平行六面体，称为单元体，如图 8-8 所示。已知单元体在左右两侧面上无正应力 σ，只有切应力 τ。这两个截面上切应力数值相等，但方向相反。于是这两个面上的切应力组成一个力偶，其力偶矩为 $(\tau\mathrm{d}y\mathrm{d}z)\mathrm{d}x$。单元体前后两个面上无任何应力。因为单元体是平衡的，所以它的

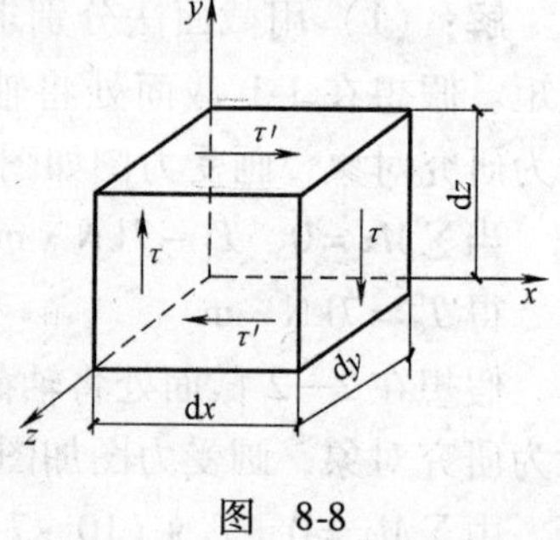

图 8-8

上下两个面上必存在大小相等方向、相反的切应力 τ'，它们组成的力偶矩为 $(\tau'\mathrm{d}z\mathrm{d}x)\mathrm{d}y$，应与左右面上的力偶平衡，即

$$(\tau'\mathrm{d}z\mathrm{d}x)\mathrm{d}y=(\tau\mathrm{d}z\mathrm{d}y)\mathrm{d}x$$

由此可得

$$\tau'=\tau \tag{8-4}$$

上式表明,过一点相互垂直的两个平面上,切应力必然成对存在,且数值相等;两者都垂直于这两个平面的交线,方向则共同指向或背离这一交线,这一规律称为切应力互等定理。

上述单元体上的四个侧面上只有切应力而无正应力，这种应力状态称为纯剪切应力状态。

二、圆轴扭转时横截面上的切应力

为解决圆轴扭转时的强度问题，在求得横截面上的扭矩之后，还需要计算横截面上的应力。为此需先观察圆轴扭转时的变形情况。

取一根等直圆轴，在表面画上一些等距离的纵向线和圆周线，使圆轴表面形成许多矩形方格（图 8-9a）。然后，在两端施加力偶 M，使圆轴发生扭转变形（图 8-9b）。可以看到如下现象：

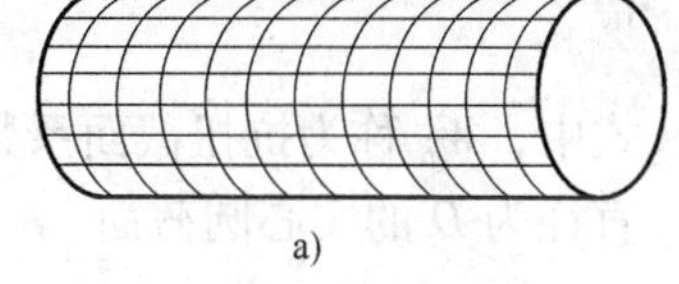

a)

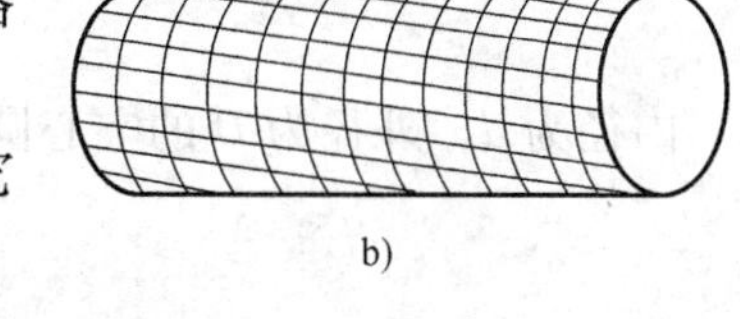

b)

图　8-9

（1）各纵向线都倾斜了一个微小的角度 γ，矩形方格变成了平行四边形。

（2）各圆周线的形状、大小及间距均保持不变，但它们都绕轴线转动了不同的角度。

根据变形观察，作出如下两个假设：

（1）平面假设：扭转前为平面的横截面，变形后仍保持为平面，且大小、形状间距保持不变，半径仍保持为直线，横截面像刚性圆盘一样绕轴线作相对转动。

（2）各纵向线都倾斜了相同的角度。

根据以上假设可以推得如下推论：

（1）圆轴扭转时，沿圆轴纵向、圆周方向、半径方向均无正应力。

（2）横截面上只有切应力，各点切应力与该点到圆心的距离 ρ 成正比，同一圆周线上各点切应力都相等，切应力方向与半径相垂直。圆心处切应力为零，圆周处切应力最大（图 8-10）。各点切应力对圆心力矩之和，就是截面的内力——扭矩，从而得到切应力的计算公式

$$\tau=\frac{T\rho}{I_{\mathrm{p}}} \tag{8-5}$$

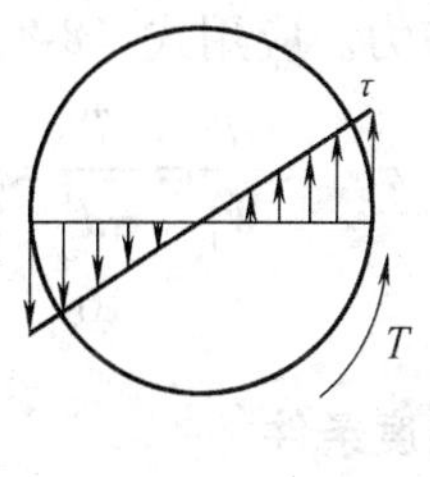

a)

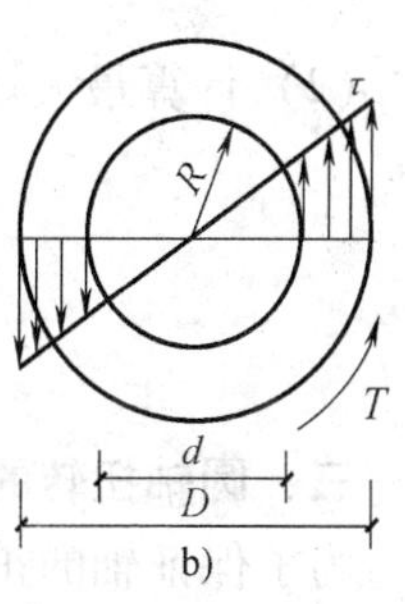

b)

图　8-10

式中　T——横截面上的扭矩；

ρ——切应力计算点到圆心的距离；

I_{p}——截面对圆心的极惯性矩，与截面形状、大小有关的几何量；

τ——横截面上某点的切应力。

对于直径为 D 的实心圆截面

$$I_{\mathrm{p}}=\frac{\pi D^{4}}{32}=0.1D^{4} \tag{8-6}$$

对于内外径之比 $d:D=\alpha$ 的空心圆截面

$$I_{\mathrm{p}}=\frac{\pi D^{4}}{32}(1-\alpha^{4})=0.1D^{4}(1-\alpha^{4}) \tag{8-7}$$

最大切应力发生在圆周线上，其值为

$$\tau_{\max}=\frac{T\rho_{\max}}{I_{\mathrm{p}}}=\frac{TR}{I_{\mathrm{p}}}$$

引入符号

$$W_{\mathrm{p}}=\frac{I_{\mathrm{p}}}{\rho_{\max}}=\frac{I_{\mathrm{p}}}{R}$$

得

$$\tau_{\max}=\frac{T}{W_{\mathrm{p}}} \tag{8-8}$$

式中，W_{p} 称为抗扭截面系数，单位为 mm^3，表示截面抵抗扭转破坏的几何参数。

直径为 D 的实心圆截面

$$W_{\mathrm{p}}=\frac{I_{\mathrm{p}}}{R}=\frac{\pi D^{3}}{16}$$

内径为 d，外径为 D 的空心圆截面

$$W_{\mathrm{p}}=\frac{I_{\mathrm{p}}}{R}=\frac{\pi D^{3}}{16}(1-\alpha^{4})$$

例 8-2 某实心圆轴如图 8-11 所示，直径 $d=100\mathrm{mm}$，传递的扭矩 $T=2\mathrm{kN\cdot m}$。试计算距圆心的距离 $\rho=40\mathrm{mm}$ 处的 A 点的切应力和最大切应力。

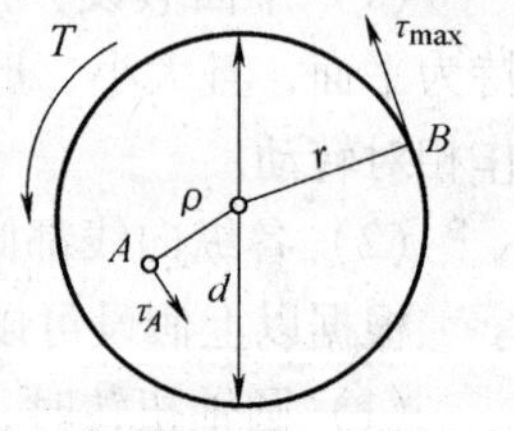

图 8-11

解：(1) 计算 A 点的切应力，利用式 (8-5)，则

$$\tau=\frac{T\rho}{I_{\mathrm{p}}}=\frac{T\rho}{\frac{\pi d^{4}}{32}}=\frac{2\times10^{6}\times40}{\frac{3.14\times100^{4}}{32}}\mathrm{MPa}=8.15\mathrm{MPa}$$

(2) 计算最大切应力。应用式 (8-8)，则

$$\tau_{\max}=\frac{T}{W_{\mathrm{p}}}=\frac{T}{\frac{\pi d^{3}}{16}}=\frac{2\times10^{6}}{\frac{3.14\times100^{3}}{16}}\mathrm{MPa}=10.19\mathrm{MPa}$$

三、圆轴扭转的强度条件

为了保证轴的正常工作，轴内的最大切应力不应超过材料的许用应力，即

$$\tau_{\max}=\frac{T}{W_{\mathrm{p}}}\leqslant[\tau] \tag{8-9}$$

这就是圆轴扭转的强度条件。

利用式 (8-9) 可以对圆轴进行强度校核，设计截面尺寸和确定许用荷载等三个问题。

例 8-3 某传动轴，直径 $d=40\text{mm}$，轴所传递的功率 $N=30\text{kW}$，轴的转速为 $n=1400\text{r/min}$。材料许用切应力 $[\tau]=40\text{MPa}$。试校核此轴的强度。

解：(1) 计算外力偶矩 M 和扭矩 T

$$M=9549\times\frac{N}{n}=9549\times\frac{30}{1400}\text{N}\cdot\text{m}=204.6\text{N}\cdot\text{m}$$

$$T=M=204.6\text{N}\cdot\text{m}$$

(2) 校核强度。

$$\tau_{\max}=\frac{T}{W_p}=\frac{T}{\frac{3.14d^3}{16}}\text{MPa}=\frac{204.6\times10^3}{\frac{3.14\times40^3}{16}}\text{MPa}=16.3\text{MPa}<[\tau]$$

故满足强度要求。

例 8-4 某传动轴，工作时最大扭矩 $T=1.5\text{kN}\cdot\text{m}$，材料的许用切应力 $[\tau]=50\text{MPa}$

(1) 若用实心轴，确定其直径 D_1。

(2) 若用空心轴，且 $\alpha=\frac{d}{D}=0.9$，确定其内径 d 和外径 D。

(3) 比较实心轴和空心轴的重量。

解：(1) 确定实心轴的直径 D_1。

由 $W_p=\frac{\pi D_1^3}{16}\geqslant\frac{T}{[\tau]}$得

$$D_1\geqslant\sqrt[3]{\frac{16T}{\pi[\tau]}}=\sqrt[3]{\frac{16\times1.5\times10^6}{3.14\times50}}\text{mm}=53.5\text{mm}$$

取 $D_1=54\text{mm}$

(2) 确定空心轴的内径 d 和外径 D。

由 $W_p=\frac{\pi^3}{16}(1-\alpha^4)\geqslant\frac{T}{[\tau]}$得

$$D\geqslant\sqrt[3]{\frac{16T}{\pi[\tau](1-\alpha^4)}}=\sqrt[3]{\frac{16\times1.5\times10^6}{3.14\times50\times(1-0.9^4)}}\text{mm}=76.3\text{mm}$$

取 $D=76\text{mm}$

则 $d\geqslant\alpha D=0.9\times76\text{mm}=68.4\text{mm}$

取 $d=68\text{mm}$

(3) 比较实心轴和空心轴的重量。

两根长度相同材料相同的轴，其重量等于横截面积之比，即

$$\frac{G_{空}}{G_{实}}=\frac{A_{空}}{A_{实}}=\frac{\frac{\pi}{4}(D^2-d^2)}{\frac{\pi d_1^2}{4}}=\frac{76^2-68^2}{54^2}=0.395$$

显然空心轴比实心轴节省材料。

第四节 圆轴扭转时的变形和刚度计算

一、圆轴扭转的变形

圆轴扭转时的变形通常用两个横截面绕轴线转动的相对扭转角 ϕ 来度量，见图 8-1。对等直圆轴而言，若在轴的长度 l 范围内，扭矩 T 为常量时，圆轴两端相对扭转角为

$$\phi = \frac{Tl}{GI_p} \tag{8-10}$$

扭转角 ϕ 的单位是弧度。上式表明：扭转角 ϕ 与扭矩 T 及轴长 l 成正比，与材料的剪切弹性模量 G 及截面的极惯性矩 I_p 成反比。GI_p 越大，ϕ 越小，GI_p 反映圆轴抵抗扭转变形的能力，称为圆轴的抗扭刚度。

二、圆轴扭转的刚度条件

为保证轴的正常工作，除应满足强度条件外，还应满足刚度条件。例如精密机床主轴变形过大会影响加工精度；机器传动轴变形过大，会引起较大振动。因此，必须限制轴的扭转变形，使其单位长度的扭转角不超过允许的范围，即

$$\theta = \frac{\phi}{l} = \frac{T}{GI_p} \leqslant [\theta] \tag{8-11}$$

式（8-11）就是圆轴扭转时的刚度条件。式中 θ 和 $[\theta]$ 的单位为弧度/米（rad/m）。在工程中 $[\theta]$ 的单位通常用°/m，因而刚度条件为

$$\theta = \frac{T}{GI_p} \times \frac{180}{\pi} \leqslant [\theta] \tag{8-12}$$

单位长度的许用扭转角 $[\theta]$ 的数值，根据荷载性质和工作条件决定，具体数值可从有关手册中查取。一般规定：精密机械中的轴 $[\theta] = (0.25 \sim 0.5)$°/m；一般传动轴 $[\theta] = (0.5 \sim 1.0)$°/m；精密度较低的轴 $[\theta] = (1 \sim 2.5)$°/m。

例 8-5 已知某机器的传动轴的最大扭矩 $T = 300\text{N}\cdot\text{m}$，轴材料的许用切应力 $[\tau] = 40\text{MPa}$，许用单位扭转角 $[\theta] = 1$°/m，剪切弹性模量 $G = 80\text{GPa}$。试按轴的强度条件和刚度条件设计轴的直径。

（1）按强度条件设计轴的直径 d。

由式（8-9）得

$$\tau_{max} = \frac{T_{max}}{W_p} = \frac{T_{max}}{\frac{\pi d^3}{16}} \leqslant [\tau]$$

$$d \geqslant \sqrt[3]{\frac{16T_{max}}{\pi[\tau]}} = \sqrt[3]{\frac{16 \times 300 \times 10^3}{3.14 \times 40}}\text{mm} = 33.7\text{mm}$$

（2）按刚度条件设计轴的直径 d。

由式（8-12）得

$$\theta_{max} = \frac{T_{max}}{GI_p} \times \frac{180}{\pi} = \frac{T_{max}}{G\frac{\pi d^4}{32}} \times \frac{180}{\pi} \leqslant [\sigma]$$

$$d \geqslant \sqrt[4]{\frac{32T_{max}}{G\pi^2\ [\theta]}} = \sqrt[4]{\frac{32 \times 300 \times 10^3 \times 180}{80 \times 10^3 \times 3.14^2 \times 10^{-3}}}\text{mm} = 38.5\text{mm}$$

为了使轴的强度条件和刚度条件同时满足，应选取轴的直径 $d \geqslant 38.5\text{mm}$。

例 8-6 图 8-12a 所示传动轴。已知 $M_A = 5\text{kN}\cdot\text{m}$，$M_B = 3\text{kN}\cdot\text{m}$，$M_C = 2\text{kN}\cdot\text{m}$，轴的直径 $D = 90\text{mm}$，材料的许用切应力 $[\tau] = 60\text{MPa}$，许用单位扭转角 $[\theta] = 1.1\%$，材料的剪切弹性模量 $G = 80\text{GPa}$。试校核轴的强度和刚度。

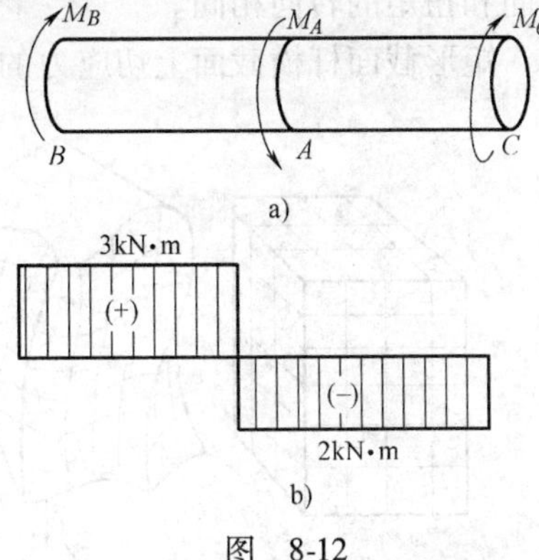

图 8-12

解:（1）求危险截面上的扭矩。作扭矩图如图 8-12b 所示。由图可知，AB 的各截面为危险截面其上的扭矩为

$$T_{max} = 3\text{kN}\cdot\text{m}$$

（2）强度校核。由式（8-5）得

$$\tau_{max} = \frac{T_{max}}{W_p} = \frac{T_{max}}{\frac{\pi D^3}{16}} = \frac{3 \times 10^6}{\frac{3.14 \times 90^3}{16}}\text{MPa} = 20.96\text{MPa} < [\tau] = 60\text{MPa}$$

可见强度满足要求。

（3）刚度校核。由式（8-11）得

$$\theta_{max} = \frac{T_{max}}{GI_p} \times \frac{180}{\pi} = \frac{T_{max}}{G\frac{\pi D^4}{32}} \times \frac{180}{\pi}$$

$$= \frac{3 \times 10^6}{80 \times 10^3 \times \frac{3.14 \times 90^4}{32}} \times \frac{180}{\pi} \times 10^3$$

$$= 0.334°/\text{m} < [\theta] = 1.1°/\text{m}$$

可见刚度也满足要求。

第五节 矩形截面杆扭转时的应力变形

工程上常常会遇到一些非圆截面的扭转问题。以矩形截面为例，如图 8-13a 所示，矩形截面杆扭转变形后，横截面不再保持平面，而是发生了翘曲现象（图 8-13b）。翘曲是矩形截面杆扭转的主要特征，也是它与圆截面杆的根本区别，因此根据平面假设导出的圆截面杆的应力与变形的计算公式对矩形截面杆均不适用。

下面将矩形截面杆在自由扭转时由弹性力学研究得出的主要结果叙述如下：

（1）最大切应力 τ_{max} 发生在长边中点处，其值为

$$\tau_{max} = \frac{T}{W_p} = \frac{T}{\alpha hb^2} \tag{8-13}$$

（2）短边中点处的切应力 τ' 短边上的最大切应力，其值为

$$\tau' = \xi\tau_{max} \tag{8-14}$$

（3）四个角点和形心处，切应力恒等于零。

（4）切应力沿形心与周边各点连线按抛物线分布。周边各点上切应力方向与周边相切，指向和扭矩的转向相同。

矩形截面杆横截面上切应力的分布规律如图 8-14 所示。

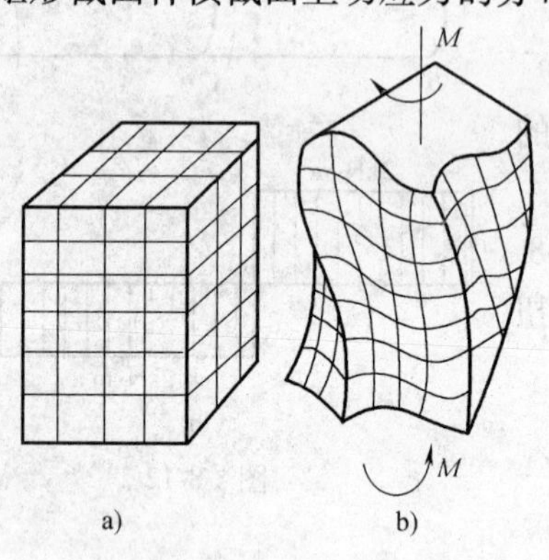

图 8-13

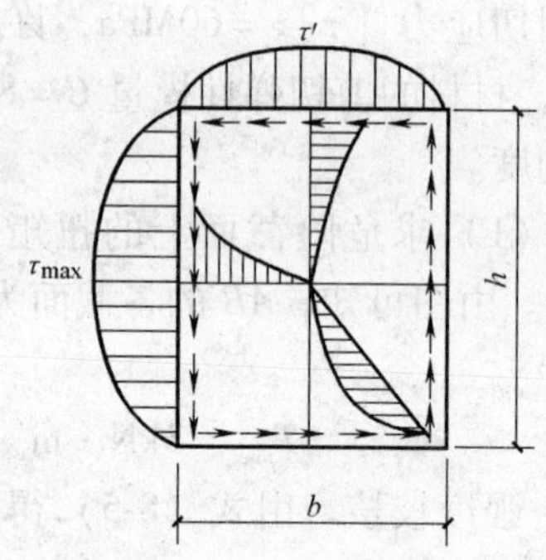

图 8-14

（5）单位长度相对扭转同的计算公式

$$\theta = \frac{T}{GI_p} = \frac{T}{G\beta hb^3} \tag{8-15}$$

上述式中　W_p——抗扭截面系数；

I_p——截面极惯性矩；

h——截面长边长度；

b——截面短边长度；

α、β、ξ——与比值 h/b 有关的系数，列于表 8-1 中。

表 8-1　系数 α、β、ξ 的数值表

h/b	1.00	1.20	1.50	1.75	2.00	2.50	3.00	4.00	5.00	10.00	∞
α	0.208	0.219	0.231	0.239	0.246	0.258	0.267	0.282	0.291	0.313	0.333
β	0.141	0.166	0.196	0.214	0.229	0.249	0.263	0.281	0.313	0.333	—
ξ	1.00	0.93	0.86	0.82	0.80	0.77	0.75	0.74	0.74	0.74	0.74

小　结

本章讨论了圆轴扭转时的应力和变形，强度和刚度条件。

（1）求内力的截面法：$T = \sum M_{外}$

（2）求应力变形分析法：$\tau = \dfrac{T}{W_p}$　$\tau_p = \dfrac{T\rho}{I_p}$　$I_p = \dfrac{\pi D^4}{32}$　$W_p = \dfrac{\pi D^3}{16}$　$I_p = \dfrac{\pi D^4}{32}(1 - \alpha^4)$　$W_p = \dfrac{\pi D^3}{16}(1 - \alpha^4)$　$\phi = \dfrac{Tl}{GI_p}$　$\theta = \dfrac{T}{GI_p}$

（3）两个条件：

$$\tau_{\max}=\frac{T}{W_p}\leqslant[\tau] \qquad \theta_{\max}=\frac{T}{GI_p}\times\frac{180}{\tau}\leqslant[\sigma]$$

（4）一个问题：矩形截面杆扭转。

思　考　题

8-1　指出图示各轴哪些产生扭转变形？

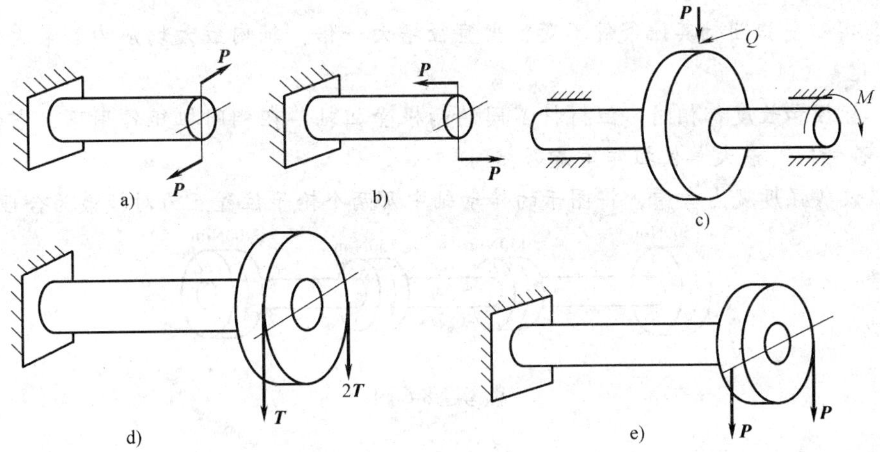

思考题8-1图

8-2　图示实心轴和空心轴扭转时，横截面上切应力的分布图中哪些是正确的？哪些是错误的，并加以改正。

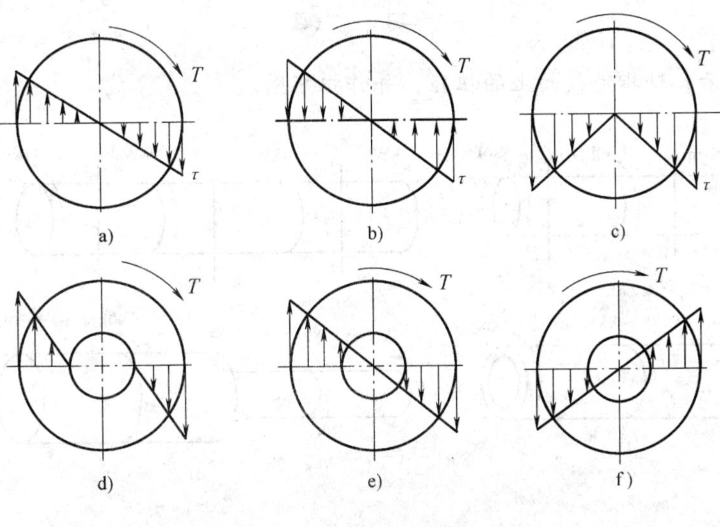

思考题8-2图

8-3 从强度观点看图示三个轮子，哪一种布置比较合理？

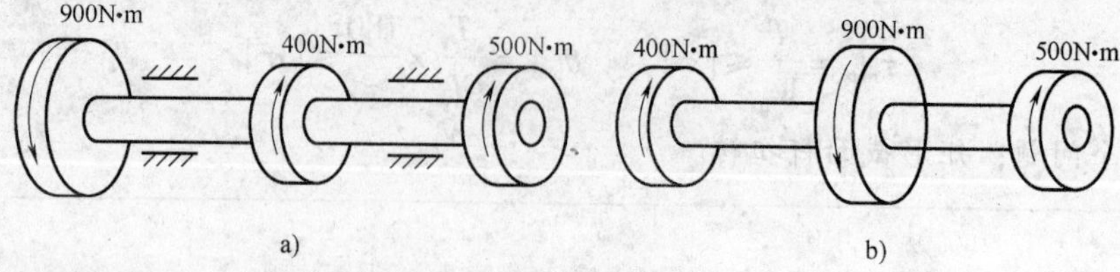

思考题 8-3 图

8-4 实心受扭圆轴其他条件不变，当直径增大一倍，轴内最大切应力和最大单位扭转角如何变化？

8-5 直径和长度都相同，但材料不同的两根受扭轴，在相同扭矩作用下，它们的最大切应力是否相同？最大单位扭转角是否相同？

8-6 仅从强度观点考虑，将图示的传动轴中哪两个轮子位置互为对换最为合理？

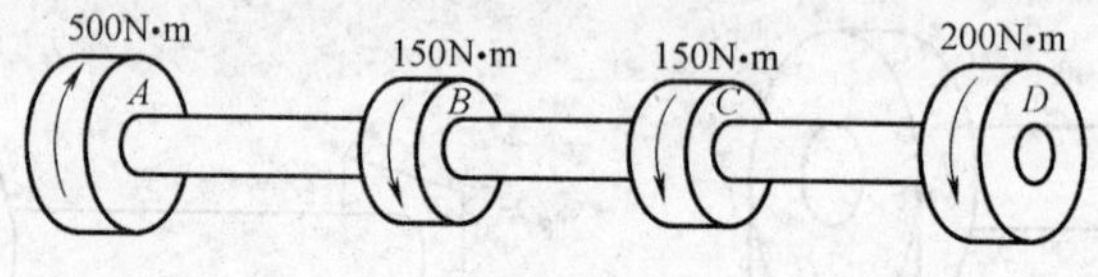

思考题 8-6 图

8-7 外径为 D，内径为 d 的空心圆轴，其极惯性矩 I_p 和抗扭截面系数 W_p 按下式计算是否正确？

$$I_p = \frac{\pi}{32}(D^4 - d^4) \qquad W_p = \frac{\pi}{16}(D^3 - d^3)$$

8-8 长度、材料和横截面面积都相同的两根受扭轴，一为实心，一为空心；在相同扭矩的作用下，哪个轴内最大切应力最大？哪个轴内最大单位扭转角最大？

习　题

8-1 求图示各轴指定截面上的扭矩，并作扭矩图。

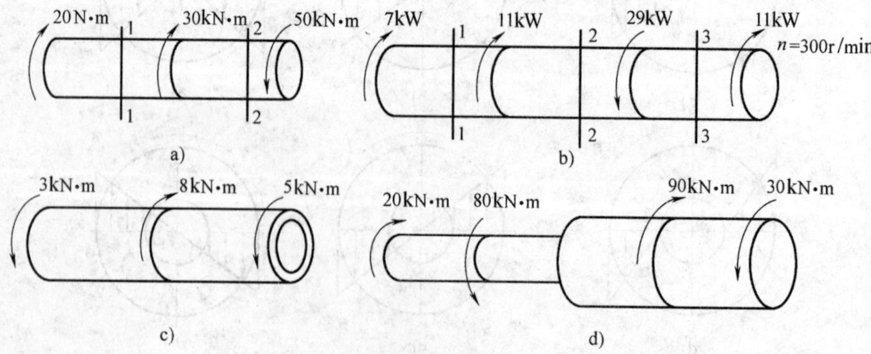

习题 8-1 图

8-2　图示实心圆轴，直径 $d=100\text{mm}$，轴长 $l=1\text{m}$，两端作用力偶矩 $M=14\text{kN}\cdot\text{m}$，材料剪切弹性模量 $G=80\text{GPa}$。试求：

（1）图示截面上 A、B、O 三点的切应力及其方向；

（2）轴内最大切应力；

（3）两端相对扭转角。

8-3　传动轴如图所示，已知轴的直径 $d=50\text{mm}$，试计算：

（1）轴内最大切应力，并画出危险截面的应力分布图；

（2）截面 1-1 上半径为 20mm 的圆周上的切应力；

（3）从强度观点看，三个轮子如何布置较为合理？

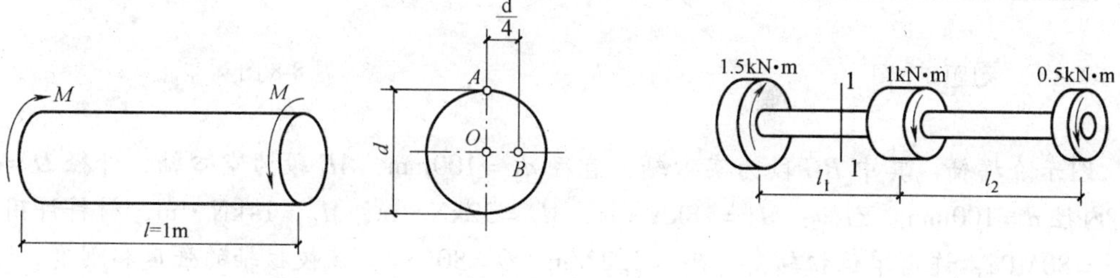

习题 8-2 图　　　　习题 8-3 图

8-4　阶梯形圆轴 AD 如图所示。其中 AB 段为实心轴，直径 $d_1=40\text{mm}$；BD 段为空心轴，外径 $D=60\text{mm}$，内径 $d_2=50\text{mm}$。轴上装有三个轮子，其中主动轮 C 输入外力偶矩 $M_C=1.8\text{kN}\cdot\text{m}$，从动轮 A 的外力偶矩 $M_A=0.8\text{kN}\cdot\text{m}$，从动轮 D 外力偶矩 $M_D=1\text{kN}\cdot\text{m}$，轴材料的许用应力 $[\tau]=80\text{MPa}$，试校核轴的强度。

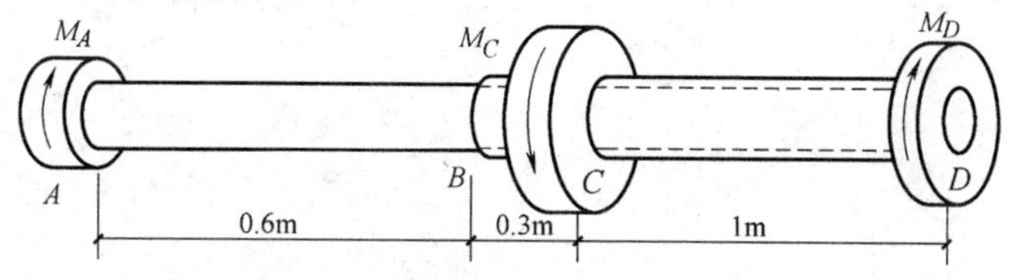

习题 8-4 图

8-5　传动轴如图所示。主动轮 C 输入功率 $N_C=30\text{kW}$，从动轮 A、B 输出功率 $N_A=17\text{kW}$，$N_B=13\text{kW}$，轴的转速 $n=900\text{r/min}$，材料许用应力 $[\tau]=40\text{MPa}$，$G=80\text{GPa}$，单位许用扭转角 $[\theta]=1°/\text{m}$，试设计轴的直径。

8-6　钢制传动轴如图所示，材料许用应力 $[\tau]=60\text{MPa}$，试校核轴的强度。

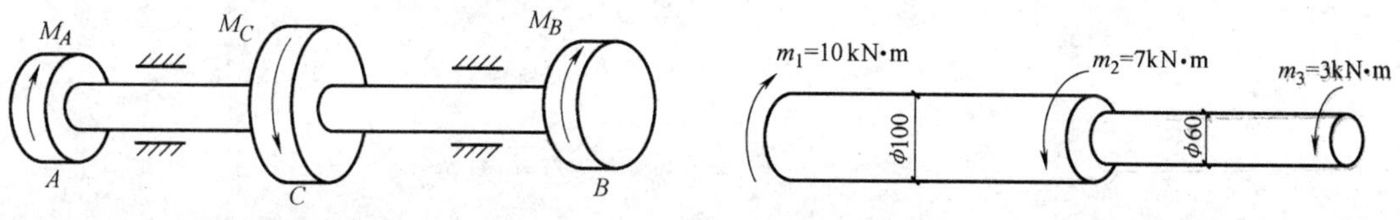

习题 8-5 图　　　　习题 8-6 图

8-7 汽车传动轴如图所示，外径 $D=90\text{mm}$，壁厚 $\delta=2.5\text{mm}$，传动最大外力偶矩 $M_e=1.5\text{kN}\cdot\text{m}$。轴材料许用应力 $[\tau]=120\text{MPa}$，$G=80\text{GPa}$，许用单位扭转角 $[\theta]=1°/\text{m}$。试校核轴的强度和刚度。若改用实心轴，在具有相同的条件下，求实心轴的直径 d，并比较实心轴与空心轴的重量。

8-8 图示传动轴，外径 $D=50\text{mm}$，AC 段内径 $d_1=25\text{mm}$，BC 段内径 $d_2=38\text{mm}$，许用切应力 $[\tau]=70\text{MPa}$，试求两端作用的外力偶矩的最大值。

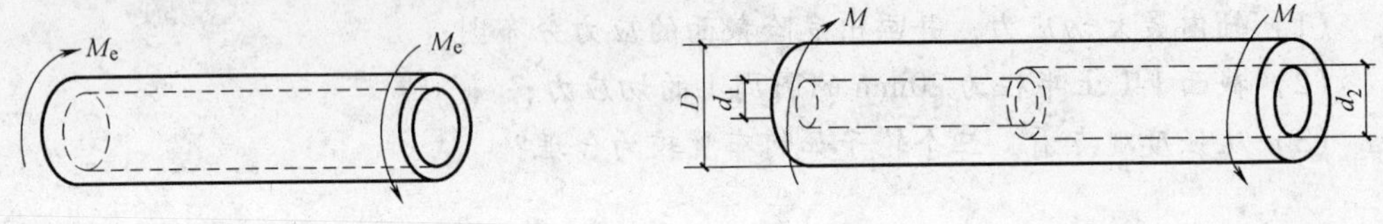

习题 8-7 图

习题 8-8 图

8-9 图示阶梯轴，其中 BC 段为实心轴，直径 $d_1=100\text{mm}$，AE 段为空心轴，外径 $D=140\text{mm}$，内径 $d=100\text{mm}$。已知：$M_A=18\text{kN}\cdot\text{m}$，$M_B=32\text{kN}\cdot\text{m}$，$M_C=14\text{kN}\cdot\text{m}$，材料许用应力 $[\tau]=80\text{MPa}$，许用单位扭转角 $[\theta]=1.2°/\text{m}$，$G=80\text{GPa}$，试校核轴的强度和刚度。

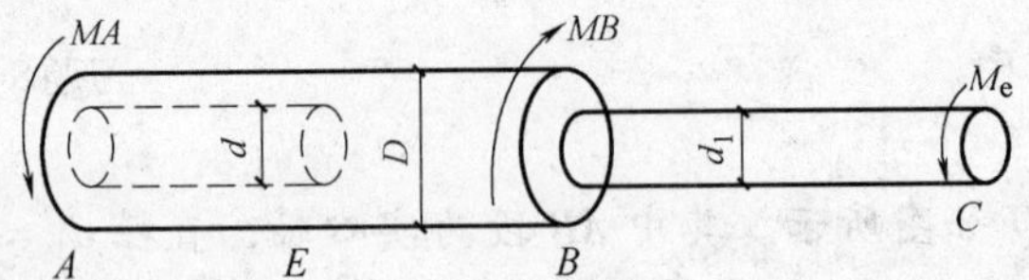

习题 8-9 图

第九章　截面的几何性质

内容提要：本章介绍平面图形的形心、静矩、惯性矩的概念与计算，平行移轴公式。

工程中的各种杆件的横截面都是具有一定几何形状的平面图形，与平面图形的形状、尺寸有关的几何量叫做平面图形的几何性质。杆件的承载能力（强度、刚度、稳定性）与平面图形的几何性质有关。例如，拉压杆应力与变形与横截面积 A 有关，扭转切应力和扭转角与极惯性矩和抗扭截面系数有关，在后面即将讨论的弯曲应力和弯曲变形又与轴惯性矩、抗弯截面系数有关。

如图 9-1a 所示薄钢板和图 9-1b 所示槽钢虽然截面积相同，但承载力都大不相同。又如图 9-2a、b 所示同一木板竖放和平放弯曲变形都大不相同。

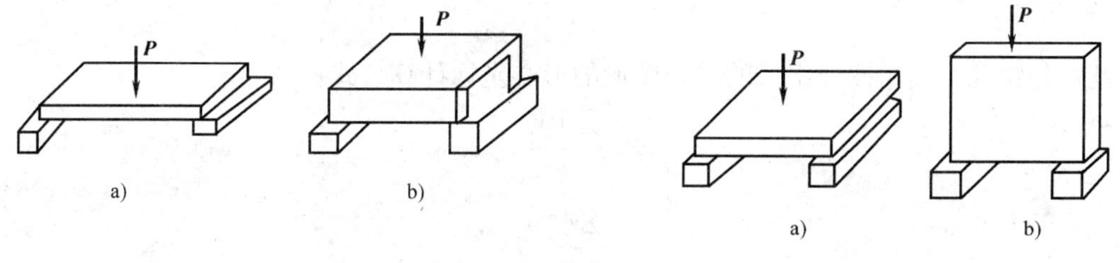

图　9-1　　　　图　9-2

由此可见，截面的形状和尺寸以及放置方式都是影响杆件承载能力的重要因素，而这些影响因素又是通过截面的某些几何性质来反映的。因此，要研究杆件的强度、刚度和稳定性问题，就必须研究截面的几何性质及计算。此外，研究截面的几何性质，还可以帮助人们在设计杆件截面时，选用合理的形状和尺寸，使杆件的各部分材料都能充分发挥应有的作用。

第一节　形心和静矩

一、形心

平面图形的形心就是其几何中心。当平面图形具有对称中心时，对称中心就是形心，例如圆形、圆环、矩形，它们的对称中心就是形心（图 9-3）；具有两个对称轴的平面图形，其形心就在对称轴的交点上；只有一个对称轴的平面图形，其形心一定在对称轴上。

二、静矩

平面图形的面积 A 与其形心到某一坐标轴的距离 y_c（至 z 轴）的乘积，叫做该平面图形对 z 轴的静矩，用 S_z 表示（图 9-4）

$$S_z = Ay_c, S_y = Az_c \tag{9-1}$$

静矩的单位是 mm^3 或 m^3。静矩是对某一坐标轴而言的，同一截面图形，对不同的坐标轴的静矩不同。静矩的数值可能为正，也可能为负，也可能为零。

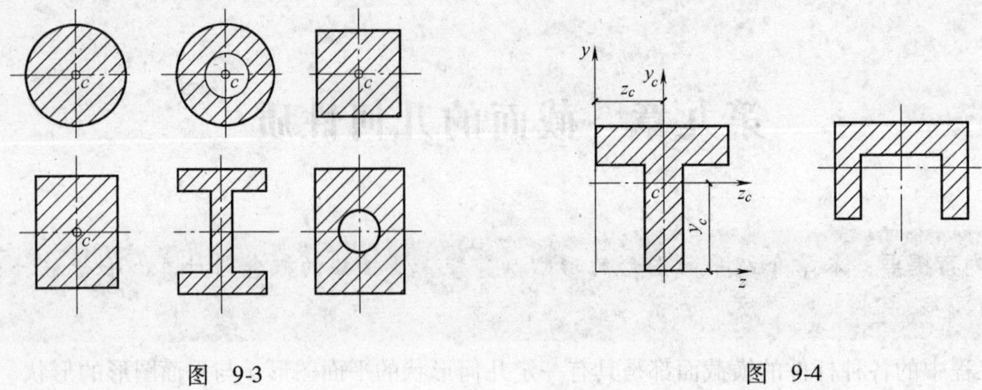

图 9-3　　　　图 9-4

三、形心坐标

工程中常用构件的截面形状，除简单的平面图形外，一般都可划分为几个简单平面图形的组合，称为组合图形。组合图形对 z 轴的静矩，等于各部分面积对 z 轴静矩的代数和，即

$$Ay_c = A_1y_1 + A_2y_2$$

得

$$y_c = \frac{A_1y_1 + A_2y_2}{A}$$

由此可得由几个简单图形组成的组合图形的形心坐标计算公式：

$$\begin{cases} y_c = \dfrac{\sum A_i y_i}{A} \\ z_c = \dfrac{\sum A_i z_i}{A} \end{cases} \tag{9-2}$$

例 9-1　试计算图 9-5 所示 T 形截面的形心坐标 y_c。

解：将图形分为两个矩形 A_1、A_2。

由（9-2）得

$$y_c = \frac{\sum A_i y_i}{A} = \frac{A_1y_1 + A_2y_2}{A_1 + A_2} = \frac{80\times20\times90 + 80\times20\times40}{80\times20 + 80\times20}\text{mm} = 65\text{mm}$$

例 9-2　试确定图 9-6 所示槽形截面的形心位置。

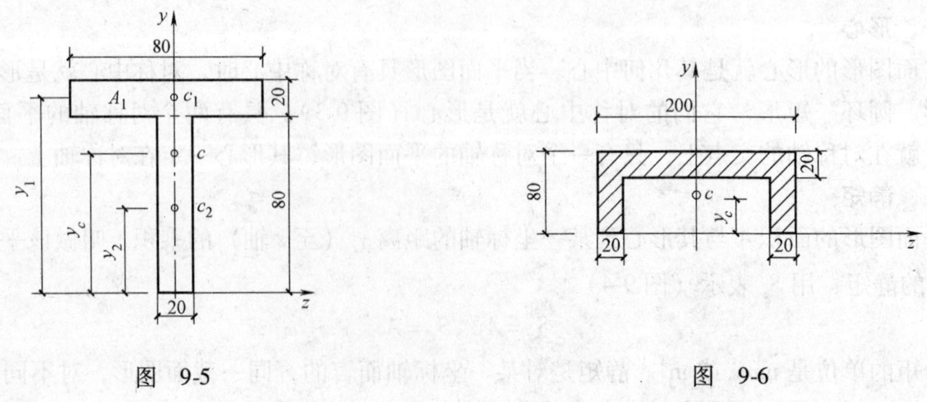

图 9-5　　　　图 9-6

解：将槽形截面面积化为两矩形面积 A_1、A_2 之差，由（9-2）得

$$y_c=\frac{\sum A_i y_i}{A}=\frac{A_1 y_1-A_2 y_2}{A_1-A_2}=\frac{200\times80\times40-160\times60\times30}{200\times80-160\times60}\text{mm}=55\text{mm}$$

第二节　惯　性　矩

一、惯性矩

把平面图形分成无数多个微小面积，用每一块微小面积乘以其形心到某一坐标轴距离的平方，再把这些乘积叠加起来，这个值就叫平面图形对该轴的惯性矩。用符号 I_z 或 I_y 表示，单位为 mm^4，同一截面对不同坐标轴的惯性矩不同，但惯性矩永远大于零。

图 9-7 所示宽度为 b、高度为 h 的矩形截面对形心轴 z_c、y_c 的惯性矩分别为

$$I_{z_c}=\frac{bh^3}{12},I_{y_c}=\frac{hb^3}{12} \tag{9-3}$$

图 9-8 所示直径为 d 的实心圆截面对形心轴 z_c 的惯性矩为

$$I_{zc}=\frac{\pi d^4}{64} \tag{9-4}$$

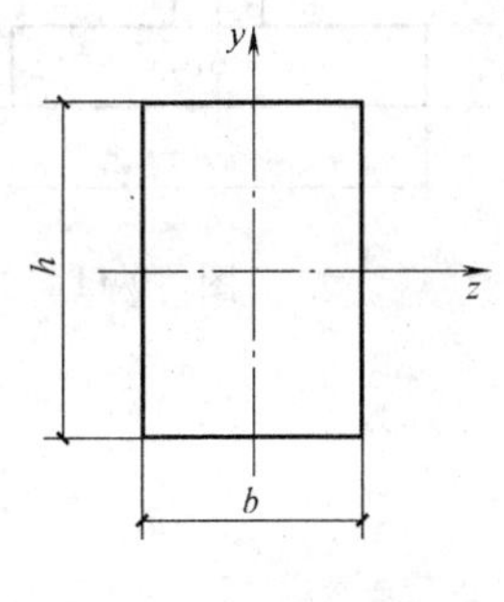

图　9-7

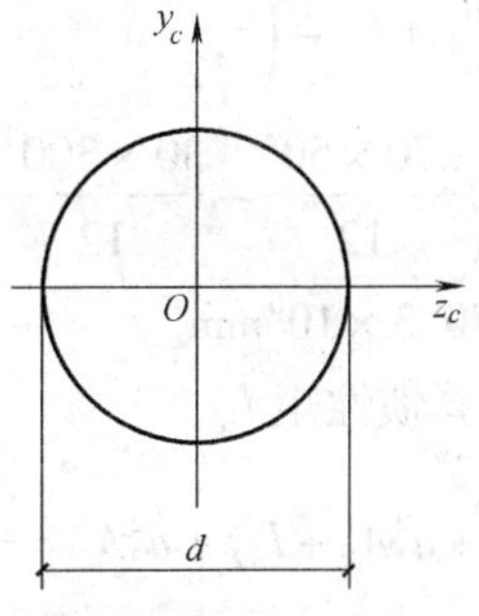

图　9-8

二、惯性矩的平行移轴公式

1. 平行移轴公式

如图 9-9 所示，平面图形对任一轴的惯性矩，等于平面图形对平行于该轴的形心轴的惯性矩，加上图形面积与两轴之间距离平方的乘积，即

$$\left.\begin{aligned}I_z&=I_{zc}+a^2A\\I_y&=I_{yc}+b^2A\end{aligned}\right\} \tag{9-5}$$

由式（9-5）可知，平面图形对一组平行轴的惯性矩中，以对形心轴的惯性矩为最小。

2. 组合图形的惯性矩计算

如图 9-10 中的 T 形梁，欲求对形心轴 z 的惯性矩，将图形分为 A_1、A_2 两块矩形，两个图形形心到组合形心轴 z 的距离分别为 a_1，a_2，应用式（9-5）得

$$I_z=I_{z1}+I_{z2}=I_{1z}+a_1^2A_1+I_{2z}+a_2^2A_2$$

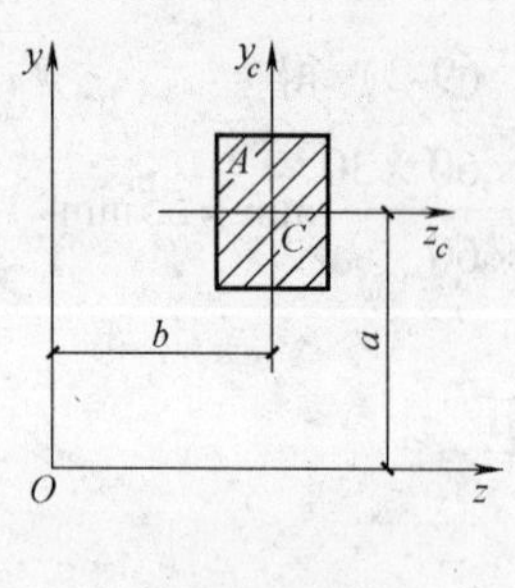

图 9-9

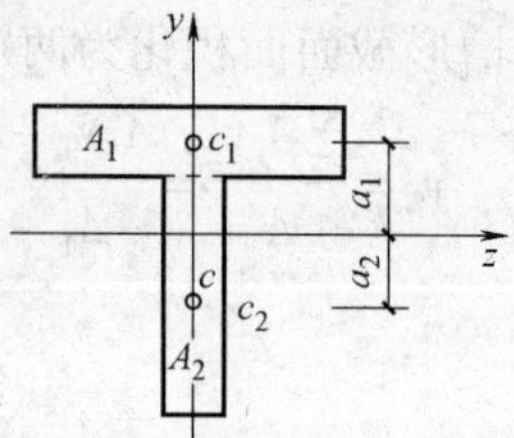

图 9-10

例 9-3 T 形截面如图 9-11 所示，计算截面对形心轴 y_c、z_c 轴的惯性矩。

解：(1) 确定形心轴位置。对称轴 y 是形心轴。为求形心轴 z_c 的坐标 y_c，设参考轴 z 如图所示。将图形分为两个矩形 A_1、A_2，由式 (9-2) 得

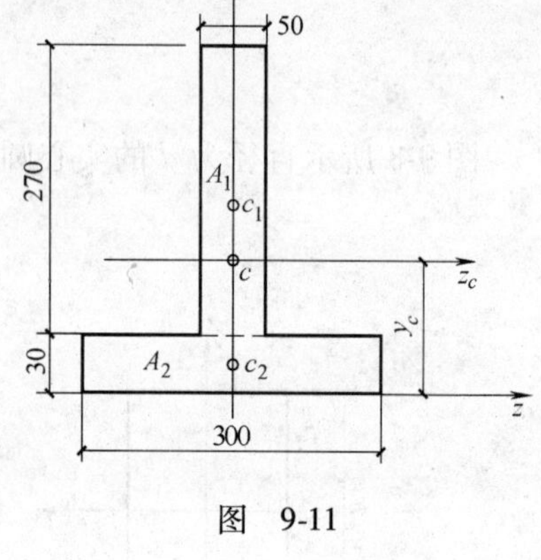

图 9-11

$$y_c = \frac{A_1 y_1 + A_2 y_2}{A_1 + A_2} = \frac{270 \times 50 \times 165 + 30 \times 300 \times 15}{270 \times 50 + 30 \times 300}\text{mm}$$

$$= 105\text{mm}$$

(2) 计算惯性矩 I_y。

$$I_y = I_{y1} + I_{y2} = \left(\frac{h_1 b_1^3}{12} + \frac{h_2 b_2^3}{12}\right)\text{mm}^4$$

$$= \left(\frac{270 \times 50^3}{12} + \frac{30 \times 300^3}{12}\right)\text{mm}^4$$

$$= 70.3 \times 10^6\text{mm}^4$$

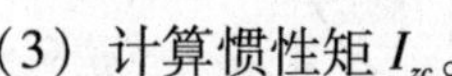

(3) 计算惯性矩 I_{zc}。

$$I_{zc} = I_{zc1} + a_1^2 A_1 + I_{zc2} + a_2^2 A_2 = \frac{b_1 h_1^3}{12} + a_1^2 A_1 + \frac{b_2 h_2^3}{12} + a_2^2 A_2$$

$$= \left[\frac{50 \times 270^3}{12} + 50 \times 270 \times (165 - 105)^2 + \frac{300 \times 30^2}{12} + (105 - 15)^2 \times 300 \times 30\right]\text{mm}^4$$

$$= 204.2 \times 10^6\text{mm}^4$$

小 结

(1) 杆件产生不同变形时，横截面上应力的大小和分布与相应截面几何性质有关。

(2) 截面几何性质不仅与截面的形状尺寸有关，还与相应的坐标轴或放置方式有关。静矩为正、负或零，惯性矩永为正。

(3) 组合图形的静矩、惯性矩分别等于各简单图形对同一轴的静矩、惯性矩之和。

(4) 平行移轴公式表明相互平行轴（其中一个为形心轴）惯性矩关系，用于组合图形惯性矩计算。

(5) 本章主要计算公式：

静矩 $\qquad S_z = A y_c \qquad S_y = A z_c$

形心坐标　$z_c = \dfrac{\sum A_i z_i}{A}$，$y_c = \dfrac{\sum A_i y_i}{A}$

惯性矩　$I_z = \dfrac{bh^3}{12}$，$I_z = \dfrac{\pi D^4}{64}$

平行移轴公式　$I_z = I_{zc} + a^2 A$，$I_y = I_{yc} + b^2 A$

思　考　题

9-1　某梁的截面如图所示。问此梁的惯性矩 I_z 和抗弯截面系数 W_z 各为多少？

9-2　如图所示，已知截面对 z_1 轴的惯性矩为 I_1，截面面积为 A，z_2 轴与 z_1 轴平行，两轴间距离为 a，则截面对 z_2 轴的惯性矩 I_{z2}能否用下式计算，为什么？

$$I_{z2} = I_1 + a^2 A$$

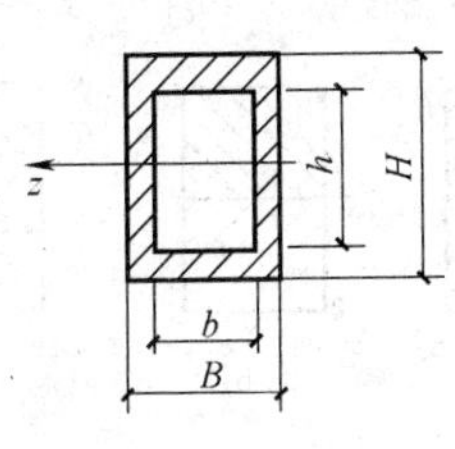

思考题 9-1 图

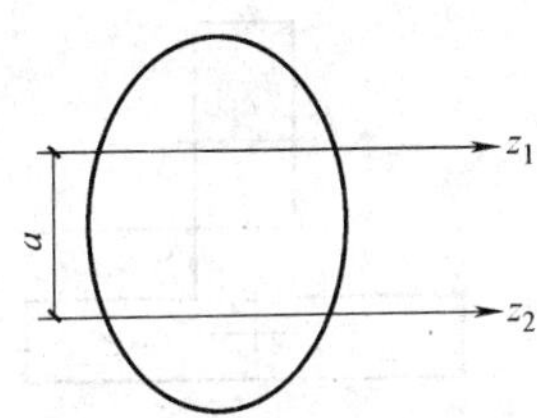

思考题 9-2 图

9-3　对某平面图形，以下说法对吗？

（1）图形对某一轴的惯性矩可能为零；

（2）图形有两根对称轴，其形心必在两对称轴的交点；

（3）对于图形的对称轴，惯性矩必为零。

9-4　图示截面对 z 轴的惯性矩 I_z 计算中，下列哪个是正确的？

（1）$\dfrac{\pi D^4}{64} - \dfrac{dD^3}{12}$

（2）$\dfrac{\pi D^4}{32} - \dfrac{dD^3}{12}$

（3）$\dfrac{\pi D^4}{64} - \dfrac{Dd^3}{12}$

（4）$\dfrac{\pi D^4}{32} - \dfrac{dD^3}{6}$

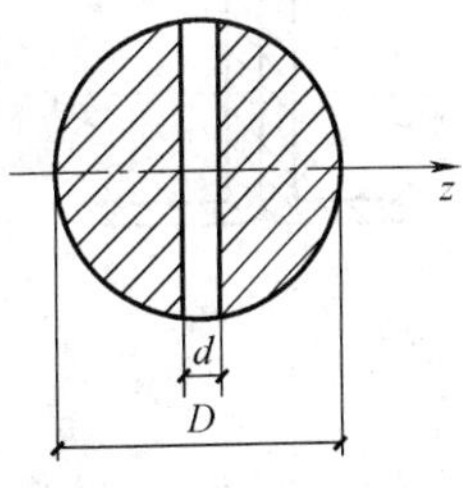

思考题 9-4 图

9-5　外径为 D，内径为 d 的空心圆截面，惯性矩 I_z 和抗弯截面系数 W_z 能否按下式计算？

$$I_z = \frac{\pi}{64}(D^4 - d^4),\ W_z = \frac{\pi}{32}(D^3 - d^2)$$

9-6　要从图示直径为 d 的圆形木材中切割出一根矩形截面梁，使其抗弯截面系数最大，则矩形的高宽比 h/b 为多少？

9-7　如图所示矩形截面 m—m 以下及以上部分对形心轴 z 的静矩有何关系？

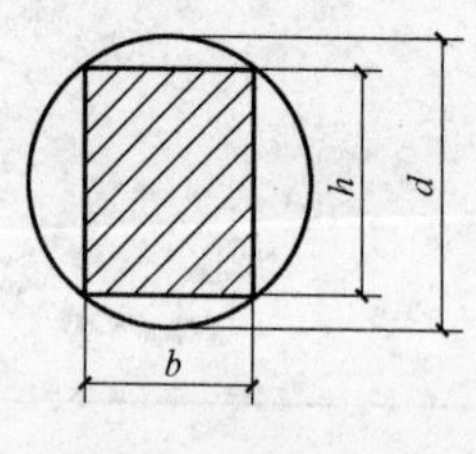

思考题9-6图

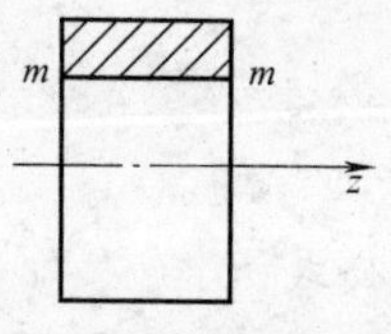

思考题9-7图

9-8 图示T形截面，C为形心，z为形心轴，问z轴上下两部分的形心C_1与C_2到z轴距离有何关系？

9-9 图示三种矩形截面中，哪种对形心轴z的惯性矩I_z最大？哪种最小？

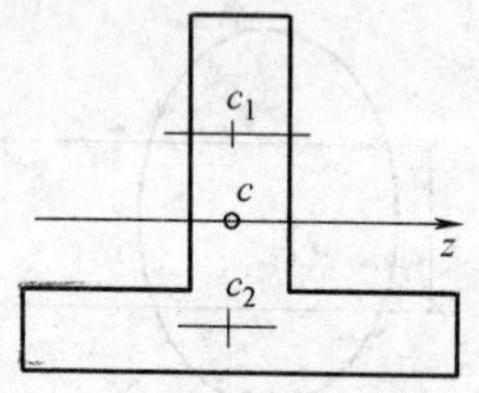

思考题9-8图

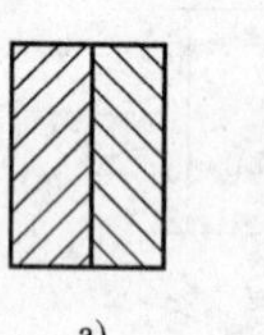

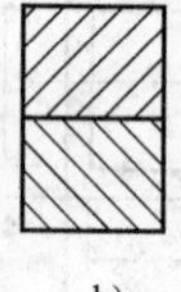

思考题9-9图

9-10 如图由两个20号槽钢组成的两种截面，试比较它们对形心轴的惯性矩I_z、I_y的关系。

9-11 图示用四个角钢组成的截面，哪种比较合理？

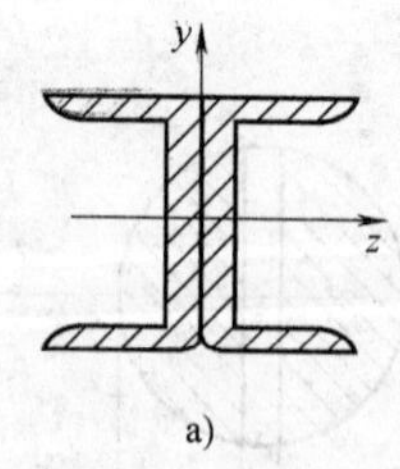

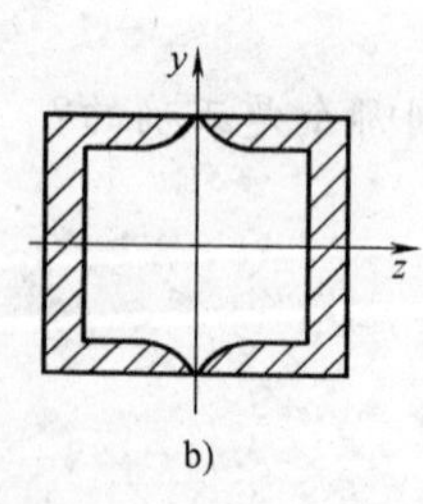

思考题9-10图

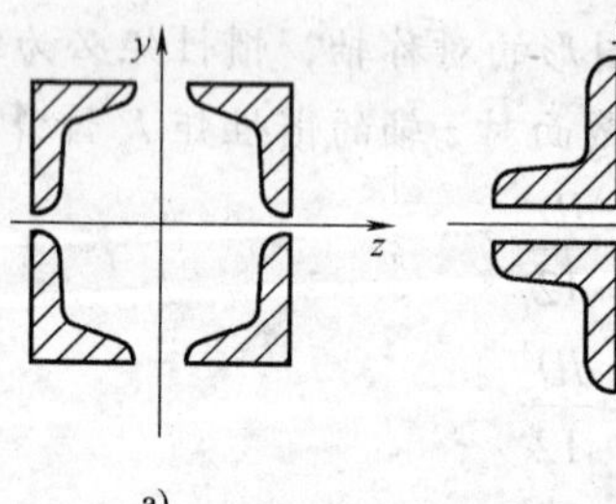

思考题9-11图

9-12 已知图示矩形截面的I_{z1}及b、h，欲求I_{z2}，下列四种答案中，哪一个是正确的？

(A) $I_{z2}=I_{z1}+\dfrac{bh^3}{4}$ (B) $I_{z2}=I_{z1}+\dfrac{3bh^3}{16}$ (C) $I_{z2}=I_{z1}-\dfrac{bh^3}{16}$ (4) $I_{z2}=I_{z1}-\dfrac{3bh^3}{16}$

9-13 图示T形截面中z轴通过组合图形的形心。两个矩形分别用Ⅰ和Ⅱ表示；下列四种关系中，哪一个是正确的？

(A) $Sz(\text{Ⅰ})>Sz(\text{Ⅱ})$ (B) $Sz(\text{Ⅰ})=Sz(\text{Ⅱ})$ (C) $Sz(\text{Ⅰ})=-Sz(\text{Ⅱ})$ (D) $Sz(\text{Ⅰ})<Sz(\text{Ⅱ})$

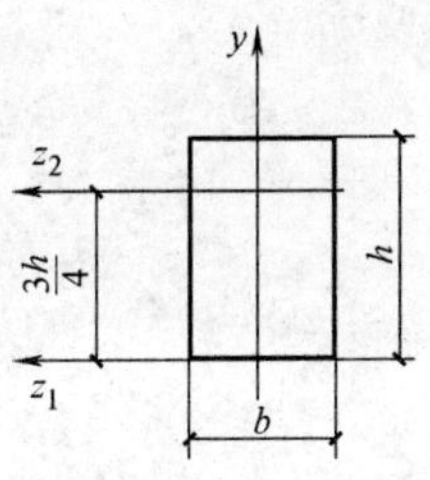

思考题 9-12 图

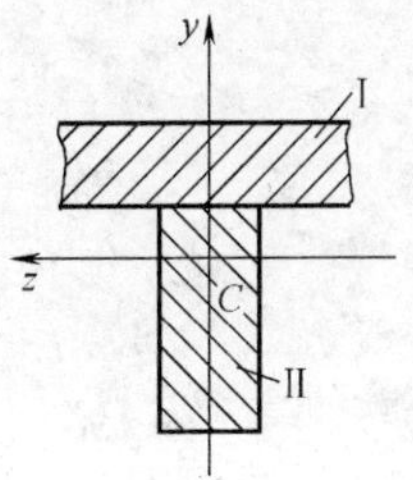

思考题 9-13 图

习　题

9-1　计算图示平面图形对形心轴的惯性矩。

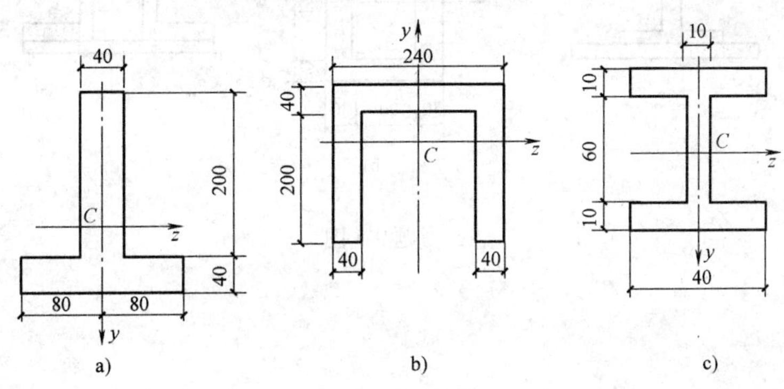

习题 9-1 图

9-2　计算图示矩形对其形心轴的惯性矩，已知：$b=150\text{mm}$，$h=300\text{mm}$。若按图中虚线所示，将矩形截面中间部分移到两边变成工字形，计算此工字形截面对 z 轴的惯性矩。

9-3　由两个 20a 槽钢所组成的图形如图所示，O 为组合形心，欲使组合图形 $I_z=I_y$，间距 b 应为多少？

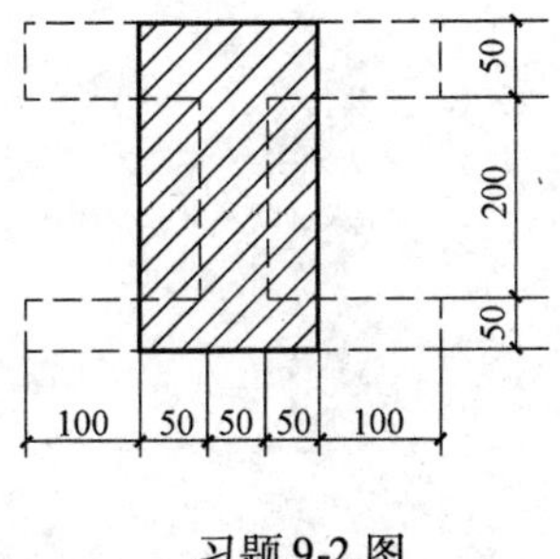

习题 9-2 图

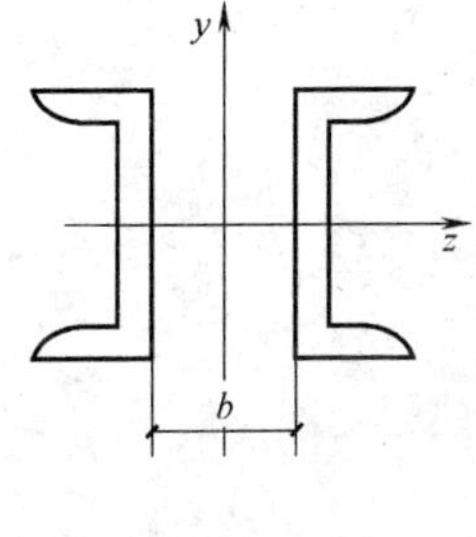

习题 9-3 图

9-4　由两个 10 号工字钢所组成的图形如图所示，O 为组合形心，欲使组合图形 $I_z=I_y$，求间距 a 的值。

9-5　试求图示截面对形心轴 z 的惯性矩 I_z。

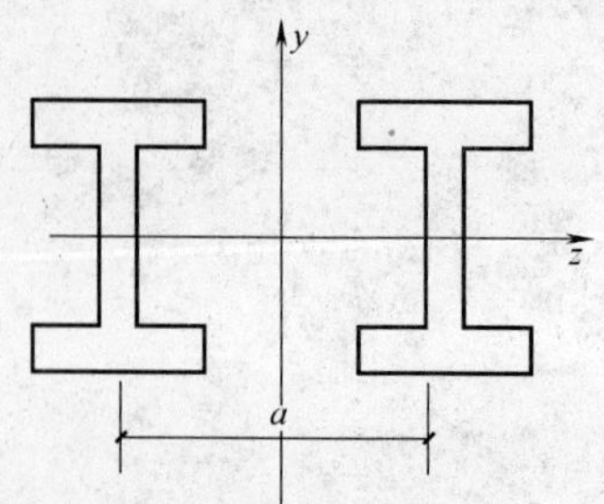

习题 9-4 图

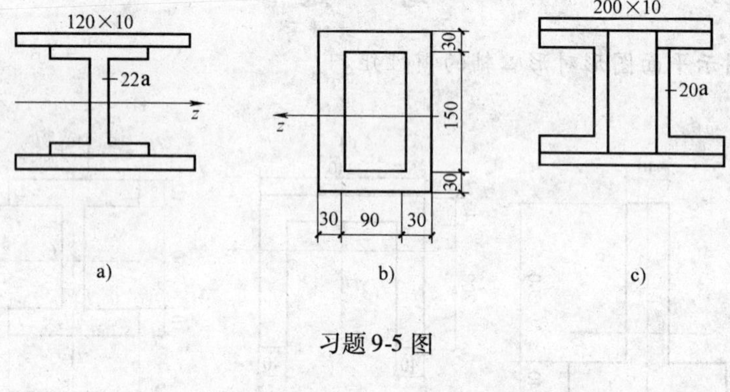

习题 9-5 图

第十章　平 面 弯 曲

内容提要：本章介绍平面弯曲的概念、梁的内力和内力图，着重讨论内力图的变化规律和用列方程法、简捷法作梁的剪力图和弯矩图。

第一节　弯 曲 变 形

一、弯曲变形的概念

当杆件受到与其轴线垂直的外力作用，或者通过轴线的平面内的力偶作用时（图 10-1），杆件任意两个横截面将绕横轴发生相对转动，杆的轴线由原来的直线变为曲线。杆件的这种变形，就称为弯曲变形。工程中凡是以弯曲变形为主要变形的构件，通常称为梁。

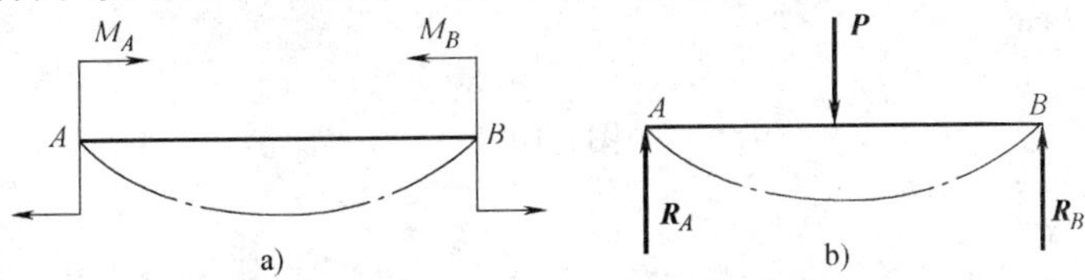

图　10-1

二、平面弯曲

梁的横截面多为矩形、工字形、T 形等（图 10-2），这些截面都有一根对称轴，这根对称轴与梁轴线构成一个对称平面（图 10-3）。如果作用在梁上的所有外力（包括荷载和支座反力）都在对称平面内，则梁轴线在对称平面内弯曲成一条平面曲线。这种弯曲平面和外力作用面相重合的弯曲，称为平面弯曲。

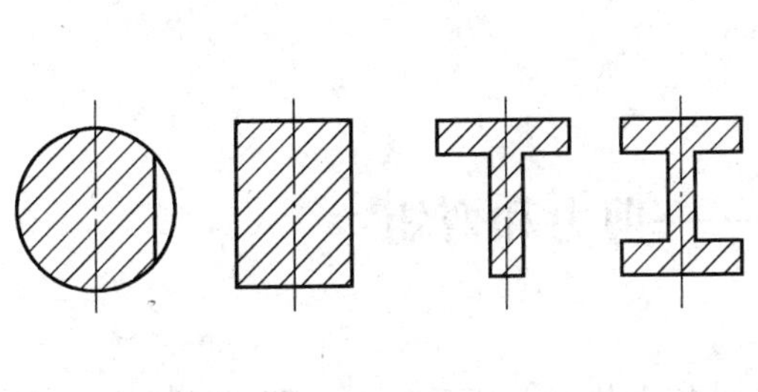

图　10-2

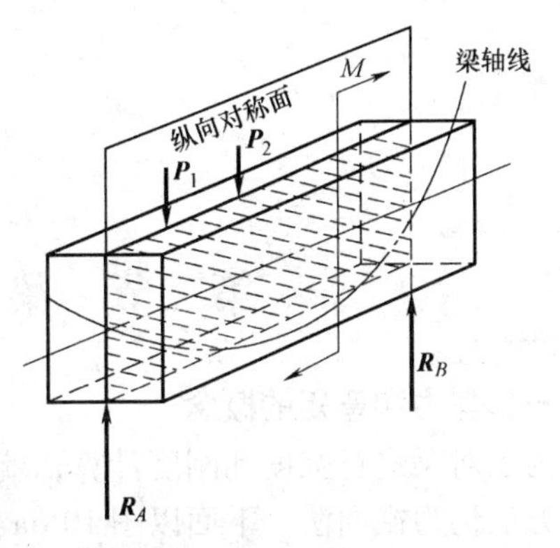

图　10-3

三、梁的计算简图

工程中，梁是比较常见的一种变形形式。例如起重机梁（图 10-4a）、桥梁主梁（10-4b）、汽车轮轴（图 10-4c）、电机主轴（图 10-4d）、阳台挑梁（图 10-4e）。工程常见的简单梁通常简化成以下三种形式：

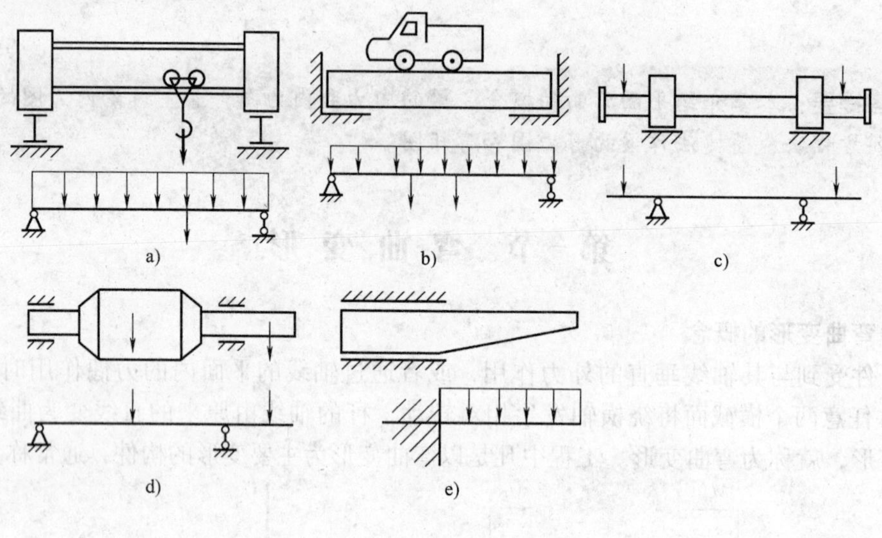

图 10-4

1. 简支梁

一端是固定铰支座，另一端为活动铰支座的梁（图 10-5a）。

2. 外伸梁

简支梁一端或两端伸出支座以外（图 10-5b）。

3. 悬臂梁

一端为固定端，另一端为自由端的梁（图 10-5c）。

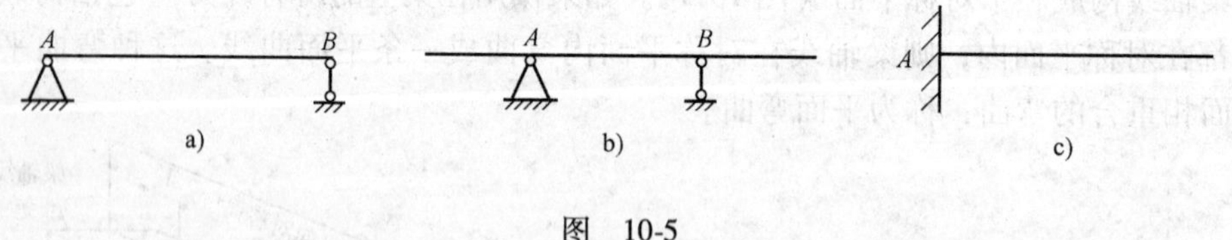

图 10-5

第二节 梁的内力——剪力和弯矩

一、剪力和弯矩的概念

为了对梁进行强度和刚度计算，就必须计算梁各个截面上所受的力，即梁的内力。求内力的方法仍为截面法。下面以图 10-6a 所示的简支梁为例来分析梁横截面上的内力。简支梁在外力 $\boldsymbol{P}$ 和支座反力 $\boldsymbol{R}_A$、$\boldsymbol{R}_B$ 作用下处于平衡，如图 10-6b 所示，现求任一截面 m—m 处的内力。为此，用一假想的平面沿 m—m 处将梁截开，将梁分为左、右两段。取左段为研究对象，画受力图如图 10-6c 所示，研究其平衡。由于左段梁在 A 处受到方向向上的支座反力

(外力) R_A 作用，为了保持左段梁的平衡，在 m—m 截面上必然有一个与 $\boldsymbol{R}_A$ 大小相等、方向相反的内力存在，这个内力用 $\boldsymbol{Q}$ 表示，称为剪力，如图 10-6c 中所示 $\boldsymbol{Q}$。此时，内力 $\boldsymbol{Q}$ 与 $\boldsymbol{R}_A$ 大小相等，方向相反，构成一个力偶，这个力偶将使左段有顺时针转动的趋势，为了保证左段梁处于平衡，横截面 m—m 处除了剪力 $\boldsymbol{Q}$ 外，还必然存有一个内力偶与之平衡，这个内力偶的力偶矩用 M 表示，称为弯矩，如图 10-6c 中所示 M_0。由此可见，梁弯曲时，横截面上产生两种内力：剪力 $\boldsymbol{Q}$ 和弯矩 M_0。剪力的常用单位为牛顿（N）或千牛顿（kN），弯矩的常用单位为牛顿·米（N·m）或千牛顿·米（kN·m）。

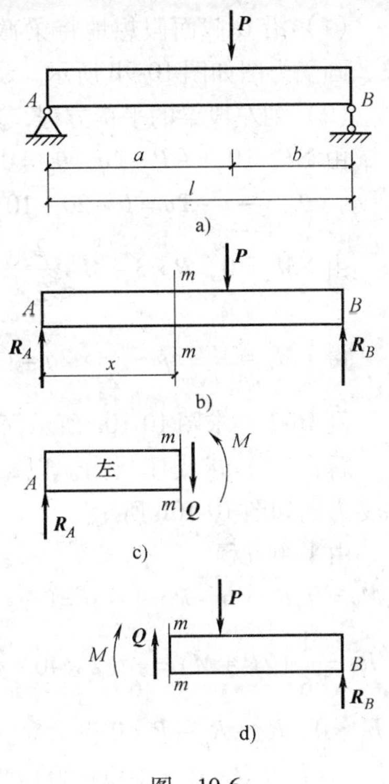

图　10-6

剪力和弯矩的大小可由左段梁的平衡条件确定，由 $\sum F_y = 0$，$R_A - Q = 0$ 得

$$Q = R_A$$

由 $\sum M_0 = 0$，$R_A x - M = 0$ 得

$$M = R_A x$$

如果取右段梁为研究对象（图 10-6d），同样可求得 m—m 截面上的剪力 $\boldsymbol{Q}$ 和弯矩 M_0。根据作用与反作用原理，右段梁在 m—m 截面上的剪力 $\boldsymbol{Q}$ 和弯矩 M 应与左段梁在 m—m 截面上的剪力 $\boldsymbol{Q}$ 和弯矩 M 大小相等、方向相反。

二、剪力和弯矩的正负号规定

为了使左、右两段梁上的剪力弯矩求得的同一截面上的剪力和弯矩具有相同的正负号，和研究轴力、扭矩一样，按照梁的变形情况，对剪力和弯矩的正负号作如下规定：

（1）剪力的正负号规定：截面上的剪力使截面邻近的微段有作顺时针转动趋势时取正号，有作逆时针转动趋势时取负号（图 10-7）。

（2）弯矩的正负号规定：截面上的弯矩使该截面的临近微段产生下凸变形时取正号，产生上凸变形时取负号（图 10-8）。

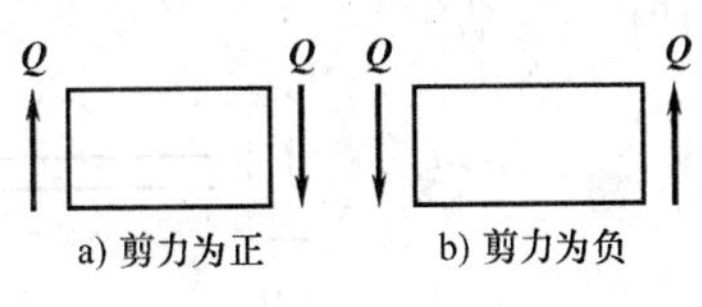

a) 剪力为正　b) 剪力为负

图　10-7

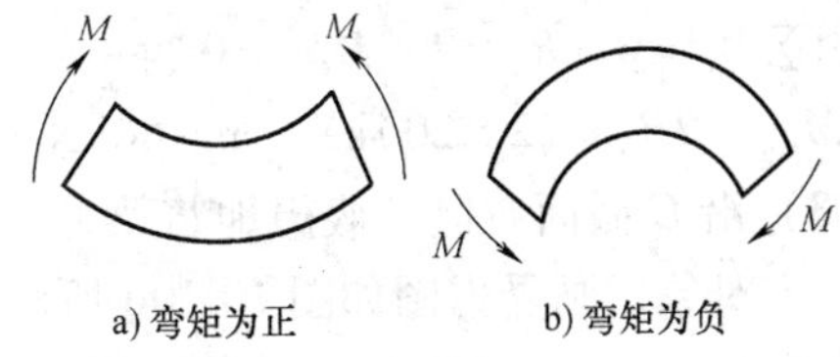

a) 弯矩为正　b) 弯矩为负

图　10-8

剪力和弯矩的具体求解步骤如下：

（1）求解支座反力。

（2）用假想截面将欲求内力的截面截开，分为左、右两段，取其中一段为研究对象。

（3）画出研究对象的受力图。画图时，应保留作用在梁段上的所有外力（包括支座反力），并在截开截面上按规定的正方向画上未知内力——剪力和弯矩。

（4）列平衡方程，解方程求出内力的大小。若计算结果为正，则内力的实际方向与假设方向相同，若为负值，则相反。

例 10-1 用截面法求图 10-9a 所示悬臂梁 C 截面上的内力。

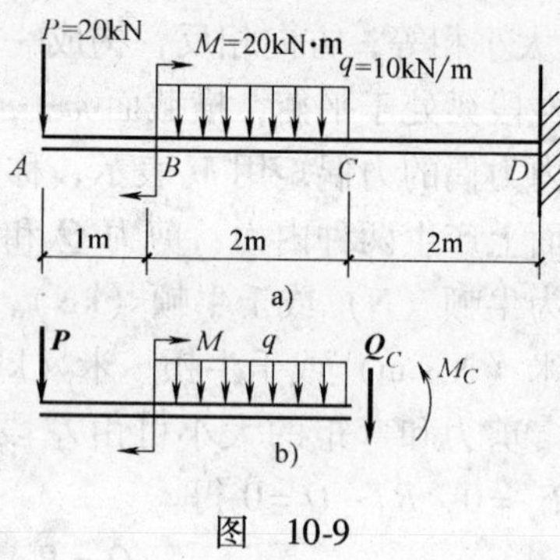

图 10-9

解：本题可不必求支座反力。

（1）沿 C 截面假想地将梁截开，取左段梁为研究对象，画受力图如图 10-9b 所示。

（2）列左段梁的平衡方程，求 C 截面上的内力。

由 $\Sigma F_y=0$，$-P-2q-\theta_C=0$ 得

$$\theta_C=-p-2q=(-20-10\times2)\text{kN}=-40\text{kN}$$

由 $\Sigma M_C=0$，$P\times3-M+\frac{2}{2}\times2q+M_C=0$

得 $M_C=M-3p-\frac{2}{2}\times2q=(20-3\times20-2\times10)\text{kN}\cdot\text{m}=-60\text{kN}\cdot\text{m}$。

例 10-2 求图 10-10a 所示简支梁 C、D 处左、右两侧截面上的内力。

解：（1）求支座反力。以整体为研究对象，画受力图如图 10-10b 所示

由平衡方程

$\sum M_A=0, R_B\times6-P\times2-M=0$ 得

$$R_B=\frac{1}{6}(2P+M)=\frac{1}{6}(2\times40+40)\text{kN}=20\text{kN}$$

$\sum F_y=0$，$R_A+R_B-P=0$ 得

$$R_A=P-R_B=(40-20)\text{kN}=20\text{kN}$$

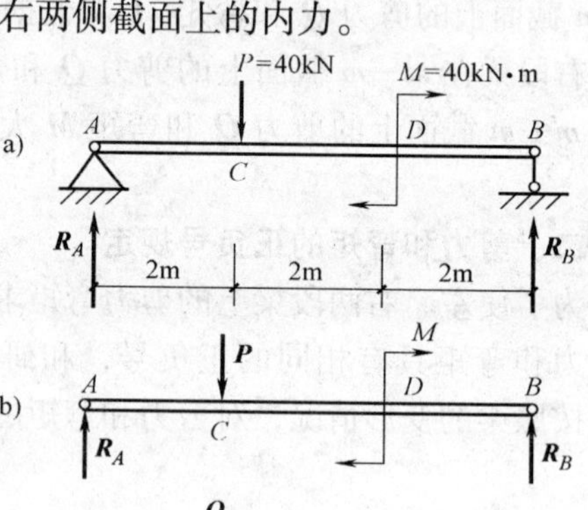

（2）沿 C 截面左侧，假想将梁截开，取左段梁为研究对象，画受力图如图 10-10c 所示，由

$\sum F_y=0, R_A-Q_{C左}=0$ 得

$$Q_{C左}=R_A=20\text{kN}$$

由 $\sum M_C=0-R_A\times2+M_{C左}=0$ 得

$$M_{C左}=2R_A=(2\times20)\text{kN}\cdot\text{m}=40\text{kN}\cdot\text{m}$$

（3）沿 C 截面右侧，假想地将梁截开，取左梁为研究对象，画受力图如图 10-10d 所示。

由 $\sum F_y=0, R_A-P-Q_{C右}=0$ 得

$$Q_{C右}=R_A-P=(20-40)\text{kN}=-20\text{kN}$$

由 $\sum M_C=0-R_A\times2+M_{C右}=0$ 得

$$M_{C右}=2R_A=(2\times20)\text{kN}\cdot\text{m}=40\text{kN}\cdot\text{m}$$

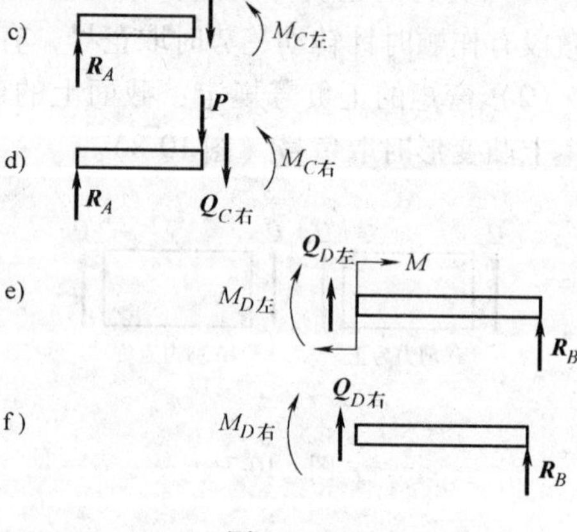

图 10-10

（4）沿 D 截面左侧将梁截开，取右段梁为研究对象，画受力图如图 10-10e 所示。

由 $\sum F_y=0$，$R_B+Q_{D左}=0$ 得

$$Q_{D左}=-R_B=-20\text{kN}$$

由 $\sum M_0=0, M_{D左}+M-R_B\times2=0$ 得

$$M_{D左}=2R_B-M=(2\times 20-40)\text{kN}\cdot\text{m}=0$$

(5) 沿 D 截面右侧将梁切开，取右段梁为研究对象，画受力图如图 10-10f 所示，由

$$\sum F_y=0,\ Q_{D右}+R_B=0,\ Q_{D右}=-R_B=-20\text{kN}$$

$$\sum M_0=0, M_{D右}-R_B\times 2=0$$

$$M_{D右}=2R_B=(2\times 20)\text{kN}\cdot\text{m}=40\text{kN}\cdot\text{m}$$

通过上述例题对剪力和弯矩的计算，可得到以下关于剪力和弯矩的四条规律：

(1) 梁上任一截面的剪力，在数值上等于该截面一侧（左侧或右侧）梁上所有外力的代数和，即

$$Q=\sum P_{y左}\ (\text{或}\ Q=\sum P_{y右})$$

(2) 梁上任一截面的弯矩，在数值上等于该截面一侧（左侧或右侧）梁上所有外力对该截面形心力矩的代数和，即

$$M=\sum M_C(P_{左})\ [\text{或}\ M=\sum M_C(P_{右})]$$

根据剪力和弯矩的正负号规定，利用上述结论计算剪力时，凡是截面左侧梁上所有向上的外力（右侧梁上所有向下的外力）取正号，反之取负号；计算弯矩时，不论左侧还是右侧，凡是箭头向上的外力（含外力偶）取正号，反之取负号。

(3) 在集中力作用处，左右两侧截面，弯矩相同，但剪力不同，即剪力发生突变，剪力的突变值，等于作用在该截面上的集中力，即

$$Q_{C右}=Q_{C左}\pm P$$

(4) 在集中力偶作用处左右两侧截面，剪力相同，但弯矩不同，即弯矩发生突变，弯矩的突变值等于作用在该截面上的集中力偶，即

$$M_{C右}=M_{C左}\pm M$$

利用上述结论，在计算梁上任一截面上的内力时，可以不必再用截面法截取分离体，列方程计算，直接根据梁上一侧外力的代数和计算，从而使计算过程大大简化。

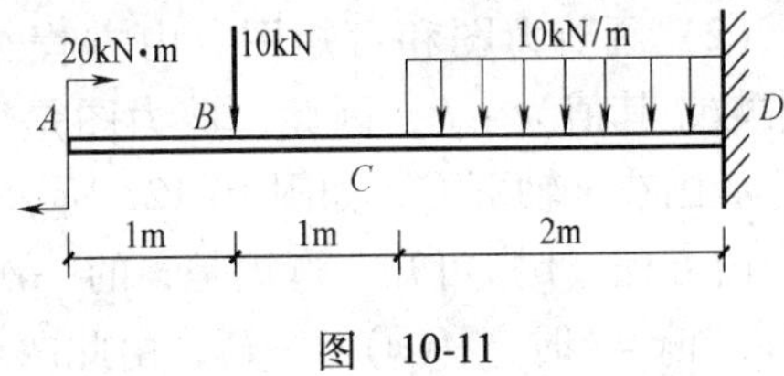

图 10-11

例 10-3 悬臂梁如图 10-11 所示，求 A 截面右侧、B 截面左、右侧及 C 截面处的内力。

解：(1) 求 A 截面右侧的内力

$$Q_{A右}=0,\ M_{A右}=20\text{kN}\cdot\text{m}$$

(2) 求 B 截面左、右两侧的内力

$$Q_{B左}=0,\ M_{B左}=20\text{kN}\cdot\text{m}$$

$$Q_{B右}=-10\text{kN},\ M_{B右}=20\text{kN}\cdot\text{m}$$

(3) 求 C 截面上的内力

$$Q_C=-10\text{kN},\ M_C=(20-10)\text{kN}\cdot\text{m}=10\text{kN}\cdot\text{m}$$

第三节 剪力方程和弯矩方程，剪力图和弯矩图

梁在外力作用下，各个截面上的剪力和弯矩一般都是不同的，其中剪力和弯矩的最大截面对梁的强度来说都是危险截面，这两个截面一般并不重合。要确定危险截面的位置，必须知道剪力和弯矩沿梁轴线的变化规律。为此取梁上某一点为坐标原点，把距原点距离为 x 的

任意截面上的剪力和弯矩写成 x 的函数，即

$$Q = Q(x), M = M(x)$$

这样的函数称为梁的剪力方程和弯矩方程。

为了清楚地表明沿梁轴线各个截面上的剪力和弯矩的大小和变化规律，通常以平行梁轴线的坐标 x 表示梁横截面的位置，以垂直梁轴线的纵坐标表示相应截面上剪力或弯矩的大小，按一定比例画出剪力方程和弯矩方程的函数图形，称为梁的剪力图和弯矩图。

在建筑工程中，习惯上把正的剪力画在 x 轴上方，负剪力画在 x 轴下方；而把弯矩图画在梁的受拉侧。用列方程法作剪力图和弯矩图的步骤如下：

(1) 计算支座反力。

(2) 分段列出剪力方程和弯矩方程。

(3) 根据剪力方程和弯矩方程所表示的图线性质以及控制截面的剪力和弯矩的数值，用描点法绘出相应的剪力图和弯矩图，并且标出控制截面的数值。

(4) 确定最大剪力和最大弯矩。

例 10-4 悬臂梁 AB 在自由端受集中力 P 作用，如图 10-12a 所示，试绘梁的剪力图和弯矩图。

解：(1) 列剪力方程和弯矩方程。取左端 A 为坐标原点，取距左端为 x 的任意截面，列出剪力方程和弯矩方程：

$$Q(x) = -P \qquad (0 < x < l) \qquad \text{(a)}$$

$$M(x) = -Px \qquad (0 \leqslant x < l) \qquad \text{(b)}$$

(2) 画剪力图和弯矩图。由方程 (a) 可知，$Q(x)$ 为常数，其值为 $-P$，因此，剪力图是一条平行 x 轴的直线，应画在 x 轴下方，如图 10-12b 所示。

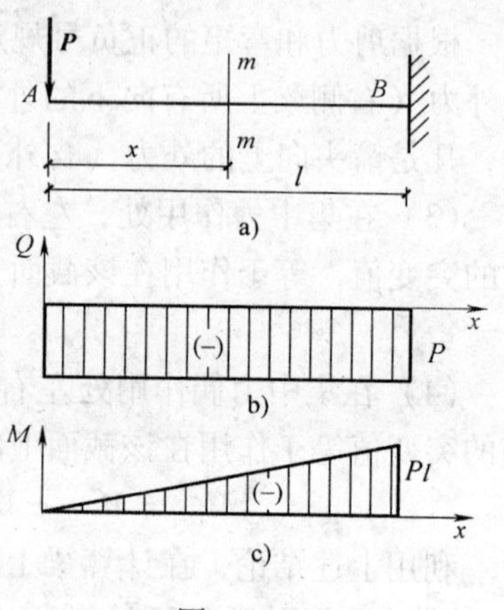

图 10-12

由方程 (b) 可知，弯矩是 x 的一次函数，因此弯矩图是一条斜直线。当 $x=0$，$M(x)=0$，当 $x=l$ 时，$M(x) = -Pl$，由此两点作弯矩图如图 10-12c 所示。

由剪力图、弯矩图可知，固定端处，弯矩最大，$|M|_{max} = Pl$；梁各个截面上，剪力相同，$|Q|_{max} = P$。

例 10-5 简支梁受集中力 P 作用如图 10-13a 所示。试绘出梁的剪力图和弯矩图。

解：(1) 求支座反力。以整体为研究对象到平衡方程。

由 $\sum M_B = 0$，$Pb - R_A l = 0$ 得

$$R_A = \frac{Pb}{l}$$

由 $\sum M_A = 0$，$R_B l - Pa = 0$ 得

$$R_B = \frac{Pa}{l}$$

(2) 列剪力方程和弯矩方程。因梁在 C 处作用有集中力，所以 AC、BC 两段内力方程不同，需要分段列出。

AC 段：以 A 端为坐标原点，在距 A 端为 x_1 的任意截面，直接写出剪力方程和弯矩方程：

$$Q(x_1)=R_A=\frac{Pb}{l}\qquad(0<x_1<a)\tag{a}$$

$$M(x_1)=R_Ax=\frac{Pb}{l}x_1\qquad(0\leqslant x_1\leqslant a)\tag{b}$$

BC 段：原点为 *A* 点，在距 *A* 端为 x_2 处的任意截面，直接写出剪力方程和弯矩方程：

$$Q(x_2)=R_A-P=\frac{Pb}{l}-P=-\frac{Pa}{l}\qquad(a<x_2<l)\tag{c}$$

$$M(x_2)=R_Ax_2-P(x_2-a)=\frac{Pb}{l}x_2-P(x_2-a)=\frac{Pb}{l}(l-x_2)\qquad(a\leqslant x_2\leqslant l)\tag{d}$$

（3）画剪力图和弯矩图。

剪力方程表明，在 *AC* 段内，剪力为一常量，其值为$\frac{Pb}{l}$，为一条平行于 x 轴的直线；在 *BC* 段内，剪力也为常量，其值为$-\frac{Pa}{l}$，是一条平行于 x 轴的直线。作剪力图如图 10-13b 所示。

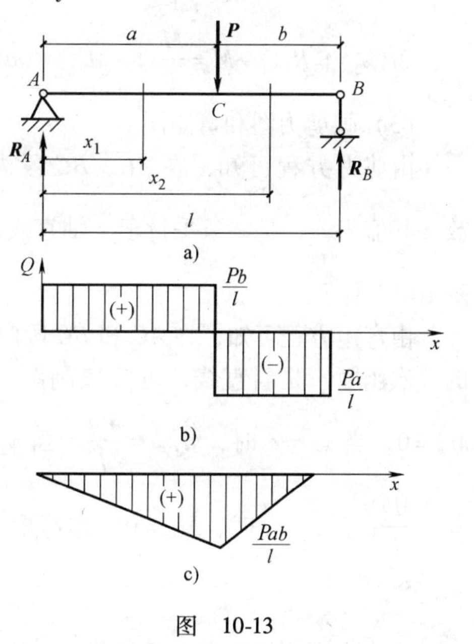

图　10-13

弯矩方程表明，*AC* 段内弯矩是 x_1 的一次函数，是一条斜直线。当 $x_1=0$ 时，$M_A=0$；当 $x_1=a$ 时，$M_C=\frac{Pab}{l}$。*BC* 段内弯矩是 x_2 的一次函数，是一条斜直线。当 $x_2=a$ 时，$M_C=\frac{Pab}{l}$；当 $x_2=l$ 时，$M_B=0$。作弯矩图如图 10-13c 所示。

本题中，若 $a>b$，$|Q|_{\max}=\frac{Pa}{l}$发生在 *BC* 段任一截面，$M_{\max}=\frac{Pab}{l}$发生在集中力作用处。

若 $a=b=\frac{l}{2}$，则$|Q|_{\max}=\frac{P}{2}$（发生在 *AC* 段和 *BC* 段的任意截面上），$M_{\max}=\frac{Pl}{4}$发生在梁的跨度中点截面上。

例 10-6　简支梁 *AB* 在 *C* 截面处受一集中力偶 *M* 作用，如图 10-14a 所示。试作此梁的剪力图和弯矩图。

解：（1）求支座反力。以整体为研究对象，画受力图如图 10-14a 所示。由平衡方程可求得

$$R_A=R_B=\frac{M}{l}$$

（2）列剪力方程和弯矩方程。在集中力偶处将梁分为两段，分段列剪力方程和弯矩方程。

AC 段：取 *A* 为坐标原点，在距 *A* 端为 x_1 的任意截面处，直接列出剪力方程和弯矩方

程：

$$Q(x_1)=R_A=\frac{M}{l}\qquad(0<x_1\leqslant a)\tag{a}$$

$$M(x_1)=R_Ax_1=\frac{M}{l}x_1\qquad(0\leqslant x_1<a)\tag{b}$$

BC 段：取 A 为坐标原点，在距 A 端为 x_2 的任意截面处，直接列出剪力方程和弯矩方程：

$$Q(x_2)=R_A=\frac{M}{l}\qquad(a\leqslant x_2<l)\tag{c}$$

$$M(x_2)=R_Ax_2-M=\frac{M}{l}x_2-M\qquad(a<x_2\leqslant l)\tag{d}$$

(3) 画剪力图和弯矩图。

由剪力方程可知，在 AC、BC 段内剪力均为常数，其值为$\frac{m}{l}$，是一条平行于 x 轴直线。作剪力图如图 10-14 所示。

由弯矩方程可知，在 AC 和 BC 段内，弯矩都是 x 的一次函数，是斜直线，可分段画图。当 $x_1=0$ 时，$M_A=0$，当 $x_1=a$ 时，$M_{C左}=\frac{Ma}{l}$。当 $x_2=a$ 时，$M_{C右}=-\frac{Mb}{l}$；当 $x_2=l$ 时，$M_B=0$。作弯矩如图 10-14c 所示。

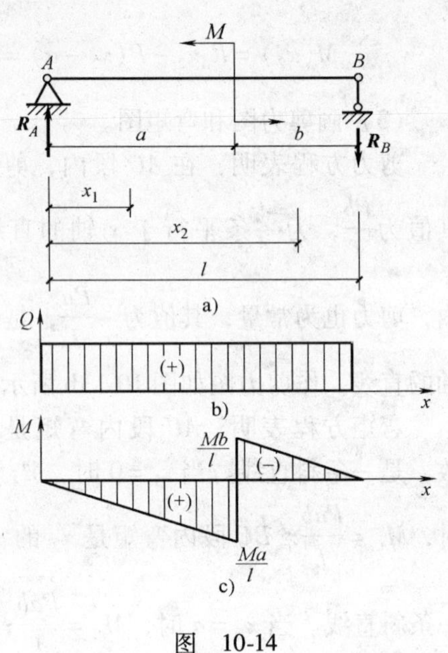

图 10-14

由内力图可知，在全梁各截面上的剪力均相等，$Q_{max}=\frac{M}{l}$；当 $a>b$ 时，$|M|_{max}=\frac{Ma}{l}$，发生在集中力偶作用的 C 点稍左的截面上。

例 10-7 简支梁受均布荷载作用，如图 10-15a 所示。试画出其剪力图和弯矩图。

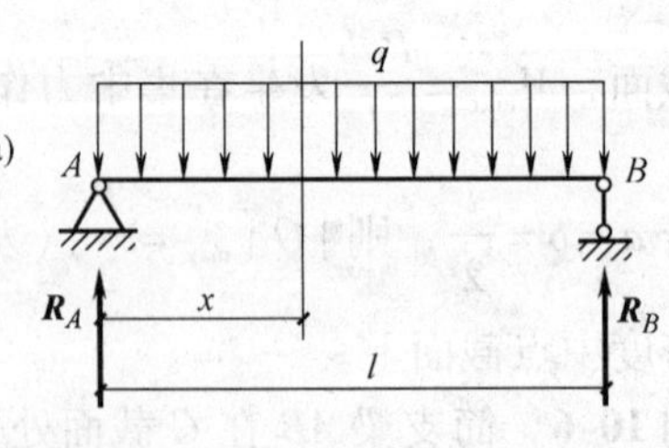

解：(1) 求支座反力。根据对称关系可得

$$R_A=R_B=\frac{ql}{2}$$

(2) 列剪力方程和弯矩方程。取 A 为坐标原点，在距 A 端为 x 的任意截面处，直接写出内力方程：

$$Q(x)=R_A-qx=\frac{ql}{2}-qx\qquad(0<x<l)\tag{a}$$

$$M(x)=R_Ax-\frac{1}{2}qx^2=\frac{ql}{2}x-\frac{qx^2}{2}\qquad(0\leqslant x\leqslant l)\tag{b}$$

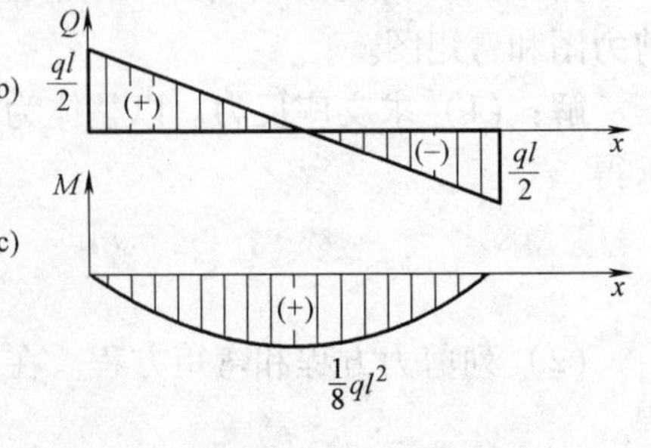

图 10-15

(3) 作剪力图和弯矩图。

由式（a）可知，$Q(x)$ 是 x 的一次函数，故剪力图是一条斜直线。当 $x=0$ 时，$Q_A=\frac{ql}{2}$；当 $x=l$ 时，$Q_A=-\frac{ql}{2}$。作剪力图如图 10-15b 所示。

由式（b）可知，$M(x)$ 是 x 的二次函数，故弯矩图是一条抛物线。当 $x=0$ 时，$M_A=0$；当 $x=l$ 的，$M_B=0$，当 $x=\frac{l}{2}$时，$M_C=\frac{ql^2}{8}$。作弯矩图如图 10-15c 所示。

由内力图可知，最大剪力发生在梁端，其值为 $|Q|_{\max}=\frac{ql}{2}$，最大弯矩发生在剪力为零的跨度中点截面，其值为 $M_{\max}=\frac{1}{8}ql^2$。

第四节　剪力、弯矩和荷载集度间的微分关系及应用

一、剪力、弯矩和荷载集度间的微分关系

分析上节例 10-7 可知，剪力 Q 对 x 的一阶导数$\frac{\mathrm{d}Q}{\mathrm{d}x}=-q$，弯矩 M 对 x 的一阶导数$\frac{\mathrm{d}M}{\mathrm{d}x}=\frac{ql}{2}-qx=\frac{ql}{2}-qx=Q(x)$。弯矩、剪力和荷载集度的这种关系不是个别现象，而是普遍规律，现证明如下。

设在简支梁上作用着任意分布的分布荷载 $q(x)$，如图 10-16a 所示。从梁上取出长度为 $\mathrm{d}x$ 的任一微段，其受力图如图 10-16b 所示。设微段左边截面上剪力和弯矩为 $Q(x)$ 和 $M(x)$，右边截面上的剪力和弯矩将分别为 $Q(x)+\mathrm{d}Q(x)$和 $M(x)+\mathrm{d}M(x)$，假定匀为正的。微段上的分布荷载可以认为是均匀分布的。该微段在上述受力情况下处于平衡。由平衡方程：$\sum F_y=0, Q-[Q+dQ]+q\mathrm{d}x=0$

得
$$\frac{\mathrm{d}Q}{\mathrm{d}x}=q \tag{10-1}$$

即剪力 Q 对坐标 x 的一阶导数等于分布荷载集度 q。因此剪力图上某点切线的斜率等于对应点的分布荷载值 $q(x)$。

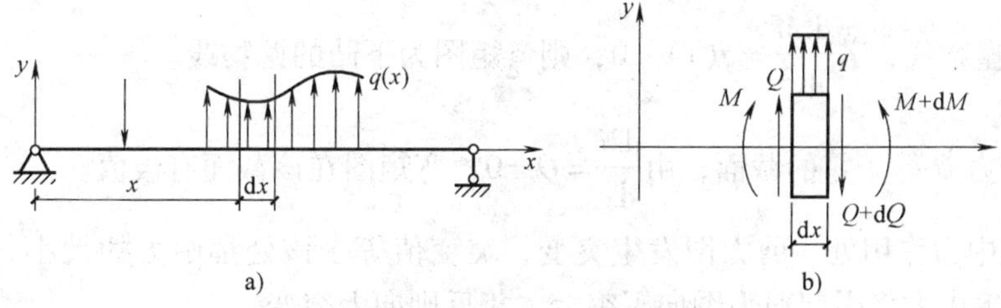

图　10-16

以微段右侧截面上任一点为力矩中心，列力矩方程：

$$\sum M_c = 0,\ M + Q\mathrm{d}x + q\mathrm{d}x \cdot \frac{\mathrm{d}x}{2} - (M + \mathrm{d}M) = 0$$

略去高阶微量 $q\mathrm{d}x \cdot \frac{\mathrm{d}x}{2}$，得

$$\frac{\mathrm{d}M}{\mathrm{d}x} = Q \tag{10-2}$$

即弯矩 M 对坐标 x 的一阶导数，等于同一截面上的剪力 Q。

将式（10-2）再对 x 求一阶导数，代入式（10-1），得

$$\frac{\mathrm{d}^2 M}{\mathrm{d}x^2} = \frac{\mathrm{d}Q}{\mathrm{d}x} = q \tag{10-3}$$

即弯矩对坐标 x 的二阶导数等于同一截面上的分布荷载 q。

上述二式称为弯矩、剪力和分布荷载集度之间的微分关系。

根据上述微分关系，可得出剪力图和弯矩图的基本规律如下：

（1）梁上某段无分布荷载作用，即 $q(x)=0$。

由$\frac{\mathrm{d}Q}{\mathrm{d}x} = q(x) = 0$，可知，该段梁的剪力图上各点切线的斜率为零，$Q(x)$ 为常量，所以剪力图是一条平行梁轴线的直线；又由$\frac{\mathrm{d}M}{\mathrm{d}x} = Q =$（常量），该段梁弯矩图线上各点的斜率为常量，弯矩是 x 的一次函数，所以弯矩图是一条斜直线。可能会出现以下三种情况：

$Q(x) = c$ 且为正值，弯矩图为一条下斜直线；

$Q(x) = c$ 且为负值，弯矩图为一条上斜直线；

$Q(x) = c$ 且为零时，弯矩图为一条水平直线。

（2）梁上某段有均布荷载，即 $q(x) = c$（常量）。

由于$\frac{\mathrm{d}Q(x)}{\mathrm{d}x} = q(x) = c$，所以剪力图是一条斜直线。若 $q(x) > 0$（方向向上），剪力图斜率为正，剪力图为一条上斜直线；若 $q(x) < 0$，剪力图斜率为负，剪力图为一条下斜直线。

再由$\frac{\mathrm{d}M}{\mathrm{d}x} = Q(x)$，$M(x)$ 是 x 的二次函数，弯矩图是一条抛物线。若$\frac{\mathrm{d}^2 M}{\mathrm{d}x^2} = q(x) > 0$，弯矩图为上凸的抛物线，若$\frac{\mathrm{d}^2 M}{\mathrm{d}x^2} = q(x) < 0$，则弯矩图为下凸的抛物线。

（3）在剪力 Q 等于零的截面，由$\frac{\mathrm{d}M}{\mathrm{d}x} = Q = 0$，弯矩图在该截面有极值。

（4）在集中力作用处，剪力图发生突变，突变值等于该处集中力的大小。若从左向右作图，向下的集中力将引起剪力图向下突变，相反则向上突变。

（5）在集中力偶作用处，剪力无变化，弯矩图发生突变，突变值等于该集中力偶的大小。当从左向右作图时，力偶顺时针转动，弯矩向下突变，反之向上突变。梁的荷载、剪力图、弯矩图相互关系见表 10-1。

表 10-1 梁的荷载、剪力图、弯矩图的相互关系

梁上外力情况	剪 力 图	弯 矩 图
无分布荷载 ($q=0$)	$\frac{dQ}{dx}=q=0$ 剪力图平行于x轴 $Q=0$ $Q>0$ $Q<0$	$M<0$ $M=0$ $M>0$ $\frac{dM}{dx}=Q=0$ $\frac{dM}{dx}=Q>0$ 下斜直线 $\frac{dM}{dx}=Q<0$ 上斜直线
均布荷载向上作用 $q>0$ 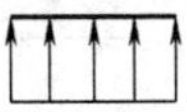	$\frac{dQ}{dx}=q>0$ 上斜直线 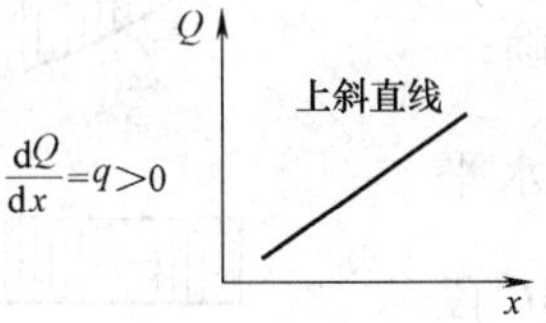	$\frac{d^2M}{dx^2}=q>0$ 上凸曲线 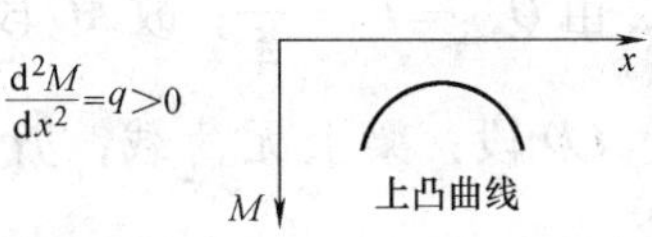
均布荷载向下作用 $q<0$	$\frac{dQ}{dx}=q<0$ 下斜直线	$\frac{d^2M}{dx^2}=q<0$ 下凸曲线
集中力作用 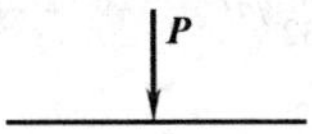 P	在集中力作用处剪力突变 P 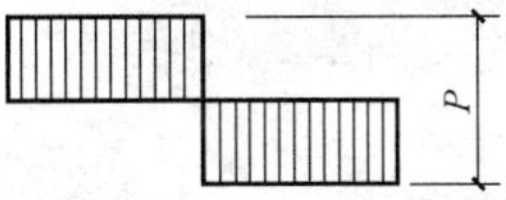	在集中力作用处弯矩出现尖角 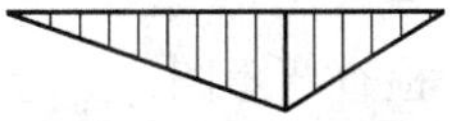
集中力偶作用 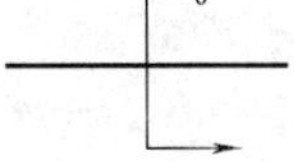 M_0	在集中力偶作用处剪力无影响	在集中力偶作用处弯矩突变 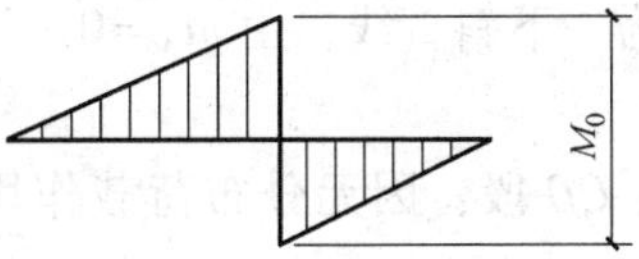 M_0

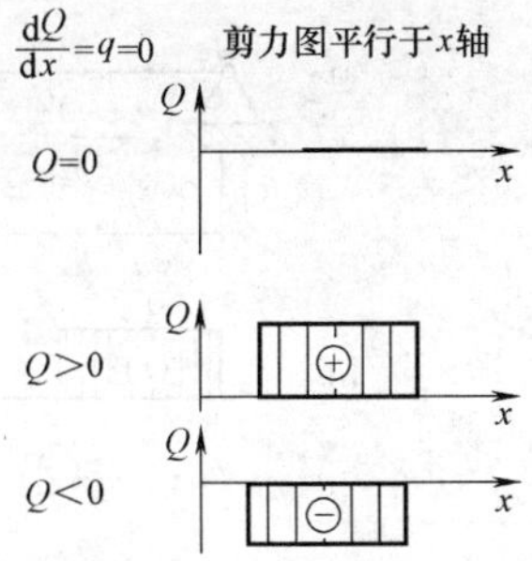

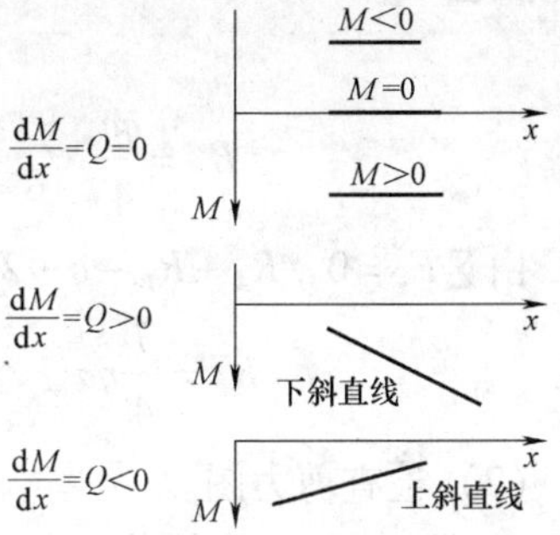

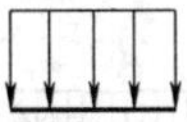

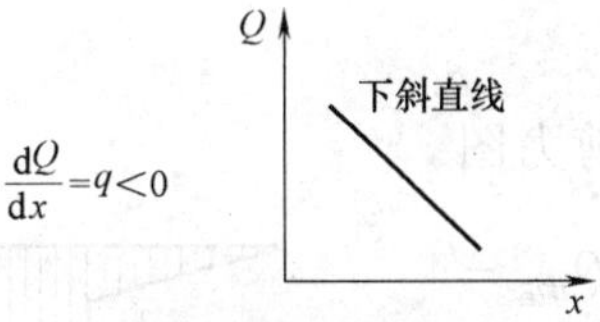

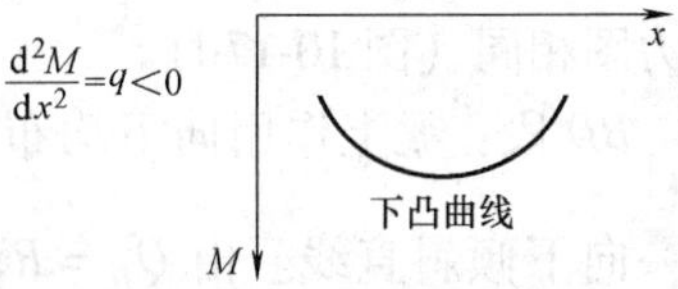

二、利用简捷法作梁的剪力图和弯矩图

内力图的规律不仅可用来检查内力图正确与否，还可以用来简捷地画出内力图。用简捷法作内力图的步骤是：

（1）根据荷载作用情况把梁分成几段，根据每段荷载情况定性判断各段剪力图和弯矩图的曲线形状、图形变化趋势、突变位置。

（2）利用代数和法定量计算各控制截面的剪力值和弯矩值（梁的起止截面，均布荷载起止截面，集中力、集中力偶作用截面，剪力为零截面）和弯矩极值位置和极值。

（3）按每段剪力图、弯矩图曲线形状连成光滑曲线。

（4）求出剪力和弯矩的最大值。

例 10-8 利用弯矩、剪力和分布荷载集度之间的微分关系，检查图 10-17b、c 所示剪力图和弯矩图有无错误，并加以改正。

解：(1) 求支座反力。以整体为研究对象，画受力图如图 10-17a 所示。

由$\sum M_B=0$，$R_A \cdot 4a+qa^2-q \cdot 2a \cdot a=0$

得

$$R_A=\frac{qa}{4}$$

由$\sum F_y=0$，$R_A+R_B-q \cdot 2a=0$ 得

$$R_B=\frac{7}{4}qa$$

(2) 检查剪力图。

AC 段：梁上无荷载，剪力图为一水平线，由 $Q_{A右}=R_A=\frac{qa}{4}$，故 AC 段剪力图正确；

CD 段：梁上无荷载，剪力图为一水平线，由 $Q_c=R_A=\frac{qa}{4}$，故 BC 段应改为与 AC 段剪力图相同（图 10-17d）。

BD 段：梁上作用向下均布荷载，剪力图为一向下倾斜直线。由 $Q_D=R_A=\frac{qa}{4}$，$Q_{B左}=-R_B=-\frac{7qa}{4}$，故 BD 段剪力图正确。

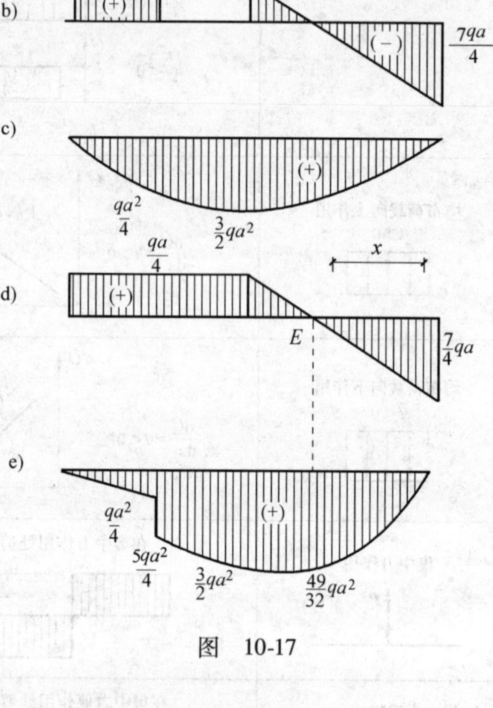

图 10-17

(3) 检查弯矩图。

AC 段：因无荷载作用，且 $Q>0$，故弯矩图为一下斜直线，由 $M_A=0$，$M_{c左}=R_Aa=\frac{qa^2}{4}$，故 AC 段弯矩图正确。

CD 段：因无分布荷载作用，且 $Q>0$，故弯矩图为下斜直线，由 $M_{c右}=R_{Aa}+qa^2=\frac{5}{4}qa^2$，$M_D=R_A\times 2a+qa^2=\frac{3}{2}qa^2$，故 CD 段弯矩图应改为图 10-17e 所示。

BD 段：梁上有向下均布荷载作用，弯矩图为一下凸抛物线。由 $M_D=\frac{3}{2}qa^2$，$M_B=0$，中间 E 点，$Q_E=0$，M 有极值，应为最高点。设 BE 段长为 x，由 $Q_E=qx-R_B=qx-\frac{7qa}{4}=0$ 得

$$x=\frac{7a}{4}$$

则
$$M_E=M_{\max}=R_{Bx}-\frac{1}{2}qx^2=\frac{7}{4}qa\times\frac{7a}{4}-\frac{1}{2}q\left(\frac{7a}{4}\right)^2=\frac{49}{32}qa^2$$

故 BD 段弯矩图应改为图 10-17e 所示。

例 10-9　外伸梁如图 10-18a 所示。已知：$q=40\text{kN/m}$，$P=40\text{kN}$，$M=80\text{kN}\cdot\text{m}$。求作此梁的剪力图和弯矩图。

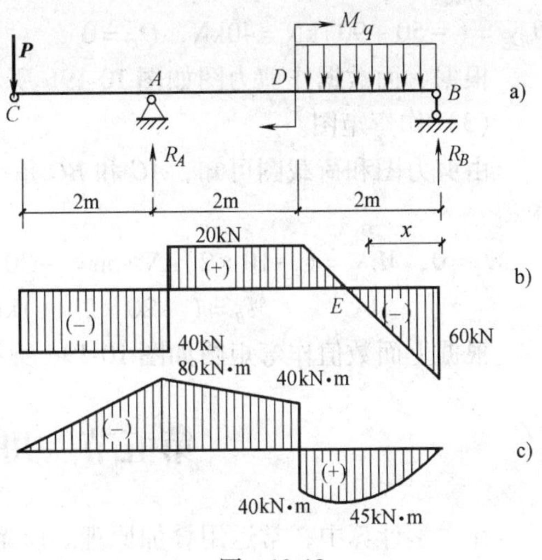

图　10-18

解：（1）求支座反力。

由 $\sum M_B=0$，$R_A\times4+80-40\times6-40\times2\times1=0$ 得

$$R_A=60\text{kN}$$

由 $\sum M_A=0$，$R_B\times4+40\times2-80-40\times2\times3=0$ 得

$$R_B=60\text{kN}$$

（2）作剪力图。

根据微分关系知，AC 和 AD 都是一条水平线，BD 是一条下斜直线。利用代数和得 $Q_{c右}=-P=-40\text{kN}$，$Q_{A左}=-P=-40\text{kN}$，$Q_{A右}=-P+R_A=(-40+60)\text{kN}=20\text{kN}$，$Q_D=-P+R_A=(-40+60)\text{kN}=20\text{kN}$，$Q_{B左}=-R_B=-60\text{kN}$

根据上面数值作剪力图如图 10-18b 所示。

（3）作弯矩图。

由荷载图和剪力图可知，AC 是一上斜直线，AD 是一下斜直线，BD 是一下凸抛物线，E 点剪力为零，弯矩有极值。利用代数和法求得：

$M_C=0, M_A=(-40\times2)\text{kN}\cdot\text{m}=-80\text{kN}\cdot\text{m}, M_{D左}=(-40\times4+60\times2)\text{kN}\cdot\text{m}=-40\text{kN}\cdot\text{m}, M_{D右}=(40+80)\text{kN}\cdot\text{m}=40\text{kN}\cdot\text{m}, M_B=0$。$Q_E=40x-60=0, x=1.5\text{m}, M_E=\left(60\times1.5-\frac{1}{2}\times40\times1.5^2\right)\text{kN}\cdot\text{m}=45\text{kN}\cdot\text{m}$。

根据上面数值作弯矩图如图 10-18c 所示。

例 10-10　外伸梁如图 10-19a 所示，已知：$P=40\text{kN}$，$M=80\text{kN}\cdot\text{m}$，$q=20\text{kN/m}$，求作梁的剪力图和弯矩图。

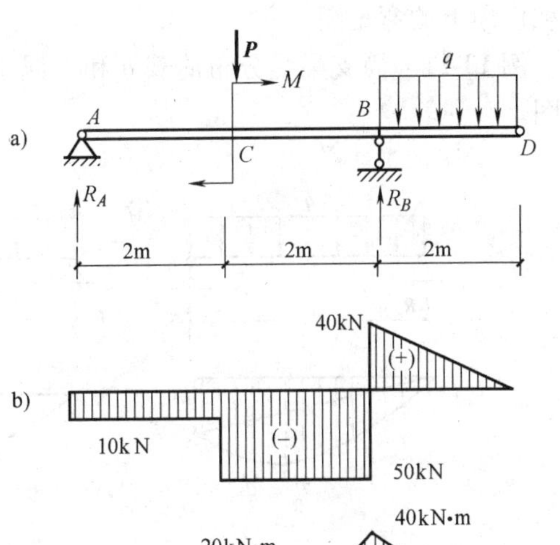

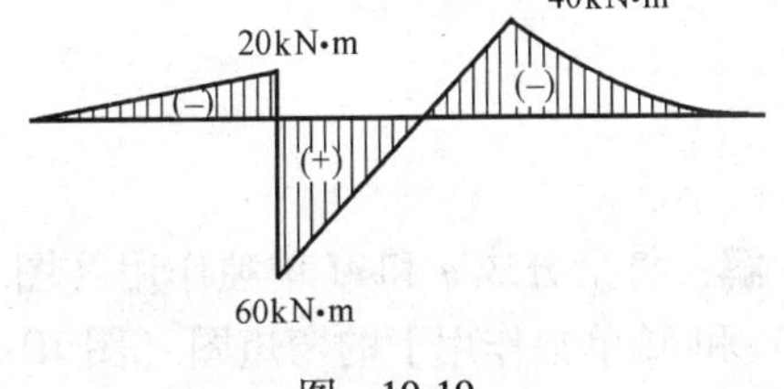

图　10-19

解：（1）求支座反力。

取整体为研究对象，作受力图如图 10-19a 所示。

由 $\sum M_B=0$，$R_A\times4+80-40\times2+20\times2\times1=0$ 得

$$R_A=-10\text{kN}$$

由 $\sum F_y=0$，$R_A+R_B-40-20\times2=0$ 得

$$R_B=90\text{kN}$$

(2) 作剪力图。根据微分关系可知，AC 和 BC 段都是一条水平线，BD 是一条下斜直线。利用代数和法求得

$Q_{A左}=R_A=-10\text{kN}$，$Q_{C左}=-10\text{kN}$，$Q_{C右}=(-10-40)\text{kN}=-50\text{kN}$，$Q_{B左}=-50\text{kN}$，$Q_{B左}=(-50+90)\text{kN}=40\text{kN}$，$Q_D=0$

根据上面数据作剪力图如图 10-19b 所示。

(3) 作弯矩图。

由剪力图和荷载图可知，AC 和 BC 是一条下斜直线，BD 是一下凸抛物线。利用代数和求得：

$$M_A=0,\ M_{C左}=(-10\times2)\text{kN}\cdot\text{m}=-20\text{kN}\cdot\text{m},\ M_{C右}=(-20+80)\text{kN}\cdot\text{m}=60\text{kN}\cdot\text{m},$$
$$M_B=(-20\times2\times1)\text{kN}\cdot\text{m}=-40\text{kN}\cdot\text{m},\ M_D=0$$

根据上面数值作弯矩图如图 10-19c 所示。

第五节 用叠加法作弯矩图

在力学计算中，常运用叠加原理。所谓叠加原理指的是：在线弹性、小变形条件下，每种荷载引起的支座反力、内力、应力、变形均与该荷载成线性关系，由几种荷载共同作用所引起的支座反力、内力、应力、变形等于各种荷载单独作用时引起的反力、内力、应力、变形的代数和。运用叠加原理作梁的弯矩图的方法称为叠加法。

用叠加法画弯矩图的步骤是：

(1) 将作用在梁上的复杂荷载分成几组简单荷载，分别画出梁在各简单荷载作用下的弯矩图。

(2) 在梁上每一控制面处，将各简单荷载弯矩图相应的纵坐标代数相加，就得到复杂荷载作用下的弯矩图。

例 10-11 简支梁受分布荷载 q 和力偶 M 作用，如图 10-20a 所示。试用叠加法作梁的弯矩图。

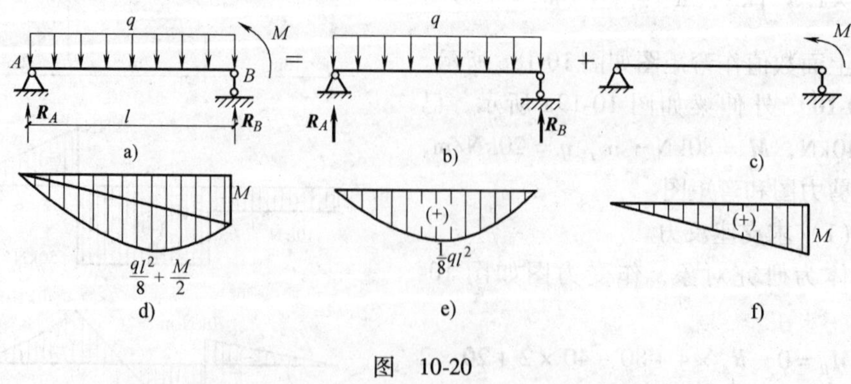

图 10-20

解：将梁分成 q 和 M 单独作用（图 10-20b、c），分别作 q 单独作用下的弯矩图（图 10-20e）和 M 单独作用下的弯矩图（图 10-20f）。各控制点弯矩为

$$M_A = M_{Aq} + M_{AM} = 0,\ M_B = M_{Bq} + M_{BM} = M,\ M_C = M_{Cq} + M_{CM} = \frac{1}{8}ql^2 + \frac{M}{2}$$

将上述弯矩横坐标对齐，纵坐标相加，得最后弯矩图（图 10-20d）。

例 10-12　外伸梁上作用有集中力 $\boldsymbol{P}_1$ 和 $\boldsymbol{P}_2$，如图 10-21a 所示，试用叠加法作梁的弯矩图。

解：将荷载分解为 $\boldsymbol{P}_1$、$\boldsymbol{P}_2$ 单独作用（图 10-21b、c）。分别作 P_1 单独作用弯矩图 M_1 和 P_2 单独作用弯矩图 M_2。

各控制点弯矩值为

$$M_A = M_{A1} + M_{A2} = 0,\ M_B = M_{B1} + M_{B2} = \left(-\frac{1}{2}\times 150 + 120\right)\text{N}\cdot\text{m} = 45\text{N}\cdot\text{m},$$

$$M_C = M_{C1} + M_{C2} = -150\text{N}\cdot\text{m},\ M_D = M_{D1} + M_{D2} = 0$$

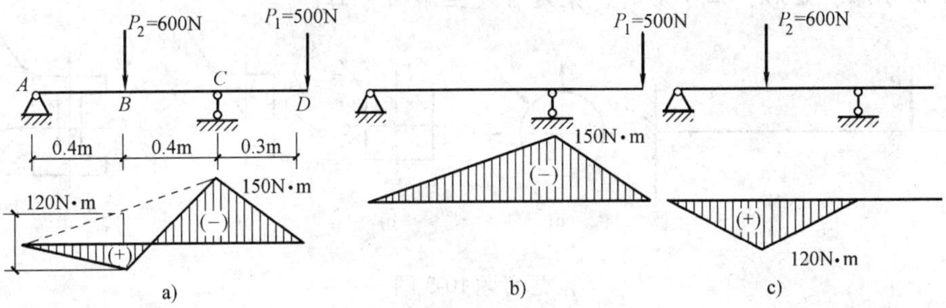

图　10-21

小　　结

本章介绍直梁弯曲内力计算。

（1）一个概念：平面弯曲。

（2）两种内力：剪力 $Q = \sum\limits_{一侧} P_{外}$，弯矩 $M = \sum\limits_{一侧} M(P_{外})$

（3）三个关系：$q = \dfrac{\mathrm{d}Q}{\mathrm{d}x}$，$Q = \dfrac{\mathrm{d}M}{\mathrm{d}x}$，$q = \dfrac{\mathrm{d}^2M}{\mathrm{d}x^2}$

（4）三种方法：列方程法、简捷法（微分关系）、叠加法。

（5）两个图形：剪力图和弯矩图。

思　考　题

10-1　两根跨度相同，荷载相同的简支梁，在下列情况下，其内力图是否相同？

（1）两梁材料相同，截面形状和尺寸不同；

（2）两梁截面尺寸和形状不同，材料不同。

10-2　判断下列各梁的剪力图和弯矩图是否有错误？如有错误，请指出并加以改正。

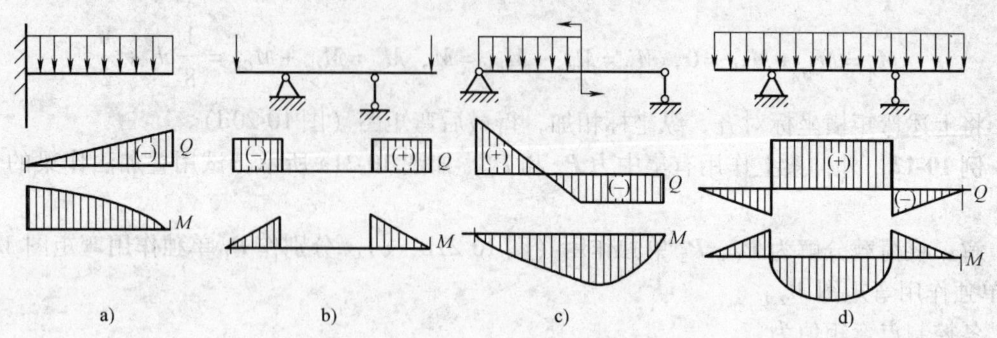

思考题 10-2 图

10-3 图示悬臂梁的 B 端作用有集中力 $\boldsymbol{P}$，它与 xoy 面夹角如图所示，试问当截面分别为圆形、正方形、矩形、工字形时，梁是否发生平面弯曲？

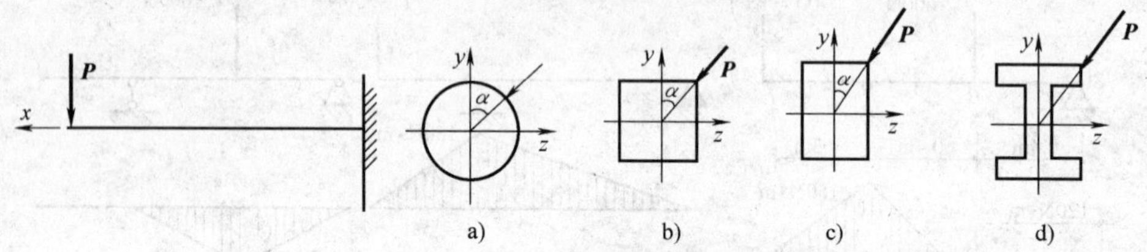

思考题 10-3 图

10-4 梁的受力情况如图所示，以下结论哪些是正确的？

(A) $Q_c=0$，$M_c=0$　(B) $Q_c\neq0$，$M_c\neq0$

(C) $Q_c=0$，$M_c\neq0$　(D) $Q_c\neq0$，$M_c=0$

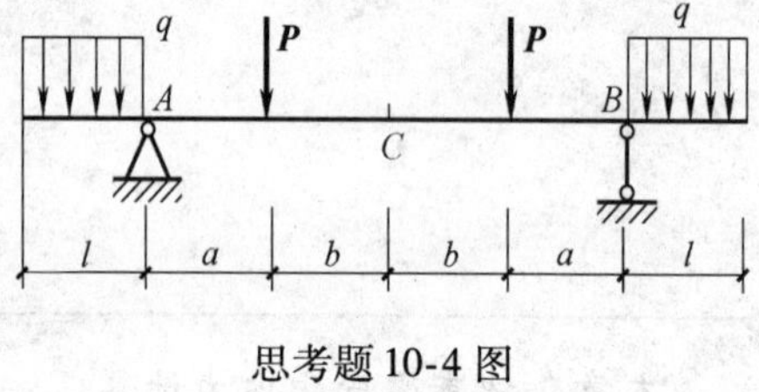

思考题 10-4 图

10-5 多跨静定梁的两种受力情况如图所示，下列结论哪些是正确的？

(A) 两者的剪力图和弯矩图完全相同　(B) 两者剪力图相同，弯矩图不同

(C) 两者的剪力图不同，弯矩图相同　(D) 两者的剪力和弯矩图都不同

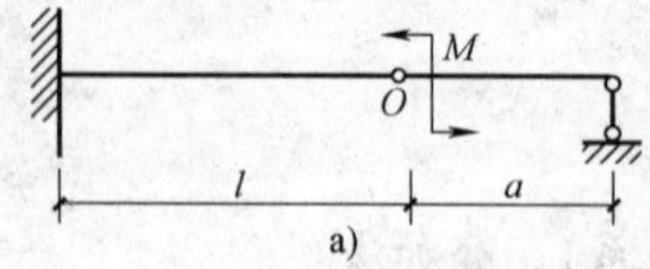

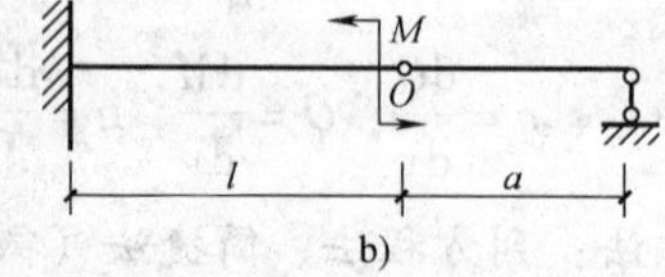

思考题 10-5 图

10-6 多跨静定梁如图所示，下列结论哪些是正确的？

(A) a 越大，M_A 越大　(B) L 越大，M_A 越大

(C) a 越大，R_A 越大　(D) L 越大，R_A 越大

10-7 左端固定的悬臂梁，长 $L=4\text{m}$，弯矩图如图所示，则梁的剪力图形状为______。

(A) 矩形　(B) 三角形　(C) 梯形　(D) 各截面上剪力均为零

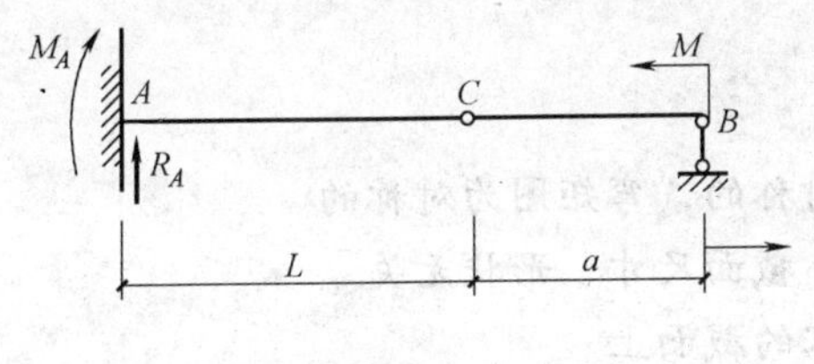

思考题 10-6 图

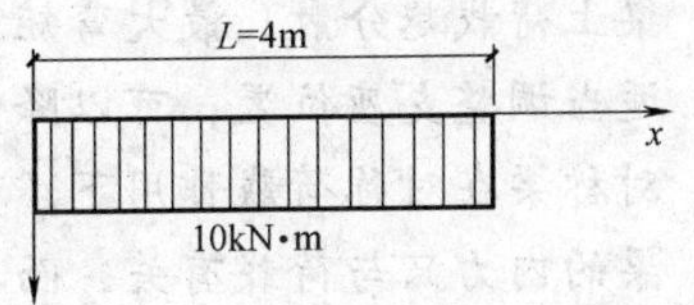

思考题 10-7 图

10-8 右端固定的悬臂梁，长 $L=4$m，弯矩图如图所示，则梁的受力情况为__________

(A) 在 $x=1$m 处，有一逆时针方向的力偶作用

(B) 在 $x=1$m 处，有一顺时针方向的力偶作用

(C) 在 $x=1$m 处，有一向下的集中力作用

(D) 在 $x=1$m 处，有一向上的集中力作用

10-9 梁上 ABC 段的剪力图如图所示，则 C 截面上作用有集中力大小为 $P=$ __________，方向为__________。

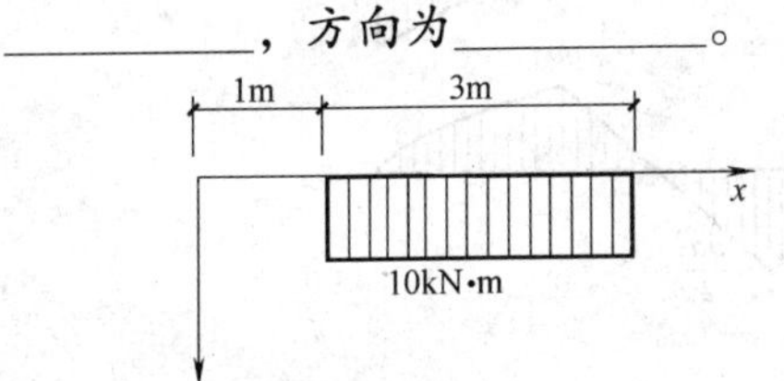

思考题 10-8 图

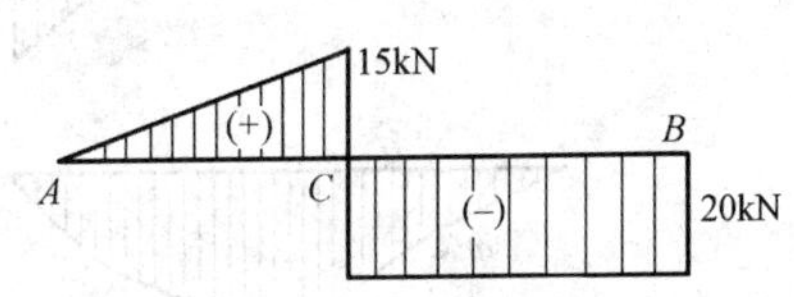

思考题 10-9 图

10-10 梁上 ABC 段的弯矩图如图所示，则 C 截面作用集中力偶大小为 $M=$ __________，方向为__________。

10-11 悬臂梁如图所示，则 C 截面上剪力 $Q_C=$__________，弯矩 $M_C=$__________。BC、CD 段剪力图、弯矩图分别为__________和__________线。

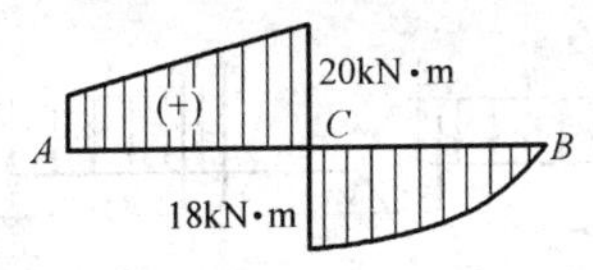

思考题 10-10 图

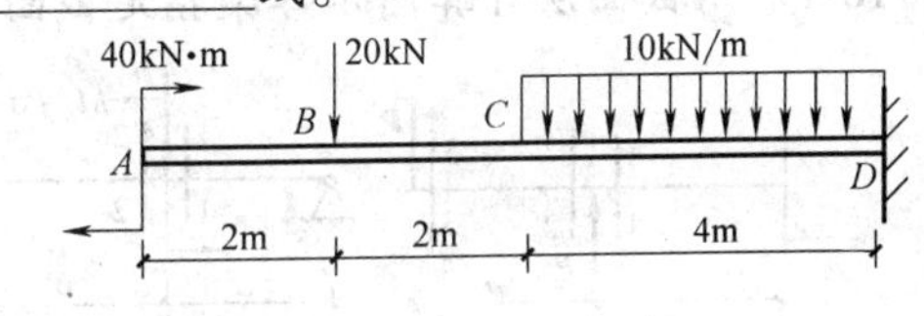

思考题 10-11 图

10-12 图示一端外伸梁，当力偶 M 位置改变时，梁的支座反力有无变化？剪力图和弯矩图有无变化？

10-13 求梁上某截面的剪力和弯矩时，能否将截面恰恰设在截面着力点上？

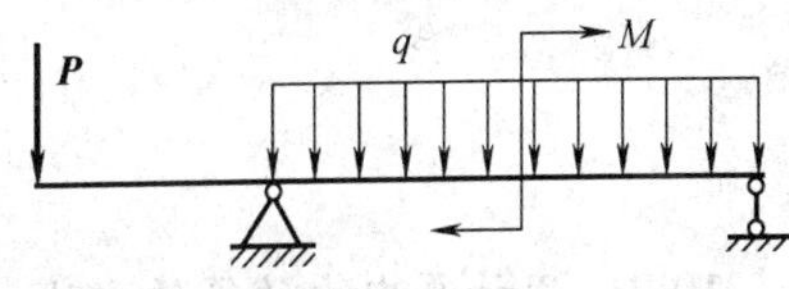

思考题 10-12 图

10-14 判断以下说法是否正确：

(1) 截面形状和尺寸完全相同的一根木梁和一根钢梁，若所受的外力相同，则这两梁的内力图也相同。

(2) 分别由两侧计算同一截面上的剪力和弯矩时，会出现不同的结果。

(3) 梁上荷载越分散，最大弯矩就越小。

(4) 适当调整支座位置，可以降低最大弯矩。

(5) 对称梁在对称荷载作用下，剪力图为反对称的，弯矩图为对称的。

(6) 梁的内力只与荷载有关，而与梁的材料、截面尺寸、形状无关。

(7) 梁弯曲时，最大弯矩一定发生在剪力为零的截面上。

10-15 试利用剪力、剪矩、分布荷载集度之间的微分关系检查图中各梁的剪力图和弯矩图有无错误，并加以改正。

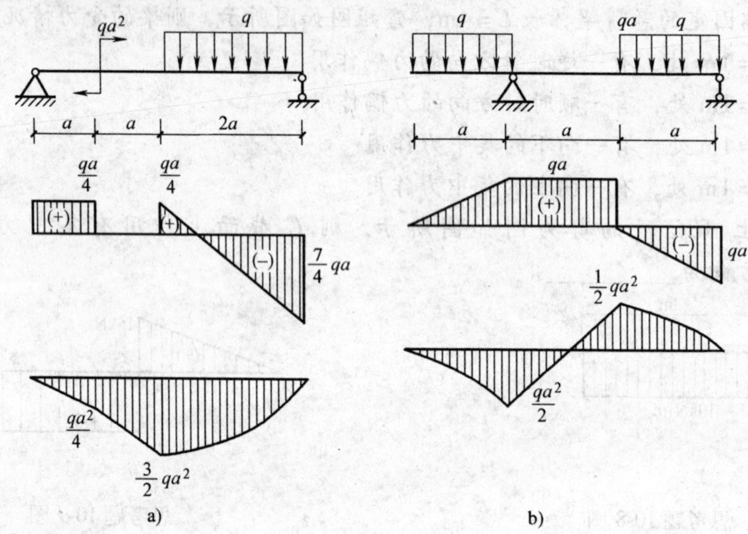

思考题 10-15 图

习　题

10-1 用截面法计算图示各梁指定截面上的内力。

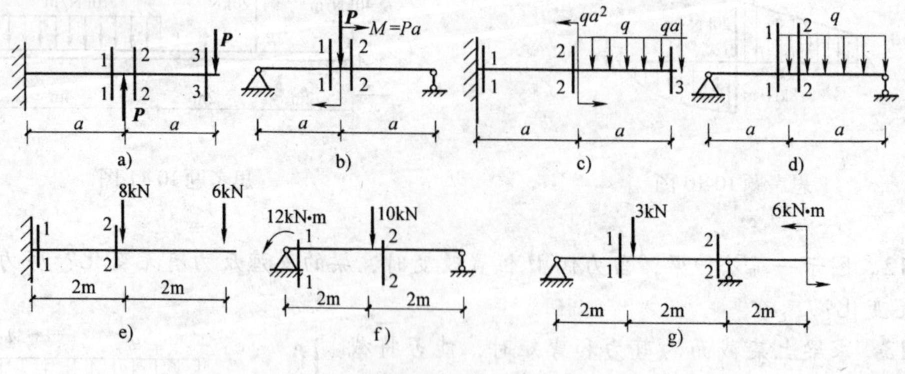

习题 10-1 图

10-2 用计算内力的简便方法，直接根据荷载，求图示各梁指定截面上的内力。

10-3 列图示各梁的剪力方程知弯矩方程，作剪力图和弯矩图。

10-4 用简捷法作图示各梁的剪力图和弯矩图。

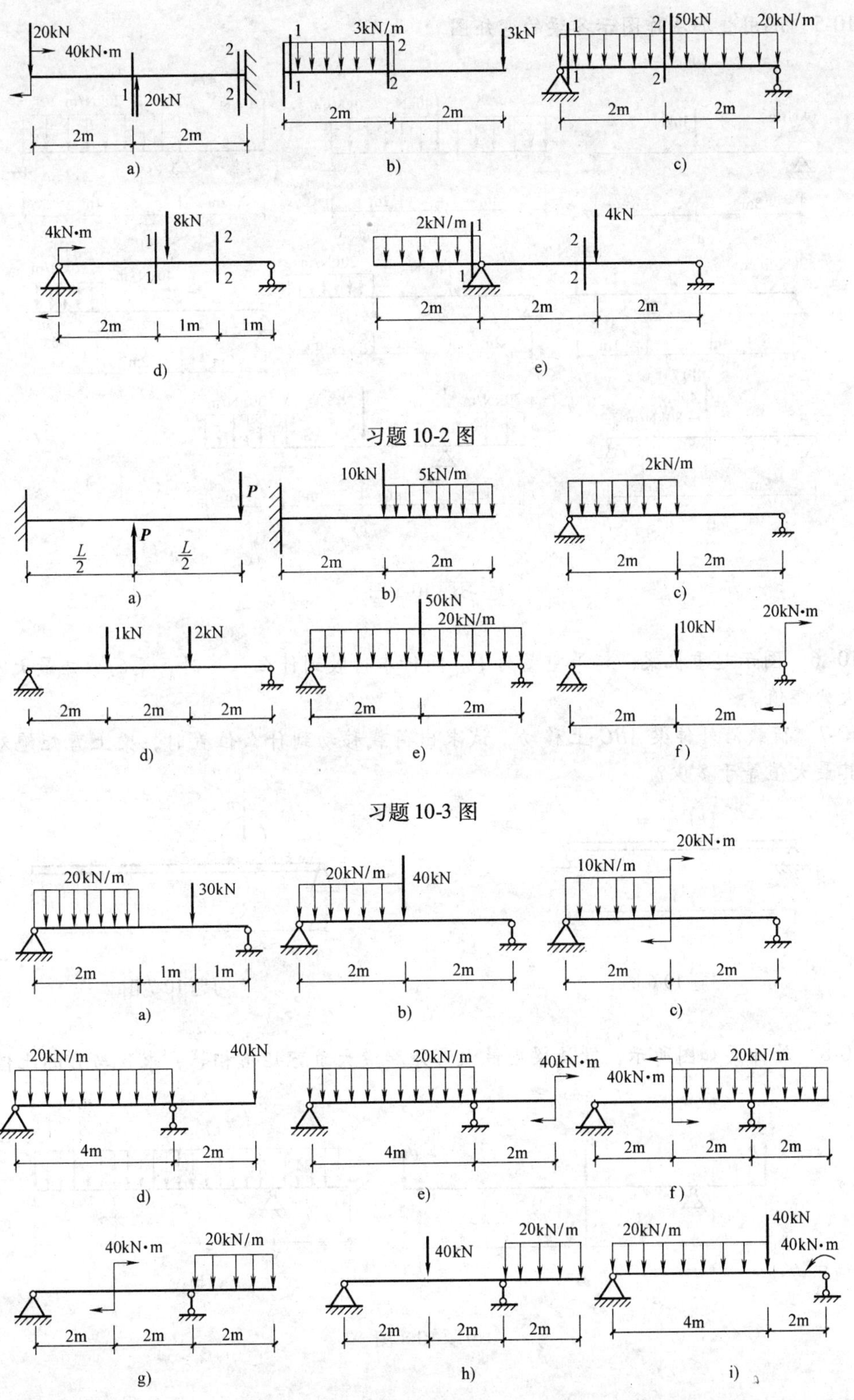

习题 10-2 图

习题 10-3 图

习题 10-4 图

10-5　试用叠加法作图示各梁的弯矩图。

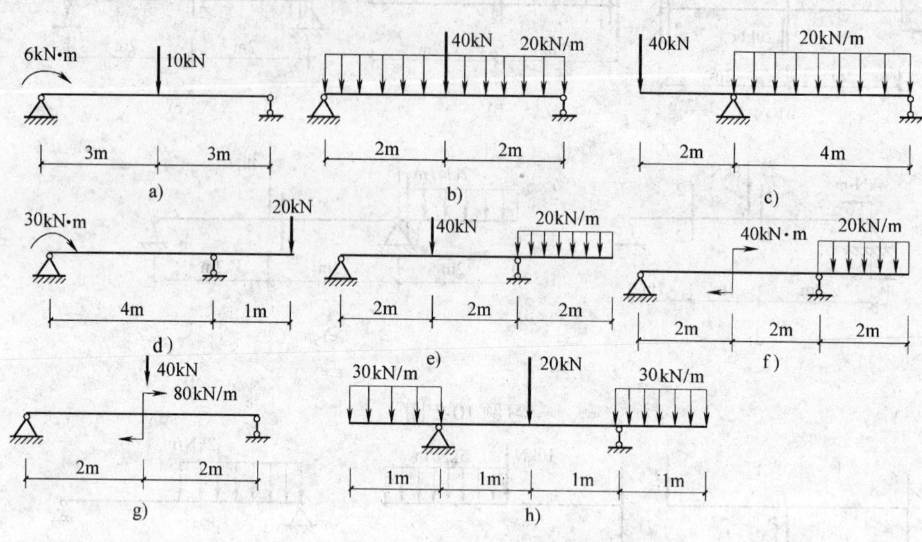

习题 10-5 图

10-6　图示起重机梁，起吊重量为 **P**。问行车行驶到什么位置时，梁的弯矩最大？并求此最大弯矩值。

10-7　荷载沿外伸梁 *ABC* 上移动，试求出荷载移动到什么位置时，梁上弯矩绝对值最大？其最大值等于多少？

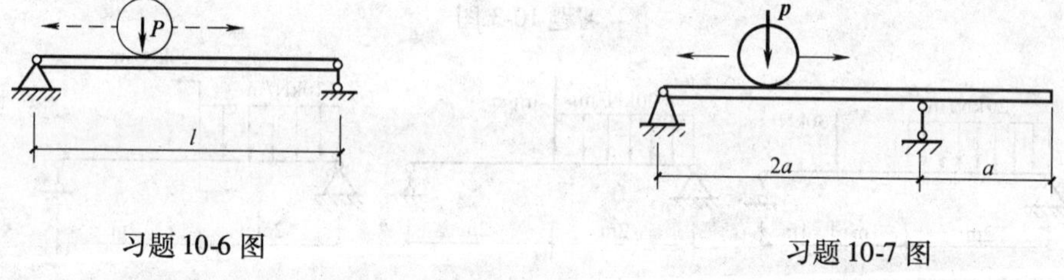

习题 10-6 图　　习题 10-7 图

10-8　外伸梁如图所示，欲使梁内最大弯矩和最大负弯矩值相等，求 a 与 L 的比值。

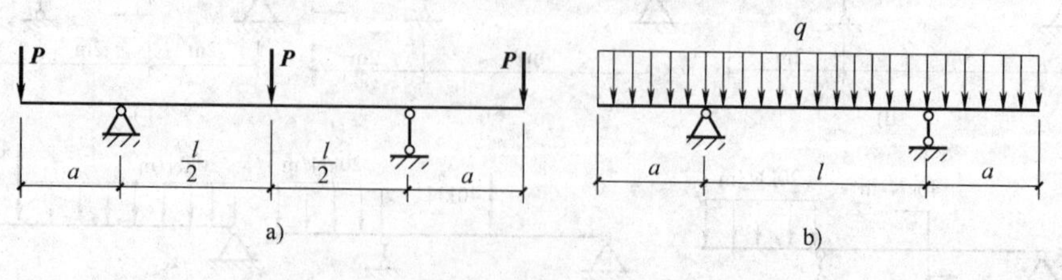

习题 10-8 图

10-9　试根据弯矩、剪力、分布荷载集度之间的微分关系，指出下列各题中剪力图、弯矩图的错误，并改正之。

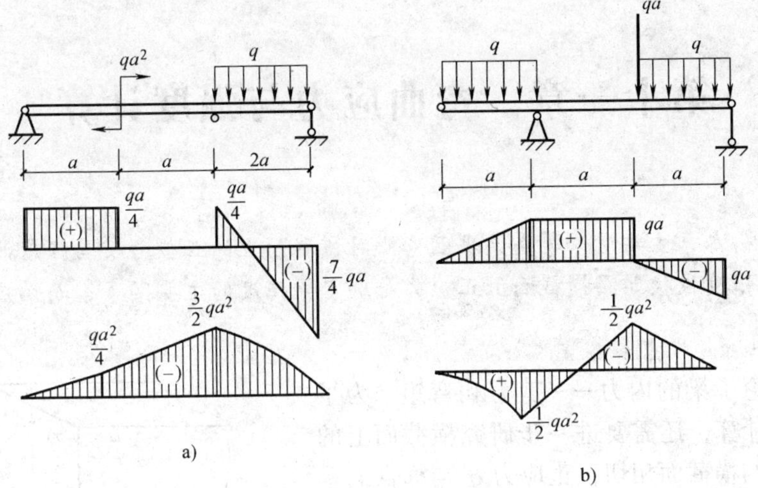

习题 10-9 图

10-10　如图小起重机在梁 AB 上行驶，起重机位置 x 等于多少时，梁的弯矩最大，求最大弯矩。

10-11　轧钢机滚道升降台计算简图如图所示。设钢坯 D 的重力为 $\boldsymbol{P}$，在升降台 AB 上由 A 点移至 C 点。升降台自重不计，欲使梁的最大弯矩为最小，试确定支座 B 的位置。

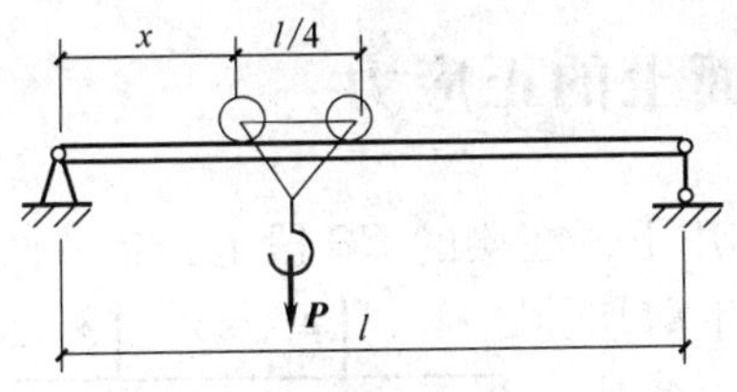

习题 10-10 图

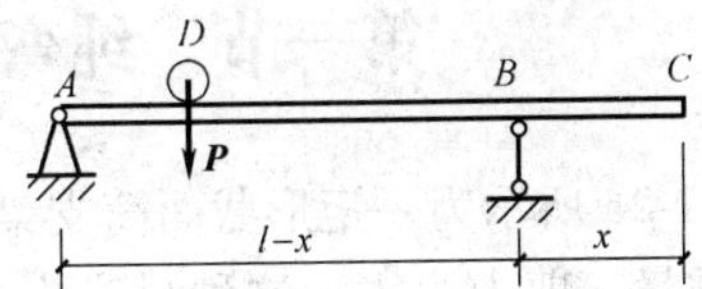

习题 10-11 图

第十一章　弯曲应力与强度计算

内容提要：本章主要讨论等直梁平面弯曲时横截面上的正应力及其强度计算，以及切应力和切应力强度校核。梁横截面上正应力是决定梁强度的主要因素，而切应力是次要因素。

上一章讨论了梁的内力——剪力和弯矩。为了对梁进行强度计算，还需要进一步研究横截面上的应力。剪力 Q 与横截面相切，正应力 σ 与横截面垂直，因此剪力只产生切应力，而与正应力无关；弯矩 M 是对形心轴的力矩，切应力 τ 与形心轴共面，因此，弯矩只产生正应力 σ，而与切应力 τ 无关（图 11-1）。下面分别研究梁弯曲时的正应力和切应力，并建立与之相应的正应力强度条件和切应力强度条件。

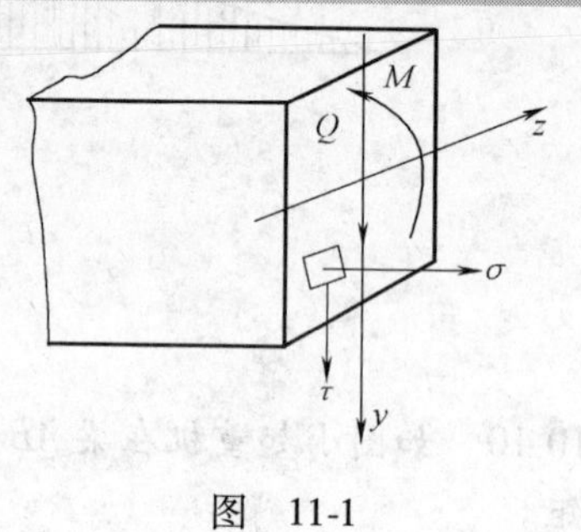

图　11-1

第一节　纯弯曲时梁横截面上的正应力

图 11-2a 所示为一矩形截面简支梁。在给定荷载作用下，在梁的 CD 段上，各截面上弯矩为一常量，剪力为零。这种只产生弯曲变形，不产生剪切变形的变形形式，称为纯弯曲。在梁的 AC 和 BD 段上，各截面不仅有弯矩还有剪力。既产生弯曲变形，又产生剪切变形的变形形式称为剪切弯曲（又称横力弯曲）。

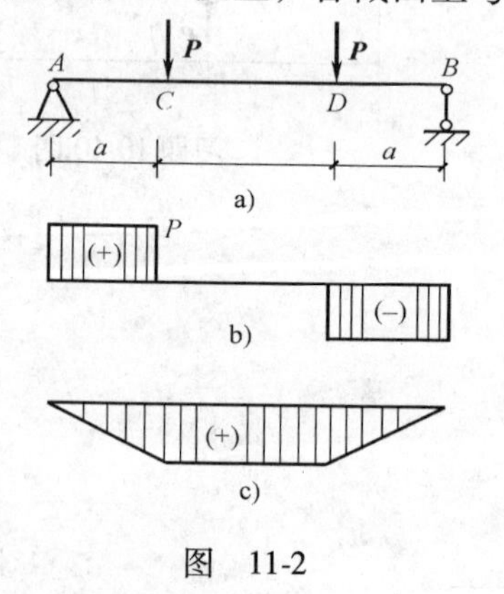

图　11-2

本节以纯弯曲梁为例推导梁的弯曲正应力计算公式。

一、梁横截面上正应力的分布规律

为了解横截面上的正应力分布情况，可以观察梁的变形。取图 11-3a 所示矩形截面梁，作纯弯曲试验。在加载前，先在梁的表面上画出一系列平行于梁轴线的纵向线和垂直于梁轴线的横向线（图 11-3a），把梁表面分成许多矩形小方格，然后在两端加力偶使其发生弯曲变形（图 11-3b），即可观察到如下现象：

（1）横向线仍为直线，仅相对旋转了一个角度，且与变形后的梁轴线相垂直。

（2）纵向线弯曲成圆弧线，上部（凹边）的纵向线缩短，下部（凸边）纵向线伸长。

根据以上变形情况，可以作出如下假设：

（1）平面假设：变形前为平面的横截面，变形后仍为平面，只是绕某一横轴旋转了一个角度，且仍垂直于变形后的梁轴线。

（2）梁下部纵向纤维受拉伸长，上部纤维受压缩短，各纵向纤维无相互挤压，即横截面只产生正应力（拉应力或压应力）。

由图 11-3 可知，近凹边的纤维缩短，近凸边的纤维伸长，由于变形是连续的，中间必有一层纤维既不伸长也不缩短，这一层纤维叫做中性层。中性层与横截面的交线，叫中性轴，如图 11-4 所示。梁变形时横截面绕中性轴转动，中性轴一侧纤维受拉伸长，另一侧纤维受压缩短。同一高度处，纵向纤维的伸长或缩短是相等的，即正应力只随高度变化，同一高度处各点的正应力相等。

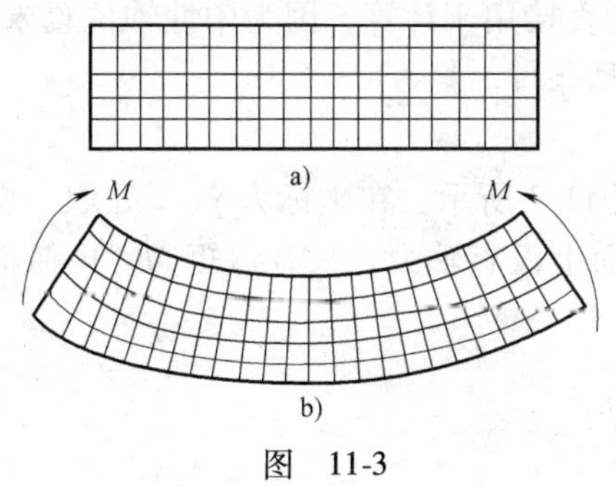

图 11-3

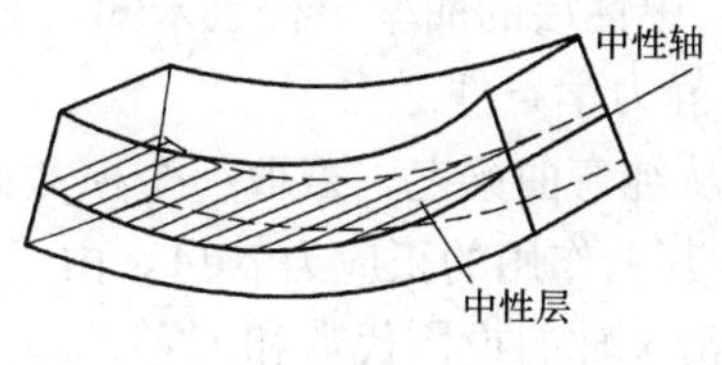

图 11-4

二、正应力公式推导

下面从变形几何条件、物理条件和静力平衡条件来推导正应力计算公式：

1. 变形几何条件

从纯弯曲梁段中取一微段 dx，如图 11-5a 所示。其变形后的情况如图 11-5b 所示。设横截面 1-1 和 2-2 绕中性轴 z 相对转过了一个角度 dθ，中性层 O_1O_2 的曲率半径为 ρ，试求距中性轴距离为 y 处的纵向纤维 ab 的线应变。设变形前纤维长度为 dx，变形后的弧长$\widehat{ab}$为

$$\widehat{ab}=(\rho+y)\mathrm{d}\theta$$

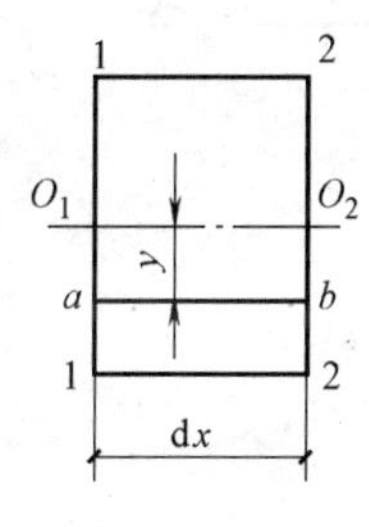

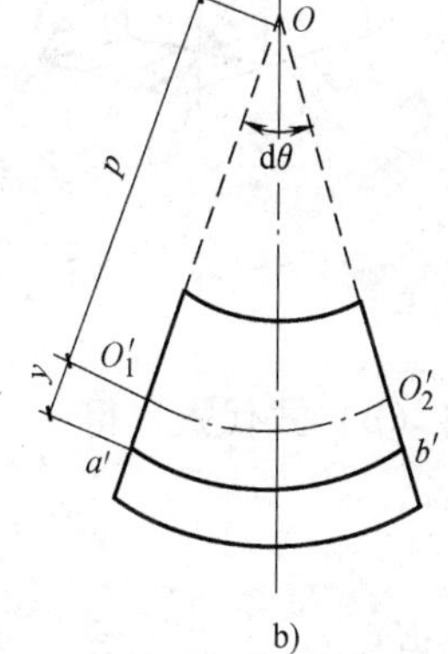

图 11-5

虽然$\boldsymbol{O_1O_2}$纤维由直线变成了圆弧线$\widehat{O_1O_2}$，但因其位于中性层上，故长度不变，即

$$\boldsymbol{ab}=\boldsymbol{O_1O_2}=\mathrm{d}x=\widehat{O_1O_2}=\rho\mathrm{d}\theta$$

所以距中性轴距离为 y 的一层纤维 ab 的线应变为

$$\varepsilon=\frac{\widehat{ab}-\boldsymbol{ab}}{\boldsymbol{ab}}=\frac{(\rho+y)\mathrm{d}\theta-\rho\mathrm{d}\theta}{\rho\mathrm{d}\theta}=\frac{y}{\rho} \tag{a}$$

由于上式（a）中，ρ 为一常量，故式（a）表明：梁横截面上任一点处的线应变与该点到中性轴的距离 y 成正比。

2. 物理条件

根据胡克定律，在弹性范围内，正应力和线应变成正比，即 $\sigma=E\varepsilon$。代入（a）式即得

$$\sigma = E\varepsilon = \frac{Ey}{\rho} \tag{b}$$

（b）式即为横截面上正应力的分布规律。（b）式表明：梁横截面上任一点的正应力与该点到中性轴 z 的距离 y 成正比，即正应力沿截面高度按线性分布（图 11-6）。中性轴上，$y=0$，正应力等于零；距中性轴最远点 y_{max}，正应力最大，中性轴一侧纤维受拉应力，另一侧受压应力，与中性轴等距离各点，正应力都相等。

（b）式是表示正应力沿截面的变化规律，尚不能直接用于计算，因为中性轴位置未定，y 未知；中性层的曲率半径也未知。为此还需静力平衡条件。

3. 静力学条件

现从纯弯曲梁上，截取一个横截面来分析，如图 11-7 所示。在坐标为 y、z 处取一微面积 dA，其上作用的正应力 σdA。由于纯弯曲梁横截面上没有轴力，只有弯矩 M。由微面积上内力沿 x 轴的投影代数和为零，即

$$N = \int_A \sigma dA = 0 \tag{c}$$

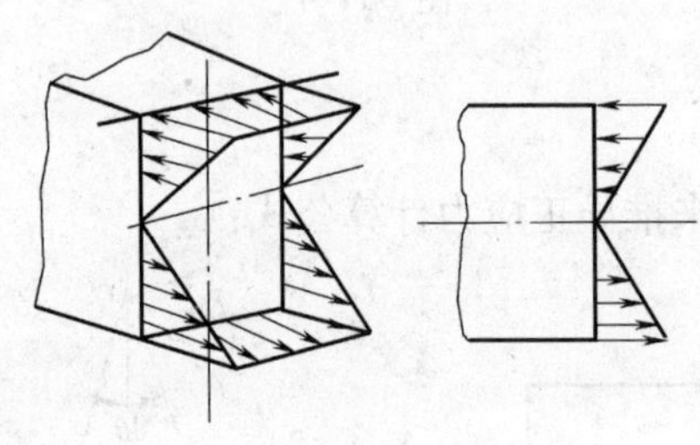

图 11-6

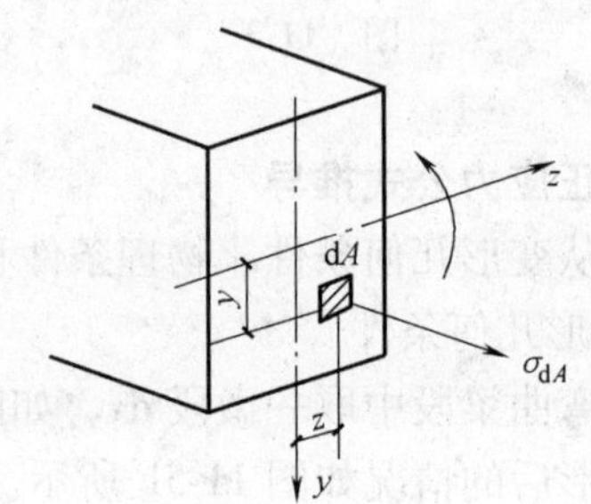

图 11-7

将（b）式代入，得

$$\int_A E\frac{y}{\rho}dA = \frac{E}{\rho}\int_A y dA = 0 \tag{d}$$

因 $\frac{E}{\rho} \neq 0$，所以必有

$$\int_A y dA = y_c A = 0 \tag{e}$$

由于 $A \neq 0$，则必有 $y_c = 0$，即中性轴必通过截面形心。由此可知，中性轴就是形心轴。

其次，各微面积上的内力应合成为一力偶，其力偶矩等于弯矩 M。因此，有

$$\int_A \sigma y dA = M \tag{f}$$

将（b）式代入，得

$$\int_A \frac{Ey^2}{\rho}dA = \frac{E}{\rho}\int_A y^2 dA = M \tag{g}$$

令 $I_z = \int_A y^2 dA$，则上式可写成

$$\frac{1}{\rho}=\frac{M}{EI_z} \tag{11-1}$$

式中 $\frac{1}{\rho}$——梁轴线（中性层）的曲率，它反映的变形情况；

I_z——截面对中性轴 z 的惯性矩，用梁截面的形状和尺寸决定；

EI_z——截面的抗弯刚度，EI_z 越大，曲率$\frac{1}{\rho}$就越小，即梁弯曲程度小；反之 EI_z 越小，曲率$\frac{1}{\rho}$越大，弯曲程度大，它反映梁抵抗弯曲变形的能力。

将式（11-1）代入（b），得

$$\sigma=\frac{M}{I_z}y \tag{11-2}$$

式中 σ——横截面上任一点的正应力；

M——横截面上的弯矩；

y——横截面上所求应力点到中性轴 z 的距离；

I_z——截面对中性轴 z 的惯性矩。

式（11-2）为梁纯弯曲时横截面上任一点处的正应力计算公式，它也适用于剪切弯曲情况。公式表明：梁横截上任一点处的正应力 σ 与该点到中性轴的距离 y 和横截面上的弯矩 M 成正比，而与截面对中性轴的惯性矩成反比。

在实际计算中，应用式（11-2）计算横截面上各点的正应力时，通常以 M、y 的绝对值代入，求得正应力 σ 的大小。正应力 σ 的正负直接由弯矩 M 的正负来判断。M 为正时，中性轴以上各点均为压应力，以下各点均为拉应力；M 为负时，中性轴以上各点均为拉应力，以下各点均为压应力。图 11-8a、b 分别表示弯矩为正值或负值时，横截面上各点的正应力的正负号及沿截面厚度的变化情况。

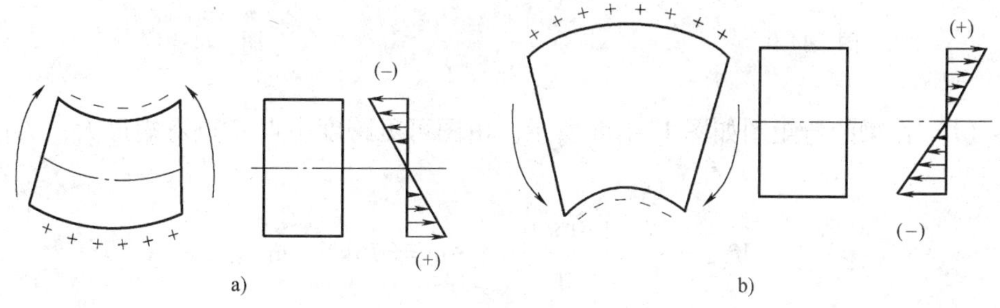

图 11-8

例 11-1 矩形截面简支梁，受均布荷载作用，如图 11-9a 所示。已知：$q=10\text{kN/m}$，$b\times h=200\text{mm}\times300\text{mm}$，跨度 $l=5\text{m}$。试求跨中截面上 A、B、C 三点处的正应力。

解：(1) 作梁的剪力图和弯矩图如图 11-9b、c 所示。

跨中截面上 $Q=0$

$$M = M_{\max} = \frac{ql^2}{8} = \left(\frac{1}{8} \times 10 \times 5^2\right)\text{kN} \cdot \text{m} = 31.25\text{kN} \cdot \text{m}$$

（2）计算应力。

截面对中性轴的惯性矩为

$$I_z = \frac{bh^3}{12} = \left(\frac{1}{12} \times 200 \times 300^3\right)\text{mm}^4 = 450 \times 10^6 \text{mm}^4$$

$$\sigma_A = \frac{M}{I_z} y_a = \frac{31.25 \times 10^6 \times 150}{450 \times 10^6}\text{MPa} = 10.417\text{MPa}$$

$$\sigma_B = \frac{M}{I_z} y_b = \frac{31.25 \times 10^6 \times 100}{450 \times 10^6}\text{MPa} = 6.944\text{MPa}$$

$$\sigma_C = \frac{M}{I_z} y_c = \frac{-31.25 \times 10^6 \times 150}{450 \times 10^6}\text{MPa} = -10.417\text{MPa}$$

例 11-2 56a 工字钢简支梁如图 11-10a 所示。已知 $P = 150\text{kN}$，$l = 10\text{m}$。试求此梁危险截面的最大正应力 $\sigma_{\max}$ 和同一截面上 D 点（图 11-10c）处的正应力。

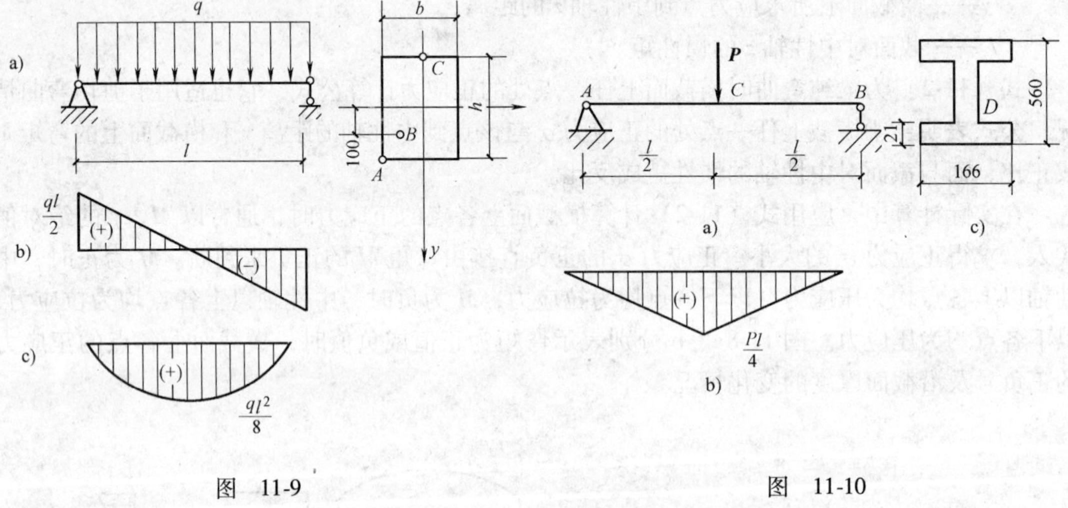

图 11-9　　　　　　　　　　图 11-10

解：（1）作梁的弯矩图如图 11-10b 所示。由图可见跨度中点 C 点弯矩最大，为危险截面：

$$M_{\max} = \frac{Pl}{4} = \frac{150 \times 10}{4}\text{kN} \cdot \text{m} = 375\text{kN} \cdot \text{m}$$

（2）计算梁内最大正应力。

查型钢表得 $I_z = 65586\text{cm}^4$，翼缘厚为 21mm。

$$\sigma_{\max} = \frac{M_{\max} y_{\max}}{I_z} = \frac{375 \times 10^6 \times 280}{65586 \times 10^4}\text{MPa} = 160\text{MPa}$$

（3）求危险面上 D 点的正应力

$$\sigma_D = \frac{M_{\max} y_D}{I_z} = \frac{375 \times 10^6 \times 259}{65586 \times 10^4}\text{MPa} = 148\text{MPa}$$

例 11-3　T 形截面悬臂梁如图 11-11a 所示。已知 $I_z = 8533 \times 10^4 \text{mm}^4$，$y_c = 160\text{mm}$，试求梁上危险截面的最大拉应力和最大压应力。

解：（1）作梁的弯矩图如图 11-11b 所示。

固定端 A 处弯矩最大，其值为

$$M_{\max} = \frac{1}{2}ql^2 = \left(\frac{1}{2} \times 6 \times 5^2\right)\text{kN} \cdot \text{m}$$

$$= 75\text{kN} \cdot \text{m}$$

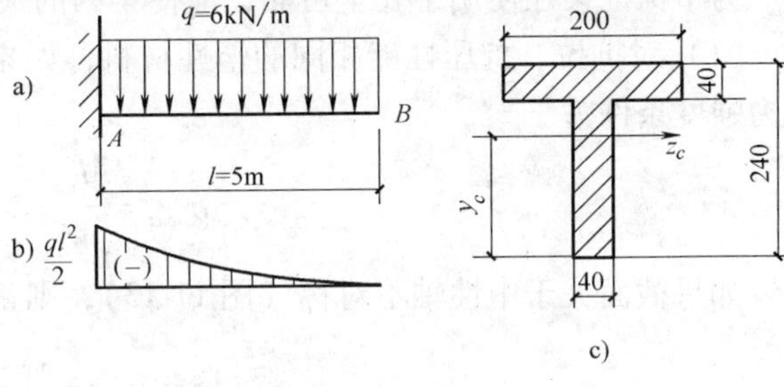

图　11-11

（2）求最大拉应力和最大压应力。

最大拉应力在 A 截面上边缘处

$$\sigma_{l\max} = \frac{M_{\max} y_1}{I_2} = \frac{75 \times 10^6 \times 80}{8533 \times 10^4}\text{MPa} = 70.3\text{MPa}$$

最大压应力在 A 截面下边缘

$$\sigma_{y\max} = \frac{-M_{\max} y_2}{I_z} = \frac{-75 \times 10^6 \times 160}{8533 \times 10^4}\text{MPa} = -140\text{MPa}$$

第二节　梁的正应力强度条件

一、梁的最大正应力

对等截面梁，弯矩最大的截面就是危险截面，截面上离中性轴最远的边缘上的各点为危险点，其最大应力计算公式为

$$\sigma_{\max} = \frac{M_{\max} y_{\max}}{I_z}$$

令 $W_z = \dfrac{I_z}{y_{\max}}$，则

$$\sigma_{\max} = \frac{M_{\max}}{W_z} \tag{11-3}$$

式中　$M_{\max}$——梁的最大弯矩；

W_z——截面对中性轴 z 的抗弯截面系数。它是一个与截面几何形状和尺寸有关的几何量，W_z 越大，σ 就越小，构件抗弯强度越高。W 的单位为 mm^3。

对于宽度为 b，高度为 h 的矩形截面

$$I_z = \frac{bh^3}{12},\ y_{\max} = \frac{h}{2},\ W_z = \frac{bh^2}{b}$$

对于直径为 D 的空心圆截面

$$I_z=\frac{\pi D^4}{64},\ y_{\max}=\frac{D}{2},\ W_z=\frac{\pi}{32}D^3。$$

对于各种型钢截面,例如工字钢、角钢、槽钢等截面的 I_z、W_z 值,可从附录型钢表中查取。

二、正应力强度条件

为了保证梁在使用中安全可靠，应使梁内的最大正应力不超过材料的许用应力。

（1）对抗拉、抗压性能相同的塑性材料，如果截面关于中性轴对称（图 11-12），则正应力强度条件为

$$\sigma_{\max}=\frac{M_{\max}}{W_z}\leqslant[\sigma] \tag{11-4}$$

如果截面关于中性轴不对称（图 11-13），则正应力强度条件为

$$\sigma_{\max}=\frac{M_{\max}}{I_z}y_{\max} \tag{11-5}$$

（2）对于抗拉、抗压性能不同的脆性材料（图 11-13），梁通常做成关于中性轴不对称的形式，应分别对梁进行抗拉、抗压强度计算，其强度条件为

$$\left.\begin{aligned}\sigma_{l\max}&=\frac{M_{\max}y_l}{I_z}\leqslant[\sigma_l]\\ \sigma_{y\max}&=\frac{M_{\max}y_y}{I_z}\leqslant[\sigma_y]\end{aligned}\right\} \tag{11-6}$$

其中 $[\sigma_l]$，$[\sigma_y]$ 分别为材料的拉、压许用应力。

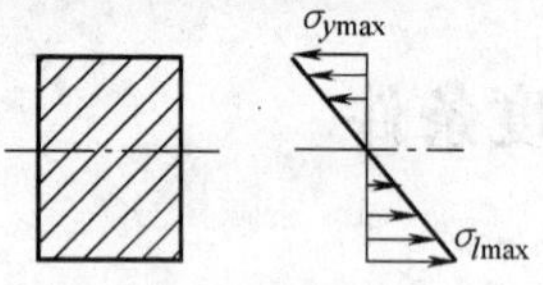

图 11-12

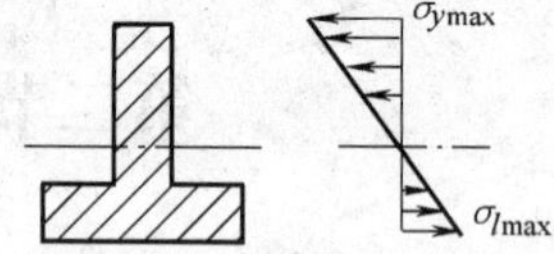

图 11-13

根据强度条件可解决有关强度的三类问题：

1. 强度校核

已知梁的材料、截面尺寸及所受荷载，检查梁是否能安全工作。如

满足 $\sigma=\dfrac{M_{\max}}{W_z}\leqslant[\sigma]$，则强度足够；如不满足，则需加大尺寸。

2. 设计截面

已知荷载和材料，要求设计截面尺寸。则由

$$W_z\geqslant\frac{M_{\max}}{[\sigma]}$$

求出 W_z 后，再根据截面形状确定其尺寸。

3. 计算许用荷载

已知材料和截面尺寸，求梁所能承受的最大荷载。则由

$$M_{\max}\leqslant[\sigma]W$$

求出 M_{max}，然后再进一步求许用荷载。

例 11-4　图 11-14a 所示简支梁，受均布荷载 $q=40kN/m$，梁的跨度 $l=5m$，许用应力 $[\sigma]=160MPa$，截面形状为工字钢。试按正应力强度条件选择工字钢型号。

解：(1) 作梁的弯矩图如图 11-14b 所示。由图可见，最大弯矩在跨度中点，其值为

$$M_{max}=\frac{1}{8}ql^2=\left(\frac{1}{8}\times40\times5^2\right)kN\cdot m=125kN\cdot m$$

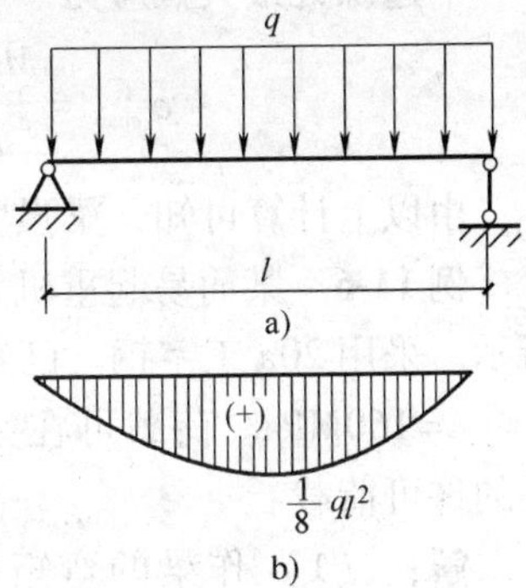

图 11-14

(2) 确定截面尺寸。

$$W_z\geqslant\frac{M_{max}}{[\sigma]}=\frac{125\times10^6}{160}mm^3=781250mm^3=781.25cm^3$$

查型钢表，选用 36a 工字钢，$W_z=875cm^3$。

例 11-5　T 形截面铸铁梁，如图 11-15a 所示。z 为形心轴。已知截面形心 C 点坐标 $y_1=53.2mm$，$y_2=146.8mm$，截面对中性轴 z 的惯性矩 $I_z=2900cm^4$，材料许用拉应力 $[\sigma_l]=80MPa$，许用压应力 $[\sigma_y]=160MPa$，试校核梁的强度。

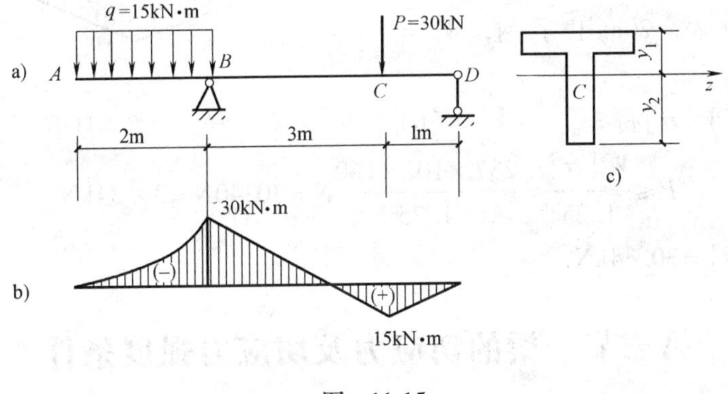

图 11-15

解：(1) 作梁的弯矩图，如图 11-15b 所示。由图可知，

$$M_B=-30kN\cdot m,\ M_C=15kN\cdot m$$

(2) 校核截面强度

B 截面：

上边缘处最大拉应力为

$$\sigma_{lmax}=\frac{M_By_1}{I_z}=\frac{30\times10^6\times53.2}{2900\times10^4}MPa=55MPa<[\sigma_l]$$

下边缘处最大压应力为

$$\sigma_{ymax}=\frac{M_By_2}{I_z}=\frac{30\times10^6\times146.78}{2900\times10^4}MPa=151.9MPa<[\sigma_y]$$

C 截面：

上边缘处最大压应力为

$$\sigma_{y\max}=\frac{M_C y_1}{I_z}=\frac{15\times10^6\times53.2}{2900\times10^4}\text{MPa}=27.5\text{MPa}<[\sigma_y]$$

下边缘处最大拉应力

$$\sigma_{e\max}=\frac{M_C y_2}{I_z}=\frac{15\times10^6\times146.8}{2900\times10^4}\text{MPa}=75.9\text{MPa}<[\sigma_1]$$

由以上计算可知，梁强度符合要求。

例 11-6 某简易起重机大梁如图 11-16a 所示。采用 20a 工字钢。已知材料许用应力 $[\sigma]=160\text{MPa}$。荷载可在梁上移动。试求梁的许可荷载。

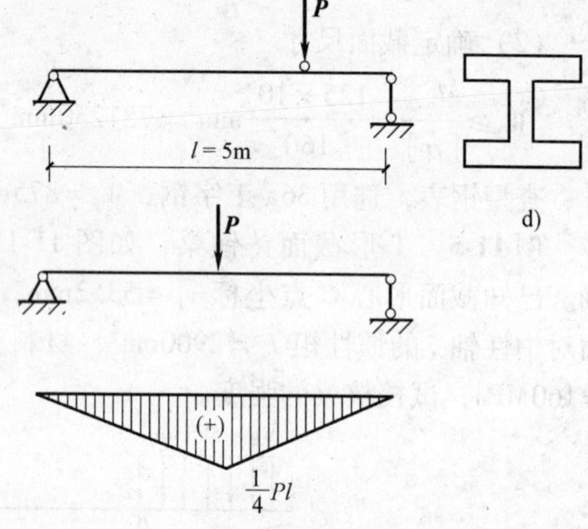

图 11-16

解：(1) 作梁的弯矩图。由图可知，当荷载移动到跨度中点时（图 11-16b），梁内弯矩最大，其值为

$$M_{\max}=\frac{Pl}{4}=\frac{5P}{4}=1.25P(\text{kN}\cdot\text{m}) \quad (\text{a})$$

(2) 型钢查表，20a 工字钢，$W_z=237\text{cm}^3$

由 $M_{\max}=2.25P\leqslant W_z[\sigma]$ 得 (b)

$$P\leqslant\frac{W_z[\sigma]}{1.25}=\frac{237\times10^3\times160}{1.25}\text{N}=30340\text{N}=30.34\text{kN} \quad (\text{c})$$

故许用荷载为 $[P]=30.34\text{kN}$

第三节 梁的切应力及切应力强度条件

梁在横力弯曲时，横截面不仅有正应力，还有切应力 τ。如果某一点切应力过大，则将导致梁发生剪切破坏。所以除进行正应力强度计算外，还要进行切应力的强度计算。

一、矩形截面梁横截面上的切应力

如图 11-17a 所示，高度为 h，宽度为 b 的矩形截面梁，剪力 Q 沿 y 轴方向。对切应力分布作如下假设：

(1) 横截面上各点处切应力 τ 的方向和 y 轴平行。

(2) 横截面上距中性轴等距离各点处切应力大小相等。

根据以上假设，可以推导出切应力的计算公式：

$$\tau=\frac{QS_z^*}{I_z b} \quad (11\text{-}7)$$

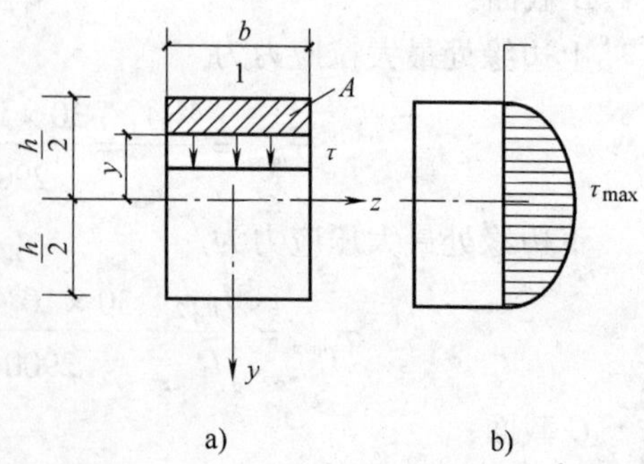

图 11-17

式中 τ——横截面上距中性轴为 y 处各点的切应

力；

Q——该截面上的剪力；

b——需求切应力处横截面的宽度；

I_z——横截面对中性轴的惯性矩；

S_z^*——横截面上距中性轴为 y 处以上一侧（或以下一侧）的部分截面面积对中性轴的静矩。

$$S_z^* = b\left(\frac{h}{2}-y\right)\left[y+\frac{1}{2}\left(\frac{h}{2}-y\right)\right]=\frac{b}{2}\left[\frac{h^2}{4}-y^2\right]$$

将 S_z^* 代入式（11-7），得

$$\tau = \frac{Q}{2I_z}\left(\frac{h^2}{4}-y^2\right)$$

上式表明，矩形截面梁上的切应力沿截面高度按抛物线规律变化（图 11-17b）。截面上、下边缘各点 $\left(y=\pm\frac{h}{2}\right)$ 切应力为零；中性轴上各点（$y=0$）切应力最大，其值为：

$$\tau_{\max} = \frac{Q}{2I_z}\left(\frac{h^2}{4}-y^2\right)=\frac{Q}{2I_z}\left(\frac{h^2}{4}\right)=\frac{Qh^2}{8I_z}=\frac{Qh^2}{8\cdot\frac{bh^3}{12}}=\frac{3Q}{2bh}=\frac{3Q}{2A} \tag{11-8}$$

上式表明，矩形截面梁横截面上最大切应力在中性轴上，它的大小为平均切应力的 1.5 倍。

二、工字钢截面梁的切应力

工字形截面梁由腹板和翼缘两部分组成，其截面如图 11-18a 所示。因腹板为矩形，因此腹板上各点处的切应力仍可用式（11-7）计算。切应力沿腹板高度按抛物线规律分布（图 11-18b）。中性轴上切应力最大，翼缘和腹板交界处切应力较大。腹板承受绝大部分剪力（约 95%），且接近均匀分布。

图　11-18

一般计算公式

$$\tau_{\max} = \frac{Q_{\max}S_{z\max}^*}{I_z b}=\frac{Q_{\max}}{\left(\frac{I_z}{S_z}\cdot b\right)} \tag{11-9}$$

近似计算公式

$$\tau_{\max} = \frac{Q_{\max}}{bh_1} \tag{11-10}$$

三、圆形截面梁的切应力

圆形截面最大切应力在中性轴上，且沿中性轴均匀分布（图 11-19）。其值为

$$\tau_{\max} = \frac{4}{3}\cdot\frac{Q}{A} \tag{11-11}$$

四、圆环截面梁的切应力

圆环截面梁切应力沿壁厚均匀分布，最大切应力在中性轴上（图 11-20），其值为

$$\tau_{max} = 2\frac{Q}{A} \tag{11-12}$$

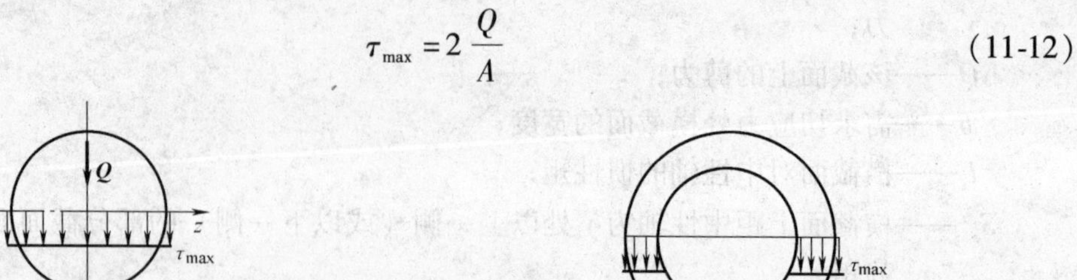

图 11-19　　图 11-20

五、梁的切应力强度条件

当梁弯曲时，最大切应力通常在剪力最大截面上，且位于该截面中性轴上各点处。按截面形状计算的最大切应力应满足如下强度条件：

$$\tau_{max} \leqslant [\tau] \tag{11-13}$$

或

$$\tau_{max} = \frac{Q_{max}S^*_{zmax}}{I_z \cdot b} \leqslant [\tau] \tag{11-14}$$

在梁的强度计算中，必须同时满足弯曲正应力和弯曲切应力强度条件。但在一般情况下，满足了正应力强度条件后，切应力强度条件都能满足，故通常是按正应力强度条件进行计算。但在某些情况下，例如，梁比较短，梁上有较大的集中荷载作用在支座附近，或工字形、组合梁腹板较薄时，梁上切应力可能较大，这就需要校核梁的切应力强度。

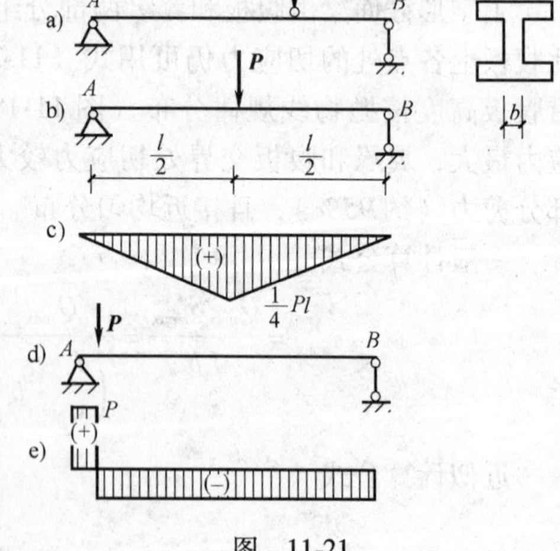

图 11-21

例 11-7　简易起重机大梁如图 11-21a 所示。采用 40a 工字钢，已知材料的许用应力 $[\sigma] = 140\text{MPa}$，$[\tau] = 100\text{MPa}$，$P = 60\text{kN}$，$l = 10\text{m}$。荷载可在梁上移动，试校核梁的强度。

解：因荷载可在梁上移动，有两个最不利的位置。考虑正应力强度时，当荷载移动到跨中截面 C 处时（图 11-21b），梁内产生最大弯矩。当考虑切应力强度时，当荷载支座 A（或支座 B）时（图 11-21d），梁内产生最大剪力。

（1）校核正应力强度。

当荷载 P 作用在跨中 C 点时，作弯矩图如图 11-21c 所示，截面 C 上的最大弯矩为

$$M_{max} = M_C = \frac{Pl}{4} = \frac{60 \times 10}{4}\text{kN} \cdot \text{m} = 150\text{kN} \cdot \text{m}$$

从型钢表上查得 40a 工字钢

$$W_z = 1090\text{cm}^3,\ \frac{I_z}{S_z} = 341\text{mm}$$

$b=10.5\text{mm}$，由式（11-4）得

$$\sigma_{max}=\frac{M_{max}}{W_z}=\frac{150\times10^6}{1090\times10^3}\text{MPa}=137.6\text{MPa}<[\sigma]$$

（2）校核切应力强度。

当荷载作用在支座 A 附近时，作剪力图如图 11-21e 所示，支座 A 截面剪力最大，其值为

$$Q_{max}=Q_A=P=60\text{kN}$$

由式（11-14）得

$$\tau_{max}=\frac{Q_{max}}{I_z/S_z\cdot b}=\frac{60\times10^3}{341\times10.5}\text{MPa}=16.75\text{MPa}<[\tau]$$

故梁的正应力、切应力强度均符合要求。

例 11-8　简支梁受荷载作用如图 11-22a 所示。已知 $l=2\text{m}$，$a=0.2\text{m}$，梁上荷载 $P=200\text{kN}$，$q=10\text{kN/m}$，材料许用应力 $[\sigma]=160\text{MPa}$，$[\tau]=100\text{MPa}$。试选择工字钢梁的型号。

解：（1）画梁的剪力图、弯矩图如图 11-22b、c 所示。

（2）按正应力强度条件选择工字钢的型号。由弯矩图可知，最大弯矩发生在跨中截面，其值为

$$M_{max}=45\text{kN}\cdot\text{m}$$

由正应力强度条件得

$$W_z\geqslant\frac{M_{max}}{[\sigma]}=\frac{45\times10^6}{160}\text{mm}^3=(281\times10^3)\text{mm}^3=281\text{cm}^3$$

查型钢表，选用 22a 工字钢，$W_z=309\text{cm}^3$，$\frac{I_z}{S_z}=18.9\text{cm}$，$b=0.75\text{cm}$。

（3）切应力强度校核。由剪力图可知，最大剪力在支座 A 处，其值为

$$Q_{max}=210\text{kN}$$

由切应力强度条件

$$\tau_{max}=\frac{Q_{max}}{\frac{I_z}{S_z}\cdot b}=\frac{210\times10^3}{189\times7.5}\text{MPa}=148\text{MPa}>[\tau]$$

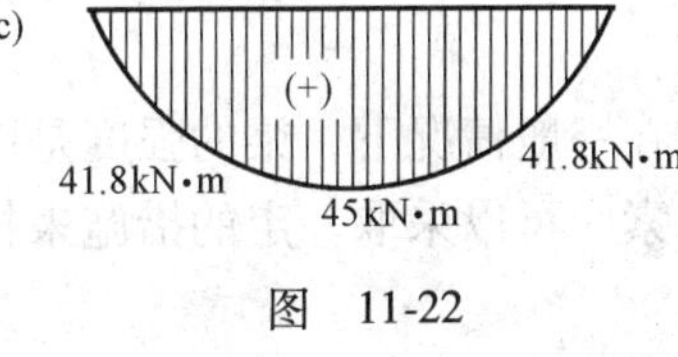

图　11-22

因 $\tau_{max}>[\tau]$，所以要重选截面。

（4）按切应力强度条件，重选工字钢型号。选 25a 号工字钢试算。由型钢表查得 $\frac{I_z}{S_z}=21.27\text{cm}$，$b=1\text{cm}$。

再进行了强度校核

$$\tau_{max} = \frac{Q_{max}}{\frac{I_z}{S_z} \cdot b} = \frac{210 \times 10^3}{212.7 \times 10} \text{MPa} = 98.7\text{MPa} < [\tau]$$

最后确定选用 25a 工字钢梁。

例 11-9 图 11-23a 所示工字形截面外伸梁，已知梁材料的许用应力 $[\sigma] = 160\text{MPa}$，$[\tau] = 100\text{MPa}$。试选择工字钢型号。

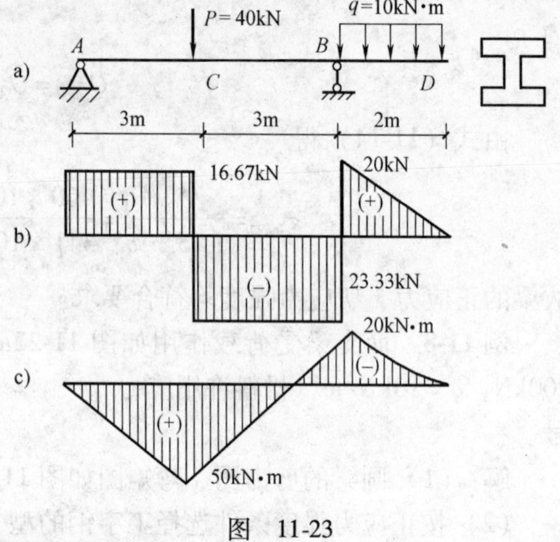

图 11-23

解：(1) 作梁的剪力图和弯矩图如图 11-23b、c 所示。

(2) 按正应力强度条件选择工字钢型号。由弯矩图可知，C 截面弯矩最大，其值为

$$M_C = M_{max} = 50\text{kN} \cdot \text{m}$$

由正应力强度条件得

$$W_z \geqslant \frac{M}{[\sigma]} = \frac{50 \times 10^6}{160} \text{mm}^3 = (312.5 \times 10^3)\text{mm}^3 = 312.5\text{cm}^3$$

查型钢表，选用 22b 工字钢，$W_z = 325\text{cm}^3$，$\frac{I_z}{S_z} = 18.7\text{cm}$，$b = 9.5\text{mm}$。

(3) 按切应力强度条件进行校核。由剪力图可知，B 截面剪力最大，其值为

$$Q_{max} = 23.33\text{kN}$$

由切应力强度条件得

$$\tau_{max} = \frac{Q_{max}}{\frac{I_z}{S_z} \cdot b} = \frac{23.3 \times 10^3}{187 \times 9.5} \text{MPa} = 13.11\text{MPa} < [\tau]$$

可见满足切应力强度条件，因此选用 22b 字钢。

第四节 提高梁的抗弯强度的主要措施

在一般情况下，梁的强度是由弯曲正应力强度条件控制的。根据正应力强度条件中各有关因素，可以采取一定的措施来提高梁的抗弯强度。由正应力强度条件

$$\sigma_{max} = \frac{M_{max}}{W_z} \leqslant [\sigma]$$

可以看出，欲提高梁的强度，应从减小最大弯矩 M_{max}，增大抗弯截面系数 W_z，提高材料许用应力 $[\sigma]$ 这三方面着手。

一、合理布置荷载和支座，减小最大弯矩 M_{max}

1. 合理布置荷载

如图 11-24 所示四根相同的简支梁，受大小相同的外力，但外力布置方式不同，最大弯

矩也不同，图 11-24a 最大，图 11-24c、d 最小。

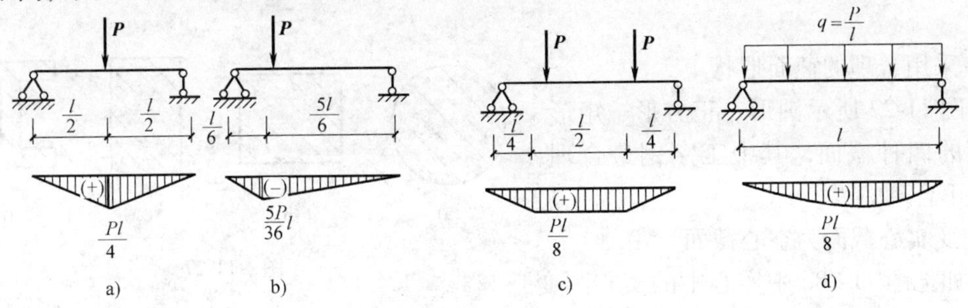

图　11-24

因此，当条件允许时，应尽量使集中力靠近支座，或把一个集中力化为均布荷载，或分散为几个较小的集中荷载。例如建筑工人利用脚手板堆放砖块时，应把砖平铺在脚手板上（图 11-25a），而不是把砖集中放在跨中（图 11-25b），否则会使板弯曲变形过大，造成破坏。

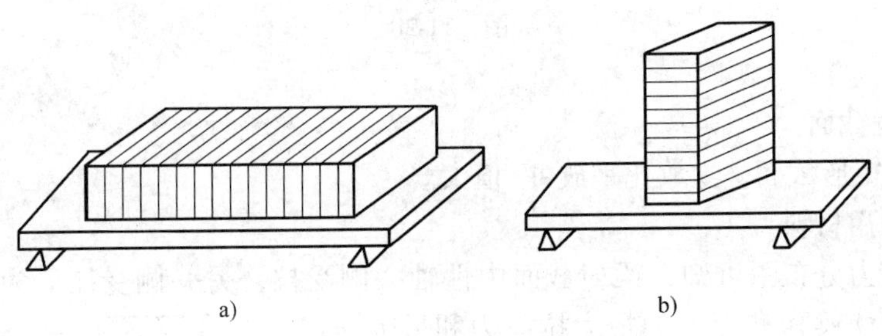

图　11-25

2. 合理布置支座

如图 11-26a 简支梁在均布荷载作用下，最大弯矩为$\frac{ql^2}{8}$，若将梁两端支座向跨中方向各移动 0.2l（图 11-26b），则最大弯矩变为$\frac{ql^2}{40}$，仅为原来的 1/5。而若把简支梁变为悬臂梁，则最大弯矩为$\frac{ql^2}{2}$，则变为原来的 4 倍。

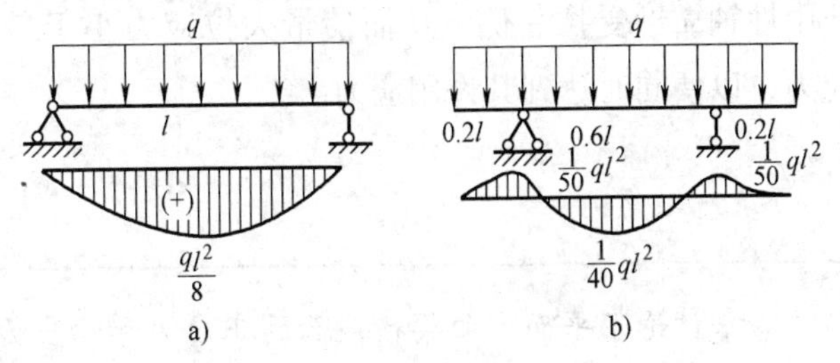

图　11-26

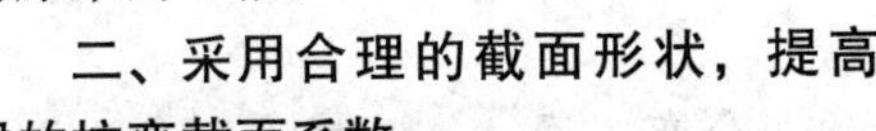

二、采用合理的截面形状，提高梁的抗弯截面系数

从正应力分布规律看，离中性轴越远，正应力越大。因此，应尽量使更多的截面面积布置在远离中性轴的地方、材料才能充分发挥作用。从应力计算公式看，材料离中性轴越远，W_z 越大，σ 越小，强度越容易满足。因此，在设计中，应在不增加材料（面积不变）的前提下，尽量使材料远离中性轴，以增大截面抗弯系数，降低工作应力，达到提高抗弯强度的目的。

1. 采用合理的截面形状

如图 11-27 所示圆形、正方形、矩形、工字钢的四种截面，其中工字钢最合理，圆形最不合理。

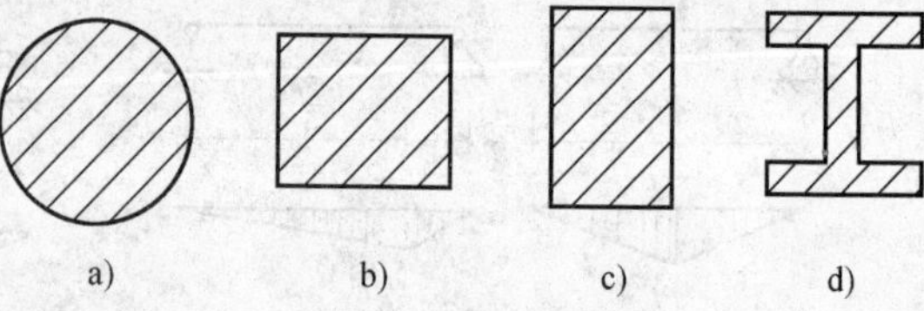

图 11-27

2. 变实心截面为空心截面

例如把图 11-28a 中实心中的实心圆变为图 11-28b 的空心圆，把图 11-28c 中的矩形变为图 11-28e、d 中的空心矩或工字形，可提高梁的抗弯截面系数。

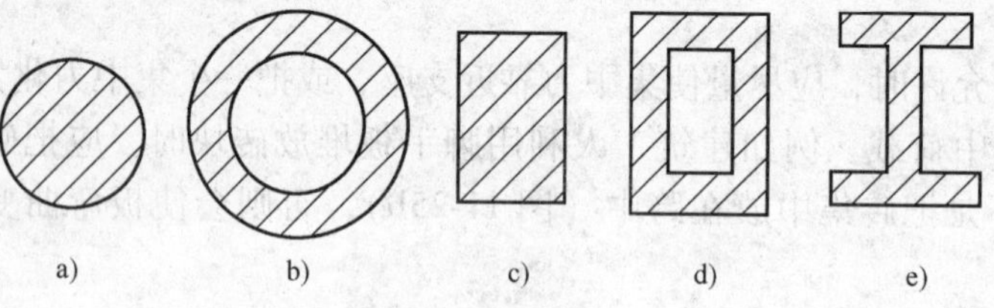

图 11-28

3. 合理放置截面

如图 11-29 矩形截面，立放比平放 W_z 值大。

三、合理利用材料

从梁的正应力分布图可知，梁横截面中性轴一侧受拉，另一侧受压。为了提高梁的强度，应尽可能地使梁横截面上的最大拉应力和最大压应力同时达到材料的许用应力。塑性材料的抗拉强度和抗压强度相同，通常采用关于中性轴对称的截面，如矩形、圆形、工字钢，使其最大拉、压应力相等，从而同时达到其许用应力。而脆性材料，抗拉、抗压强度不相等，一般采用关于中性轴不对称的截面，例如 T 形，槽钢是使中性轴靠近受拉一侧，从而使最大拉应力小于最大压应力，以便同时达到其许用应力。

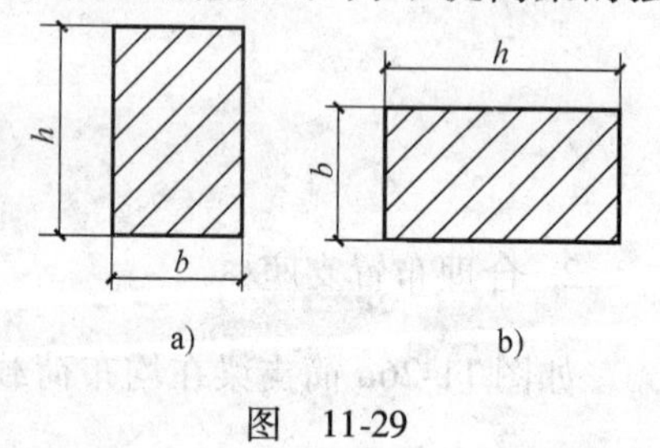

图 11-29

小　结

本章讨论了平面弯曲梁横截面的正应力和切应力的分布规律、计算公式及相应的强度条件。

(1) 两种应力：弯矩产生正应力，剪力产生切应力。分布不同，危险截面、危险点不同。

$$\sigma = \frac{M_y}{I_z} \qquad \sigma_{\max} = \frac{M}{W_z} \qquad \tau = \frac{QS_z^*}{I_z b}$$

（2）两个条件：正应力强度条件和切应力强度条件：

$$\sigma_{\max}=\frac{M_{\max}}{W_z}\leqslant[\sigma]$$

$$\tau_{\max}\leqslant[\tau]$$

（3）三种计算：强度校核，截面设计，确定许可荷载。

（4）三项措施：合理布置荷载和支座，选用合理截面，合理利用材料。

思考题

11-1 梁的受力情况、截面形状及其上正应力分布如图所示，其中________个是正确的。

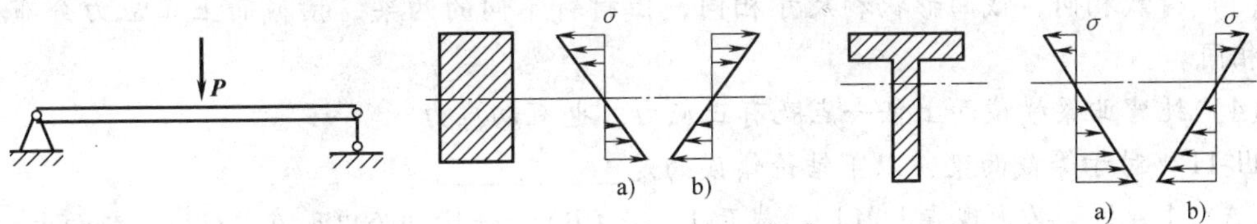

思考题11-1图

11-2 图示各组梁截面的 a、b 两种不同的放置方式中，________种放置比较合理。

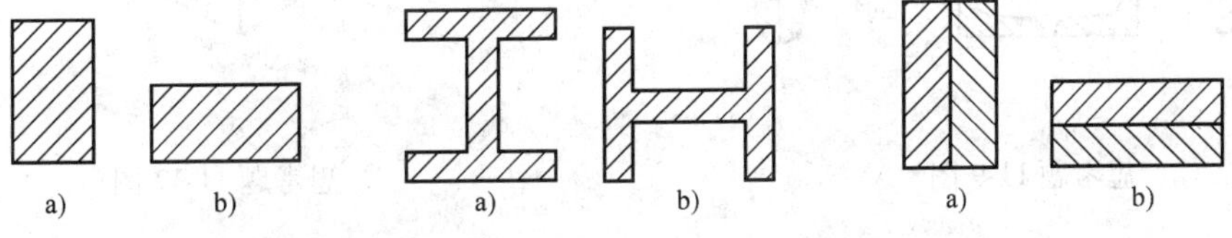

思考题11-2图

11-3 图示T形铸铁梁，________种放置比较合理。

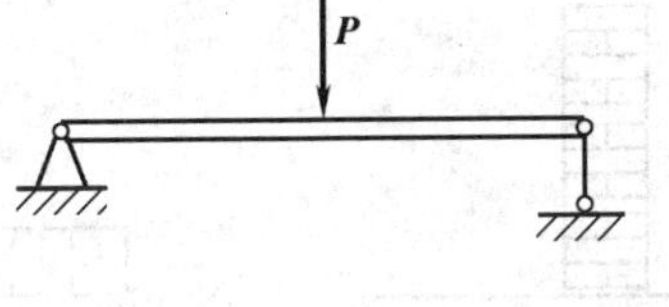

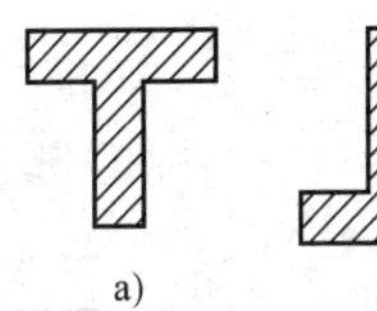

思考题11-3图

11-4 矩形截面梁，其他条件不变，高度增大一倍，梁内最大正应力、最大切应力将如何变化?

11-5 圆截面梁，其他条件不变，直径增大一倍，梁内最大正应力最大切应力将如何变化?

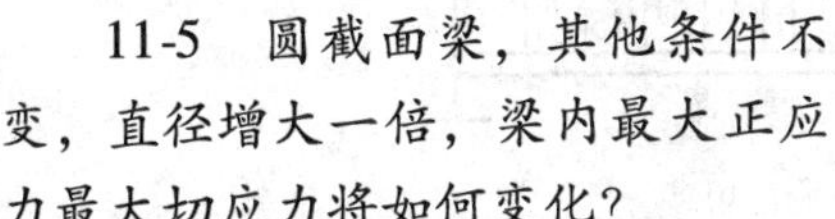

11-6 两梁其他条件相同，仅材料不同，梁内最大正应力，最大切应力是否相同?

11-7 两梁其他条件相同，截面面积相等，但截面形状不同，梁内最大正应力和最大切应力是否相同?

11-8 图示四种梁截面，分别采用钢材和铸铁，哪种截面比较合理?

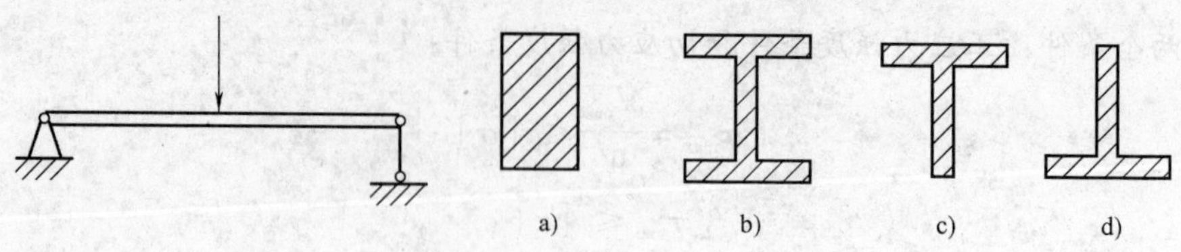

思考题 11-8 图

11-9 由四根 80mm × 10mm 等边角钢按图示三种方式组成不同的梁截面，在相同弯矩作用下，哪种弯曲正应力最大？哪种弯曲正应力最小？

11-10 判断下列各结论中，哪些是正确的，哪些是错误的。

（1）中性轴上的弯曲正应力总是零。

（2）矩形截面梁横截面上的正应力沿高度按线性分布。

（3）荷载相同，截面形状和尺寸相同，但材料不同的两梁，横截面上正应力分布规律也不相同。

（4）纯弯曲梁横截面上任一点既有正应力，也有切应力。

11-11 对于等截面梁，以下结论错误的是__________。

（A）$|\sigma|_{max}$ 必出现在 $|M|_{max}$ 截面上　　（B）$|\tau|_{max}$ 必出现在 $|Q|_{max}$ 截面上

（C）$|\tau|_{max}$ 必与 $|Q|_{max}$ 方向一致　　（D）最大拉应力和最大压应力数值必相等

11-12 T 形截面梁弯矩如图示，试问梁上最大拉应力和最大压应力分别在哪些点？

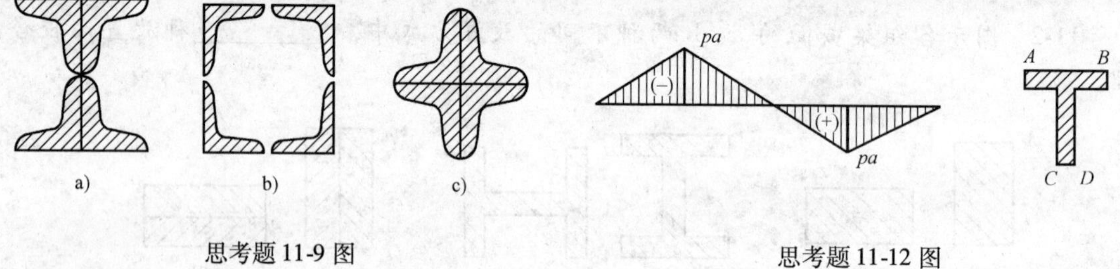

思考题 11-9 图　　　思考题 11-12 图

11-13 如图所示建筑工人在施工时，将砖块堆放在脚手板上的两种不同的堆放方式。图 a 表示将砖集中放在跨中，图 b 表示将砖满铺在脚手板上。两种情况砖的块数相同，哪种堆放比较合理？

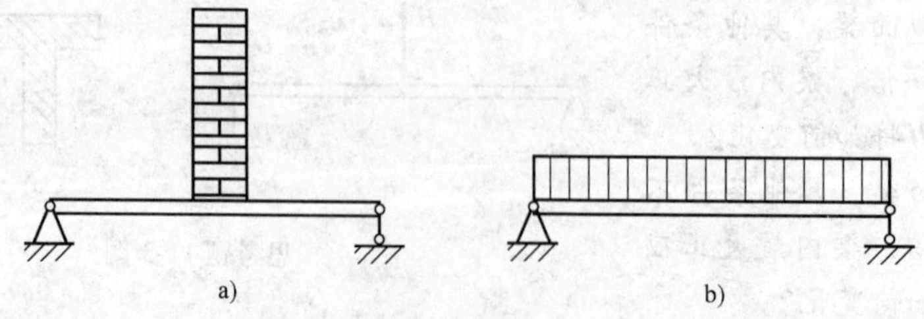

思考题 11-13 图

11-14 承受相同弯矩的三根直梁，截面如图 a、b、c 所示。三梁中最大正应力分别为

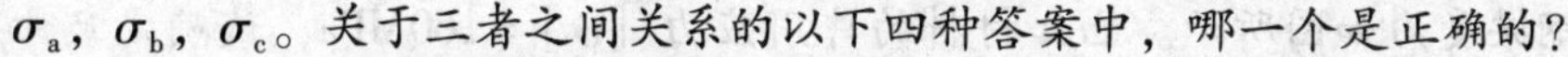

σ_a，σ_b，σ_c。关于三者之间关系的以下四种答案中，哪一个是正确的？

（A）$\sigma_a < \sigma_b < \sigma_c$　　（B）$\sigma_a = \sigma_b < \sigma_c$　　（C）$\sigma_a < \sigma_b = \sigma_c$　　（D）$\sigma_a = \sigma_b = \sigma_c$

a)　b)　c)

思考题 11-14 图

习　题

11-1　简支梁如图所示，已知 $q = 10\text{kN/m}$，$P = 30\text{kN}$，求危险截面上 a、b、c、d 各点的正应力。

11-2　矩形截面简支梁，跨度 $l = 3\text{m}$ 跨度，跨度中点作用一集中力 P。试分别求出梁竖放和平放时梁内产生的最大正应力。

11-3　求图示各梁在最大弯矩截面上的最大正应力。

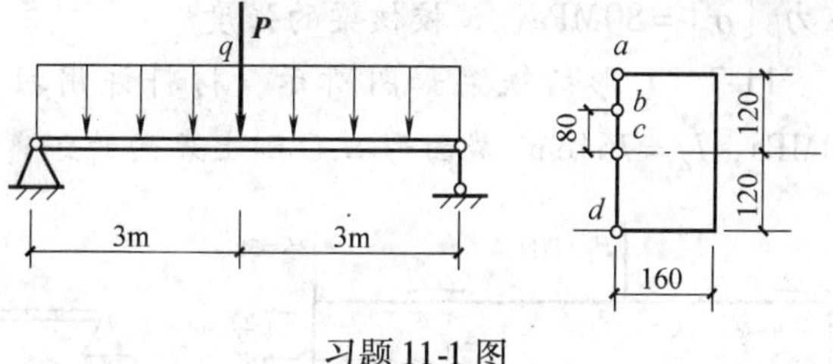

习题 11-1 图

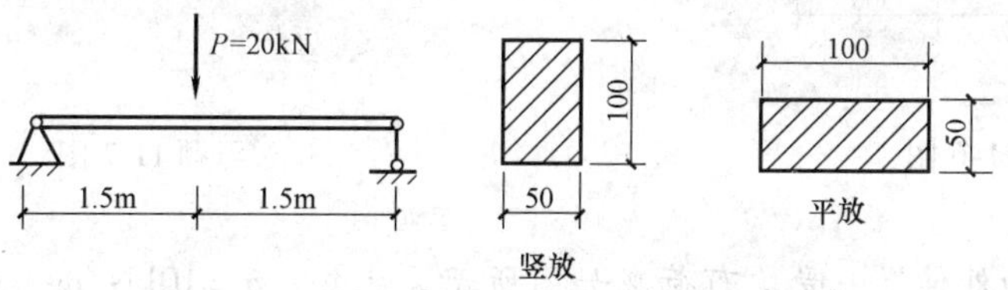

习题 11-2 图

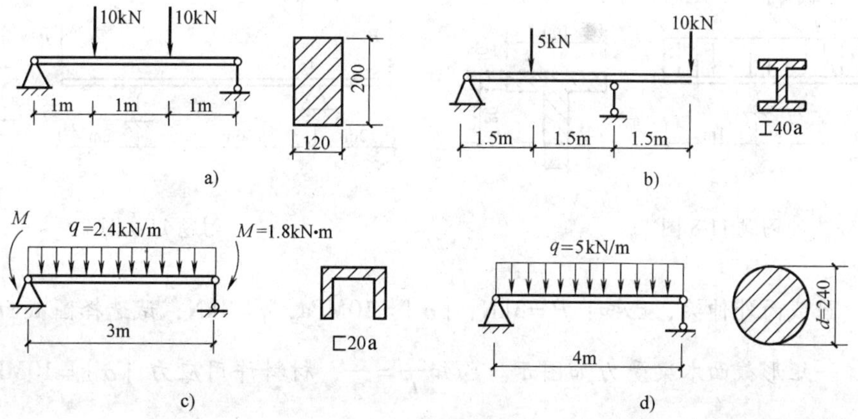

习题 11-3 图

11-4 矩形截面钢梁受力如图所示。已知材料的许用应力 [σ] = 160MPa，试确定尺寸 b。

11-5 T 形铸铁梁如图所示，许用拉应力 [σ_1] = 60MPa，许用压应力 [σ_y] = 240MPa。试校核梁的强度。

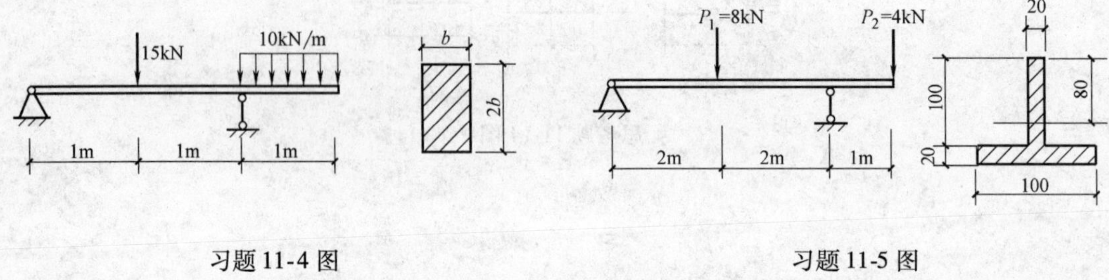

习题 11-4 图

习题 11-5 图

11-6 图示圆截面梁，AB 段为实心，BC 段为空心，尺寸及受力如图所示。已知：许用应力 [σ] = 80MPa，试校核梁的强度。

11-7 T 形铸铁梁如图所示，材料许用拉应力 [σ_1] = 30MPa，许用压应力 [σ_y] = 60MPa，$I_Z = 764\text{cm}^4$ 截面形心 C 到上表面的距离 y_1 = 52mm，试校核梁的强度。

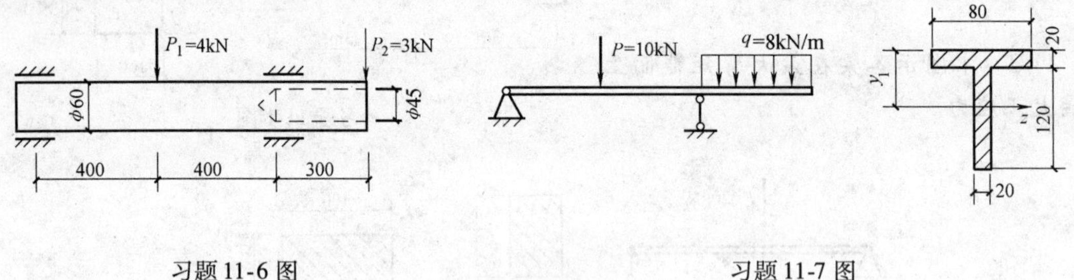

习题 11-6 图

习题 11-7 图

11-8 T 形截面外伸梁，受均布荷载如图所示。已知：q = 10kN/m，求最拉应力和最大压应力，并说明它们发生在何处？

11-9 图示两根 16a 号槽钢组成的外伸梁，材料许用应力 [σ] = 170MPa，试求梁所能承受的最大荷载 P。

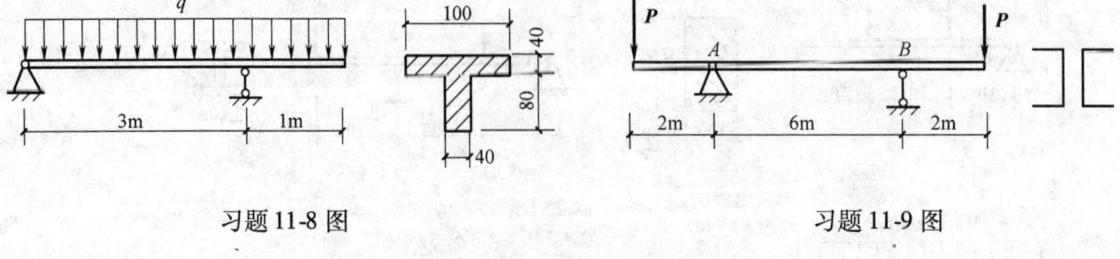

习题 11-8 图

习题 11-9 图

11-10 圆截面外伸梁，已知：P = 3kN，[σ] = 10MPa，q = 3kN，试选择圆截面直径 d。

11-11 一矩形截面木梁受力如图示。已知$\dfrac{h}{b}=\dfrac{3}{2}$，材料许用应力 [$\sigma$] = 10MPa，试求此梁的截面尺寸 b 和 h。

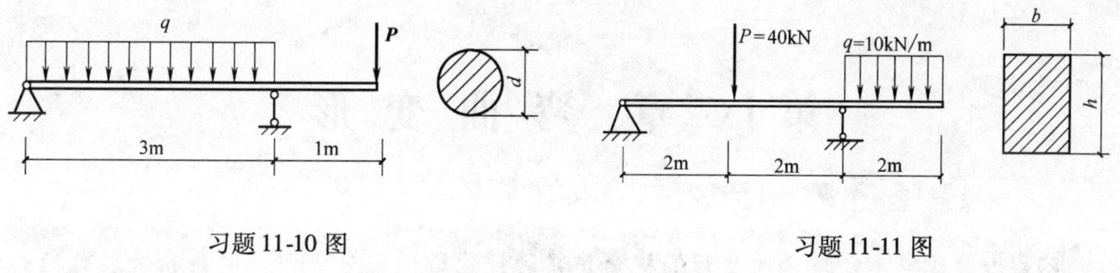

习题 11-10 图　　　　习题 11-11 图

11-12　图示矩形截面示梁，已知：$[\sigma]=10\text{MPa}$，$[\tau]=2\text{MPa}$，$q=1.3\text{kN/m}$，试校核梁的正应力和切应力强度。

11-13　图示工字形截面外伸梁，受集中力$\boldsymbol{F}$作用，已知：$F=20\text{kN}$，$[\sigma]=160\text{MPa}$，$[\tau]=100\text{MPa}$，试选择工字钢型号。

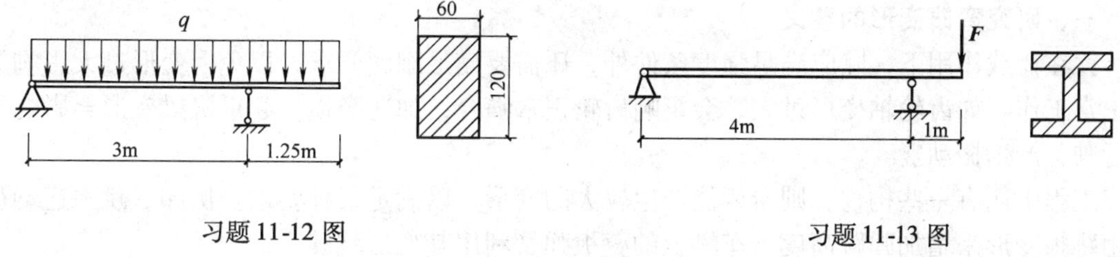

习题 11-12 图　　　　习题 11-13 图

11-14　一槽形铸铁梁如图所示。已知材料许用拉应力$[\sigma_{l}]=40\text{MPa}$，许用压应力$[\sigma_{y}]=120\text{MPa}$，$I_z=10186\text{cm}^4$，试校核梁的强度。

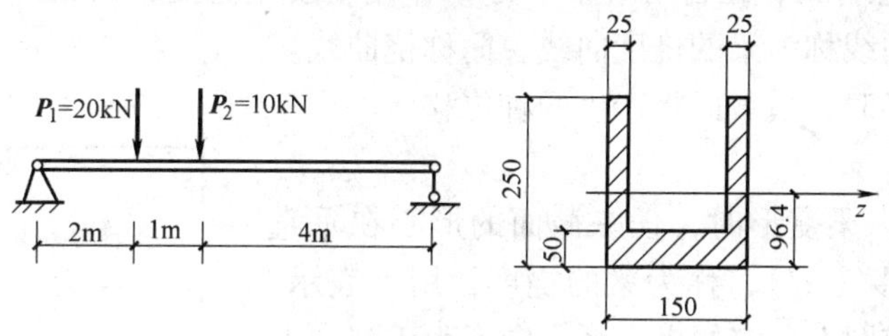

习题 11-14 图

11-15　由两个槽钢组成的简支梁如图所示。已知$P_1=P_4=12\text{kN}$，$P_2=P_3=4\text{kN}$，材料许用应力$[\sigma]=120\text{MPa}$。试选择槽钢的型号。

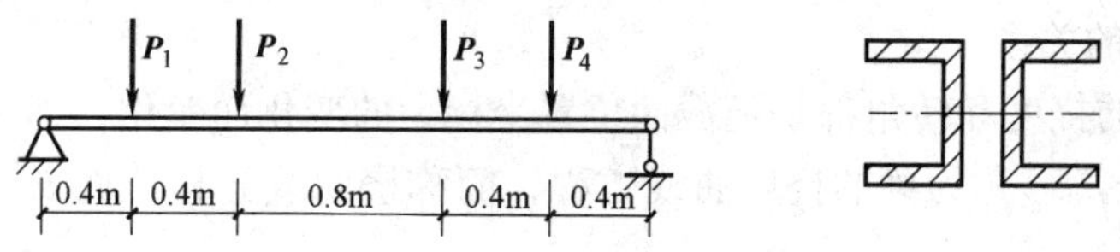

习题 11-15 图

第十二章　弯曲变形

内容提要：本章介绍弯曲变形的概念，梁的挠度近似微分方程，用叠加法求梁的变形，梁的刚度条件以及提高梁抗弯刚度的措施。

第一节　弯曲变形的概念

一、研究弯曲变形的意义

梁在荷载作用下，除应满足强度条件外，还需要满足刚度要求，以免因变形过大影响梁的正常工作。如齿轮轴变形过大，会影响齿轮正常啮合，加速磨损；起重机梁变形会影响平稳行驶，产生振动。

工程中还有一些构件，则希望能产生较大的变形，以满足某种要求。例如，跳水运动员利用跳板变形来增加弹跳高度，车辆上的叠板弹簧利用其变形减震。

此外，求解超静定结构时，必须考虑梁的变形条件性能求解。

二、梁的变形——挠度和转角

如图 12-1 所示悬臂梁，在自由端集中力 $\boldsymbol{P}$ 作用下发生弯曲，梁轴线弯曲成一条光滑连续的平面曲线，该曲线称为梁的挠度曲线，简称挠曲线。

梁产生弯曲变形时，横截面将产生两种位移。

1. 挠度

如图 12-1 所示，梁变形时，任一截面的形心在垂直于轴线方向的线位移（cc'），称为梁的挠度，用 y 表示，单位为 mm 或 m。按图上选定的坐标系，向下为正，向上为负。

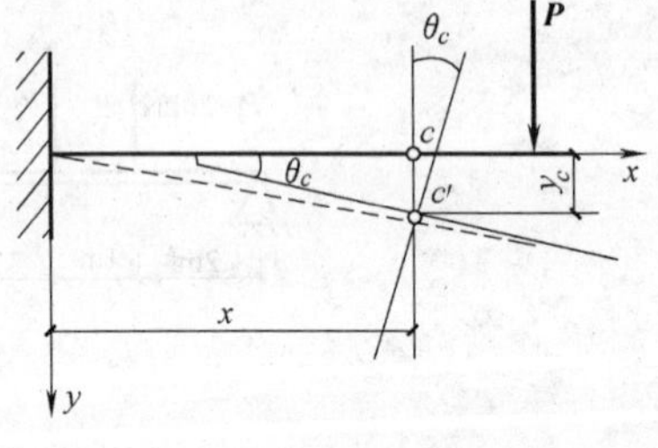

图　12-1

2. 转角

梁变形时，任一横截面绕自身形心轴相对原来位置所转过的角度，称为梁的转角，用 θ 表示，单位为弧度，并规定顺时针转动为正，逆时针转动为负。

3. 挠度和转角的关系

梁上任一截面的挠度和转角都是随截面位置坐标 x 的变化而变化，即 y 和 θ 都是 x 的函数。函数关系式 $y=f(x)$ 称为梁的挠度曲线方程，简称挠曲线方程。而 $\theta=\theta(x)$ 则称为梁的转角方程。

梁上任一截面的挠度 y 和转角 θ 存在一定的关系。根据平面假设和小变形假设截面转角

$$\theta \approx \tan\theta = \frac{\mathrm{d}y}{\mathrm{d}x} = f'(\mathrm{x}) \qquad (12\text{-}1)$$

式（12-1）表示，梁的截面转角 θ，等于该截面挠度 y 对坐标 x 的一阶导数，即挠曲线上任一点的切线斜率等于该处截面的转角。

梁的挠度和转角是度量梁变形的两个基本量。由式（12-1）可见，只要确定了挠曲线方程，就不难求出任一截面的挠度和转角。

第二节　梁的挠曲线近似微分方程

一、挠曲线近似微分方程

为了得到挠曲线方程，必须建立变形与外力之间的关系。本书第十一章在推导梁的应力公式时，已经求得挠曲线曲率 ρ 和弯矩 M 之间的关系，即式（11-1）

$$\frac{1}{\rho}=\frac{M}{EI_z} \tag{a}$$

这一关系式是根据纯弯曲变形情况的研究中得到的，但它也可以推广应用于剪切弯曲的情况。剪切弯曲时，弯矩 M 和曲线曲率半径 ρ 都是随截面位置变化而变化的，即是坐标 x 的函数，于是式（a）应改写为

$$\frac{1}{\rho(x)}=\frac{M(x)}{EI_z} \tag{b}$$

由高等数学知，平面曲线任一点的曲率为

$$\frac{1}{\rho(x)}=\pm\frac{\dfrac{d^2y}{dx^2}}{\left[1+\left(\dfrac{dy}{dy}\right)^2\right]^{3/2}} \tag{c}$$

将式（c）代入式（b）得

$$\pm\frac{\dfrac{d^2y}{dx^2}}{\left[1+\left(\dfrac{dy}{dx}\right)^2\right]^{\frac{3}{2}}}=\frac{M(x)}{EI_z} \tag{d}$$

工程中常用的梁，其变形很小，挠曲线很平缓，因此转角 $\theta=\dfrac{dy}{dx}$ 远小于 1，故 $\left(\dfrac{dy}{dx}\right)^2$ 可以忽略不计，于是式（d）简化为

$$\pm\frac{d^2y}{dx^2}=\frac{M(x)}{EI_z} \tag{e}$$

式（e）即为梁在弯曲时的挠曲线近似微分方程。式中的正负号根据对 $M(x)$ 和 $\dfrac{d^2y}{dx^2}$ 所作的正负号规定，在图 12-2 所示的坐标系中，当弯矩为正时（$M>0$），梁的挠曲线向上凹（∪），此时 $\dfrac{d^2y}{dx^2}$ 为负值 $\left(\dfrac{d^2y}{dx^2}<0\right)$；当弯矩为负值（$M<0$），梁的挠曲线的下凹（∩），此时，$\left(\dfrac{d^2y}{dx^2}>0\right)$。$M(x)$ 与 $\dfrac{d^2y}{dx^2}$ 间的

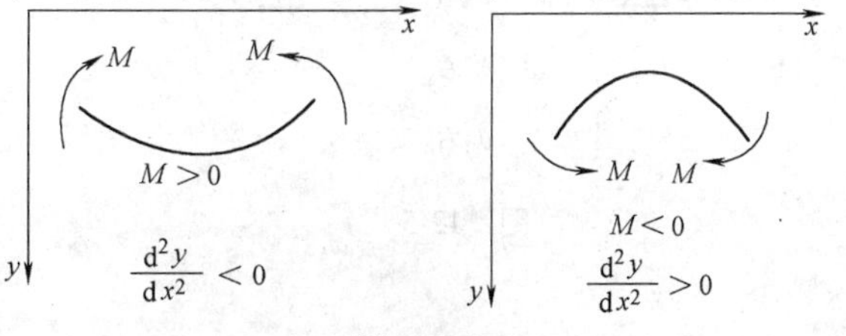

图　12-2

正负号关系如图12-2所示。因此，$\frac{d^2y}{dx^2}$与$M(x)$异号，微分方程（e）式中应取负值，即

$$\frac{d^2y}{dx^2}=\frac{-M(x)}{EI} \tag{12-2}$$

式（12-2）称为梁的挠曲线近似微分方程，求解这一微分方程，即可求得梁的挠度和转角。

二、用积分法求梁的变形

工程中的梁通常为等截面梁，其抗弯刚度EI为常量。根据梁上的荷载，得出弯矩方程$M(x)$后，代入式（11-2），即可得挠曲线近似微分方程。直接对其积分一次，即得梁的转角方程为

$$EI\frac{dy}{dx}=EI\theta=-\int M(x)\,dx+c \tag{12-3}$$

再积分一次，即得挠度方程为

$$EIy=-\iint M(x)\,dx\,dx+cx+d \tag{12-4}$$

式中c、d为积分常数，其值可通过梁的变形条件（支撑条件）确定，这些条件称为变形边界条件和连续条件。例如，在固定端截面，梁既不能移动，也不能转动，因此挠度$y=0$，转角$\theta=0$（图12-3）；在活动铰支座或固定铰支座处，梁可以转动，但不能上下移动，因此挠度$y=0$（图12-4）；在两段梁交界处，两段梁的挠度相等，转角也相等，即$y_{c左}=y_{c右}$，$\theta_{c左}=\theta_{c右}$（图12-5）。积分常数c、d确定后代入式（12-3）和式（12-4），就可求任一截面的挠度和转角。

图 12-3　　图 12-4

上述求梁变形的方法称为积分法。

例12-1 如图12-6所示，等截面悬臂梁上，自由端受一集中力$\boldsymbol{P}$作用，梁的弯曲刚度为EI，度求梁的挠度方程和转角方程，并计算梁的最大挠度和最大转角。

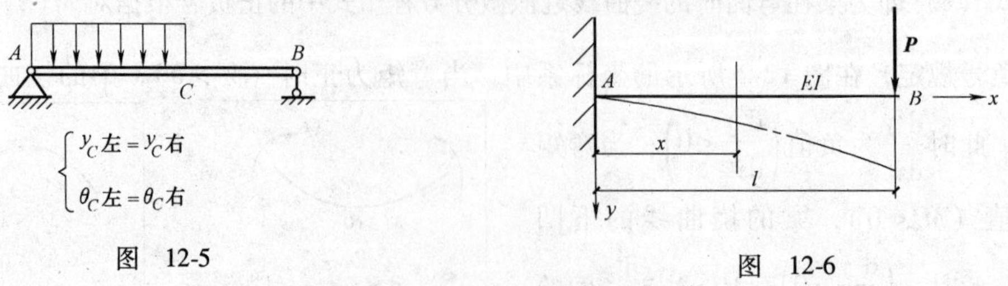

图 12-5　　图 12-6

解：（1）列弯矩方程。

$$M(x) = -P(l-x)$$

（2）列挠曲线近似微分方程。

$$\frac{d^2y}{dx^2} = -\frac{M(x)}{EI} = P(l-x)$$

（3）积分。

积分一次，得

$$\theta = \frac{dy}{dx} = \frac{1}{EI}\left(Plx - \frac{Px^2}{2}\right) + c \tag{a}$$

再积分一次，得

$$y = \frac{1}{EI}\left(\frac{1}{2}Plx^2 - \frac{Px^3}{6}\right) + cx + d \tag{b}$$

（4）确定积分常数。

在固定端处，横截面的挠度和转角均为零，即

当 $x=0$ 时，$\theta_A=0$

当 $x=0$ 时，$y_A=0$

将上述边界条件代入式（a）、（b），得

$$c=0,\ d=0$$

（5）确定挠度方程和转角方程。

将 $c=0$，$d=0$ 代入式（a）、（b），即得梁的转角方程和挠度方程为

$$\theta = \frac{Plx}{EI} - \frac{Px^2}{2EI} \tag{c}$$

$$y = \frac{Plx^2}{2EI} - \frac{Px^3}{6EI} \tag{d}$$

（6）求最大挠度和最大转角。

根据梁的变形情况可知，最大挠度和最大转角所发生在自由端截面处，将 $x=l$ 代入式（d）、（e），即得

$$y_{\max} = \frac{Pl^3}{3EI} \qquad \text{（正值,表示挠度向下）}$$

$$\theta_{\max} = \frac{Pl^2}{2EI} \qquad \text{（正值,表示顺时针转动）}$$

例 12-2 如图 12-7 所示承受均布荷载 q 作用，梁的抗弯刚度为 EI。求梁的挠度方程和转角方程，并确定其最大挠度和最大转角。

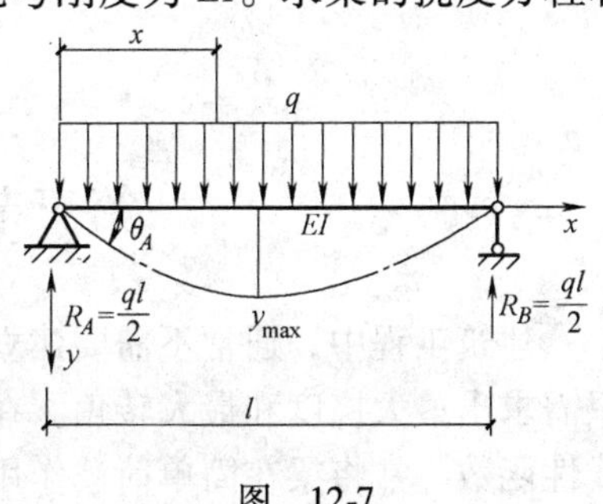

图 12-7

解：（1）列弯矩方程。

$$M(x) = \frac{qlx}{2} - \frac{qx^2}{2}$$

（2）列挠曲线近似微分方程。

$$\frac{dy^2}{dx^2} = -\frac{1}{EI}\left(\frac{qlx}{2} - \frac{qx^2}{2}\right) = \frac{q}{2EI}(x^2 - lx)$$

（3）积分。

积分一次，得

$$\theta=\frac{qx^3}{6EI}-\frac{qlx^3}{4EI}+c \qquad (a)$$

再积分一次，得

$$y=\frac{qx^4}{24EI}-\frac{qlx^3}{12EI}+cx+d \qquad (b)$$

（4）确定积分常数。

简支梁在 A、B 两铰支座处挠度均为零，即

当 $x=0$ 时，$y_A=0$

当 $x=l$ 时，$y_B=0$

将上述两条件分别代入（b），得

$$d=0, c=\frac{ql^3}{24EI}$$

（5）确定挠度方程和转角方程。

将 $d=0$，$c=\frac{ql^3}{24EI}$代入（a）、（b）式，得

$$\theta=\frac{q}{24EI}(4x^3-6lx^2+l^3) \qquad (c)$$

$$y=\frac{q}{24EI}(x^4-3lx^3+l^3x) \qquad (d)$$

（6）求最大挠度和最大转角。

根据梁的变形情况可知，最大挠度将发生在跨度中点 C 截面处，将 $x=\frac{l}{2}$代入（d）式，得

$$y_{\max}=y_c=\frac{5ql^4}{384EI}$$

最大转角在两端铰支座 A、B 处，将 $x=l$ 代入（c），得

$$\theta_{\max}=\theta_A=\frac{ql^3}{24EI}$$

第三节　用叠加法求梁的变形

建筑工程中，通常不需要建立梁的挠度方程和转角方程，计算每一截面的挠度和转角，只需求出最大挠度和最大转角。在弹性范围内和小变形条件下，挠度 y 和转角 θ 都是荷载的线性函数。常将梁在简单荷载作用下的最大挠度和最大转角汇集成表（表 12-1），供计算时使用。当梁上的几个或几种荷载同时作用时，仍可用表 12-1 中的公式。此时，可先分别计

算每一个或每一种荷载单独作用下梁的挠度或转角，然后计算相应截面的挠度或转角的代数和，就得到几种荷载共同作用下的挠度或转角。这种求梁的变形的方法称为叠加法。

表 12-1　几种常用梁在简单荷载作用下的位移

支承及荷载情况	挠曲线方程	最大挠度	梁端转角
A, P, θ_B, y_{max}, x, l	$y=\frac{Px^3}{6EI}(3l-x)$	$y_{max}=\frac{Pl^3}{3EI}$	$\theta_B=\frac{Pl^2}{2EI}$
a, P, b, A, B, θ_B, y_{max}, x, l	$y=\frac{Px^2}{6EI}(3a-x)$ $(0\leqslant x\leqslant a)$ $y=\frac{Pa^2}{6EI}(3x-a)$ $(0\leqslant x\leqslant l)$	$y_{max}=\frac{Pa^3}{6EI}(3l-a)$	$\theta_3=\frac{Pa^2}{2EI}$
q, A, B, θ_B, y_{max}, x, l	$y=\frac{qx^2}{24EI}(x^2+6l^2-4lx)$	$y_{max}=\frac{ql^4}{8EI}$	$\theta_B=\frac{ql^3}{6EI}$
M, A, B, θ_B, y_{max}, x	$y=\frac{Mx^2}{2EI}$	$y_{max}=\frac{Ml^2}{2EI}$	$\theta_B=\frac{Ml}{EI}$
P, A, C, B, θ_A, θ_B, x, l	$y=\frac{Px}{48EI}(3l^2-4x^2)$ $0\leqslant x\leqslant\frac{l}{2}$	$y_{max}=\frac{Pl^3}{48EI}$	$\theta_A=-\theta_3=\frac{Pl^2}{16EI}$
a, P, b, A, B, θ_A, θ_B, x, l	$y=\frac{Pbx}{60EI}(l^2-x^2-b^2)(0\leqslant x\leqslant a)$ $y=\frac{Pb}{6lEI}\left[(l^2-b^2)x-x^3+\frac{l}{b}(x-a)^3\right](a\leqslant x\leqslant l)$	$x=\sqrt{\frac{l^2-b^2}{3}}$处 $y_{max}=\frac{Pb}{a\sqrt{3}EI}(l^2-b^2)^{3/2}$	$\theta_A=\frac{Pab}{blEI}(l+b)$ $\theta_B=-\frac{Pab}{6EI}(l+a)$

（续）

支承及荷载情况	挠曲线方程	最大挠度	梁端转角
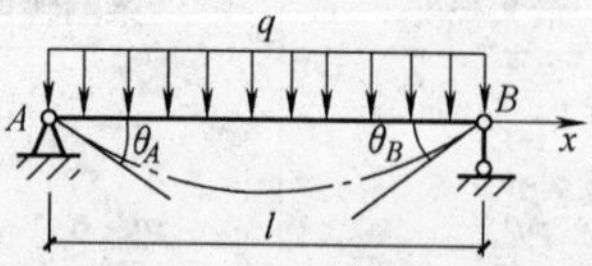 q A B x θ_A θ_B l	$y=\frac{qx}{24EI}(l^3-2lx^2+x^3)$	$y_{\max}=\frac{5ql^4}{384EI}$	$\theta_A=-\theta_B=\frac{ql^3}{24EI}$
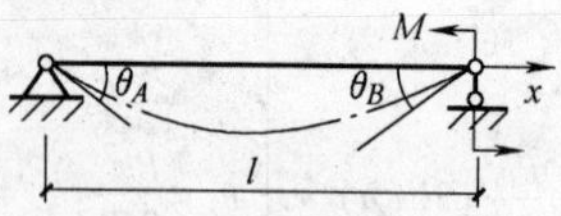 M θ_A θ_B x l	$y=\frac{Mx}{6lEI}(l^2-x^2)$	在 $x=\frac{l}{\sqrt{3}}$ 处 $y_{\max}=\frac{Ml^2}{9\sqrt{3}EI}$	$\theta_A=\frac{Ml}{6EI}$ $\theta_B=-\frac{Ml}{3EI}$

例 12-3 简支梁 AB 所受荷载如图 12-8 所示。求跨度中点 C 的挠度和支座 A 的转角。截面抗弯刚度 EI 为已知。

图 12-8

解：由表 12-1 查得，在力偶单独作用下，跨度中点 C 的挠度为

$$y_{CM}=\frac{Ml^2}{16EI}$$

支座 A 的转角为

$$\theta_{AM}=\frac{Ml}{3EI}$$

在均布荷载 q 单独作用下，跨度中点 C 的挠度为

$$y_{Cq}=\frac{5ql^4}{384EI}$$

支座 A 的转角为

$$\theta_{Aq}=\frac{ql^3}{24EI}$$

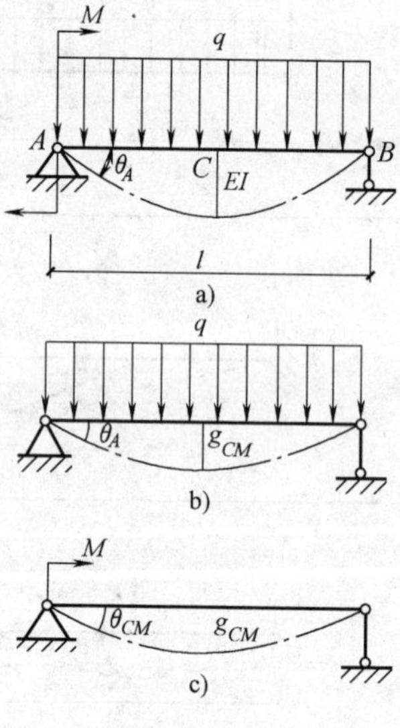

叠加以上结果，可得出力偶 M 后和均布荷载 q 共同作用下 C 截面的挠度和支座 A 的转角，计算如下：

$$y_C=y_{CM}+y_{Cq}=\frac{Ml^2}{16}+\frac{5ql^4}{384EI}$$

$$\theta_A=\theta_{AM}+\theta_{Aq}=\frac{Ml}{3EI}+\frac{ql^3}{24EI}$$

例 12-4 悬臂梁 AB 受载如图 12-9 所示。截面抗弯刚度 EI 为常数。试用叠加法求截面 B 的挠度和转角。

解：由表 12-1 查得，均布荷载 q 单独作用下截面 B 的挠度和转角为

$$\theta_{Bq}=\frac{ql^3}{6EI},\ y_{Bq}=\frac{ql^4}{8EI}$$

在集中力 $\boldsymbol{P}$ 单独作用下，B 截面挠度和转角分别为

$$\theta_{BP}=\frac{Pl^2}{2EI},\ y_{BP}=\frac{Pl^3}{3EI}$$

叠加以上结果，则可得均布荷载 q 和集中力 $\boldsymbol{P}$ 下共同作用下 B 截面的挠度和转角分别为

$$\theta_B=\theta_{Bq}+\theta_{BP}=\frac{ql^3}{6EI}+\frac{Pl^2}{2EI}$$

$$y_B=y_{Bq}+y_{BP}=\frac{ql^4}{8EI}+\frac{Pl^3}{3EI}$$

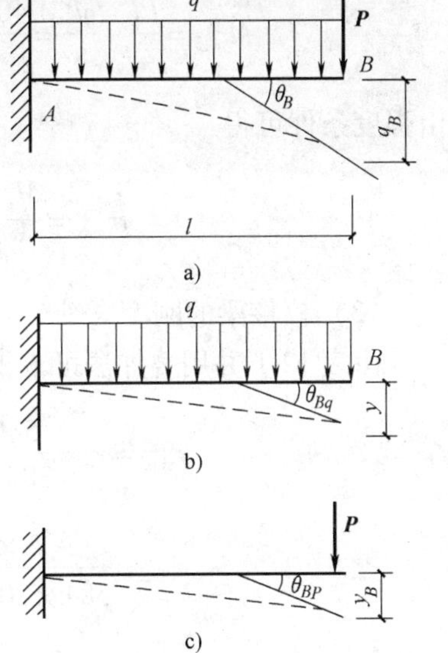

图 12-9

第四节 梁的刚度条件

一、刚度条件

在建筑工程中，为了能保证梁正常工作，除了满足强度条件外，还应满足刚度条件，即把梁在荷载作用下产生的变形控制在工程允许的范围内。

对梁而言，其挠度允许值通常用挠度与跨长的比值$\left[\frac{y}{l}\right]$作为标准。对于转角，一般用许用转角作为标准。对建筑中的梁，一般只校核挠度。因此，刚度条件可写为

$$\frac{y_{\max}}{l}\leqslant\left[\frac{y}{l}\right] \tag{12-5}$$

式中，$y_{\max}$为梁的最大挠度值，可由积分法或叠加法求得；$\left[\frac{y}{l}\right]$称为梁的许用挠度，其值可由有关手册或规范中查得。

例 12-5 由 40a 工字钢制作的起重机大梁如图 12-10 所示。已知集中力 $P=40\text{kN}$，均布荷载 $q=662\text{N/m}$，材料许用应力$[\sigma]=140\text{MPa}$，弹性模量 $E=200\text{GPa}$，许用挠度$\left[\frac{y}{l}\right]=\frac{1}{400}$。试校核梁的强度和刚度。

解：(1) 查型钢表，可得 40a 工字钢 $W_z=1090\text{cm}^3$，$I_z=21700\text{cm}^4$

(2) 校核正应力强度。

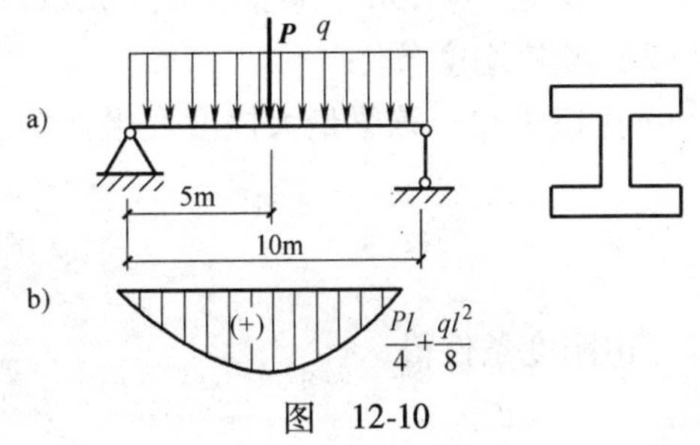

图 12-10

作弯矩图如图 12-5b 所示。由弯矩图可知，跨度中点弯矩最大，其值为

$$M_{\max}=\frac{Pl}{4}+\frac{ql^2}{8}=\frac{40\times10}{4}\text{kN}\cdot\text{m}+\frac{0.662\times10^2}{8}\text{kN}\cdot\text{m}=108.3\text{kN}\cdot\text{m}$$

由强度条件可得

$$\sigma_{\max}=\frac{M_{\max}}{Wz}=\frac{108.3\times10^6}{1090\times10^3}\text{MPa}=99.36\text{MPa}<[\sigma]$$

（3）校核梁的刚度。

由表 12-1 并用叠加法可求得梁跨度中点最大挠度为

$$y_{\max}=y_c=\frac{5ql^4}{384EI}+\frac{\boldsymbol{P}l^3}{48EI}$$

$$=\frac{5\times0.662\times(10^4)^4}{384\times200\times10^3\times21700\times10^4}\text{mm}+\frac{40\times10^3\times(10^4)^3}{48\times200\times10^3\times21700\times10^4}\text{mm}$$

$$=21.2\text{mm}$$

$$[y]=\frac{l}{400}=\frac{1000}{400}\text{mm}=25\text{mm}$$

因此 $y_c<[y]$

由以上计算可知梁的强度和刚度均符合要求。

例 12-6 图 12-11a 所示工字钢悬臂梁，长度 $l=3.5$m，荷载 $P=12$kN，已知材料许用应力 $[\sigma]=170$MPa，弹性模量 $E=210$GPa，梁的许用挠度 $\left[\frac{y}{l}\right]=\frac{1}{400}$。试按强度条件和刚度条件选择工字钢型号。

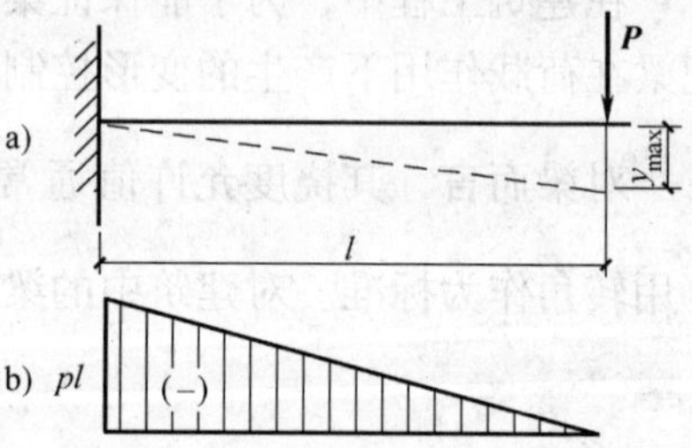

图 12-11

解：（1）作梁的弯矩图如图 12-11b 所示，最大弯矩发生在固定端 A 截面上，其值为

$M_{\max}=M_A=-Pl=(12\times3.5)\text{kN}\cdot\text{m}=42\text{kN}\cdot\text{m}$

（2）按强度条件选择工字钢型号。

由强度条件，可得

$$W_z\geqslant\frac{M_{\max}}{[\sigma]}=\frac{42\times10^6}{170}\text{m}^3=247\times10^3\text{mm}^3=247\text{cm}^3$$

查型钢表，选 20b 工字钢，$W_z=250\text{cm}^3$，$I_z=2500\text{cm}^4$

（3）校核刚度条件。

由表 12-1 得，该梁最大挠度发生在自由端 B 截面处，其值为

$$y_{\max}=\frac{\boldsymbol{P}l^3}{3EI}$$

所以，由刚度条件得

$$\frac{y_{\max}}{l}=\frac{Pl^2}{3EI}=\frac{12\times10^3\times3.5^2\times10^6}{3\times210\times10^3\times2500\times10^4}=9.33\times10^{-3}>\left[\frac{y}{l}\right]=\frac{1}{400}=2.5\times10^{-3}$$

可见，选用 20b 工字钢不满足刚度要求。

（4）按刚度条件重选工字钢型号。

直型钢表选用 32a 工字钢，$W_z=392.2\text{cm}^3$，$EI=11075\text{cm}^4$

由刚度条件

$$\frac{y_{\max}}{l}=\frac{Pl^2}{3EI}=\frac{12\times10^3\times3500^2}{3\times210\times10^3\times11075\times10^4}=2.11\times10^{-3}<\left[\frac{y}{l}\right]=\frac{1}{400}=2.5\times10^{-3}$$

最后确定选用 32a 工字钢。

第五节　提高梁抗弯刚度的措施

由表 12-1 可见，梁的变形与梁的抗弯刚度 EI、梁的跨度 l、荷载形式及支座位置有关。由此可见，提高梁的抗弯刚度可从下几方面着手：

1. 合理布置荷载或支座，减小梁的弯矩

弯矩是引起变形的主要因素$\left(\frac{\mathrm{d}^2y}{\mathrm{d}x^2}=-\frac{M}{EI}\right)$；变更荷载的作用位置和作用方式，即可减小梁内弯矩，从而达到减小弯形，提高刚度的目的（图 12-12～图 12-14）。

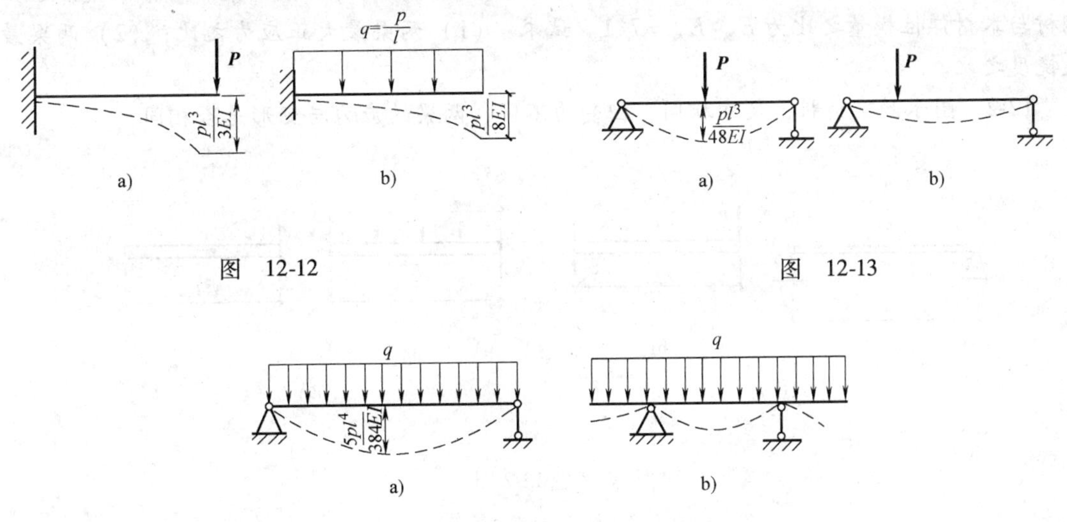

图　12-12

图　12-13

图　12-14

2. 选择合理截面形状，增大截面惯性矩

梁的变形与截面惯性矩 I_z 成反比，增大惯性矩 I_z，可以减小梁的变形，达到提高刚度的目的。为此，可采用合理的截面形状，如工字钢、圆环形、框形等。

3. 减小梁的跨度或增加支座

梁的挠度的转角与梁跨度 l 的 n 次方成正比，因此减小梁的跨度或增加支座，是提高梁刚度的最有效的措施。

小　结

本章主要介绍了求梁变形的两种基本方法，积分法和叠加法，以及梁的刚度计算。

（1）两种位移：挠度和转角，$y=f(x)$，$\theta=\varphi(x)$，$\theta=\dfrac{dy}{dx}$

（2）两种方法：

1）积分法：$EI\theta=\int M(x)dx+c$，$EI_y=\iint M(x)dxdx+cx+d$

2）叠加法 $y=y_p+y_q+y_M$

（3）两种条件：边界条件，连续条件。

（4）一种计算：刚度校核 $\dfrac{y_{max}}{l}\leqslant\left[\dfrac{y}{l}\right]$。

（5）三项措施：提高梁的抗弯刚度。

思考题

12-1　跨度、支持情况，受力情况和截面尺寸形状都相同的一根钢梁和一根木梁，已知钢材与木材弹性模量之比为 $E_{钢}:E_{木}=7:1$。试求：（1）两梁最大正应力之比；（2）两梁最大挠度之比。

12-2　图示两梁材料，尺寸相同，但受力不同，两梁的应力与变形是否相同？

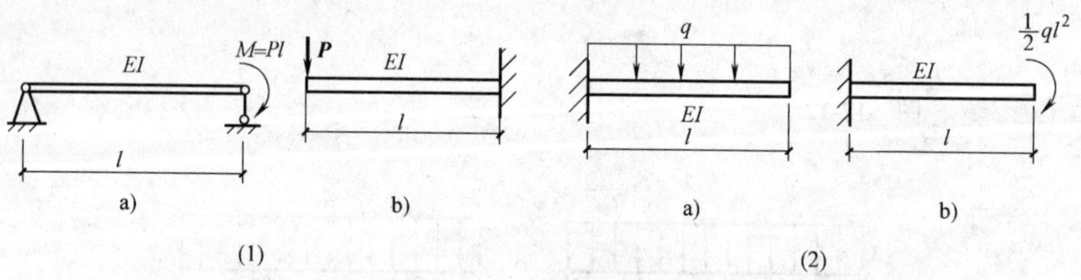

思考题 12-2 图

12-3　矩形截面梁，其他条件不变，高度增大一倍，最大挠度和最大转角分别变为原来的________倍。

12-4　圆截面梁，其他条件不变，直径增大一倍，最大挠度和最大转角分别变为原来的________倍。

12-5　简支梁其他条件不变，将跨度中点的集中力变为满跨均布荷载，最大挠度和最大转角分别变为原来的________倍。

12-6　两悬臂梁，其横截面和材料均相同，在梁的自由端作用有大小相等的集中力，但一梁的长度为另一梁的两倍，长梁自由端挠度和转角分别为短梁的__________倍。

12-7　判断下列说法是否正确：

(1) 梁的弯曲变形与材料无关；

(2) 梁的变形与抗弯刚度 EI 成反比；

(3) 材料在弹性范围内，梁的变形与荷载成线性关系；

(4) 两根等截面梁的长度、抗弯刚度和弯矩方程均相同，则两梁的变形也相同；

(5) 弯矩最大的截面转角最大，弯矩为零的截面转角为零；

(6) 最大挠度必发生于最大弯矩处。

习　题

12-1　图示各梁弯曲刚度均为常数。试用积分法求梁的挠度方程和转角方程，并求最大挠度和最大转角。

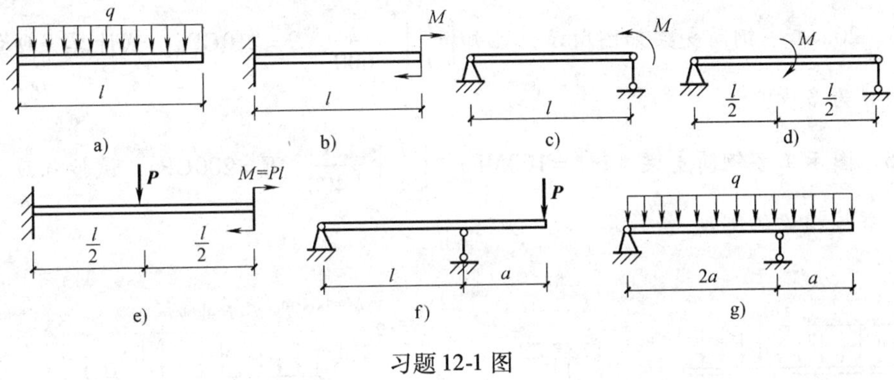

习题 12-1 图

12-2　试用叠加法求图示各梁的最大挠度和最大转角。EI = 常数。

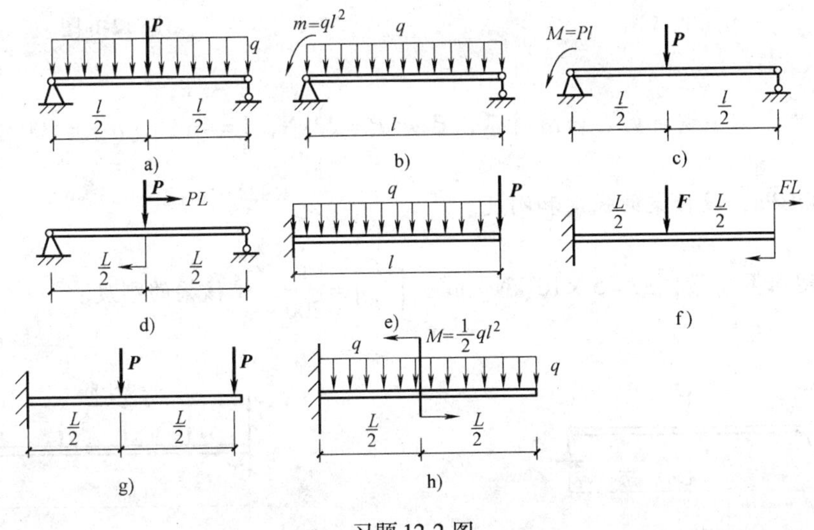

习题 12-2 图

12-3 25a 工字钢简支梁如图所示。已知$\left[\frac{f}{l}\right]=\frac{1}{400}$，$E=210\text{GPa}$，$q=3\text{kN/m}$，$[\sigma]=160\text{MPa}$，校核梁的强度和刚度。

12-4 20b 工字钢简支梁如图所示，已知$[\sigma]=160\text{MPa}$，$\left[\frac{f}{l}\right]=\frac{1}{400}$，$E=200\text{GPa}$，校核梁的强度和刚度。

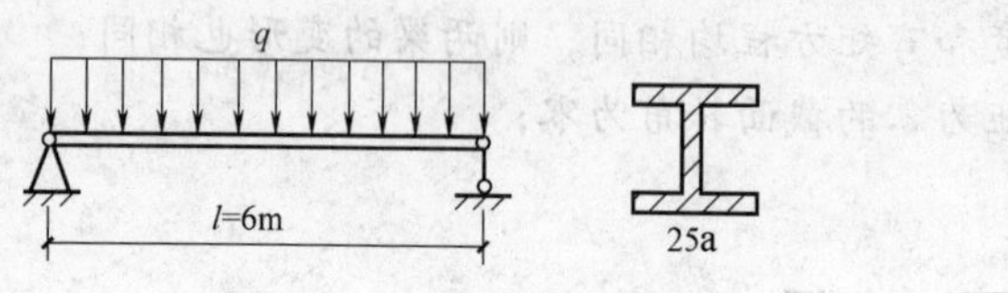

习题 12-3 图

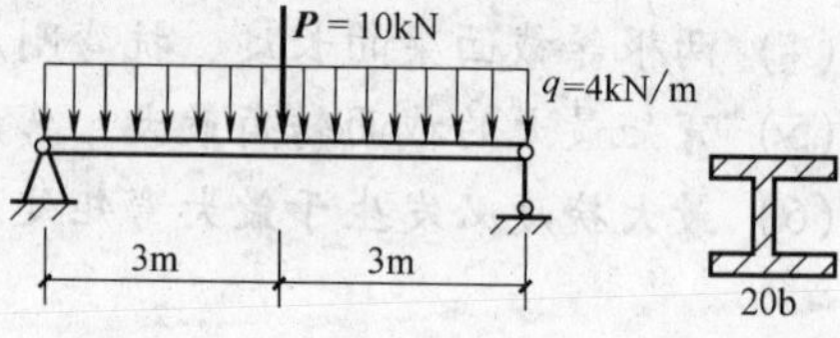

习题 12-4 图

12-5 20a 工字钢简支梁如图所示，已知$\left[\frac{f}{l}\right]=\frac{1}{600}$，$E=210\text{GPa}$，试计算梁所能承受的最大荷载$q$为多少？

12-6 图示工字钢简支梁$[\sigma]=160\text{MPa}$，$\left[\frac{f}{l}\right]=\frac{1}{400}$，$E=200\text{GPa}$，试按强度选择工字钢型号，并校核梁的刚度。

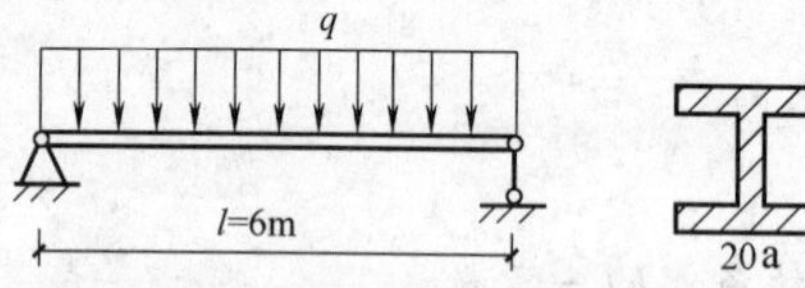

习题 12-5 图

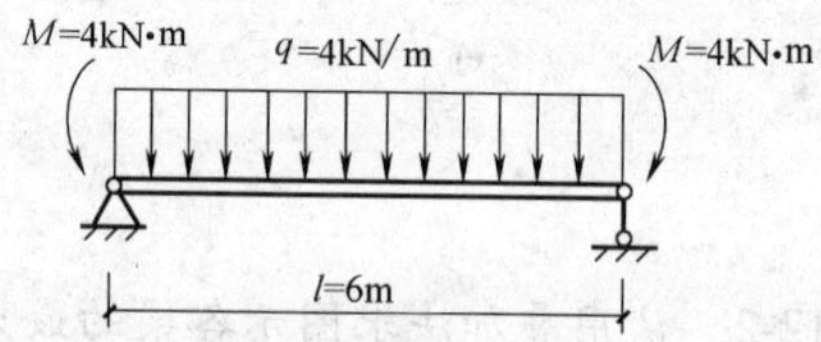

习题 12-6 图

12-7 18 号工字钢简交梁如图所示，已知$P=22\text{kN}$，$l=4\text{m}$，$[\sigma]=100\text{MPa}$，$\left[\frac{f}{l}\right]=\frac{1}{400}$，$E=200\text{GPa}$，校核梁的强度和刚度。

12-8 图示悬臂梁，$EI=5\times10^4\text{kN}\cdot\text{m}^2$，$\left[\frac{f}{l}\right]=\frac{1}{200}$，校核梁的刚度。

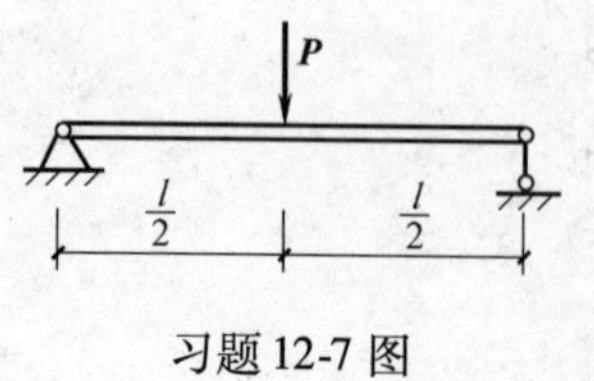

习题 12-7 图

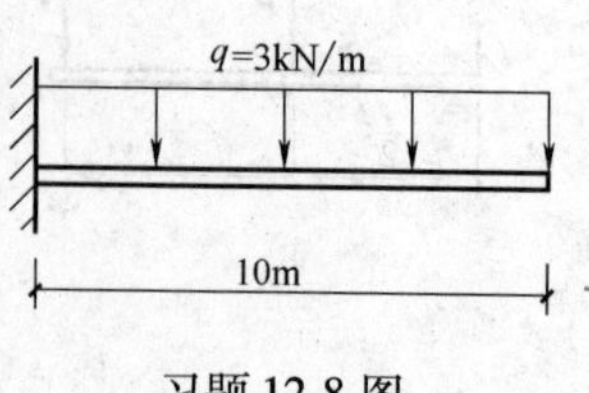

习题 12-8 图

12-9 图示两工字钢简支梁，$[\sigma]=170\text{MPa}$，$E=210\text{GPa}$，$\left[\frac{f}{l}\right]=\frac{1}{500}$，试选择工字钢型号。

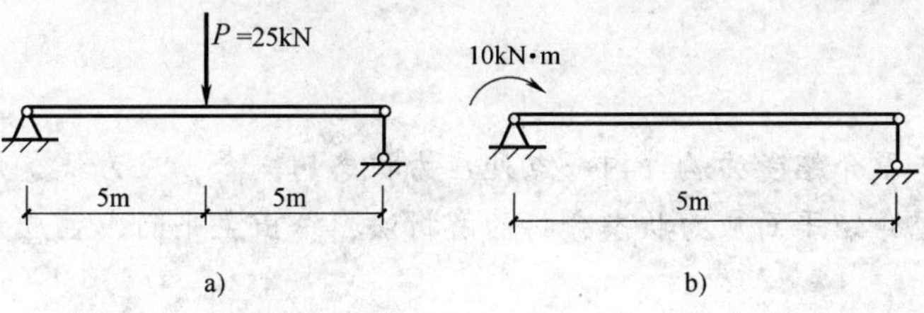

习题 12-9 图

第十三章　应力状态和强度理论

内容提要：本章介绍受力构件内一点处应力状态的概念，应力状态分析，强度理论及其简单应用。着重介绍平面应力状态分析的解析法，给出主平面、主应力和最大切应力的计算公式。

第一节　应力状态的概念

一、研究应力状态和强度理论的意义

前面各章讨论了四种基本变形条件下，横截面上的应力分布规律，并建立了相应的强度条件。工程中多数构件都是沿着横截面发生破坏，与相应的强度条件相符合。但是仅仅靠横截面上的应力分析和相应的强度条件来分析构件的强度和破坏问题是远远不够的。因为工程中还有许多构件发生破坏并不是沿横截面发生，例如 A3 钢拉伸沿 45°滑移，铸铁压缩沿 45°面断裂，混凝土压缩沿纵断面断裂。

工程中还有一些构件，它们的变形是两种以上基本变形的组合，例如横力弯曲的梁，除上、下表面及中性轴上各点外，既有弯曲正应力，又有弯曲切应力；内压薄壁圆筒既有轴向应力，又有圆周方向应力；偏心拉（压）既有拉（压）正应力，又有弯曲正应力；传动轴既有弯曲正应力，又有扭转切应力。因此，为了全面了解构件受力情况，必须研究构件内一点各个方向的应力情况。

另外，仅仅根据横截面上的应力分析和试验结果，不能直接建立复杂应力状态下的强度条件，必须建立新的强度条件，即强度理论。

二、一点应力状态的概念

一般说来，通过受力构件内一点处不同方位的截面上应力的大小和方向是不同时。通常把通过受力构件内某一点处不同方位的截面上应力情况，称为一点的应力状态。为了研究受力构件内一点处的应力状态，可围绕该点取出一个微小的正六面体，称为单元件，作为研究对象，给出它的六个面上的应力。由于单元体的边长无限小，可以认为单元体的每个面上的应力都是均匀分布的，而且在每一对相互平行的面上的应力的大小和性质完全相同。当单元体边长无限缩小趋近于零时，单元体各个面上的应力情况，就代表了这一点的应力状态。

利用上述单元体的方法，可以求出各种基本变形构件内一点的应力状态。例如，图 13-1a 轴向拉杆内 A 点的单元体；图 13-1b 受扭圆轴内 C、D 点的单元体；图 13-1c 受弯梁同一截面上 A、B、C、D、E 各点的单元体；图 13-1d 弯扭组合变形危险点 C、D 的单元体。

三、应力状态分类

在图 13-1a 所示 A 点和图 13-1c 所示 A 点、E 点所取的单元体中，各面上的切应力都等于零。切应力等于零的平面称为主平面。作用在主平面上的正应力称为主应力。弹性力学分析表明，在受力构件内任一点处，总可以找到由三对相互垂直的平面所组成的单元体，在这

样的平面上，切应力等于零，只有正应力。这样的单元体叫做主应力单元体。作用在该单元体上的三个主应力分别用 σ_1、σ_2、σ_3 表示。这三个主应力按其代数值大小排列顺序，即 $\sigma_1 \geqslant \delta_2 > \delta_3$。并根据主应力不等于零的情况，把应力状态分为以下三类：

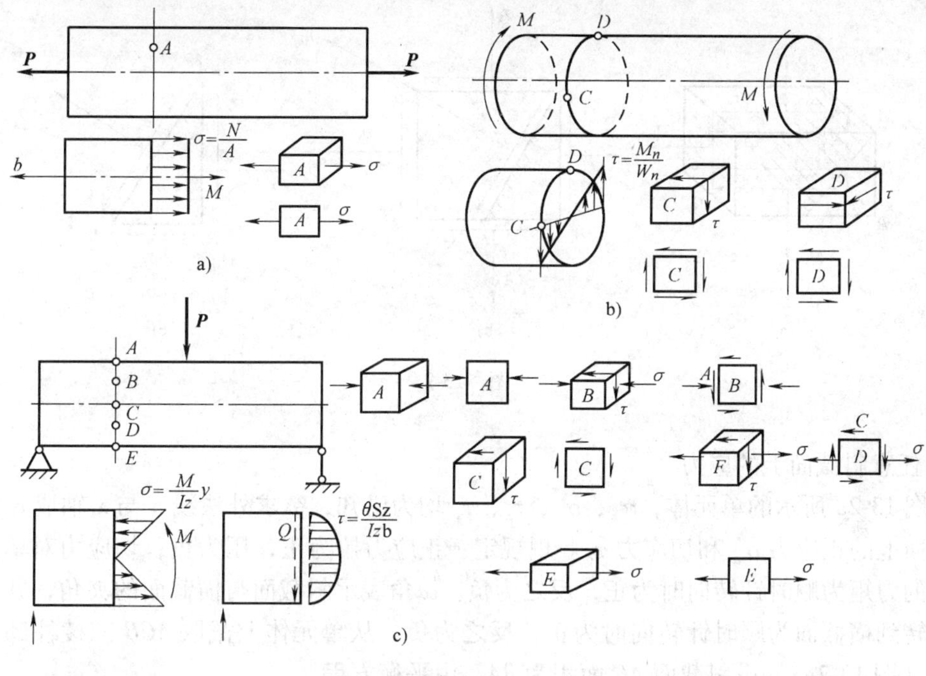

图 13-1

1. 单向应力状态

若单元体中三个主应力只有一个不等于零，则称为单向应力状态。如轴向拉（压）杆内任一点，直梁弯曲上、下边缘各点。

2. 二向应力状态（平面应力状态）

若单元体内三个主应力中，只有两个不等于零，则称为二向应力状态，或称平面应力状态。此种应力状态在工程中最常见，如圆轴扭转除轴线外各点，直梁弯曲除上、下边缘各点。

3. 三向应力状态（空间应力状态）

若单元体内三个主应力均不等于零时，则称为三向应力状态，或称为空间应力状态。例如，钻杆中任一点，深水中构件内任一点。

单向应力状态也称为简单应力状态，而把二向和三向应力状态称为复杂应力状态。

当单元体的三对平面上应力已知时，利用截面法和平衡方程，可以求出通过该点的其他截面上的应力，从而确定该点的三个主应力、最大切应力，进一步分析材料破坏的原因，并据此建立起来应力状态下的强度条件。

第二节 平面的应力状态分析

研究平面应力状态的方法有两种：解析法和作图法。下面分别介绍这两种方法。

一、平面应力状态分析的解析法

如图 13-2a 所示的单元体，该单元体前后两个面上无应力作用（如图 13-1c 中 B 点和 D 点），其余四个面上同时有正应力和切应力作用，这是平面应力状态的一般情况。

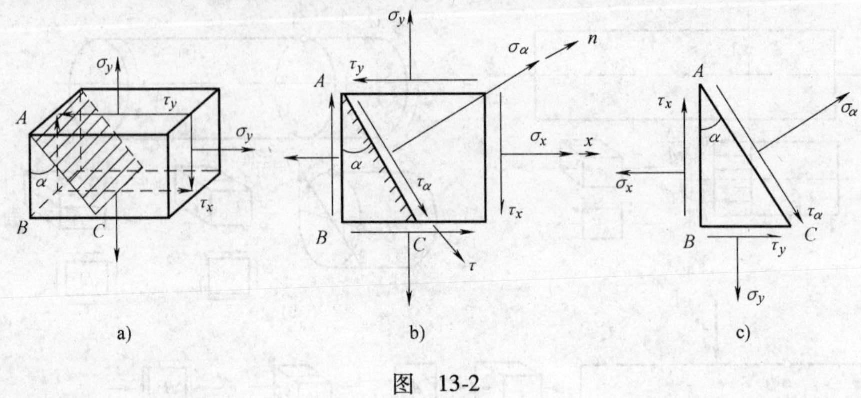

图 13-2

1. 任意斜截面上的应力

设图 13-2a 所示的单元体，σ_x、σ_y、τ_x、τ_y 均为已知，欲求外法线 n 与 x 轴成 α 角的任一斜截面上的正应力 σ_α 和切应力 τ_α。现规定：正应力拉为正，压为负；切应力对单元体内任一点的力矩为顺时针转向时为正，反之为负。α 角表示斜截面与横截面的夹角，并规定由斜截面转到横截面为顺时针转向时为正，反之为负。从单元体上截取 ACB 三棱柱部分为研究对象（图 13-2c），设斜截面 AC 面积为 $\mathrm{d}A$，由平衡方程

$$\sum F_n=0 \quad \sigma_\alpha \mathrm{d}A+(\tau_x \mathrm{d}A\cos\alpha)\sin\alpha-(\sigma_x \mathrm{d}A\cos\alpha)\cos\alpha+(\tau_y \mathrm{d}A\sin\alpha)\cos\alpha$$
$$-(\sigma_y \mathrm{d}A\sin\alpha)\sin\alpha=0$$

$$\sum F\tau=0 \quad \tau_\alpha \mathrm{d}A-(\tau_x \mathrm{d}A\cos\alpha)\cos\alpha-(\sigma_x \mathrm{d}A\cos\alpha)\sin\alpha+(\tau_y \sin\alpha)\sin\alpha$$
$$+(\sigma_y \mathrm{d}A\sin\alpha)\cos\alpha=0$$

根据三角关系，整理化简后，得

$$\sigma_\alpha=\frac{\sigma_x+\sigma_y}{2}+\frac{\sigma_x-\sigma_y}{2}\cos2\alpha-\tau_x\sin2\alpha \tag{13-1}$$

$$\tau_\alpha=\frac{\sigma_x-\sigma_y}{2}\sin2\alpha+\tau_x\cos2\alpha \tag{13-2}$$

2. 最大、最小正应力

由式（13-1）、式（13-2）可以看出，当 σ_x、σ_y、τ_α 已知时，斜截面上的应力 σ_α、τ_α 均为 α 的函数。由高等数学知 $\frac{\mathrm{d}\sigma_\alpha}{\mathrm{d}\alpha}=0$ 时，σ_α 取得极值。因此将式（13-1）对 α 求导，得

$$\frac{\mathrm{d}\sigma_\alpha}{\mathrm{d}\alpha}=\frac{\sigma_x-\sigma_y}{2}(-2\sin2\alpha)-\tau_x(2\cos2\alpha)=0$$

即

$$\frac{\sigma_x-\sigma_y}{2}\sin2\alpha+\tau_x\cos2\alpha=0 \tag{a}$$

将式（a）与式（13-2）比较，可见最大、最小主应力所在平面就是切应力等于零的平面，即主平面。以 α_0 表示主平面与横截面的夹角，由式（a）得

$$\tan 2\alpha_0 = -\frac{2\tau_x}{\sigma_x - \sigma_y} \tag{13-3}$$

上式给出两个 α_0 的数值，即 α_{01} 和 $\alpha_{02}=\alpha_{01}+90°$。由此可见，两个主平面互相垂直。

将由式（13-3）求得的 α_0 代入式（13-1），即得两个主应力的大小为

$$\left.\begin{matrix}\sigma_{max}\\ \sigma_{min}\end{matrix}\right\} = \frac{\sigma_x+\sigma_y}{2} \pm \sqrt{\left(\frac{\sigma_x-\sigma_y}{2}\right)^2+\tau_x^2} \tag{13-4}$$

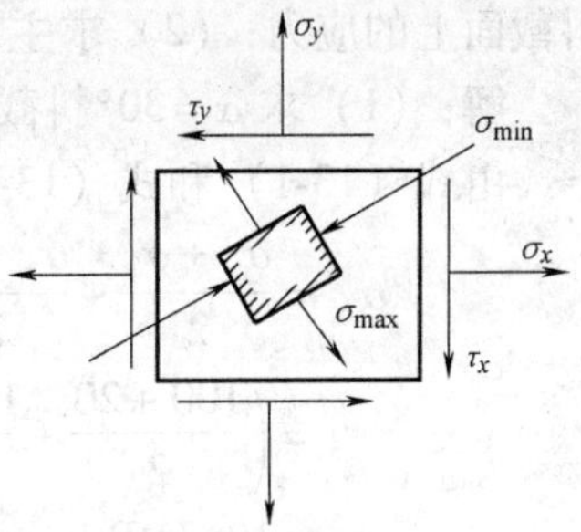

图 13-3

3. 最大、最小切应力

同样，将式（13-2）对 α 求导，令 $\frac{d\tau_\alpha}{d\alpha}=0$，得

$$\frac{d\tau_\alpha}{d\alpha} = 2\left(\frac{\sigma_x-\sigma_y}{2}\right)\cos 2\alpha - 2\tau_x \sin 2\alpha = 0 \tag{b}$$

用 α_1 表示最大、最小切应力作用面与横截面夹角，由式（b）得

$$\tan 2\alpha_1 = \frac{\sigma_x-\sigma_y}{2\tau_x} \tag{13-5}$$

上式给出 α_1 的两上数值，即 α_{11} 和 $\alpha_{12}=\alpha_{11}+90°$，可见最大、最小切应力作用面相互垂直。由式（13-5）求出 α_1 后，代入式（13-2），即得最大、最小切应力的大小为

$$\left.\begin{matrix}\tau_{max}\\ \tau_{min}\end{matrix}\right\} = \pm\sqrt{\left(\frac{\sigma_x-\sigma_y}{2}\right)^2+\tau_x^2} \tag{13-6}$$

将式（13-3）与式（13-4）比较，可得

$$\left.\begin{matrix}\tau_{max}\\ \tau_{min}\end{matrix}\right\} = \pm\frac{1}{2}(\sigma_{max}-\sigma_{min}) \tag{13-7}$$

由式（13-7）可见，最大切应力等于两个主应力之差的一半。

又由式（13-3）和式（13-5），可得

$$\tan 2\alpha_1 = -\frac{1}{\tan 2\alpha_0} = -\cot 2\alpha_0 = \tan(2\alpha_0 \pm 90°) \tag{13-8}$$

由式（13-8）可见，α_0 与 α_1 相差 45°，即最大、最小剪应力作用面与主平面（最大、最小正应力作用面）夹角为 45°，如图 13-3 所示。

4. 相互垂直两个截面上的应力关系

通过图 13-2a 中的单元体，任取两个相互垂直的平面，它们与横截面的夹角分别为 α 和 $\beta=\alpha+90°$。代入式（13-1）化简后相加，即得

$$\sigma_\alpha + \sigma_{\alpha+90°} = \sigma_x + \sigma_y = \sigma_{max} + \sigma_{min} \tag{13-9}$$

由式（13-9）可知，相互垂直两个面上正应力之和等于一常数。

将 $\beta=\alpha+90°$代入式（13-2）可得

$$\tau_\beta = -\frac{\sigma_x-\sigma_y}{2}\sin 2\alpha - \tau_x \cos 2\alpha = -\tau\alpha \tag{13-10}$$

由式（13-10）可知，相互垂直的两个截面上两个切应力大小相等，这再一次证明了切应力互等定理。

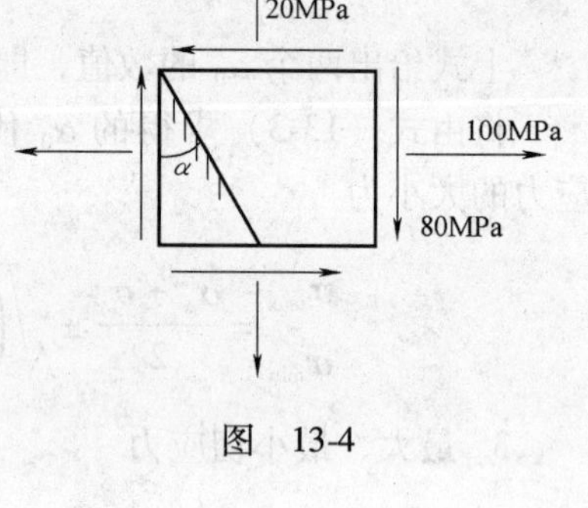

图 13-4

例 13-1 一单元体如图 13-4 所示。（1）求 $\alpha=30°$的斜截面上的应力；（2）求主应力和最大切应力。

解：（1）求 $\alpha=30°$斜截面上的应力。

由式（13-1）和式（13-2）分别得

$$\begin{aligned}\sigma_\alpha &= \frac{\sigma_x+\sigma_y}{2}+\frac{\sigma_x-\sigma_y}{2}\cos2\alpha-\tau_x\sin2\alpha \\ &= \left(\frac{100+20}{2}+\frac{100-20}{2}\cos60°-80\sin60°\right)\text{MPa} \\ &= 10.7\text{MPa}\end{aligned}$$

$$\begin{aligned}\tau_\alpha &= \frac{\sigma_x-\sigma_y}{2}\sin2\alpha+\tau_x\cos2\alpha \\ &= \left(\frac{100-20}{2}\sin60°+80\cos60°\right)\text{MPa}=109.3\text{MPa}\end{aligned}$$

（2）求主应力。

由式（13-4）得

$$\left.\begin{matrix}\sigma_{max}\\ \sigma_{min}\end{matrix}\right\}=\frac{\sigma_x+\sigma_y}{2}\pm\sqrt{\left(\frac{\sigma_x-\sigma_y}{2}\right)^2+\tau_x^2}=\left(\frac{100+20}{2}\pm\sqrt{\left(\frac{100-20}{2}\right)^2+80^2}\right)\text{MPa}=\begin{matrix}149.44\\ -29.44\end{matrix}\text{MPa}$$

所以 $\sigma_1=149.44\text{MPa}$，$\sigma_2=0$，$\sigma_3=-29.44\text{MPa}$

现确定主平面的位置，由式（13-3）得

$$\tan2\alpha_0=-\frac{2\tau x}{\sigma_x-\sigma_y}=-\frac{2\times80}{100-20}=-2$$

$$2\alpha_0=-63°26'$$

得 $\alpha_{01}=-31°43'$，$\alpha_{02}=58°17'$。

（3）求最大切应力。

$$\left.\begin{matrix}\tau_{max}\\ \tau_{min}\end{matrix}\right\}=\pm\sqrt{\left(\frac{\sigma_x-\sigma_y}{2}\right)^2+\tau_x^2}=\left(\pm\sqrt{\left(\frac{100-20}{2}\right)^2+80^2}\right)\text{MPa}=\pm89.44\text{MPa}$$

得 $\tau_{max}=89.44\text{MPa}$。

再求最大切应力作用位置，由式（13-5）得

$$\tan2\alpha_1=\frac{\sigma_x-\sigma_y}{2\tau_x}=\frac{100-20}{2\times80}=\frac{1}{2}$$

得 $2\alpha_1=26°34'$

因此 $\alpha_{11}=13°17'$，$\alpha_{12}=103°17'$。

二、二向应力状态图解法——应力圆及其应用

（一）应力圆方程

将式（13-1）和式（13-2）两边平方相加再经进整理后得

$$\left(\sigma_\alpha-\frac{\sigma_x+\sigma_y}{2}\right)^2+\tau_\alpha^2=\left(\sqrt{\left(\frac{\sigma_x-\sigma_y}{2}\right)^2+\tau_x^2}\right)^2 \tag{13-11}$$

当 σ_x、σ_y、τ_y 为已知时，上式为以 σ_α、τ_α 为横纵坐标的圆的方程。该圆称为应力圆，其圆心坐标为$\left(\frac{\sigma_x+\sigma_y}{2},0\right)$，半径为 $\sqrt{\left(\frac{\sigma_x-\sigma_y}{2}\right)^2+\tau_x^2}$，如图 13-5 所示。式（13-11）表明，一点应力状态中，任意斜截面上的正应力和切应力对应 σ_α 和 τ_α 坐标中的某一点（σ_α，τ_α），而所有斜截面上的正应力和切应力对应着 σ_α - τ_α 坐标系中的一个确定的圆。只要能作出某一点的应力圆，就可求出通过该点的任一斜面上的正应力和剪应力、主应力和最大切应力。

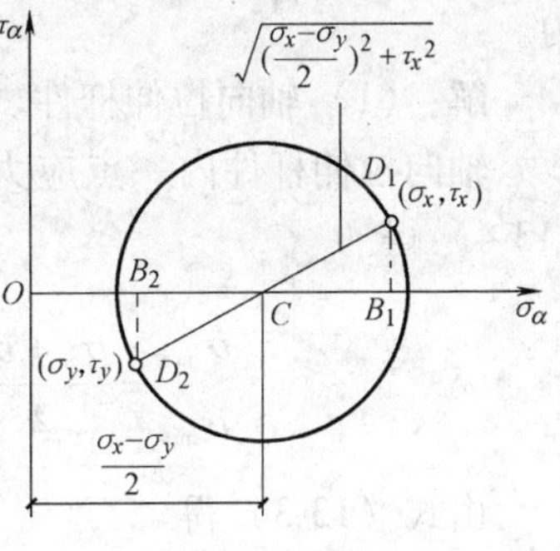

图　13-5

（二）应力圆作法

1. 选坐标，定比例，定点

取横坐标 σ_α 表示正应力，纵坐标 τ_α 表示切应力。按照已知的 σ_x、σ_y、τ_x，选取适当的比例，在横坐标轴上量取 $\boldsymbol{OB}_1=\sigma_x$，取 $\boldsymbol{B}_1\boldsymbol{D}_1=\tau_x$，得 D_1 点。则 D_1 点的纵、横坐标表示横截面上的正应力 σ_x 和切应力 τ_x。取 $\boldsymbol{OB}_2=\sigma_y$，$B_2D_2=-\tau_y$，得 D_2 点。则 D_2 点的纵、横坐标表示纵截面上的正应力 σ_y 和切应力 τ_y。

2. 定圆心和半径

连 $D_1(\sigma_x,\tau_x)$ 和 $D_2(\sigma_y,\tau_y)$ 与横坐标轴交于 C 点，则 C 点为应力圆的圆心，其坐标为 $\left(\frac{\sigma_x+\sigma_y}{2},0\right)$。从圆心 C 到 D_1 或 D_2 点的长度即为应力圆的半径，其值为 $R=\sqrt{\left(\frac{\sigma_x-\sigma_y}{2}\right)^2+\tau_x^2}$。

3. 作应力圆

以 C 为圆心，$\boldsymbol{CD}_1$ 或 $\boldsymbol{CD}_2$ 为半径作圆，便得到与所给应力状态相对应的应力圆（图 13-6）。

4. 应力圆与单元体的对应关系

应力圆上的点与单元体上的面存在下列对应关系：

（1）点面对应。应力圆上一个点的坐标代表了单元体上一个面上的应力值。

（2）倍角对应。应力圆上任意两点的圆弧所对的圆心角是单元体上相应两个截面之间的夹角的两倍。

（3）转向对应

应力圆上由点 D_1 到点 E 的转向与单元体上由横截面到斜截面的转向一致。

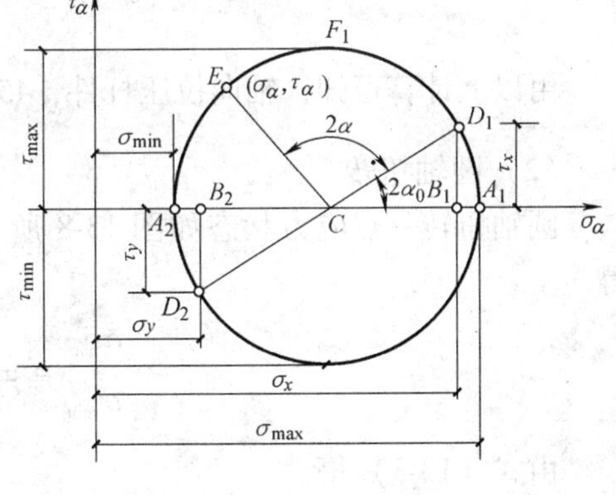

图　13-6

（三）应力圆的应用

利用应力圆可以确定单元体内任一斜截面上的应力，最大、最小正应力及方位，最大、最小切应力及方位。

例 13-2 利用应力状态理论求轴向拉伸和圆轴扭转杆件截面上一点的主应力和最大切应力。

解:（1）轴向拉伸杆件。

轴向拉伸杆件内一点应力状态如图 13-7 所示。由图可知，$\sigma_x=\sigma$，$\sigma_y=\tau_x=0$，由式（13-4）得

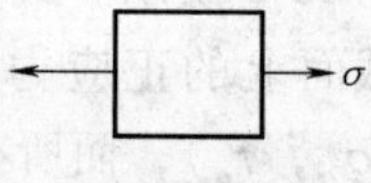

图 13-7

$$\left.\begin{matrix}\sigma_{\max}\\ \sigma_{\min}\end{matrix}\right\}=\frac{\sigma_x+\sigma_y}{2}\pm\sqrt{\left(\frac{\sigma_x-\sigma_y}{2}\right)^2+\tau_x^2}=\begin{cases}\sigma\\0\end{cases}$$

由式（13-3）得

$$\tan 2\alpha_0=-\frac{2\tau_x}{\sigma_x-\sigma_y}=0$$

$$\alpha_0=0$$

由以上计算可知，轴向拉伸压缩杆件横截面上正应力最大，其值为

$$\sigma_{\max}=\sigma$$

由式（13-6）得

$$\left.\begin{matrix}\tau_{\max}\\ \tau_{\min}\end{matrix}\right\}=\pm\sqrt{\left(\frac{\sigma_x-\sigma_y}{2}\right)^2+\tau_x^2}=\pm\frac{\sigma}{2}$$

由式（13-5）得

$$\tan 2\alpha_1=\frac{\sigma_x-\sigma_y}{2\tau x}=\infty$$

$$\alpha_1=45°$$

由以上计算可知，轴向拉压杆件，45°截面上切应力最大，其值为$\frac{\sigma}{2}$。

（2）圆轴扭转。

圆轴扭转一点应力状态如图 13-8 所示。由图可知，$\sigma_x=\sigma_y=0$，$\tau_x=\tau$，由式（13-4）得

$$\left.\begin{matrix}\sigma_{\max}\\ \sigma_{\min}\end{matrix}\right\}=\pm\tau$$

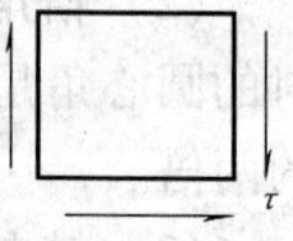

图 13-8

由式（13-3）得

$$\tan 2\alpha_0=-\frac{2\tau_x}{\sigma_x-\sigma_y}=\infty$$

得 $\alpha_0=45°$

再由式（13-6）得

$$\left.\begin{matrix}\tau_{max}\\ \tau_{min}\end{matrix}\right\} = \pm\tau$$

由式（13-5）得

$$\tan 2\alpha_1 = 0$$

因此 $\alpha_1 = 0$

由以上分析可知，圆轴扭转时，横截面上切应力最大，与轴线成45°角斜截面上正应力最大。

第三节　三向应力状态下的最大应力

为了对危险点处于三向应力状态下的构件进行强度计算，需要知道该危险点的最大应力和最大切应力。

一、三向应力状态下一点处的最大正应力

设一点处的主应力单元体如图13-9所示，假设 $\sigma_1 > \sigma_2 > \sigma_3$。研究表示，$\sigma_1$ 和 σ_3 不仅是三个主平面上的最大、最小正应力，而且也是通过该点的所有截面上的数值最大和最小的正应力。由此可得

$$\sigma_{max} = \sigma_1 \quad (13\text{-}12)$$

$$\sigma_{min} = \sigma_3 \quad (13\text{-}13)$$

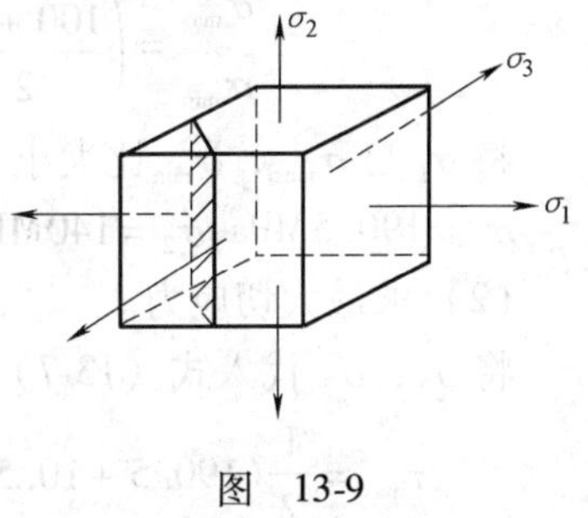

图　13-9

二、三向应力状态下一点处的最大切应力

首先研究平行于任一个主应力的平面上的应力。设想用一个平行于 σ_2 的平面（如图13-9所示）中的阴影平面，将单元体截开，取其中一部分（左侧三棱柱）为研究对象。它的上下两个平面面积相等，且应力都是 σ_2，所以它们自相平衡。因此，平行于 σ_2 的斜截面上的应力 σ_α、τ_α 与 σ_2 无关，只取决于 σ_1 和 σ_3。这种斜截面上的切应力与只有 σ_1、σ_3 作用的二向应力状态中斜截面上的切应力相同，其最大切应力为

$$\tau_{13} = \frac{1}{2}(\sigma_1 - \sigma_3)$$

其所在平面与 σ_1、σ_3 的作用面各成45°。

同理，可以得出平行于 σ_1、σ_3 的两组斜截面上的最大切应力分别为

$$\tau_{23} = \frac{1}{2}(\sigma_2 - \sigma_2)$$

$$\tau_{12} = \frac{1}{2}(\sigma_1 - \sigma_2)$$

其所在平面与另外两个主平面各成45°角。

因为 $\sigma_1 = \sigma_{max}$，$\sigma_2 = \sigma_{min}$，所以三向应力状态下的最大切应力为

$$\tau_{max}=\tau_{13}=\frac{1}{2}(\sigma_1-\sigma_3) \tag{13-14}$$

例 13-3 一点应力状态如图 13-10 所示。求该点的三个主应力和最大切应力。

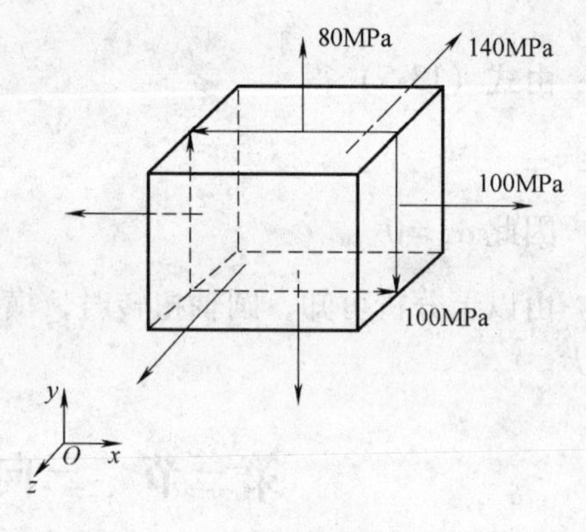

图 13-10

解：（1）求主应力。

由图 13-10 可知，前后两个面上切应力等于零，为主平面，其上正应力必为主应力，用 σ_i 表示，则

$$\sigma_i=140\text{MPa}$$

去掉 σ_i，将其余四个面上的应力，作为平面应力的一般情况，求另外两个主应力。因为 $\sigma_x=100\text{MPa}$，$\sigma_y=80\text{MPa}$，$\tau_x=100\text{MPa}$，代入式（13-4）得

$$\left.\begin{matrix}\sigma_{max}\\ \sigma_{min}\end{matrix}\right\}=\left(\frac{100+80}{2}\pm\sqrt{\left(\frac{100-80}{2}\right)^2+100^2}\right)\text{MPa}=\left\{\begin{matrix}190.5\text{MPa}\\ -10.5\text{MPa}\end{matrix}\right.$$

将 σ_i 与 σ_{max}，σ_{min} 比大小，得

$$\sigma_1=190.5\text{MPa},\sigma_2=140\text{MPa},\sigma_3=-10.5\text{MPa}$$

（2）求最大切应力。

将 σ_1，σ_3 代入式（13-7），得

$$\tau_{max}=\frac{1}{2}(190.5+10.5)\text{MPa}=100.5\text{MPa}$$

例 13-4 一点应力状态如图 13-11 所示。求三个主应力和最大切应力。

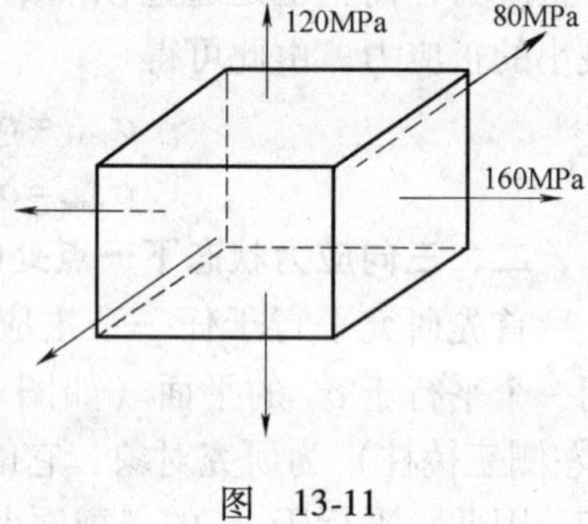

图 13-11

解：由图 13-11 可知，三个主应力分别为 $\sigma_1=160\text{MPa}$，$\sigma_2=120\text{MPa}$，$\sigma_3=80\text{MPa}$。

最大切应力为

$$\tau_{max}=\frac{1}{2}(160-80)\text{MPa}=40\text{MPa}$$

第四节 广义胡克定律

前面在研究轴向拉伸构件变形计算时，得到了单向应力状态下应力 σ 和线应变 ε 的关系（图 13-12），即当单元体在 x 方向受拉应力 σ_x 作用，在该方向（与应力一致的方向）产生伸长线应变 ε_x，其值为

$$\varepsilon_x=\frac{\sigma_x}{E}=\varepsilon$$

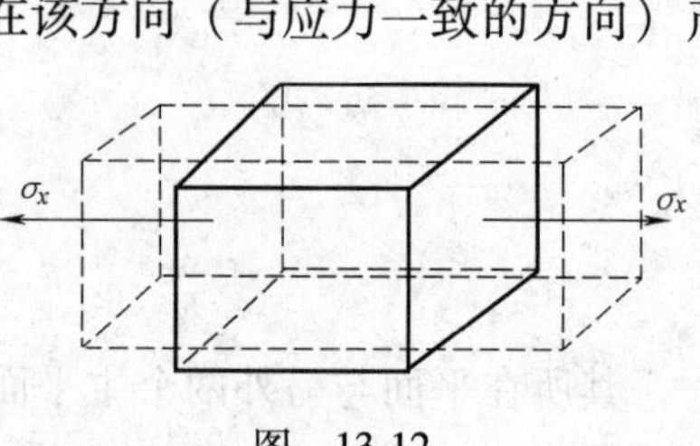

图 13-12

在垂直于 σ_x 方向（y 向和 z 向）将产生压缩线应变，其值分别为

$$\varepsilon_y=\varepsilon_z=\varepsilon'=-\mu\frac{\sigma_x}{E}$$

现在来讨论三向应力状态下应力与应变的关系。如图 13-13 所示单元体上作用有三个主应力 σ_1，σ_2，σ_3，沿这三个方向的线应变分别为 ε_1，ε_2，ε_3，称为主应变。将此三向应力状态分解为三个单向应力状态，根据线弹性、小变形选加原因，可先利用胡克定律求出每个主应力单独作用下沿三个方向的线应变，然后再利用叠加原理求出三个主应力共同作用下单元体沿三个主应力方向的总应变。

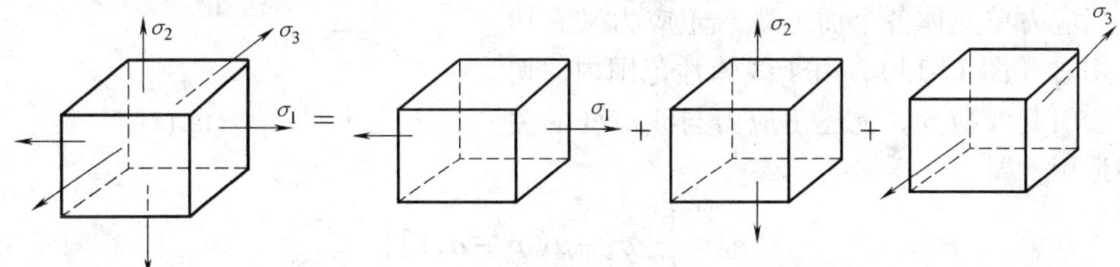

图　13-13

先求沿 σ_1 方向的总应变 ε_1。由 σ_1 单独作用引直沿 σ_1 方向的线应变（纵向线应变），用 ε_1'表示，其值为 $\varepsilon_1'=\dfrac{\sigma_1}{E}$；由 σ_2、σ_3 单独作用引起的沿 σ_1 方向的线应变（向线应变）分别用 ε_1''和 ε_1'''表示，其值分别为 $\varepsilon_1''=-\dfrac{\mu\sigma_2}{E}$，$\varepsilon_1'''=-\dfrac{\mu\sigma_3}{E}$。将这三个沿同一方向的线应变叠加，得

$$\varepsilon_1=\varepsilon_1'+\varepsilon_1''+\varepsilon_1'''=\frac{\sigma_1}{E}-\mu\frac{\sigma_2}{E}-\mu\frac{\sigma_2}{E}=\frac{1}{E}[\sigma_1-\mu(\sigma_2-\sigma_3)]$$

同理可得沿 σ_2 和 σ_3 方向的总应变 ε_2 和 ε_3，其值分别为

$$\varepsilon_2=\frac{1}{E}[\sigma_2-\mu(\sigma_1+\sigma_3)]$$

$$\varepsilon_3=\frac{1}{E}[\sigma_3-\mu(\sigma_1+\sigma_2)]$$

则有

$$\left.\begin{aligned}\varepsilon_1&=\frac{1}{E}[\sigma_1-\mu(\sigma_2+\sigma_3)]\\\varepsilon_2&=\frac{1}{E}[\sigma_2-\mu(\sigma_1+\sigma_3)]\\\varepsilon_3&=\frac{1}{E}[\sigma_3-\mu(\sigma_1+\sigma_2)]\end{aligned}\right\}\tag{13-15}$$

式（13-15）给出了三向应力状态下，任一点处沿三个主应力方向的线应变与三个主应

力的关系。这一关系通常称为广义胡克定律。上式中，σ_1、σ_2、σ_3 均为代数值，当求出 ε_1、ε_2、ε_3 为正时，表示相对伸长；若为负值，表示相对缩短。与主应力相似，三个主应变仍按代数值大小排序，即 $\varepsilon_1 \geqslant \varepsilon_2 \geqslant \varepsilon_3$。并且沿 σ_1 方向的线应变是该点所有方向线应变的最大值，即

$$\varepsilon_{\max} = \varepsilon_1 \tag{13-16}$$

上述公式是三个方向只有正应力的情况下得出的。当应力单元体各个面上既有正应力又有切应力作用时（图 13-14），由于线弹性范围内，切应力不会引起线应变，上述正应力与线应变的关系仍然适用，即

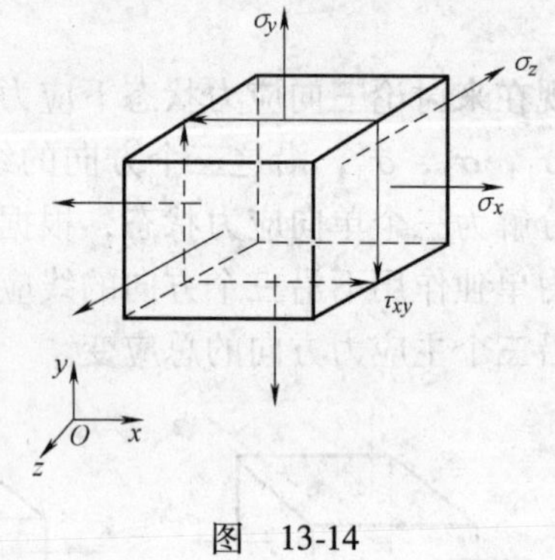

图 13-14

$$\left.\begin{aligned}
\varepsilon_x &= \frac{1}{E}[\sigma_x - \mu(\sigma_y - \sigma_z)] \\
\varepsilon_y &= \frac{1}{E}[\sigma_y - \mu(\sigma_x + \sigma_z)] \\
\varepsilon_z &= \frac{1}{E}[\sigma_z - \mu(\sigma_x + \sigma_y)]
\end{aligned}\right\} \tag{13-17}$$

第五节 强度理论

一、材料的破坏形式

通过研究材料的力学性能可知，塑性材料（如低碳钢）破坏是以塑性屈服为标志的，而脆性材料（如铸铁）则是以脆性断裂为标志的。材料的破坏形式不仅与材料有关，还与所处的应力状态有关。大量试验表明，不论什么样的材料，产生什么样的变形，对其破坏形式可归结为脆性断裂和塑性流动两大类。前者为没有发生明显塑性变形的条件下，突然断裂；后者为当应力达到材料屈服点后，产生明显的塑性变形从而丧失正常工作的能力。

二、强度理论的概念

强度理论是复杂应力状态下的强度条件，或者说是关于引起材料破坏的决定性因素的假说或推断。

人们经过长期生产实践和大量科学试验，分析材料的破坏原因，总结材料的破坏规律，不断提出某一破坏形式的共同原因的假说，与简单拉伸破坏时的同一原因相比较，从此推断材料在复杂应力下的强度，并建立相应的的强度条件，即称其为强度理论。

材料的破坏形式有两种，因此，强度理论也相应分为两类：一类是以脆性断裂作为破坏标志，主要适用于脆性材料；另一类是以塑性流动作为破坏标志，主要适用于塑性材料。

三、常用强度理论简介

（一）第一强度理论（最大拉应力理论）

这一理论认为，引起材料破坏的主要原因是最大拉应力 σ_1。根据这一理论，无论材料处于单向应力状态，或者处于复杂应力状态，只要构件内部危险点处的最大拉应力 σ_1 达到材料在单向拉伸发生脆性断裂时的极限应力值 σ_{ljx}，构件就发生脆性断裂破坏。它的破坏判

据是

$$\sigma_1 = \sigma_b$$

由此，可得出该理论的强度条件为

$$\sigma_1 \leqslant [\sigma] \tag{13-18}$$

这一理论与砖、石、铸铁等脆性材料的拉断相符合；对于断裂前有明显塑性变形的材料不适用。同时，该理论没有考虑另外两个主应力的影响，而且对没有拉应力的应力状态也无法利用。

（二）第二强度理论（最大伸长线应变理论）

这一理论认为，引起材料破坏的主要原因是最大伸长线应变 ε_1。根据这一理论，无论材料是处于单向应力状态，还是处于复杂应力状态，只要构件内部危险点的最大伸长线应变达到单向拉伸破坏时的线应变 ε_{ljx}，构件就发生脆性断裂破坏。它的破坏判据是

$$\varepsilon_1 = \varepsilon_{ljx} = \frac{\sigma_b}{E}$$

由广义胡克定律 $\varepsilon_1 = \frac{1}{E}[\sigma_1 - \mu(\sigma_2 + \sigma_1)]$

得出第二强度理论的强度条件是

$$\sigma_1 - \mu(\sigma_2 + \sigma_3) \leqslant [\sigma] \tag{13-19}$$

这一理论考虑了另外两个主应力，比第一强度理论全面。它能很好地解释石料、混凝土压缩时沿纵向断裂的现象。但按照这一理论，当材料处于两向拉伸或三向拉伸时，比单向拉伸更安全，这一点与实际情况不相符合。该理论目前很少采用。

（三）第三强度理论（最大切应力理论）

这一理论认为，材料发生流动破坏的主要原因是最大切应力 τ_{max}。根据这一理论，无论材料处于单向应力状态，还是处于复杂应力状态，只要构件内部危险点的最大剪应力 τ_{max} 达到单向拉伸破坏时的最大切应力 τ_{ljx}，材料就会发生流动破坏。它的破坏判据是

$$\tau_{max} = \tau_{ljx}$$

由应力分析知 $\tau_{max} = \frac{1}{2}(\sigma_1 - \sigma_3)$

于是得出第三强度理论的强度条件是

$$\sigma_1 - \sigma_3 \leqslant [\sigma] \tag{13-20}$$

这一强度理论形式简单，概念清楚，它能很好地解释低碳钢扭转、铸铁压缩等破坏现象以及三向受压破坏的问题，计算结果与实际较相符合，且偏于安全。但是，由于没有考虑 σ_2 的影响，故还不够精确。该理论得到广泛应用。

（四）第四强度理论（形状改变比能理论）

复杂应力状态下，单元体在 σ_1、σ_2、σ_3 作用下，其体积和形状都会发生改变。外力对单元体作功，单元体内积蓄了应变比能，该应变比能包含体积改变比能和形状改变比能两部分，其中形状改变比能与材料的强度有关。

这一理论认为，材料发生流动破坏的主要原因是最大形状改变比能 u_{fmax}。根据这一理论，无论材料处于单向应力状态，还是处于复杂应力状态，只要构件内部危险点的最大形状改变比能达到单向拉伸破坏时的形状改变比能 u_{fljx}，材料就会发生流动破坏。它的破坏根据

为

$$u_{\mathrm{fmax}} = u_{\mathrm{fljx}}$$

根据复杂应力状态下的应力-应变分析得出，三向应力状态下最大形状改变比能为

$$u_{\mathrm{fmax}} = \frac{1+\mu}{6E}[(\sigma_1-\sigma_2)^2+(\sigma_2-\sigma_3)^2+(\sigma_1-\sigma_3)^2]$$

单向拉伸破坏时形状改变比能（由 $\sigma_1=\sigma_{\mathrm{ejx}}$，$\sigma_2=\sigma_3=0$）为

$$u_{\mathrm{fljx}} = \frac{1+\mu}{3E}\sigma_{\mathrm{ljx}}^2$$

于是，第四强度理论的强度条件为

$$\sqrt{\frac{1}{2}[(\sigma_1-\sigma_2)^2+(\sigma_2-\sigma_3)^2+(\sigma_1-\sigma_3)^2]} \leqslant [\sigma] \tag{13-21}$$

这一强度理论，不仅包括了 σ_1、σ_2、σ_3 三个主应力的影响，而且综合反映了应力、应变、变形能的综合影响，因此，比前三个强度理论更全面，更合理。该强度理论能很好地解释三向受压不破坏的问题，而且考虑了 σ_2 的影响，比第三强度理论更精确，更接近实际。但该理论对二向拉伸、三向拉伸作出比单向拉伸更安全的结论，与实际情况不符。

上述四个强度理论的强度条件，可以统一为一个表达式，即

$$\sigma_{xdi} \leqslant [\sigma] \tag{13-22}$$

式中，$[\sigma]$ 为根据单向拉伸试验确定的材料的许用应力；σ_{xdi} 为三向应力状态下由 σ_1、σ_2、σ_3 按不同强度理论而形成的某种组合，称为相当应力，对不同的强度理论，它们分别为

$$\left.\begin{aligned} \sigma_{xd1} &= \sigma_1 \\ \sigma_{xd2} &= \sigma_1 - \mu(\sigma_2+\sigma_3) \\ \sigma_{xd3} &= \sigma_1 - \sigma_3 \\ \sigma_{xd4} &= \sqrt{\frac{1}{2}[(\sigma_1-\sigma_2)^2+(\sigma_2-\sigma_3)^2+(\sigma_1-\sigma_3)^2]} \end{aligned}\right\} \tag{13-23}$$

由式（13-21）可见，强度理论从某种意义上说，就是把一个复杂的应力状态变为一个简单的与其等效的单向应力状态（图 13-15），两者的等效条件是：破坏原因相同，安全程度相当。该单向应力状态的应力 σ_{xdi}，称为相当应力，它是复杂应力状态下三个主应力的某种组合（函数），该组合根据破坏原因的假设确定。将此单向应力与简单拉伸的许用应力相比较，即可得复杂应力状态下的强度条件。

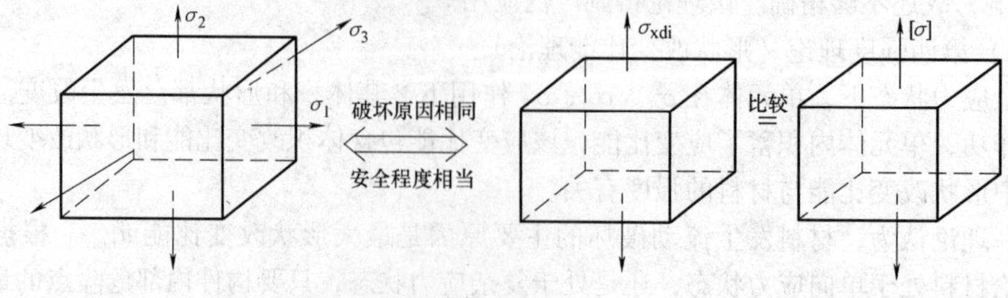

图 13-15

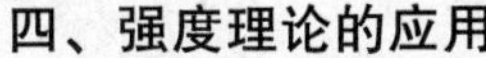

四、强度理论的应用

根据以上分析和工程实际的应用要求，应用强度理论时应注意以下两方面的问题：

（1）注意每个强度理论的适用范围

在大多数情况下，脆性材料将发生脆性断裂，应选用第一、第二强度理论；而塑性材料易发生塑性流动，应采用第三、第四强度理论。但是，材料的脆性或塑性并非绝对的，它不仅与材料性质有关，还与其所处的应力状态有关。塑性材料在某些情况下会发生脆性断裂，如三向拉伸；而脆性材料在一定场合下也会发生塑性流动，如三向受压。

（2）应用强度理论并非简单的公式计算，而是一个复杂的计算过程。

强度理论所给出的强度条件，只是在确定危险点及其应力状态之后的计算，并非强度计算的全过程。而确定危险的应力状态是一个复杂的计算过程（既要利用前几章的计算过程，又要补充一些新的方法步骤，下一章专门介绍）。即使给出了危险点的应力状态，也还要利用应力状态理论，求主应力，正确设计可能的失效方式，再选用相应的强度理论进行计算。

例 13-5　试根据强度理论推导图 13-16 所示纯切应力状态下的 $[\tau]$。

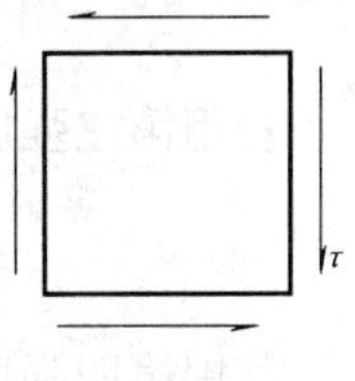

图　13-16

解：由例 13-2 得单元体的三个主应力为

$$\sigma_1=\tau,\sigma_2=0,\sigma_3=-\tau$$

若采用第一强度理论，则

$$\sigma_{xd_1}=\sigma_1=\tau\leqslant[\sigma]$$

与扭转强度计算公式 $\tau\leqslant[\tau]$ 比较，得

$$[\tau]=[\sigma] \tag{a}$$

若采用第二强度理论，则

$$\sigma_{xd_2}=\sigma_1-\mu(\sigma_2+\sigma_3)=(1+\mu)\tau\leqslant[\sigma]$$

即

$$\tau\leqslant\frac{[\sigma]}{1+\mu}$$

取 $\mu=0.3$，则

$$\tau\leqslant0.77[\sigma]$$

由此得出

$$[\tau]=0.77[\sigma] \tag{b}$$

若采用第三强度理论，则

$$\sigma_{xd_3}=\sigma_1-\sigma_3=2\tau\leqslant[\sigma]$$

即

$$\tau\leqslant0.5[\sigma]$$

由此得出

$$[\tau]=0.5[\sigma] \tag{c}$$

若采用第四强度理论，则

$$\sigma_{xd_4}=\sqrt{\frac{1}{2}[(\sigma_1-\sigma_2)^2+(\sigma_2-\sigma_3)^2+(\sigma_1-\sigma_3)^2]}=\sqrt{3}\tau\leqslant[\sigma]$$

即

$$\tau\leqslant\frac{[\sigma]}{\sqrt{3}}=0.577[\sigma]$$

由此得出

$$[\tau]=0.577[\sigma] \tag{d}$$

由于第一、第二强度理论适用于脆性材料，由式（c）、（d）得

对于脆性材料 $[\tau]=0.8\sim1.0[\sigma]$

又由于第三、第四强度理论适用于塑性材料，由式（c）、（d）得

对于塑性材料 $[\tau]=0.5\sim0.6[\sigma]$

例 13-6 横力弯曲和弯扭组合变形一点应力状态如图 13-18 所示。试按第三、第四强度理论推导其强度计算公式。

解：由图 13-17 可知：$\sigma_x=\sigma$，$\sigma_y=0$，$\tau_x=\tau_1$ 代入式（13-4）得

$$\left.\begin{matrix}\sigma_{max}\\ \sigma_{min}\end{matrix}\right\}=\frac{\sigma}{2}\pm\sqrt{\left(\frac{\sigma}{2}\right)^2+\tau^2}$$

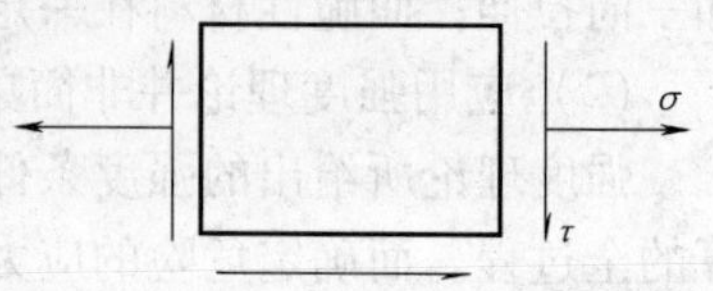

图 13-17

由此可得

$$\sigma_1=\frac{\sigma_2}{2}+\sqrt{\left(\frac{\sigma}{2}\right)^2+\tau^2},\sigma_2=0,\sigma_3=\frac{\sigma}{2}-\sqrt{\left(\frac{\sigma}{2}\right)^2+\tau^2}$$

若用第三强度理论，则

$$\sigma_{xd_3}=\sigma_1-\sigma_3=\sqrt{\sigma^2+4\tau^2}\leqslant[\sigma] \tag{13-24}$$

若用第四强度理论，则

$$\sigma_{xd_4}=\sqrt{\frac{1}{2}(\sigma_1-\sigma_2)^2+(\sigma_2-\sigma_3)^2+(\sigma_1-\sigma_3)^2}=\sqrt{\sigma^2+3\tau^2}\leqslant[\sigma] \tag{13-25}$$

例 13-7 28a 工字钢截面简支梁如图 13-18a 所示。材料的许用应力$[\sigma]=170\text{MPa}$，$[\tau]=100\text{MPa}$。试全面校核梁的强度。

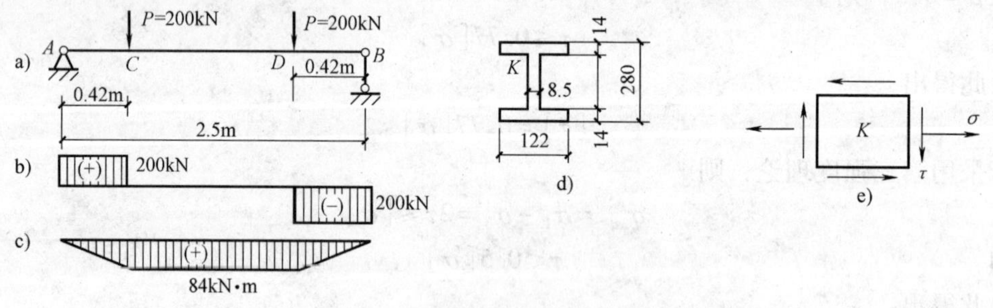

图 13-18

解：（1）确定危险断面和危险点。作梁的剪力图和弯矩图如图 13-18b、c 所示。由图可见，C、D 两截面上的剪力值和弯矩值均为最大，其值分别为 $Q_{max}=200\text{kN}$，$M_{max}=84\text{kN}\cdot\text{m}$。由于此两截面上的内力大小相同，故只对其中之一的截面 C 的危险点进行强度校核。最大正应力发生在上、下边缘处，最大切应力在中性轴上，腹板与翼缘交界点正应力和切应力都比较大。上述各点都是危险点。

（2）校核正应力强度。由型钢规格表查得 28a 工字钢的抗弯截面系数 $W_z=508\text{cm}^3$，故

梁内最大正应力为

$$\sigma_{max}=\frac{M_{max}}{W_z}=\frac{84\times10^6}{508\times10^3}\text{MPa}=165.35\text{MPa}<[\sigma]=170\text{MPa}$$

可见梁的正应力强度足够。

(3) 校核切应力强度。由型钢规格表查得 28a 工字钢的$\frac{I_z}{S_z}=24.6\text{cm}$，$b=8.5\text{mm}$，故梁内最大切应力为

$$\tau_{max}=\frac{Q_{max}}{\frac{I_z}{S_z}\cdot b}=\frac{200\times10^3}{246\times8.5}\text{MPa}=95.6\text{MPa}\leqslant[\tau]=100\text{MPa}$$

可见梁的切应力强度也足够。

(4) 校核主应力强度。虽然危险面上各点的正应力和切应力都满足强度要求，但 C 截面上腹板与翼缘交界处 K 点存在较大的正应力和切应力，也是危险点。因此还必须校核该点的强度。先在 K 点处取出单元体（图 13-19e），由型钢表查得 28a 工字钢的 $I_z=7110\text{cm}^4$，又

$$y_k=\frac{280}{2}-14=126\text{mm}$$

$$S_z=122\times14\left(\frac{280}{2}-\frac{14}{2}\right)\text{mm}^3=22.72\times10^4\text{mm}^3$$

$$\sigma=\frac{M}{I_z}y=\frac{84\times10^6\times126}{7110\times10^4}\text{MPa}=148.9\text{MPa}$$

$$\tau=\frac{QS_z}{I_zb}=\frac{200\times10^3\times22.72\times10^4}{7110\times10^4\times8.5}\text{MPa}=75.2\text{MPa}$$

利用式（13-23）和式（13-24）进行校核

$$\sigma_{xd3}=\sqrt{\sigma^2+4\tau^2}=\sqrt{148.9^2+4\times75.2^2}=211.6\text{MPa}>[\sigma]=170\text{MPa}$$

$$\sigma_{xd4}=\sqrt{\sigma^2+3\tau^2}=\sqrt{148.9^2+3\times75.2^2}=197.8\text{MPa}\geqslant[\sigma]=170\text{MPa}$$

由上面计算可知，此梁在交界点 K 处不满足强度要求。

例 13-8　已知铸铁构件内危险点处的应力状态如图 13-19 所示。若铸铁材料的许用应力$[\sigma]=30\text{MPa}$，试校核该其强度。

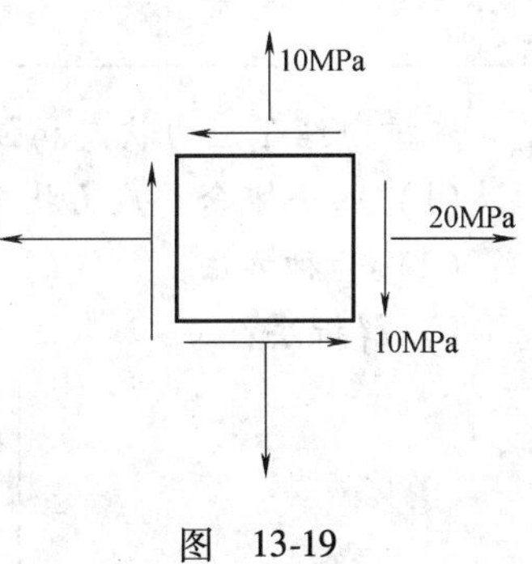

图　13-19

解： 由图 12-19 知，$\sigma_x=20\text{MPa}$，$\sigma_y=10\text{MPa}$，$\tau_x=10\text{MPa}$，求得单元体的主应力为

$$\left.\begin{matrix}\sigma_1\\\sigma_2\end{matrix}\right\}=\frac{\sigma_x+\sigma_y}{2}\pm\sqrt{\left(\frac{\sigma_x-\sigma_y}{2}\right)^2+\tau_x^2}$$

$$=\left(\frac{20+10}{2}\pm\sqrt{\left(\frac{20-10}{2}\right)^2+10^2}\right)\text{MPa}=\begin{matrix}26.2\text{MPa}\\3.82\text{MPa}\end{matrix}$$

另一主应力为 $\sigma_3=0$

采用第一强度理论，由

$$\sigma_{xdi}=\sigma_1=26.2\text{MPa}<[\sigma]=30\text{MPa}$$

所以该构件是安全的。

例 13-9 钢制构件危险点的应力状态如图 13-20 所示。已知材料的许用应力 $[\sigma]=160\text{MPa}$，试校核其强度。

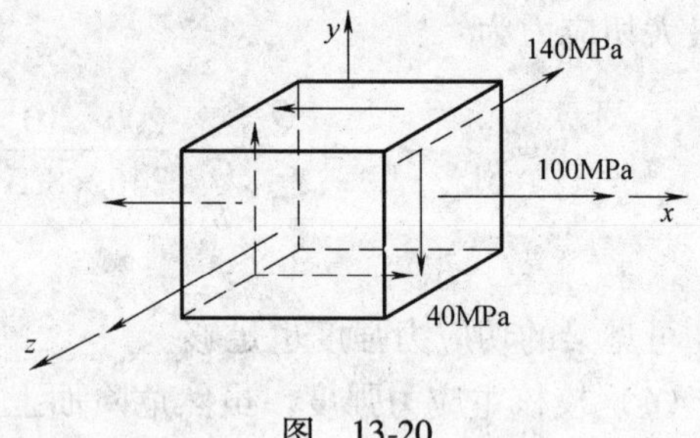

图 13-20

解： 单元体前、后两个面上没有切应力，因而是主平面，故有一个数值为 140MPa 的主应力。

根据 xy 面内的应力情况：$\sigma_x=100\text{MPa}$，$\sigma_y=0$，$\tau_x=40\text{MPa}$，求得单元体另外两个应力为

$$\begin{matrix}\sigma_2\\\sigma_3\end{matrix}=\frac{\sigma_x+\sigma_y}{2}\pm\sqrt{\left(\frac{\sigma_x-\sigma_y}{2}\right)^2+\tau_x^2}=\left(\frac{100}{2}\pm\sqrt{\left(\frac{100}{2}\right)^2+(40)^2}\right)\text{MPa}$$

$$=\begin{matrix}114\text{MPa}\\-14\text{MPa}\end{matrix}$$

而 $\sigma_1=140\text{MPa}$

采用第三或第四强度理论，由

$$\sigma_{xd3}=\sigma_1-\sigma_3=[140-(-14)]\text{MPa}=154\text{MPa}<[\sigma]=160\text{MPa}$$

$$\sigma_{xd4}=\sqrt{\frac{1}{2}[(\sigma_1-\sigma_2)^2+(\sigma_2-\sigma_3)^2+(\sigma_1-\sigma_3)^2]}$$

$$=\sqrt{\frac{1}{2}[(140-114)^2+(114+14)^2+(140+14)^2]}\text{MPa}$$

$$=143\text{MPa}<[\sigma]=160\text{MPa}$$

故此构件是安全的。

小　　结

本章介绍了应力状态和强度理论。

(1) 四个概念：应力状态、强度理论、主平面、主应力。

(2) 两种方法：

1) 解析法：

$$\begin{cases}\sigma_2=\dfrac{\sigma_x+\sigma_y}{2}+\dfrac{\sigma_x-\sigma_y}{2}\cos2\alpha-\tau_x\sin2\alpha\\\tau_2=\dfrac{\sigma_x-\sigma_y}{2}\sin2\alpha+\tau_x\cos2\alpha\end{cases}$$

$$\begin{cases}\left.\begin{matrix}\sigma_{max}\\\sigma_{min}\end{matrix}\right\}=\dfrac{\sigma_x+\sigma_y}{2}\pm\sqrt{\left(\dfrac{\sigma_x-\sigma_y}{2}\right)^2+\tau_x^2}\\\tan2\alpha_0=-\dfrac{2\tau_x}{\sigma_x-\sigma_y}\end{cases}$$

$$\begin{cases}\left.\begin{matrix}\tau_{max}\\\tau_{min}\end{matrix}\right\}=\pm\sqrt{\left(\dfrac{\sigma_x-\sigma_y}{2}\right)^2+\tau_x^2}=\pm\dfrac{1}{2}(\sigma_{max}-\sigma_{min})\\\tan2\alpha_1=\dfrac{\sigma_x-\sigma_y}{2\tau_x}\end{cases}$$

2）作图法：
$$\left(\sigma_\alpha-\frac{\sigma_x+\sigma_y}{2}\right)^2+\tau_2^2=\left(\sqrt{\left(\frac{\sigma_x-\sigma_y}{2}\right)^2+\tau_x^2}\right)^2$$

（3）四个强度理论：
$$\sigma_{xdi}\leqslant[\sigma]$$

$$\begin{cases}\sigma_{xd1}=\sigma_1\\\sigma_{xd2}=\sigma_1-\mu(\sigma_2+\sigma_3)\\\sigma_{xd3}=\sigma_1-\sigma_3\\\sigma_{xd4}=\sqrt{\dfrac{1}{2}[(\sigma_1-\sigma_2)^2+(\sigma_2-\sigma_3)^2+(\sigma_1-\sigma_3)^2]}\end{cases}$$

思　考　题

13-1　判断：

（1）单元体上最大正应力的面上切应力恒等于零。

（2）单元体上最大切应力的面上正应力必为零。

（3）最大正应力与最大切应力的面相互垂直。

（4）单元体上切应力等于零的面上正应力必为最大或最小。

（5）若构件内某截面上轴力 $N=0$，则该横截面上的正应力必处处为零。

（6）若构件内一点处，某方向线应变为零，则该方向的正应力必为零。

13-2　__________平面称为主平面。主平面上的正应力称为__________。三个主应力 σ_1、σ_2、σ_3 是按__________排列的。最大、最小正应力作用面相互__________。最大、最小切应力作用面相互__________。最大正应力与最大切应力作用面相交__________。

13-3　一点处应力状态的主平面有__________个。

（A）两个　（B）三个　（C）大于三个　（D）无穷多个

13-4　单元体应力状态如图所示，其主应力为__________

（A）$\sigma_1=\sigma_2>0$，$\sigma_3=0$　（B）$\sigma_1=0$，$\sigma_2=\sigma_3<0$

（C）$\sigma_1>0$，$\sigma_2=0$，$\sigma_3<0$；$|\sigma_1|=|\sigma_3|$　（D）$\sigma_1>0$，$\sigma_2=0$，$\sigma_3<0$，$|\sigma_1|\neq|\sigma_3|$

13-5　圆轴扭转时，轴表面各点的应力状态为__________。

（A）单向应力状态　（B）二向应力状态　（C）三向应力状态　（D）各向等应力状态

13-6 等截面积杆拉伸时应力状态如图所示，则 A、B、C 三点的应力状态为__________。

（A）各不相同 （B）相同 （C）仅两点应力状态相同 （D）无法判断

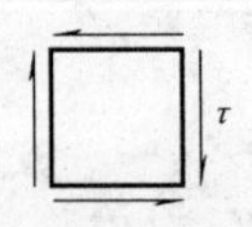

思考题 13-4 图

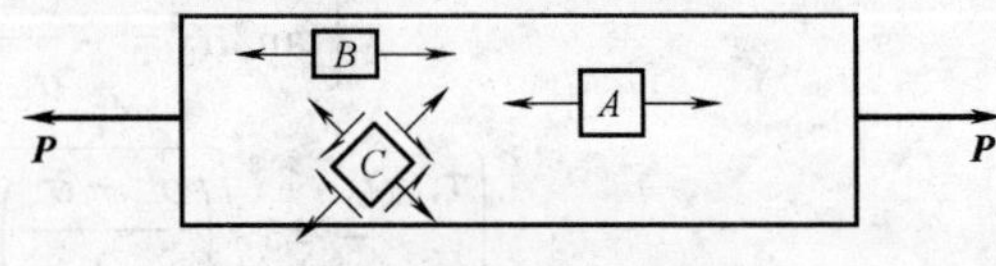

思考题 13-6 图

13-7 材料的破坏形式有__________和__________。材料的破坏形式与__________和__________有关。

13-8 一、二强度理论适用于__________，三、四强度理论适用于__________。

13-9 图示单元体属于何种应力状态？

（A）二向应力状态 （B）单向应力状态 （C）三向应力状态 （D）纯剪切应力状态

13-10 图示应力状态（$\sigma_1>\sigma_2>0$），关于最大切应力作用面的以下四种答案中，哪一种是正确的？

（A）平行于 σ_2 作用面，其法线与 σ_1 夹角 45°

（B）平行于 σ_1 作用面，其法线与 σ_1 夹角 45°

（C）平行于 σ_1 和 σ_2 作用线组成的平面，其法线与 σ_1 夹角为 45°

（D）平行于 σ_1 和 σ_2 作用线组成的平面，其法线与 σ_2 夹角为 45°

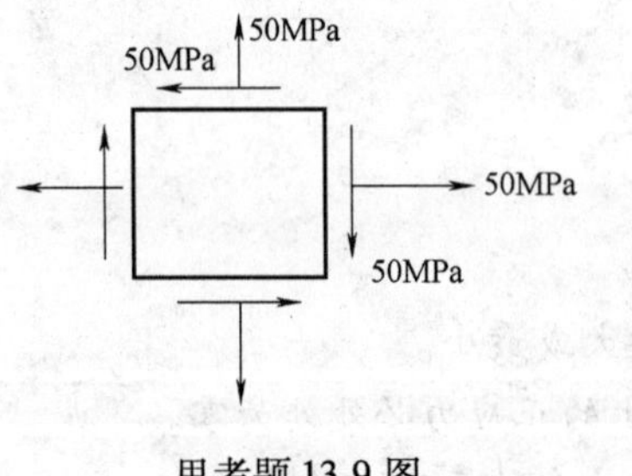

思考题 13-9 图

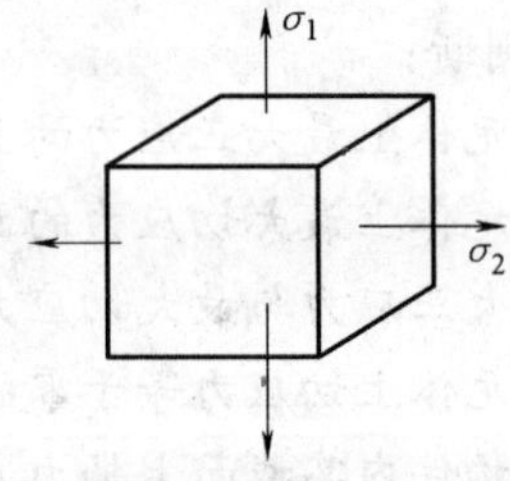

思考题 13-10 图

13-11 关于弹性体受力后某一方向的应力与应变关系的下述结论中，哪一个是正确的？

（A）有应力一定有应变，有应变不一定有应力

（B）有应力不一定有应变，有应变不一定有应力

（C）有应力不一定有应变，有应变一定有应力

（D）有应力一定有应变，有应变一定有应力

13-12 对于图示的应力状态（$\sigma_x>\sigma_y$），若为脆性材料，失效可能发生在哪一个平面？

（A）平行于 x 轴的平面 （B）平行于 y 轴的平面

（C）平行于 yOz 坐标面的平面 （D）平行于 xOz 坐标面的平面

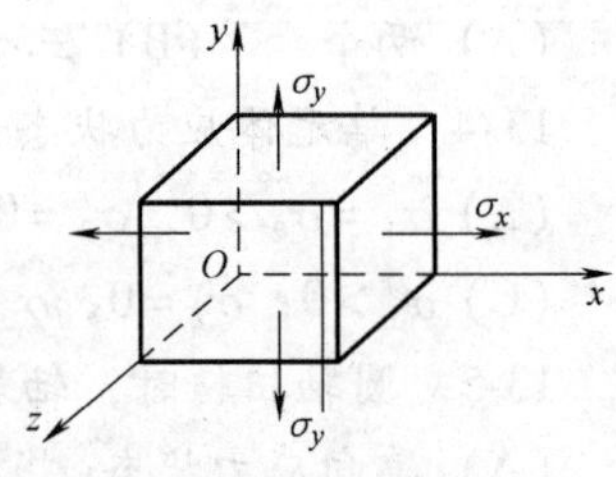

思考题 13-12 图

13-13 承受内压的封闭形薄壁圆筒，由脆性材料制成。压

力过大，表面裂纹方向可能是

（A）沿圆柱纵向　（B）沿圆柱环向　（C）沿与圆柱纵向成45°角方向　（D）沿与圆柱纵向成45°角的方向

习　　题

13-1　构件受力如图所示，试用单元体表示危险点的应力状态。

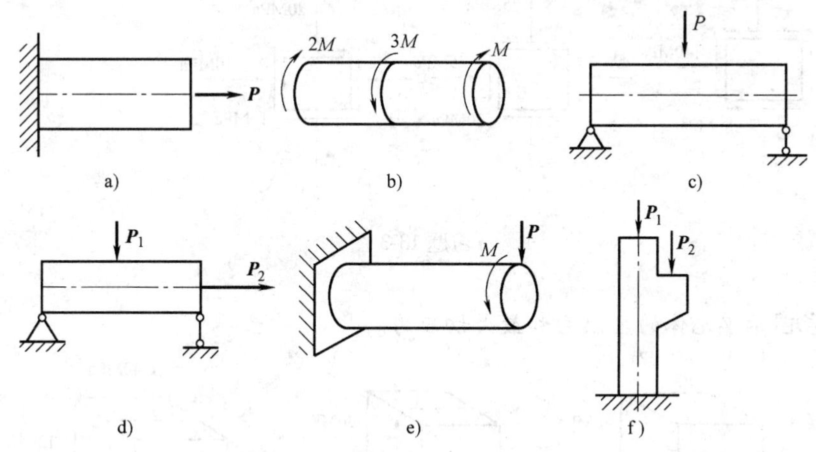

习题13-1图

13-2　求图示单元体指定斜截面上的应力。

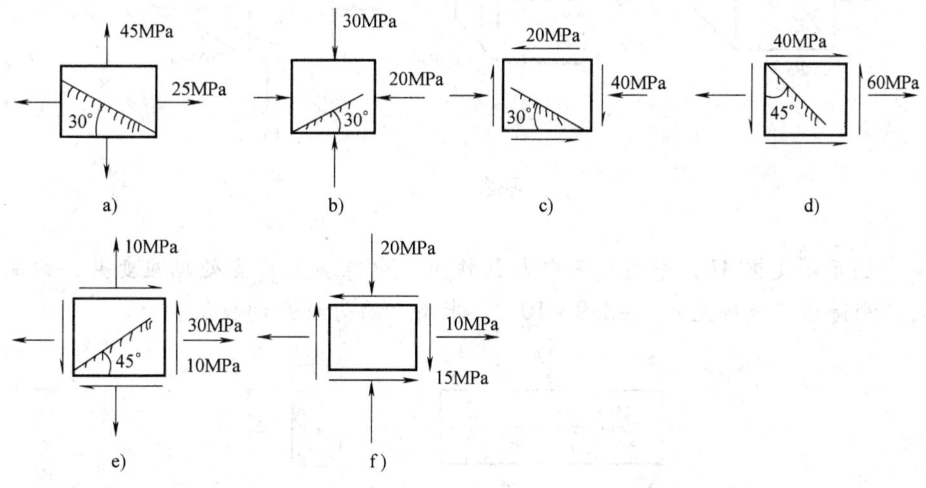

习题13-2图

13-3　求图示单元体的主应力和主平面位置，并在单元体上绘出主应力单元体图。

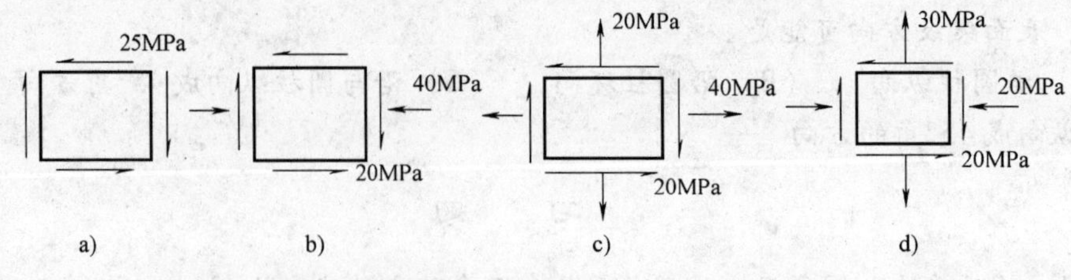

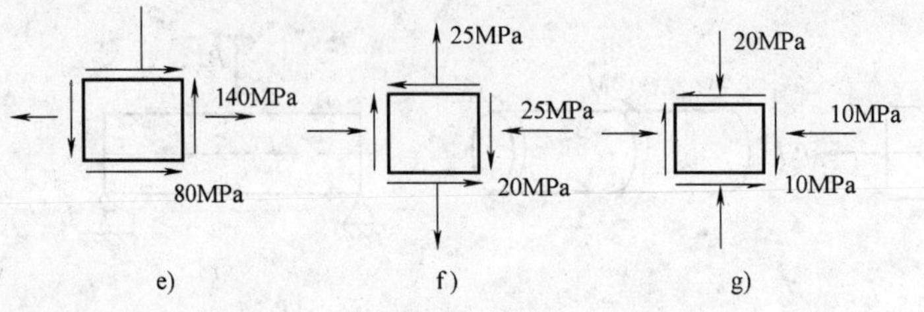

习题 13-3 图

13-4 求图示单元体的主应力和最大切应力。

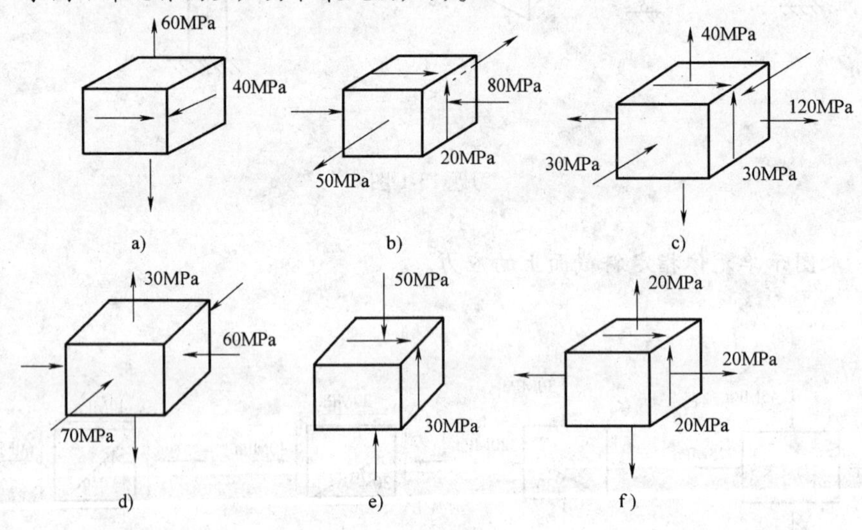

习题 13-4 图

13-5 图示简支梁 AB，中间受集中力 $\boldsymbol{P}$ 作用，中性层上 C 点处贴应变片，方向与轴线成 45°角，测得该点线应变 $\varepsilon = -3.9 \times 10^{-5}$。求梁上的荷载 $\boldsymbol{P}$ 的数值。

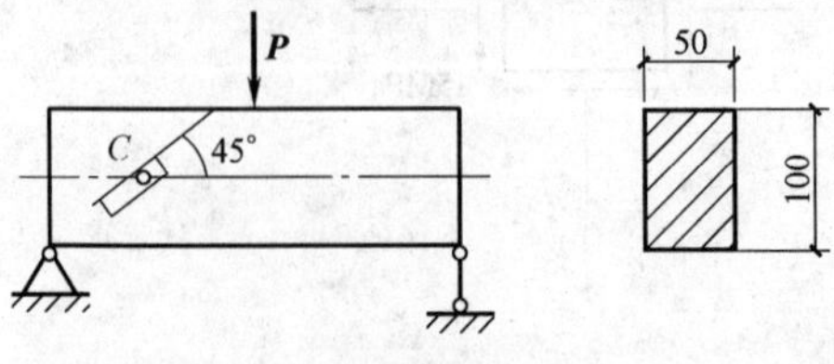

习题 13-5 图

第十四章　组 合 变 形

内容提要：本章介绍构件在斜弯曲、拉伸（压缩）与弯曲、偏心压缩（拉伸）、弯曲和扭转等组合变形时的应力分析和强度计算。

第一节　组合变形的概念和实例

前面各章分别讲了杆件在拉伸（压缩），剪切、扭转、弯曲等基本变形时强度和刚度计算问题。但在实际工程中杆件的受力情况比较复杂，往往不只是某一种基本变形，而是由两种或两种以上基本变形组合而成的变形，这种变形称为组合变形。例如屋面檩条（图 14-1a）的变形是两个平面弯曲的组合；烟囱（图 14-1b）、钻床立柱（图 14-1c）、悬臂起重机横梁（图 14-1d）等的变形是拉伸（压缩）与弯曲的组合；卷扬机（图 14-1e）、机械转动轴（14-1f）的变形是弯曲与扭转的组合。

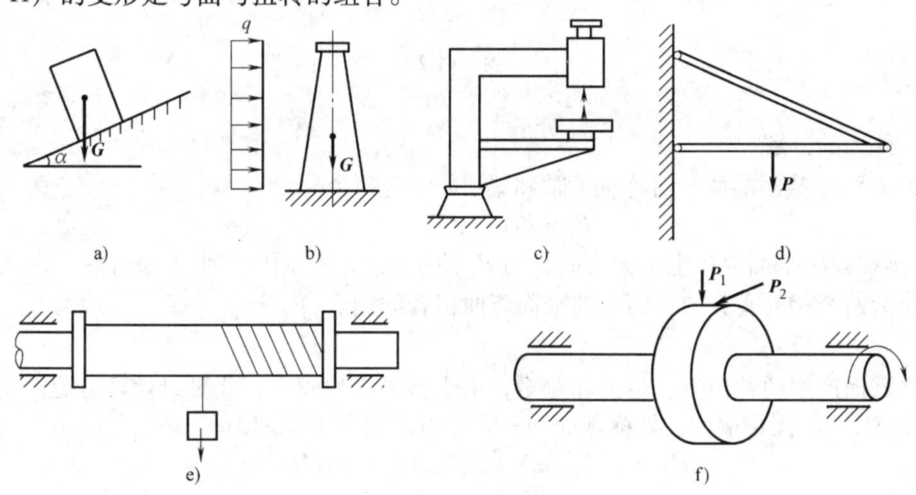

图　14-1

组合变形构件的应力和强度计算，通常根据力的作用互不相关原理和小变形叠加原理进行。即假设所有荷载的作用彼此独立、互不相关，任一荷载引起的应力和变形都不受其他荷载的影响。这样，当构件承受复杂的荷载作用同时产生几种变形时，可将荷载分解或简化成几种简单荷载，使每一种简单荷载只产生一种基本变形，分别计算每一基本变形的内力，确定危险截面，然后，分别计算每一基本变形的应力，确定危险点，将危险点的应力和应力状态相加，应用应力状态理论求主应力，选择强度理论，进行强度计算。

杆件的基本变形有各种不同的组合。本章只介绍常见的几种组合变形，即斜弯曲，拉伸（压缩）与弯曲的组合，偏心拉伸（压缩），弯曲与扭转的组合。

第二节 斜 弯 曲

当外力作用在梁的对称平面内时，梁变形后的挠曲线仍在此外力作用面内，这种变形称为平面弯曲。如果外力作用平面通过梁轴，但不与梁的纵向对称平面重合时，梁变形后的挠曲线就不在外力作用平面内，这种弯曲称为斜弯曲。

设有一个矩形截面悬臂梁，在自由端处作用一集中力 $\boldsymbol{P}$，其作用线通过截面形心与对称轴 y 轴间的夹角为 φ，如图 14-2 所示。现以此梁为例，分析斜弯曲时的应力和强度计算问题。

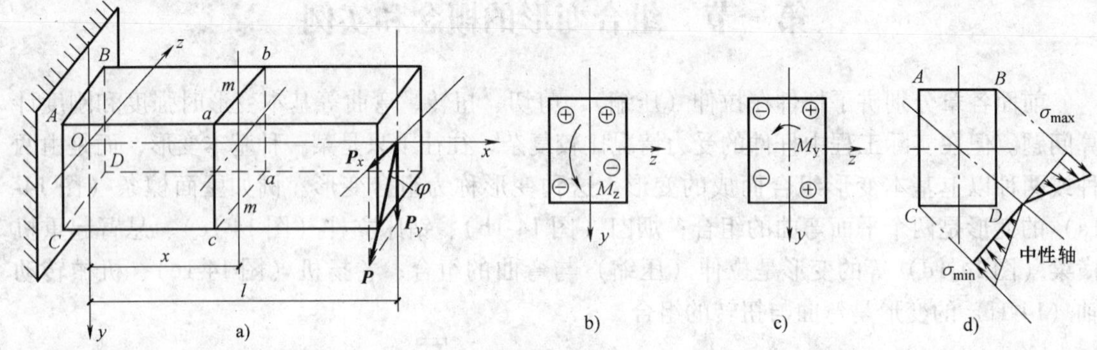

图 14-2

一、外力的分解

将力 $\boldsymbol{P}$ 沿横截面的两个对称轴 y 轴和 z 轴分解为两个分量：

$$\boldsymbol{P}_y = \boldsymbol{P}\cos\varphi,\ \boldsymbol{P}_z = \boldsymbol{P}\sin\varphi$$

力 $\boldsymbol{P}_y$ 使梁在 Oxy 平面内产生平面弯曲；力 $\boldsymbol{P}_z$ 使梁在 Oxz 平面内产生平面弯曲。因此，斜弯曲就转化为两个相互垂直的平面内的平面弯曲组合问题。

二、内力计算

梁横截面产生两种内力：剪力和弯矩，由于剪力影响较小，此时只计算弯矩。

$\boldsymbol{P}_y$ 和 $\boldsymbol{P}_z$ 在距固定端为 x 处横截面 m—m 处引起的弯矩分别为

$$M_z = \boldsymbol{P}_y(l-x) = \boldsymbol{P}(l-x)\cos\varphi = M\cos\varphi$$
$$M_y = \boldsymbol{P}_z(l-x) = \boldsymbol{P}(l-x)\sin\varphi = M\sin\varphi$$

式中 $M = \boldsymbol{P}(l-x)$。

三、应力计算

现在来求 m—m 截面上任一点 $K(y、z)$ 处的正应力。

利用弯曲正应力公式，求得图 M_y 和 M_z 引起的 K 点处的正应力分别为

$$\sigma' = \frac{M_z}{I_z}y,\ \sigma'' = \frac{M_y}{I_y}z$$

K 点的总应力是由 M_z 和 M_y 引起的正应力的叠加。利用叠加原理，由于 K 点在 M_z 和 M_y 作用下均处于受拉区，因此 K 点的正应力为

$$\sigma_K = \sigma' + \sigma'' = \frac{M_z}{I_z}y + \frac{M_y}{I_y}z$$

四、强度计算

进行强度计算，首先要确定危险截面和危险点。本例中，梁的固定端截面弯矩最大，是危险截面。受 M_z 引起的最大拉应力在 AB 边线上，由 M_y 引起的最大拉应力在 BD 边线上。由此可见，最大拉应力在 B 点。同理最大压应力在 C 点。

若材料为塑性材料，抗拉、抗压强度相等，则斜弯曲的强度条件为

$$\sigma_{\max}=\frac{M_{z\max}}{I_z}y_{\max}+\frac{M_{y\max}}{I_y}z_{\max}=\frac{M_{z\max}}{Wz}+\frac{M_{y\max}}{Wy}\leqslant[\sigma] \tag{14-1}$$

可以证明斜弯曲状态下，中性轴是一条通过截面形心的斜线。中性轴上各点正应力为零，距中性轴最远的点（B 点和 C 点）正应力最大。

例 14-1　屋面结构中的木檩条，跨长 $l=3\text{m}$，受均布荷载 $q=1\text{kN/m}$，$\varphi=30°$（图 14-3）。截面尺寸为 $h=140\text{mm}$，$b=90\text{mm}$。试校核梁的强度。许用应力 $[\sigma]=10\text{MPa}$。

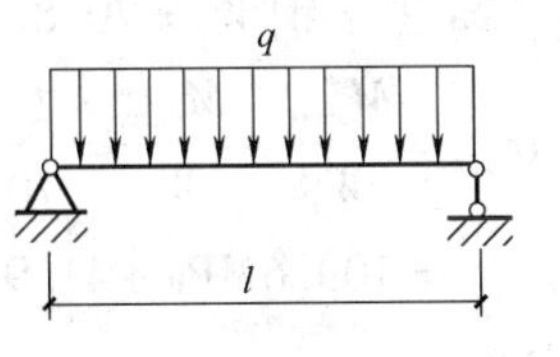

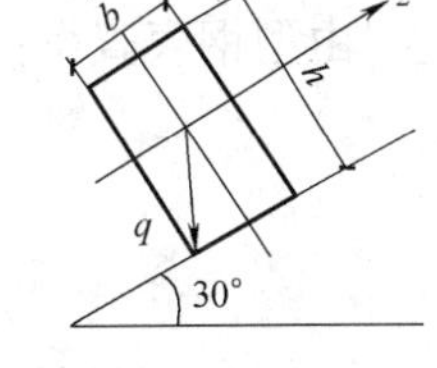

图　14-3

解：（1）外力分解。

$$q_y=q\cos30°=1\text{kN}\cdot\text{m}\times0.866=0.866\text{kN}\cdot\text{m}$$

$$q_z=q\sin30°=1\text{kN}\cdot\text{m}\times0.5=0.5\text{kN}\cdot\text{m}$$

（2）计算内力。

$$M_{y\max}=\frac{q_zl^2}{8}=\frac{0.5\times3^2}{8}\text{kN}\cdot\text{m}=0.5625\text{kN}\cdot\text{m}$$

$$M_{z\max}=\frac{q_yl^2}{8}=\frac{0.866\times3^2}{8}\text{kN}\cdot\text{m}=0.974\text{kN}\cdot\text{m}$$

（3）校核强度。

$$W_z=\frac{bh^2}{6}=\left(\frac{1}{6}\times90\times140^2\right)\text{mm}^3=2.94\times10^5\text{mm}^3$$

$$W_y=\frac{hb^2}{6}=\left(\frac{1}{6}\times140\times90^2\right)\text{mm}^3=1.89\times10^5\text{mm}^3$$

$$\sigma_{\max}=\frac{M_z}{W_z}+\frac{M_y}{W_y}=\left(\frac{0.974\times10^6}{2.94\times10^5}+\frac{0.5625\times10^5}{1.89\times10^5}\right)\text{MPa}$$

$$=(3.31+2.98)\text{MPa}$$

$$=6.29\text{MPa}<[\sigma]\text{安全。}$$

例 14-2　32a 工字钢起重机梁，材料许用应力 $[\sigma]=160\text{MPa}$，$l=4\text{m}$，$P=30\text{kN}$，$\varphi=15°$（图 14-4）。试校核此梁的强度。

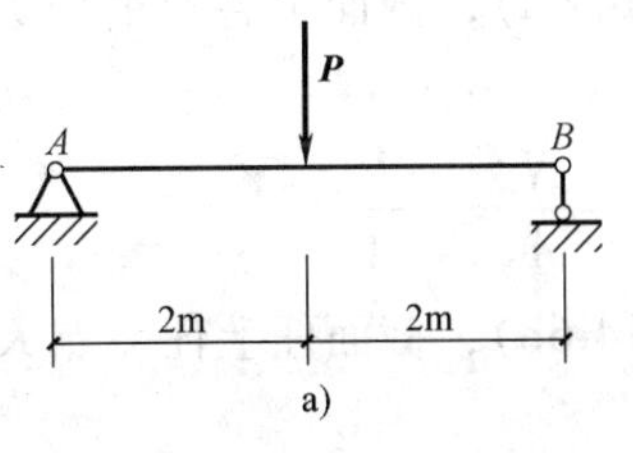

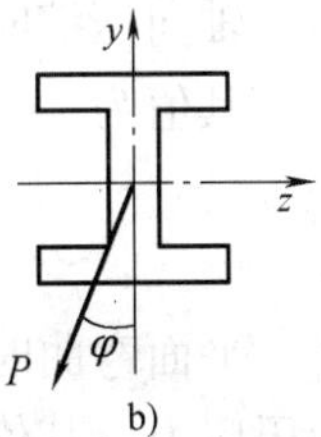

图　14-4

解：(1) 分解外力。

$$P_y = P\cos\varphi = 30\text{kN} \times \cos15° = 29\text{kN}$$

$$P_z = P\sin\varphi = 30\text{kN} \times \sin15° = 7.76\text{kN}$$

(2) 计算内力。

$$M_z = \frac{1}{4}P_y l = \left(\frac{1}{4} \times 29 \times 4\right)\text{kN} \cdot \text{m} = 29\text{kN} \cdot \text{m}$$

$$M_y = \frac{1}{4}P_z l = \left(\frac{1}{4} \times 7.76 \times 4\right)\text{kN} \cdot \text{m} = 7.76\text{kN} \cdot \text{m}$$

(3) 校核强度。

由型钢表查得：32a 工字钢 $W_y = 70.8\text{cm}^3$，$W_z = 692.2\text{cm}^3$

$$\sigma_{\max} = \frac{M_{z\max}}{W_z} + \frac{M_{y\max}}{W_y} = \frac{7.76 \times 10^6}{70.8 \times 10^3}\text{MPa} + \frac{29 \times 10^6}{692.2 \times 10^3}\text{MPa}$$

$$= 109.6\text{MPa} + 41.9\text{MPa} = 151.5\text{MPa}$$

$< [\sigma] = 160\text{MPa}$

故梁满足强度条件。

第三节 偏心压缩

作用在直杆上的外力作用线与杆轴重合时，将产生轴心压缩（或拉伸）。当外力作用线与杆轴平行而不重合时，杆件应产生偏心压缩（或拉伸）。

一、外力简化和截面内力

如图 14-5a 所示矩形截面杆，外力作用在 y 轴上 E 点处，E 点到形心 O 的距离称为偏心距 e。将力 $\boldsymbol{P}$ 向截面形心简化，得到一个轴向压力 $\boldsymbol{P}$ 和一个力偶 $M = \boldsymbol{P}e$（图 14-5b）。杆内任意一个横截面上存在两种内力：轴力 $N = P$，弯矩 $M = Pe$。因此，偏心压缩是轴向压缩和平面弯曲的组合变形。

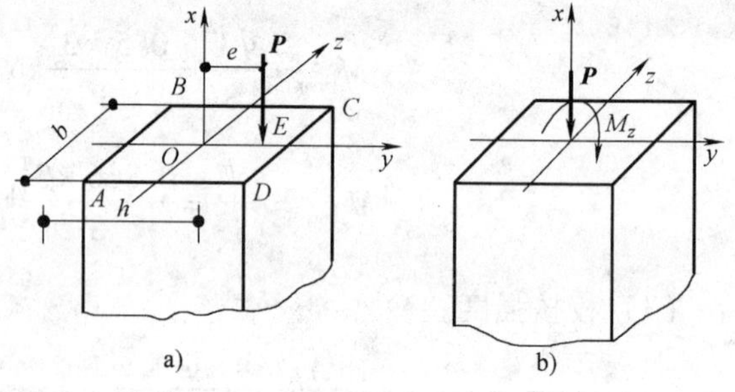

图 14-5

二、应力计算和强度条件

偏心压缩杆横截面上任一点 K 处的应力，可以由轴向压缩的正应力 σ' 和弯曲正应力 σ'' 叠加求得。

轴向压缩时（图 14-6a），截面上各点的应力相同，其值为

$$\sigma' = -\frac{N}{A} = -\frac{P}{A}$$

平面弯曲时（图 14-6b），截面任上任一点 K 处为压应力，其值为

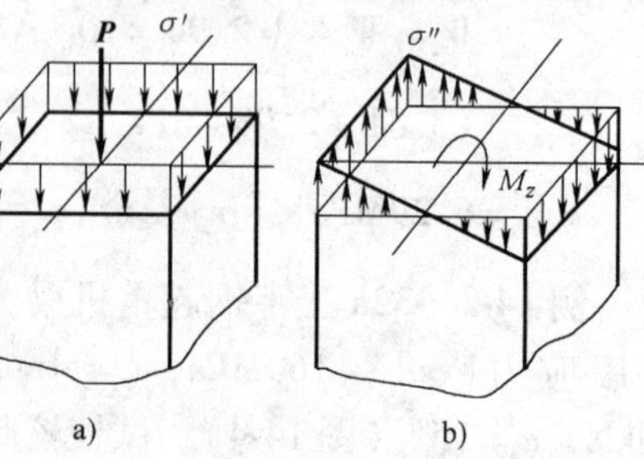

图 14-6

$$\sigma'' = -\frac{M_z y}{I_z}$$

K 点的总应力为

$$\sigma = \sigma' + \sigma'' = -\frac{P}{A} - \frac{M_z y}{I_z}$$

由图 14-6 可见，最大拉应力和最大压应力分别发生在 AB 边缘和 CD 边缘处，其值为

$$\sigma_{l\max} = -\frac{P}{A} + \frac{M}{W_z}$$

$$\sigma_{y\max} = -\frac{P}{A} - \frac{M}{W_z}$$

因此偏心压缩杆件的强度条件为

$$\left.\begin{aligned} \sigma_{l\max} &= -\frac{P}{A} + \frac{M}{W_z} \leqslant [\sigma_l] \\ \sigma_{y\max} &= \left| -\frac{P}{A} - \frac{M}{W_z} \right| \leqslant [\sigma_y] \end{aligned}\right\} \quad (14\text{-}2)$$

三、截面核心

偏心受压柱的最大拉应力为

$$\sigma_{l\max} = -\frac{P}{A} + \frac{M}{W_z} = -\frac{P}{A} + \frac{Pe}{W_z}$$

如果$\frac{Pe}{W_z} > \frac{P}{A}$，则横截面上将出现拉应力，这对脆性材料制作的柱杆、砖石、混凝土柱是不利的。欲使横截面不出现拉应力，则必须使

$$\sigma_{l\max} = -\frac{P}{A} + \frac{Pe}{W_z} \leqslant 0$$

即使偏心距 e 为

$$e \leqslant \frac{W_z}{A} \quad (14\text{-}3)$$

对于直径为 d 的圆截面

$$W_z = \frac{\pi d^3}{32},\ A = \frac{\pi d^2}{4}$$

所以
$$e \leqslant \frac{d}{8}$$

上式说明，当压力 $\boldsymbol{P}$ 作用点位于横截面形心周围某一区域内时，柱截面上将不产生拉应力，这一区域称为截面核心。如图 14-7 所示，直径为 d 的圆截面的核心是半径为 $d/8$ 的

圆。

对于高为 h、宽为 b 的矩形截面（图 14-8），$W_z=\frac{bh^2}{6}$，$A=bh$，$W_y=\frac{hb^2}{6}$，由式（14-3）可得

$$\sigma=-\frac{P}{A}+\frac{P}{W}\leqslant 0$$

同理有 $e_x\leqslant\frac{b}{6}$，$e_y\leqslant\frac{h}{6}$

上式说明，高为 h，宽为 b 的矩形截面核心为对角线长分别为$\frac{h}{3}$和$\frac{b}{3}$的菱形。

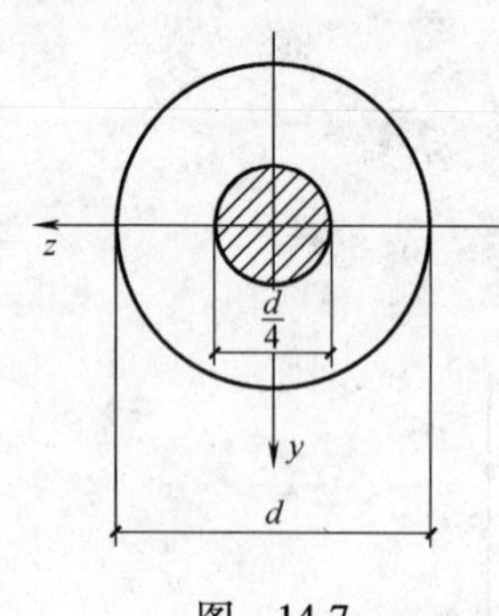

图 14-7

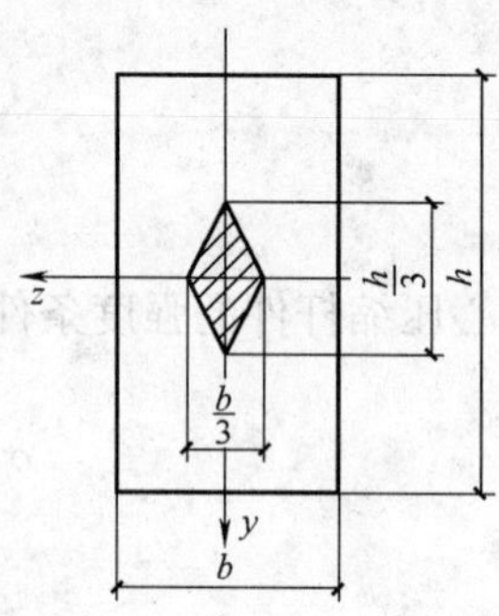

图 14-8

例 14-3 最大起吊重量为 $P=80\text{kN}$ 的起重机，安装在混凝土基础上（图 14-9），起重机架重 $W=180\text{kN}$，作用线通过基础底面的中心（y 轴），且偏心距 $e=0.6\text{m}$。平衡锤重 $G=50\text{kN}$。已知混凝土的堆密度为 22kN/m^3，基础高为 2.4m，基础短边长 $b=3\text{m}$。求（1）长边尺寸为多少时才能使基础截面上产生拉应力；（2）若地基的许用压应力为［σ］$=0.2\text{MPa}$，在所选的 h 值下，试校核地基的强度。

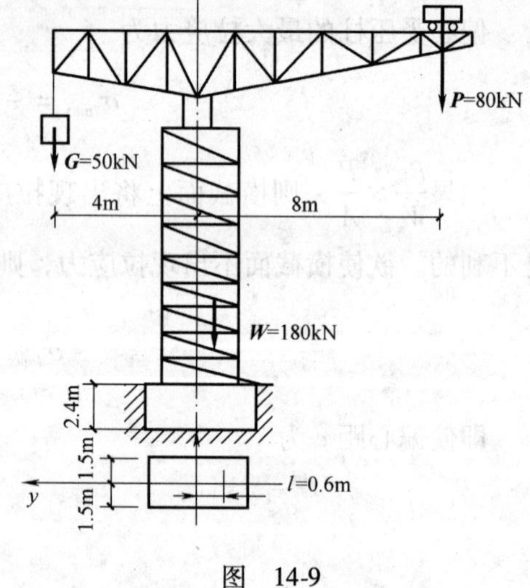

图 14-9

解：（1）求基础底面上内力。

$$\begin{aligned}N&=-(G+P+W+W_1)\\&=-(50+80+180+3\times 2.4h\times 22)\text{kN}\\&=-(310+158.4h)\text{kN}\end{aligned}$$

$$\begin{aligned}M&=(-50\times 4+180\times 0.6+80\times 8)\text{kN}\cdot\text{m}\\&=548\text{kN}\cdot\text{m}\end{aligned}$$

（2）计算基础底面应力。

要使基础截面产生拉应力，必须使

$\sigma_{e\max}=\frac{N}{A}+\frac{M}{W_z}\leqslant 0$，代入有关数据，有

$$\frac{310+158.4h}{3h}+\frac{548}{\frac{3h^2}{6}}\leqslant 0$$

得 $h \geqslant 3.68\text{m}$，取 $h = 3.7\text{m}$

（3）校核地基强度。

$$h = 3.7\text{m}$$

$$\sigma_{max} = \left| -\frac{(310 + 158.4 \times 3.7)}{3 \times 3.7} - \frac{548 \times 10^3}{\dfrac{3 \times 3.7^2}{6}} \right| \text{Pa} = 161 \times 10^3 \text{Pa} = 0.161\text{MPa}$$

$< [\sigma] = 0.2\text{MPa}$

地基强度满足要求。

第四节　拉伸（压缩）与弯曲的组合变形

在杆件上同时作用有横向力和轴向力时，杆件将发生拉伸（压缩）与弯曲的组合变形。

如图 14-10 所示矩形截面简支梁受轴向力 $\boldsymbol{P}_1$ 和横向力 $\boldsymbol{P}_2$ 作用。现以此梁为例说明拉伸（压缩）与弯曲组合变形时的应力和强度计算问题。

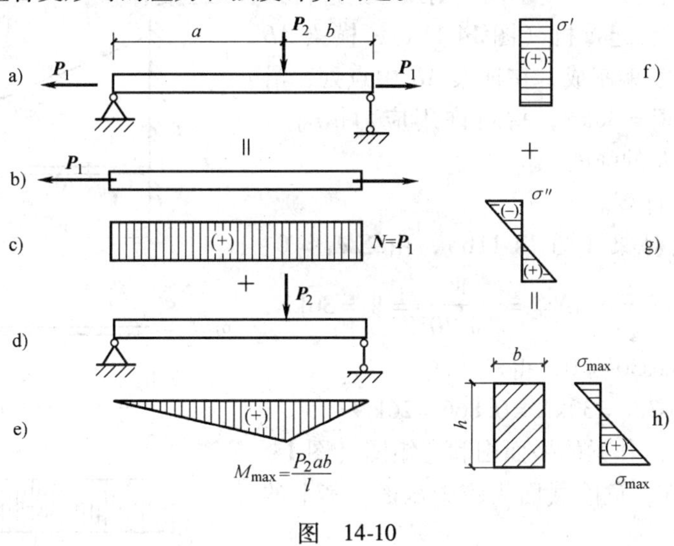

图　14-10

一、外力分解

将 $\boldsymbol{P}_1$、$\boldsymbol{P}_2$ 分开，单独作用于杆件上如图 14-10b、d 所示。轴向力 $\boldsymbol{P}_1$ 将产生拉伸变形，横向力 P_2 将产生弯曲变形。

二、内力计算

分别作轴向拉伸的轴力图（图 14-10c）和弯曲的弯矩图（图 14-10e）。

三、动力计算及强度校核

轴力 N 引起的正应力在横截面上的均匀分布（图 14-10f），其值为

$$\sigma' = \frac{N}{A}$$

弯矩 M 引起的正应力在横截面上呈线性分布（图 14-11g），其值为

$$\sigma'' = \pm \frac{M}{I_z} y$$

横截面上离中性轴为 y 处总的正应力为前两项应力的叠加，其值为

$$\sigma = \sigma' + \sigma'' = \frac{N}{A} \pm \frac{M}{I_z} y$$

横截面上的最大（最小）正应力为

$$\begin{matrix} \sigma_{max} \\ \sigma_{min} \end{matrix} = \frac{N}{A} \pm \frac{M}{W_z}$$

若 $\sigma'' > \sigma'$，则横截面的正应力分布如图 14-10h 所示。

轴向拉伸（压缩）与弯曲组合变形最大（最小）正应力发生在弯矩最大截面处，离中性轴最远的边缘各点处，因此其强度条件为

$$\sigma_{max} = \left| \frac{N}{A} \pm \frac{M_{max}}{W_z} \right| \leqslant [\sigma] \tag{14-4}$$

若材料的抗拉、抗压强度不同，则须分别进行拉、压强度计算。

例 14-4 一简易起重机（图 14-11a），横梁 AB 长 4m，用 18 号工字钢制成，在横梁 AB 中点处，滑车连同重物共重 $W = 30\text{kN}$，材料许用应力 $[\sigma] = 170\text{MPa}$，试校核 AB 的强度。

解：（1）外力计算。

取 AB 为研究对象（图 14-11b），由 $\Sigma M_A = 0$，

$N_{BC} \times 4\sin30° - W \times 2 = 0$，$N_{BC} = \dfrac{W}{2\sin30°} = W = 30\text{kN}$，

$\Sigma F_x = 0$，$F_{xz} - N_{BC}\cos30° = 0$，得

$$F_{xA} = N_{BC}\cos30° = 30\text{kN} \times 0.866 = 26\text{kN}$$

（2）内力计算。作梁的平面图和弯矩图（图 14-11c、d）。由图可知，危险截面为跨中截面，其上的轴力和弯矩分别为

$$N = -F_{xA} = -26\text{kN}$$

$$M_{max} = \frac{Pl}{4} = \frac{30 \times 4}{4}\text{kN} \cdot \text{m} = 30\text{kN} \cdot \text{m}$$

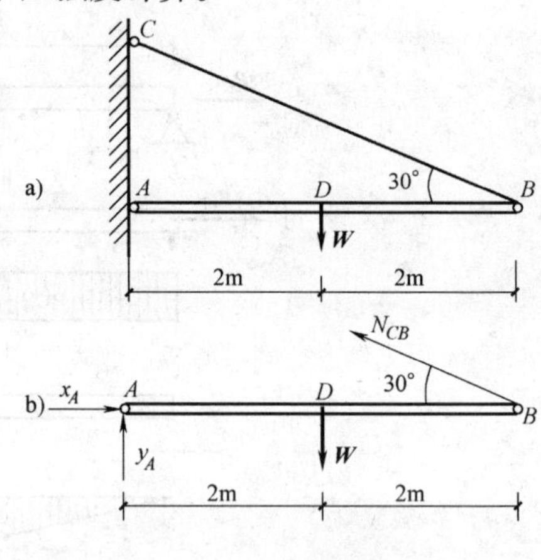

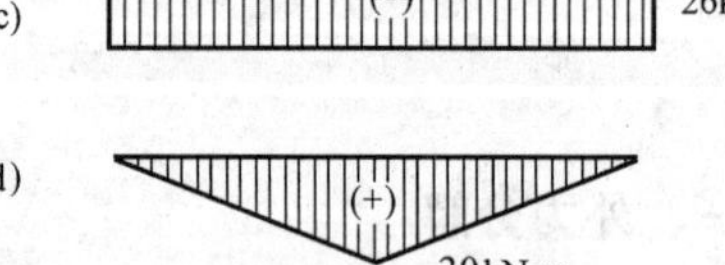

图 14-11

（3）校核强度。

最大正应力为压应力，发生在跨度中点上边缘各点处，其值为

$$\sigma_{max} = \left| \frac{N}{A} - \frac{M_{max}}{W_z} \right|$$

由型钢表查得 18 号工字钢，$A = 30.6\text{cm}^2$，$W_z = 185\text{cm}^3$，代入上式得

$$\sigma_{max} = \left| -\frac{-26 \times 10^3}{30.6 \times 10^2} - \frac{30 \times 10^6}{185 \times 10^3} \right| \text{MPa} = (8.5 + 162.2)\text{MPa} = 170.7\text{MPa} > [\sigma]$$

因此，安全。

例 14-5　某起重机如图 14-12a 所示，最大起吊重量为 8kN，AB 杆为工字钢，材料的许用应力 $[\sigma]=100\text{MPa}$。试选择工字钢的型号。

解：(1) 外力分析。

取 AB 为研究对象（图 14-12b），由 $\Sigma M_A=0$，$N_{CD}\sin30°\times2.5-8\times4=0$ 得

$$N_{CD}=25.6\text{kN}$$

由 $\Sigma F_x=0$，$F_{xA}-N_{CD}\cos30°=0$ 得

$$F_{xA}=N_{CD}\cos30°=25.6\text{kN}\times0.866=22.2\text{kN}$$

(2) 内力计算。

作梁 AB 的轴力图和弯矩图（图 14-12c、d）。由图可知，危险截面为 C 截面，其上的轴力和弯矩分别为

$$N=-F_{xA}=-22.2\text{kN}$$

$$M_{\max}=F\times1.5=-8\text{kN}\cdot\text{m}\times1.5=-12\text{kN}\cdot\text{m}$$

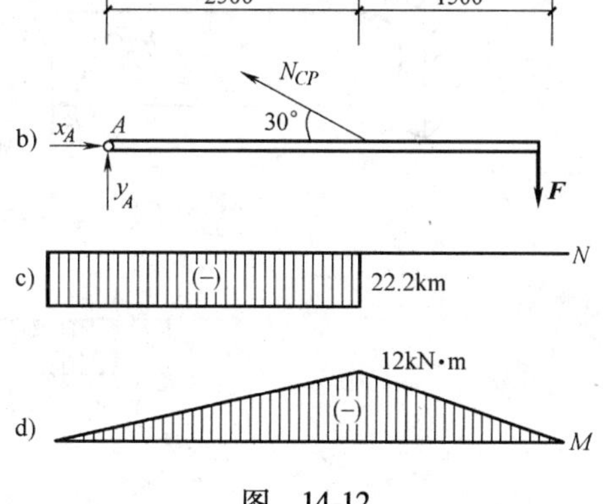

图　14-12

(3) 选择工字钢型号。

梁的最大压应力为压应力，发生在 C 截面上边缘各点处，其值为

$$\sigma_{\max}=\left|\frac{N}{A}-\frac{M_{\max}}{W_z}\right|$$

先不计轴力，取 $\sigma_{\max}=\dfrac{M_{\max}}{W_z}\leqslant[\sigma]$，得

$$W_z\geqslant\frac{M_{\max}}{[\sigma]}=\frac{12\times10^6}{100}\text{mm}^3=120000\text{mm}^3=120\text{cm}^3$$

查型钢表选 16 号工字钢，$A=26.1\text{cm}^2$，$W_z=141\text{cm}^3$，代入强度计算公式得

$$\sigma=\frac{N}{A}+\frac{M_{\max}}{W_z}=\left(\frac{22.2\times10^3}{26.1\times10^2}+\frac{12\times10^6}{141\times10^3}\right)\text{MPa}=(8.5+85.1)\text{MPa}=93.6\text{MPa}<[\sigma]=100\text{MPa}$$

第五节　弯曲和扭转组合变形

机械中的传动轴，大多数是弯曲和扭转的组合变形。下面以电机轴为例，说明杆件在弯曲和扭转组合变形时的应力和强度计算问题。

图 14-13 所示为一电机的示意图，电机轴外伸端装有一皮带轮，皮带两边的拉力分别为 F_1 和 $F_2(F_1>F_2)$，不计轮轴自重，分析轴的应力情况。

(1) 外力简化。

以轴的外伸段为研究对象，将皮带的拉力向其作用面内的轴心简化，得一横向集中力

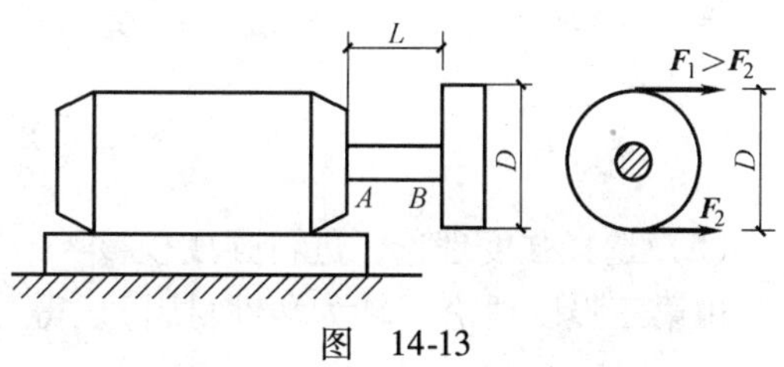

图　14-13

$$P = F_1 + F_2$$

和一力偶。

$$T = (F_1 - F_2)R$$

将轴的计算简图简化为图 14-14a 所示的计算模型。

(2) 内力计算

作轴的弯矩图和相矩图如图 14-14b、c 所示。由图可见，固定端处是危险截面。

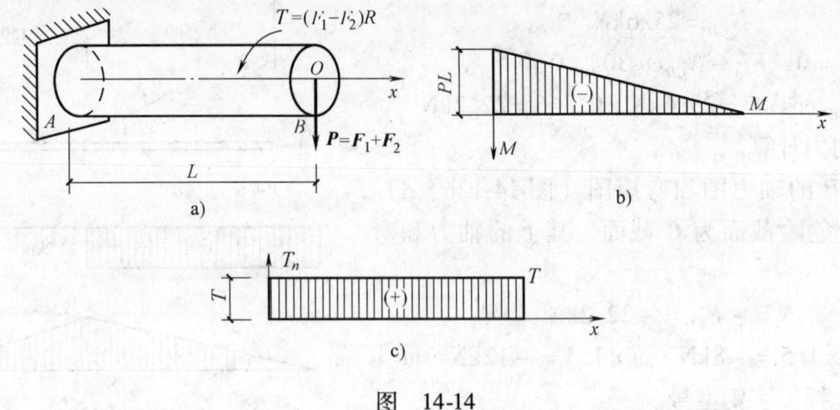

图 14-14

(3) 应力分析。

作 A 截面上的应力分布图如图 14-15a 所示。由图可知，距中性轴距离最远的 C、D 两点，分别有由弯矩产生的最大拉应力和最大压应力，其值为

$$\sigma = \frac{M}{W_z} = \frac{PL}{W_z} \tag{a}$$

圆轴的周边有由扭转产生的最大切应力，其值为

$$\tau_{\max} = \frac{T_n}{W_n} \tag{b}$$

所以点 C 和 D 的正应力和切应力均为最大值，是截面 A 上的危险点。

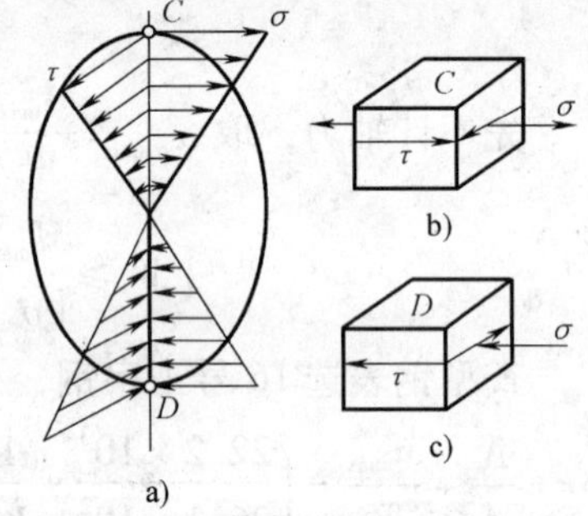

图 14-15

(4) 应力状态分析。

作 C、D 两点的应力状态图，如图 14-15b、c 所示，二者均为二向应力状态。由二向应力状态分析得两点的主应力均为

$$\alpha_1 = \frac{\sigma}{2} + \sqrt{\left(\frac{\sigma}{2}\right)^2 + \tau^2}$$

$$\sigma_2 = 0$$

$$\sigma_3 = \frac{\sigma}{2} - \sqrt{\left(\frac{\sigma}{2}\right)^2 + \tau^2}$$

(5) 选择强度理论，进行强度校核。

由第三强度理论（轴为塑性材料），得

$$\sigma_{xd3}=\sigma_1-\sigma_3=\sqrt{\sigma^2+4\tau^2}\leqslant[\sigma] \tag{14-5}$$

注意到 $W_n=2W_z$，将式（a）、（b）代入式（14-5），得弯扭组合变形条件下，按第三强度理论建立的强度条件为

$$\sigma_{xd3}=\frac{\sqrt{M^2+T^2}}{W_z} \tag{14-6}$$

由第四强度理论，得

$$\sigma_{xd4}=\sqrt{\frac{1}{2}[(\sigma_1-\sigma_2)^2+(\sigma_2-\sigma_3)^2+(\sigma_1-\sigma_3)^2]}=\sqrt{\sigma^2+3\tau^2}\leqslant[\sigma] \tag{14-7}$$

将式（a），（b）代入式（14-7），得弯扭组合变形条件下，按第四强度理论建立的强度条件为

$$\sigma_{xd4}=\frac{\sqrt{M^2+0.75T^2}}{W_z}\leqslant[\sigma] \tag{14-8}$$

例 14-6　图 14-16 所示的电机轴上胶带轮直径 $D=250\text{mm}$，轴外伸部分长度 $l=120\text{mm}$，直径 $d=40\text{mm}$，胶带轮紧边拉力为 $2P$，松边拉力为 P。轴材料许用应力 $[\sigma]=60\text{MPa}$，$P=961.6\text{N}$。试用第三强度理论校核轴 AB 的强度。

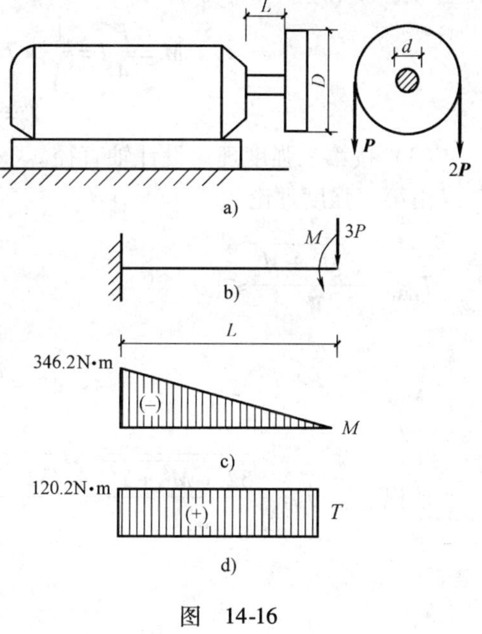

图　14-16

解:（1）外力分析。

将 P 与 $2P$ 向轴心简化（图 14-16b），其中横向力为 $3P$，力偶矩 $M=(2P-P)\dfrac{D}{2}$。

（2）内力计算。

作轴的弯矩图和扭矩图如图 14-16c、d 所示。由图可知，固定端 A 截面处为危险截面，其上的弯矩 M 和扭矩 T 值分别为

$$M=3PL=(3\times961.6\times0.12)\text{N}\cdot\text{m}=346.2\text{N}\cdot\text{m}$$

$$T=M=P\times\frac{D}{2}=\left(961.6\times\frac{0.25}{2}\right)\text{N}\cdot\text{m}=120.2\text{N}\cdot\text{m}$$

（3）强度校核。

由式（14-6）得

$$\sigma_{xd3}=\frac{\sqrt{M^2+T^2}}{W_z}=\frac{\sqrt{346.2^2+120.2^2}\times10^3}{\dfrac{3.14\times40^3}{32}}\text{MPa}=58.3\text{MPa}<[\sigma]=60\text{MPa}$$

故轴 AB 强度足够。

例 14-7 图 14-17a 所示手摇铰车，轴材料许用应力为$[\sigma]=80\text{MPa}$，起吊重量 $P=788\text{N}$，试按第三强度理论设计轴的直径 d。

解：(1) 外力分析。

将力 $\boldsymbol{P}$ 向轴心简化，得一横向力

$$P=788\text{N}$$

和一力偶

$$T=P\cdot\frac{D}{2}=788\text{N}\times0.18\text{m}=141.84\text{N}\cdot\text{m}$$

轴的计算模型如图 14-17b 所示。

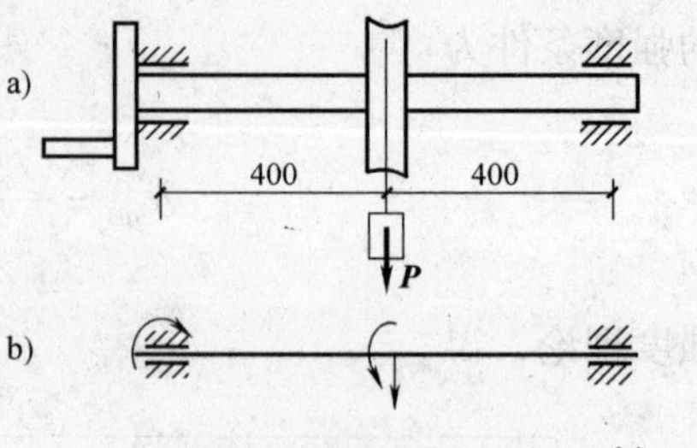

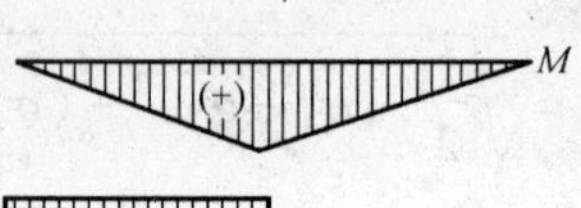

图 14-17

(2) 内力计算。

作轴的弯矩图和扭图如图 4-17c、d 所示，由图可知，铰车轴中点为危险截面，其上弯矩 M 和扭矩 M_n 分别为

$$M=\frac{P}{4}l=\frac{1}{4}\times788\text{N}\times0.8\text{m}=157.6\text{N}\cdot\text{m}$$

$$T=141.84\text{N}\cdot\text{m}$$

(3) 按第三强度理论设计轴直径。

由第三强度理论

$$T_{xd3}=\frac{\sqrt{M^2+M_n^2}}{W_z}\leqslant[\sigma]\text{得}$$

$$W_z=\frac{\pi d^3}{32}\geqslant\frac{\sqrt{M^2+T^2}}{[\sigma]}$$

所以 $$d\geqslant\sqrt[3]{\frac{32\ \sqrt{M^2+T^2}}{\pi[\sigma]}}=\sqrt[3]{\frac{32\ \sqrt{157.6^2+141.84^2}\times10^3}{3.14\times80}}\text{mm}=37.4\text{mm}$$

小 结

(1) 一个原理：叠加原理，几种荷载共同作用下应力等于每种荷载单独作用下应力叠加。

(2) 四个步骤：①外力分解；②内力计算；③应力计算；④强度计算。

(3) 四种组合：

1) 斜弯曲：两个平面弯曲组合：$\sigma_{man}=\frac{M_{zmax}}{W_z}+\frac{M_{ymax}}{W_y}\leqslant[\sigma]$

2) 偏心压缩：压缩与弯曲组合：$\begin{cases}\sigma_{max}=-\frac{P}{A}+\frac{M_z}{W_z}\leqslant[\sigma_l]\\ \sigma_{min}=\left|\frac{-P}{A}-\frac{M_z}{W_z}\right|\leqslant[\sigma_y]\end{cases}$

3）拉伸（压缩）与弯曲组合：$\sigma_{max}=\left|\frac{N}{A}\pm\frac{M_z}{W_z}\right|_{max}\leqslant[\sigma]$

4）弯曲与扭转组合： $\sigma_{max}=\frac{\sqrt{M^2+T^2}}{W_z}\leqslant[\sigma]$

思考题

14-1 试判断图示构件各段杆是哪几种基本变形的组合。

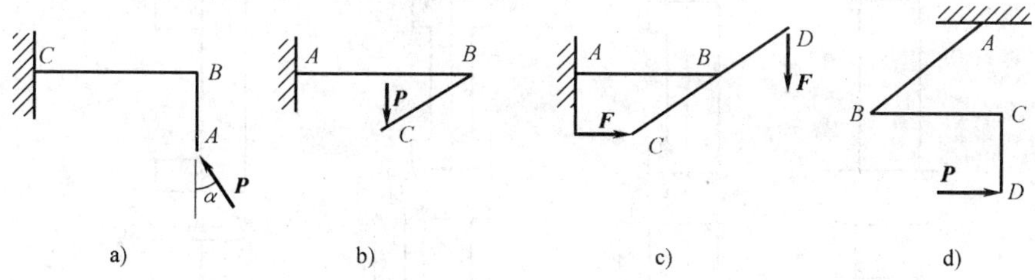

思考题14-1图

14-2 在斜弯曲、弯曲与拉伸（压缩）组合变形、偏心拉伸（压缩）时，危险点处于__________应力状态。

14-3 弯曲与扭转组合变形时，危险点处于__________应力状态。

14-4 “弯曲中心的位置与荷载大小及作用位置无关”是否正确？

14-5 图示斜弯曲梁最大拉应力发生在__________点。

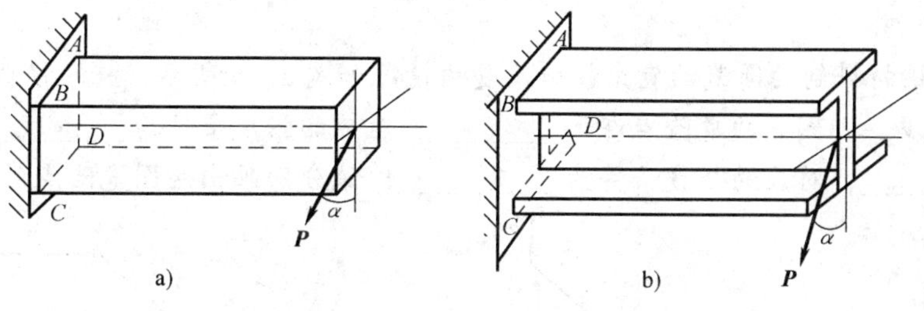

思考题14-5图

14-6 图示四种不同截面形状的悬臂梁中，__________个是平面弯曲，__________个是斜弯曲。

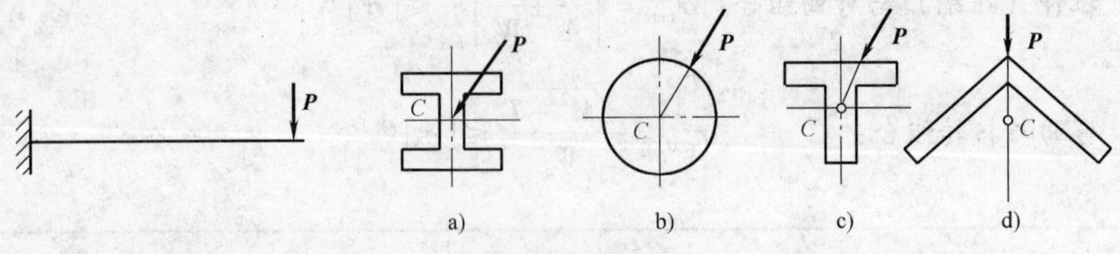

思考题 14-6 图

14-7 图示四根受压短柱，它们的最大压应力分别发生在何处？________种情况压应力绝对值最大，________种情况压应力绝对值最小。

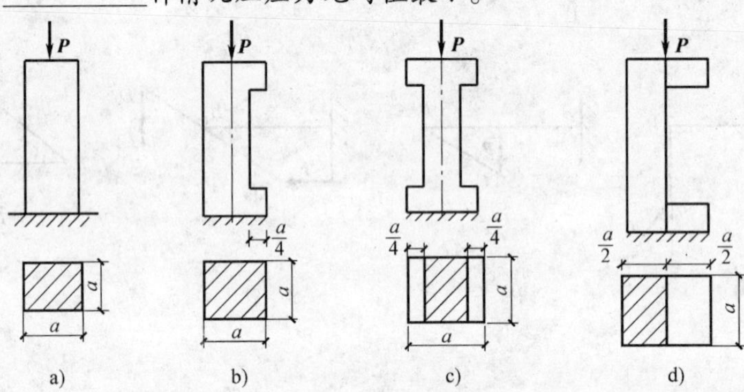

思考题 14-7 图

14-8 图 a、b、c 所示矩形截面杆的三种受力情况中，危险点分别发生在何处？________个杆拉应力最大，________个杆拉应力最小。

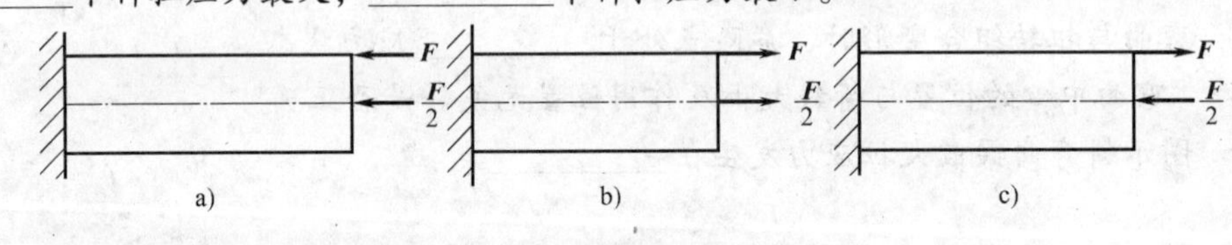

思考题 14-8 图

14-9 塑性材料制的圆截面直角拐杆及受力情况如图 a、b 所示，杆的横截面积为 A，抗弯截面系数为 W，则图 a 的危险点在________，对应的强度条件为________；图 b 的危险点在________，对应的强度条件为________；试分别画出两图危险点的应力状态。

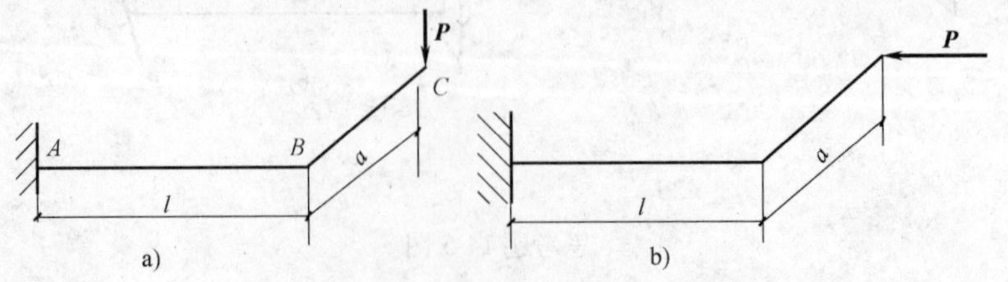

思考题 14-9 图

14-10 试确定图示各杆危险截面及危险点的位置。

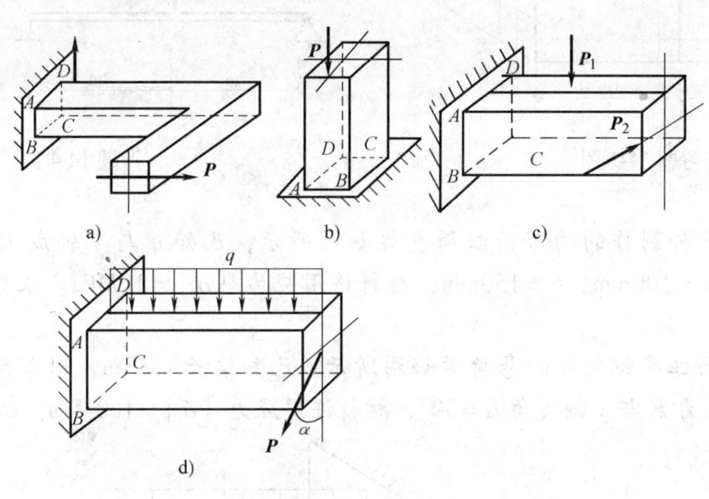

思考题 14-10 图

习 题

14-1 某屋面木檩条简支在屋架上如图所示，其跨度 $l=3.6\text{m}$，承受由屋面传来的均布荷载 $q=1\text{kN/m}$，屋面倾角 $\alpha=26°34'$，檩条截面为矩形，$h=140\text{mm}$，$b=90\text{mm}$，材料的许用应力 $[\sigma]=10\text{MPa}$，试校核檩条的强度。

14-2 由 32a 工字钢制成的起重机梁如图所示，材料许用应力 $[\sigma]=160\text{MPa}$，$l=4\text{m}$，$P=30\text{kN}$。由于其他原因，荷载 $\boldsymbol{P}$ 偏离纵向对称平面，与 y 轴间的夹角 $\varphi=15°$，试校核此起重机梁的强度。

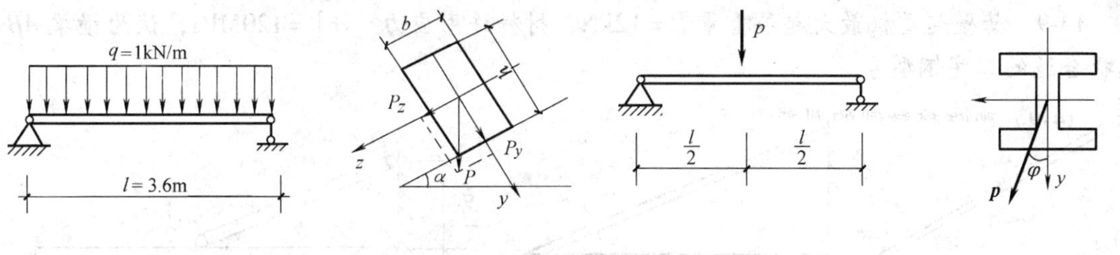

习题 14-1 图

习题 14-2 图

14-3 悬臂木梁受力如图所示，已知 $P_1=1\text{kN}$，$P_2=2\text{kN}$，截面为矩形，$b\times h=100\text{mm}\times200\text{mm}$，试求梁的最大拉应力和最大压应力，并指出各发生在何处。

14-4 工字钢简支梁如图所示，集中力 $P=7\text{kN}$，作用在跨中，通过形心，并与 y 轴成 $20°$ 角。已知材料许用应力 $[\sigma]=160\text{MPa}$，试选择工字钢的型号。（提示：可假定 W_z/W_y 的比值，选择工字钢的型号再校核强度。）

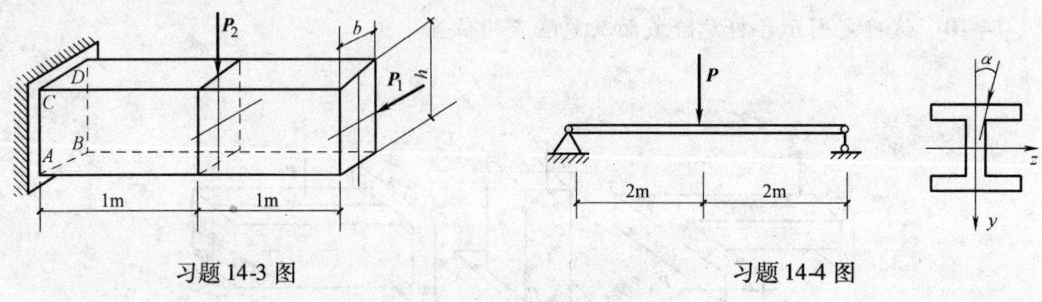

习题 14-3 图　　　　习题 14-4 图

14-5　矩形木杆制作的均布荷载简支梁如图所示，已知 q 与 y 轴成 15° 角，跨度 $l=4\text{mm}$，截面尺寸 $b=100\text{mm}$，$h=150\text{mm}$，材料许用应力 $[\sigma]=10\text{MPa}$。求梁允许承受的荷载 $[q]$。

14-6　由 25b 工字钢制成的悬臂梁如图所示。已知梁长 $l=3\text{m}$，均布荷载 $q=5\text{kN/m}$，集中力 $F=2\text{kN}$，力 $\boldsymbol{F}$ 与 y 轴夹角 $\alpha=30°$，材料许用应力 $[\sigma]=160\text{MPa}$。试校核梁的强度。

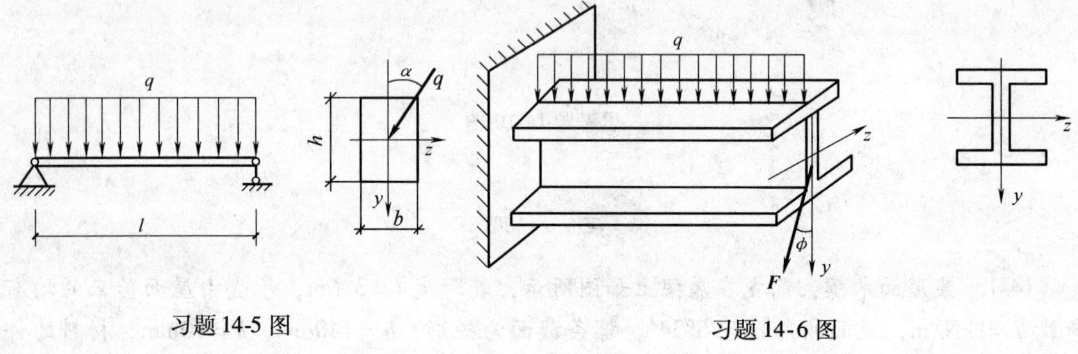

习题 14-5 图　　　　习题 14-6 图

14-7　图示结构中，BC 杆为 10 号工字钢制成，已知 $P=12\text{kN}$，$l=2\text{m}$，材料许用应力 $[\sigma]=160\text{MPa}$，试校核结构的强度。

14-8　图示悬臂起重机的横梁 AB 采用 25a 号工字钢，梁长 $l=4\text{m}$，$\alpha=30°$，起吊重量 $Q=30\text{kN}$，电葫芦重 $G=6\text{kN}$，材料许用应力 $[\sigma]=100\text{MPa}$，试校核横梁的强度。

14-9　悬壁起重机最大起吊重量 $P=12\text{kN}$，材料许用应力 $[\sigma]=120\text{MPa}$，试为横梁 AB 选择合适的工字钢型号。

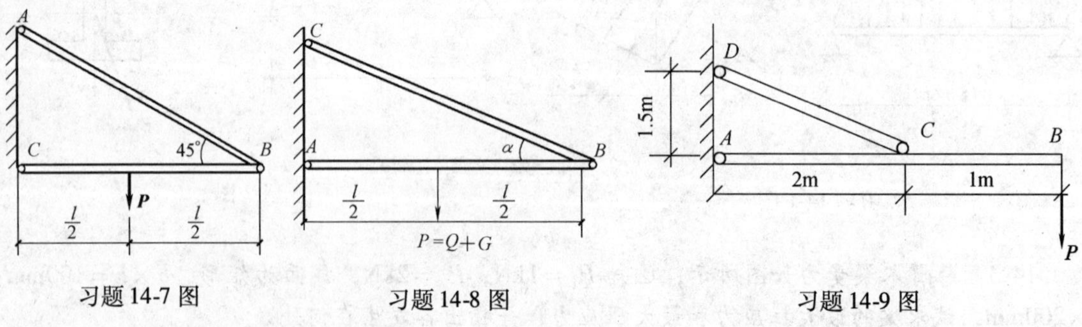

习题 14-7 图　　　　习题 14-8 图　　　　习题 14-9 图

14-10　图示起重机架，横梁 AB 用两根 18 号槽钢制作；拉杆 BC 用圆钢制作，其直径 $d=20\text{mm}$。梁和拉杆许用应力相同，$[\sigma]=120\text{MPa}$。试求机架的最大起重量 $[P]$。

14-11　总重 $G=2000\text{kN}$ 的水塔如图所示，在离地面 $H=15\text{m}$ 处受水平风力的合力 $P=60\text{kN}$ 作用，其圆形基础的直径 $d=6\text{m}$，基础埋梁 $h=3\text{m}$。若地基土壤的许用应力 $[\sigma]=0.2\text{MPa}$，试校核地基土壤的强度。

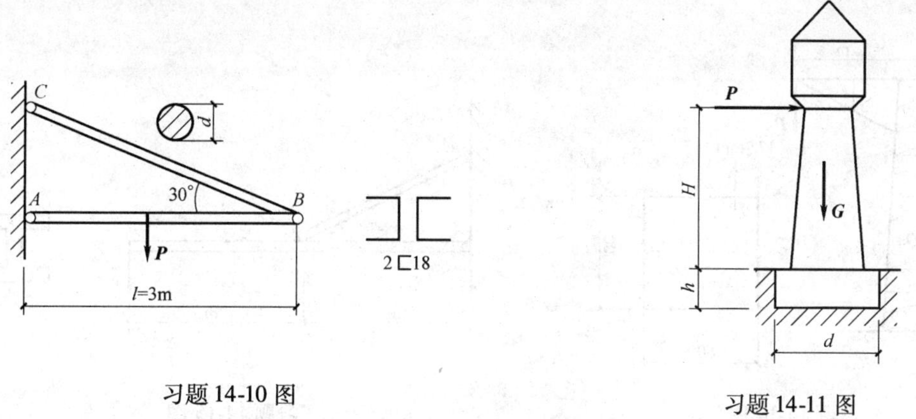

习题 14-10 图　　　　习题 14-11 图

14-12　矩形截面柱如图所示，$b=180\text{mm}$，$h=300\text{mm}$，$P_1=100\text{kN}$，$P_2=45\text{kN}$，P_2 与轴线有一偏心距 $e_z=20\text{cm}$，求：(1) 最大拉应力、最大压应力；(2) 欲使柱不出现拉应力，向截面高度 h 应该是多少？此时的最大压应力是多少？

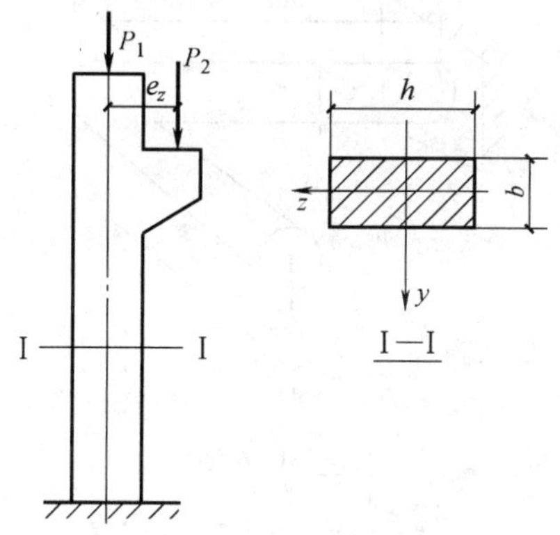

习题 14-12 图

14-13　图示钢板，在侧边切去宽 40mm 的缺口，求最大正应力。若两边各切去宽 40mm 的缺口，此时最大正应力是多少？

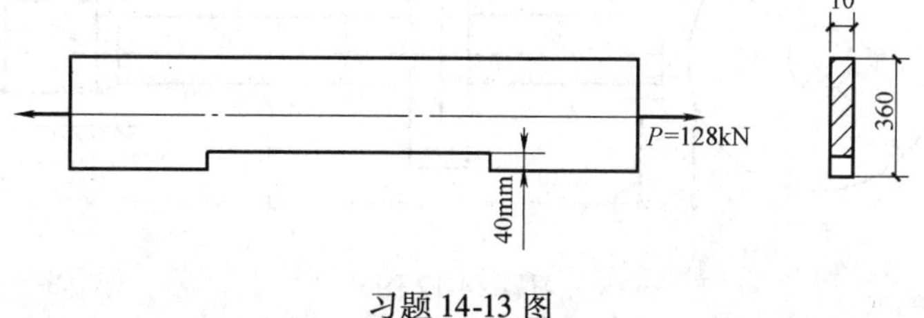

习题 14-13 图

14-14　图示电缆钢塔，由四根等边角钢∟63×5 组成。塔架重 $Q=8\text{kN}$，电缆传来的重

量 $P=20\text{kN}$，作用在偏心距 $e=1.2\text{m}$ 处。已知 $[\sigma]=100\text{MPa}$，试校核钢塔的强度。

14-15 简易悬臂起重机如图所示，起吊重量 $P=15\text{kN}$，$\alpha=30°$。横梁 AB 为 25a 号工字钢，材料许用应力 $[\sigma]=100\text{MPa}$，试校核 AB 的强度。

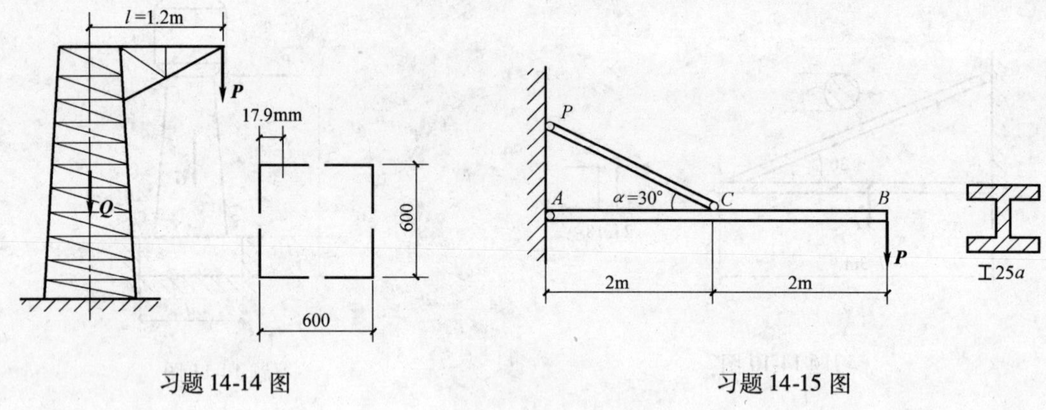

习题 14-14 图　　　　习题 14-15 图

14-16 图示一曲拐，受荷载 $P=4\text{kN}$。曲拐直径 $d=100\text{mm}$，材料许用应力 $[\sigma]=160\text{MPa}$。试按第三强度理论校核强度。

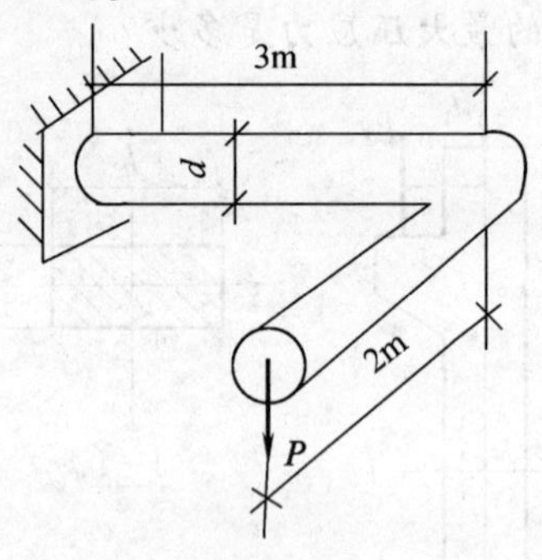

习题 14-16 图

14-17 图示一电动机带动一皮带轮，已知轮重 $G=5\text{kN}$，直径 $D=1.2\text{m}$，皮带拉力 $T_1=6\text{kN}$，$T_2=3\text{kN}$，轴材料许用应力 $[\sigma]=50\text{MPa}$，试按第三强度理论设计轴直径 d。

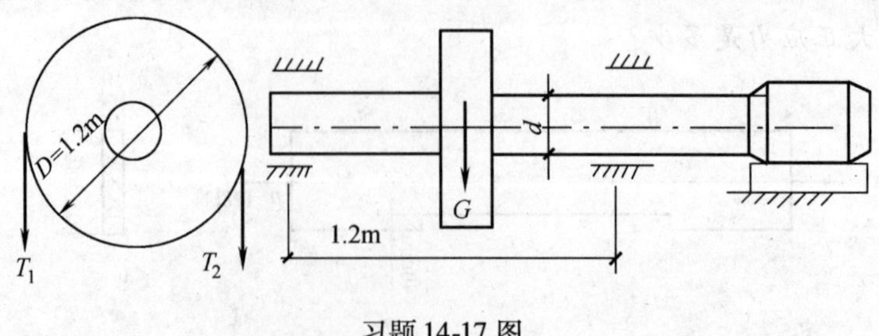

习题 14-17 图

14-18 图示一滑轮提升机构，已知 $D_1=250\text{mm}$，$D_2=500\text{mm}$，$P=3\text{kN}$，轴直径 $d=$

80mm，轴材料许用应力 $[\sigma]=80\text{MPa}$，试按第三强度理论校核轴的强度。

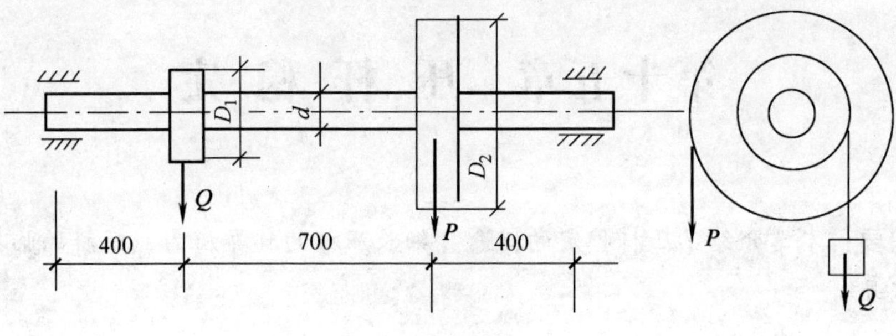

习题 14-18 图

第十五章 压 杆 稳 定

内容提要： 本章介绍了压杆稳定的概念、细长压杆的临界压力、压杆的临界应力、压杆的稳定计算。

第一节 压杆稳定性的概念

承受轴向压力的直杆称为压杆。从强度观点出发，只要压杆横截面上的正应力不超过材料的许用应力，压杆就能够正常工作，而不会发生破坏。这种结论对于粗短杆来说是正确的，而对细长杆则不然，它在远远低于材料的屈服点甚至比例极限时，就会突然发生弯曲而丧失承载能力。例如取一根长度为 1m 的松木直杆，其截面尺寸为 5mm × 30mm，如图 15-1 所示，抗压强度极限为 $\sigma_b = 40\text{MPa}$，此杆能承受的轴向压力为

$$P_b = \sigma_b \times A = (40 \times 5 \times 30)\text{N} = 6000\text{N} = 6\text{kN}$$

若将此杆竖立在桌面上，用手压其两端，则杆在 $P = 30\text{N}$ 时就会突然发生弯曲而丧失承载能力，其破坏压力只有极限压力的 1/200，破坏时的应力仅有 0. 2MPa。远远低于材料的强度极限。由此可见，细长压杆丧失承载能力不是因为其强度不够，而是由于突然发生显著的弯曲变形，而不能保持原有的直线平衡状态所造成的。

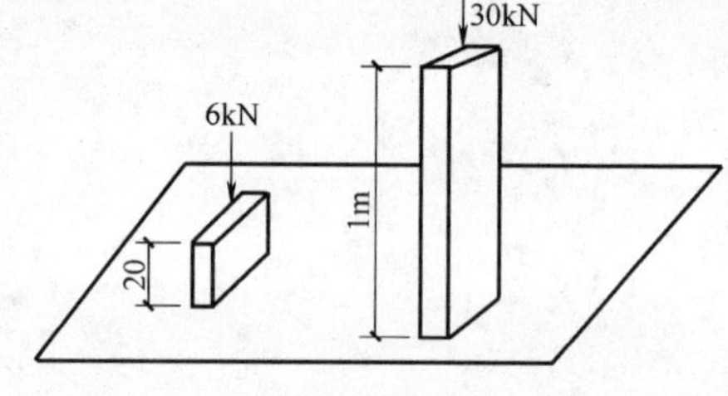

图 15-1

工程中把压杆在轴向压力作用下，保持其原有平衡状态的能力，叫作压杆的稳定性。压杆在轴向压力作用下，突然丧失原有的直线平衡状态，发生弯曲变形的现象，叫作失稳。压杆失稳时的压力比因强度不足而破坏的压力要小得多。因此，对细长压杆，除考虑强度问题外，还必须进行稳定性计算。

工程中有很多受压的杆件，如机械设备中的连杆，千斤顶的螺杆，桁架结构中的上弦杆，建筑物中的立柱等都是受压杆。下面以两端铰支的细长杆为例研究压杆平衡的稳定性。

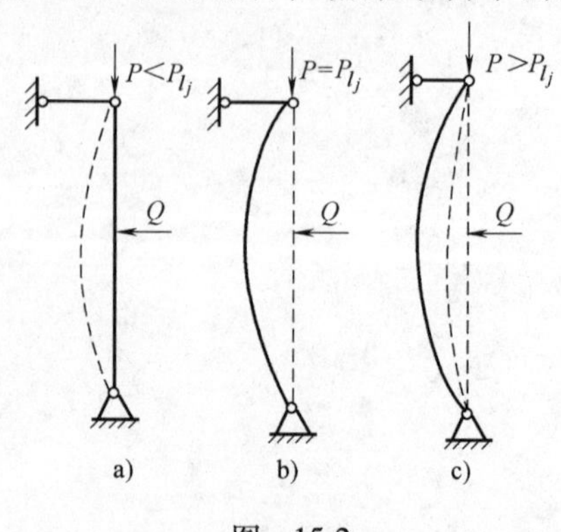

图 15-2

如图 15-2 所示一两端铰支直线形状的压杆，在顶端沿杆件轴线加一纵向压力 P。当压力 P 不大时（$P < P_{l_j}$），用一微小的横向力 Q 干扰它，压杆就会发生微小弯曲。当横向力撤去后，杆又恢复到原有的直线位置（图 15-2a）。我们把压杆这种保持原有直线状态的平衡，称为稳定平衡。当压力 P 增大到某一特定值 P_{l_j} 时，微小横向干扰力撤去后，压杆不再回到原来直线状态的平衡，而

是维持在干扰后的微弯状态下平衡（图 15-2b），这种直线平衡状态称为临界平衡状态。这个轴向压力特定值，称为压杆的临界压力。当压力 P 超过临界压力 P_{l_j}后，干扰力作用下的微弯曲会继续增大甚至使压杆弯断（图 15-2c）。这时的直线平衡状态称为不稳平衡，即压杆丧失了稳定性。

压杆的稳定性与轴向压力的大小有关：当轴向压力 P 小于临界压力 P_{l_j}时，压杆是稳定的；当轴向压力 P 等于或大于临界压力 P_{l_j}时，压杆是不稳定的。因此，压杆稳定性的计算关键是，确定各种压杆的临界压力，只要保证压杆的轴向压力小于临界压力，压杆就不会发生失稳破坏。

第二节 细长压杆的临界压力

通过试验得知，临界压力 P_{l_j}的大小与压杆的长度、截面尺寸、形状、杆件材料及杆件的支持情况有关。在杆件材料服从胡克定律和小变形条件下，可以推导出细长压杆临界压力的计算公式——欧拉公式

$$P_{l_j}=\frac{\pi EI}{(\mu l)^2} \tag{15-1}$$

式中 E——材料的弹性模量；

l——杆件的长度，μl 称为计算长度；

μ——长度系数，其值与压杆支持情况有关（表 15-1），即

两端固定：$\mu=0.5$；

两端铰支：$\mu=1$；

一端固定，一端自由：$\mu=2$；

一端固定，一端铰支：$\mu=0.7$；

I——横截面的最小惯性矩。

表 15-1 四种典型细长压杆的临界力

杆端约束	两端铰支	一端铰支 一端固定	两端固定	一端固定 一端自由
失稳时挠曲线形状	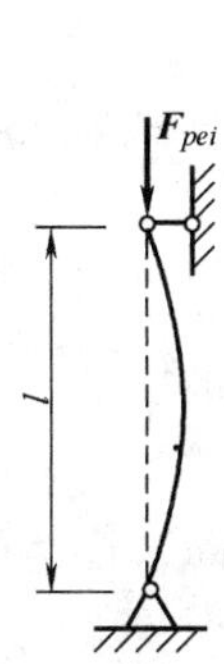 F_{pei} l	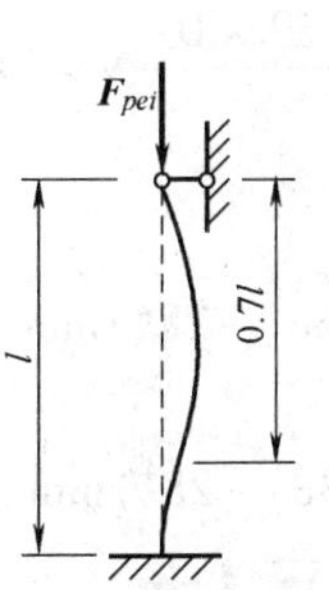 F_{pei} l $0.7l$	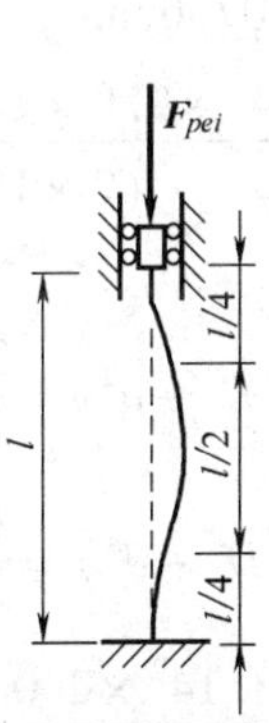 F_{pei} l $l/4$ $l/2$ $l/4$	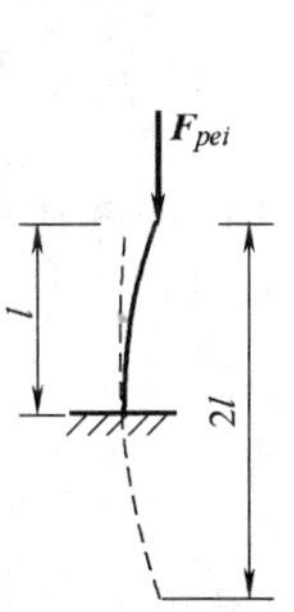 F_{pei} l $2l$

（续）

杆端约束	两端铰支	一端铰支 一端固定	两端固定	一端固定 一端自由
临界力	$P_{l_j}=\frac{\pi^2 EI}{l^2}$	$P_{l_j}=\frac{\pi^2 EI}{(0.7l)^2}$	$P_{l_j}=\frac{\pi^2 EI}{(0.5l)^2}$	$P_{l_j}=\frac{\pi^2 EI}{(2l)^2}$
长度系数	$\mu=1$	$\mu=0.7$	$\mu=0.5$	$\mu=2$

欧拉公式说明了压杆稳定的以下规律：

临界压力与压杆的抗弯刚度 EI 成正比。压杆抗弯刚度越大，就越不容易发生弯曲变形而失稳，因而临界压力也越大。

压杆失稳时，杆件总是沿抗弯刚度最小的方向发生弯曲。例如图 15-3 所示矩形，工字钢截面、对 z 轴惯性矩最小，压杆失稳是总是绕 z 轴发生弯曲，而圆截面对任意轴惯性矩都相等，压杆失稳可能绕任一轴发生弯曲。

例 15-1 一端固定、一端自由的轴心受压杆，长度 $l=1\text{m}$，弹性模量 $E=2.0\times10^5\text{MPa}$。试计算图 15-3 所示三种截面的临界力。

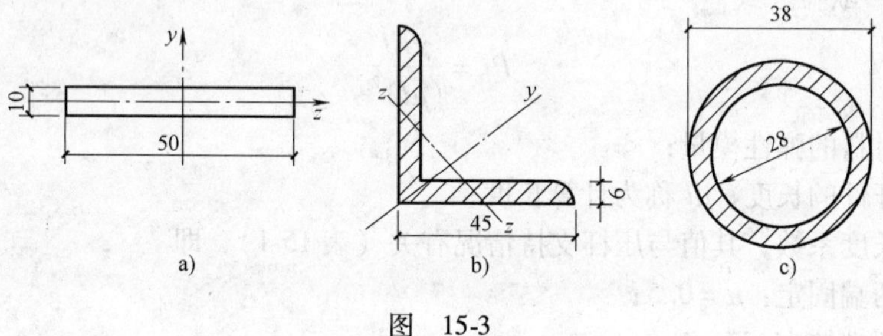

图 15-3

解：（1）计算矩形截面。杆件在最小刚度平面内失稳。$A=10\text{mm}\times50\text{mm}=500\text{mm}^2$

$$I_{\min}=I_z=\frac{bh^3}{12}=\frac{50\times10^3}{12}\text{mm}^4=4.17\times10^3\text{mm}^4$$

$$P_{l_j}=\frac{\pi^2 EI}{(\mu l)^2}=\frac{3.14^2\times2.0\times10^5\times4.17\times10^3}{(2\times1000)^2}\text{N}=2020\text{N}=2.02\text{kN}$$

（2）计算等边角钢截面。由型钢表查得

$$A=507.6\text{mm}^2,\ I_{\min}=3.89\text{cm}^4=3.89\times10^4\text{mm}^4$$

$$P_{l_j}=\frac{\pi^2 EI}{(\mu l)^2}=\frac{3.14^2\times2.0\times10^5\times3.89\times10^4}{(2\times1000)^2}\text{N}=18.73\times10^3\text{N}=18.73\text{kN}$$

（3）计算圆环截面。

$$A=\frac{\pi}{4}(D^2-d^2)=\frac{3.14}{4}(38^2-28^2)\text{mm}^2=518.1\text{mm}^2$$

$$I=\frac{\pi}{64}(D^4-d^4)=\frac{3.14}{64}(38^4-28^4)\text{mm}^4=72600\text{mm}^4$$

$$P_{l_j}=\frac{\pi^2 EI}{(\mu l)^2}=\frac{3.14^2\times2.0\times10^5\times72600}{(2\times1000)^2}\text{N}=35.3\times10^3\text{N}=35.3\text{kN}$$

例 15-2 直径 $d=25\text{mm}$，长为 l 的细长钢压杆，材料的弹性模量 $E=200\text{GPa}$，试用欧拉

公式计算其临界压力 P_{l_j}。（1）两端铰支 $l=600\text{mm}$；（2）两端固定，$l=1500\text{mm}$；（3）一端固定、一端铰支，$l=1000\text{mm}$。

解：$I=\dfrac{\pi d^4}{64}=\dfrac{3.14\times25^4}{64}\text{mm}^4=19165\text{mm}^4$

（1）两端铰支，$l=600\text{mm}$

$$P_{l_j}=\frac{\pi^2EI}{(\mu l)^2}=\frac{3.14^2\times200\times10^3\times19165}{(1\times600)^2}\text{kN}=105\text{kN}$$

（2）两端固定，$l=1500\text{mm}$

$$P_{l_j}=\frac{\pi^2EI}{(\mu l)^2}=\frac{3.14^2\times200\times10^3\times19165}{(0.5\times1500)^2}\text{kN}=67.2\text{kN}$$

（3）一端固定、一端铰支，$l=1000\text{mm}$

$$P_{l_j}=\frac{\pi^2EI}{(\mu l)^2}=\frac{3.14^2\times200\times10^3\times19165}{(0.7\times1000)}\text{kN}=77.2\text{kN}$$

第三节　压杆的临界应力

一、临界应力

将临界压力 P_{l_j}除以压杆的横截面面积 A，即可求得压杆的临界应力，即

$$\sigma_{l_j}=\frac{P_{l_j}}{A}=\frac{\pi^2EI}{(\mu l)^2A}$$

将截面的惯性半径 $i=\sqrt{\dfrac{I}{A}}$引入上式，得

$$\sigma_{l_j}=\frac{\pi^2E}{\left(\dfrac{\mu l}{i}\right)^2}$$

再令

$$\lambda=\frac{\mu l}{i}\tag{15-2}$$

则细长压杆的临界应力计算公式可简化为

$$\sigma_{l_j}=\frac{\pi^2E}{\lambda^2}\tag{15-3}$$

式(15-3)称为细长压杆临界应力的欧拉公式,式中的 λ 称为压杆的柔度或长细比,λ 是一个无量纲的量,它综合地反映了压杆的长度,截面的形状与尺寸以及杆件的支持情况对临界应力的影响。式(15-3)表明,当材料相同时,压杆柔度 λ 越大,临界应力越小,压杆稳定性越差;反之,柔度 λ 越小,压杆稳定性越好。

二、欧拉公式的适用范围

欧拉公式是根据挠曲线近似微分方程推出的,即材料在弹性范围内才能成立,这就要求压

杆的临界应力 σ_{l_j} 不超过材料的比例极限。因此，欧拉公式的适用范围为

$$\sigma_{l_j}=\frac{\pi^2 E}{\lambda^2}\leqslant\sigma_p$$

或

$$\lambda\geqslant\sqrt{\frac{\pi^2 E}{\sigma_p}} \tag{15-4}$$

令

$$\lambda_p=\sqrt{\frac{\pi^2 E}{\sigma_p}} \tag{15-5}$$

λ_p 是对应于 $\sigma_{l_j}=\sigma_p$ 时的柔度值。

由式(15-4)可知，只有当 $\lambda\geqslant\lambda_p$ 时，才能满足 $\sigma\leqslant\sigma_p$，欧拉公式才适用。柔度 $\lambda\geqslant\lambda_p$ 的压杆称为大柔度杆或细长杆。λ_p 是判别欧拉公式能否适用的柔度界限值，其大小与材料的力学性质有关。例如 A3 钢，$E=206\text{GPa}$，$\sigma_p=200\text{Pa}$，则

$$\lambda_p=\sqrt{\frac{\pi^2 E}{\sigma_p}}=\sqrt{\frac{3.14^2\times2.06\times10^5}{200}}=100$$

三、中长杆的临界应力、临界应力总图

工程实际中，常见压杆的柔度通常小于 λ_p，其临界应力 σ_{l_j} 超过了材料的比例极限，这些压杆分为两类：

1. 小柔度杆或粗短杆

粗短杆承压能力大于材料的抗压强度，不会发生失稳破坏，故通常按强度计算，即 $\sigma_{l_j}=\sigma_s$ 或 σ_b。

2. 中柔度杆或中长杆

这类压杆的临界应力通常采用经验公式进行计算。常见的经验公式有直线公式和抛物线公式。本书只介绍直线公式。

直线公式把临界应力 σ_{l_j} 与柔度 λ 的关系表示为如下的直线关系

$$\sigma_{l_j}=a-b\lambda \tag{15-6}$$

其中 a、b 是与材料性质有关的常数。例如 A3 钢制作的压杆，$a=304\text{MPa}$，$b=1.12\text{MPa}$。

应当指出，经验公式只有在临界应力小于屈服点才能应用。即

$$\sigma_{l_j}=a-b\lambda\leqslant\sigma_s$$

或

$$\lambda\geqslant\frac{a-\sigma_s}{b} \tag{15-7}$$

令

$$\lambda_s=\frac{a-\sigma_s}{b} \tag{15-8}$$

λ_s 是对应于 $\sigma_{l_j}=\sigma_s$ 时的柔度值。

由式(15-7)可知，只有当 $\lambda\geqslant\lambda_s$ 时才能满足 $\sigma_{l_j}\leqslant\sigma_s$，才能用经验公式。

对 A3 钢，$\sigma_s=235\text{MPa}$，则

$$\lambda_s = \frac{a - \sigma_s}{b} = \frac{304 - 235}{1.12} = 60$$

综上所述，实际压杆的柔度值不同，临界应力计算公式也不同，工程中的压杆根据柔度分为以下三种类型：

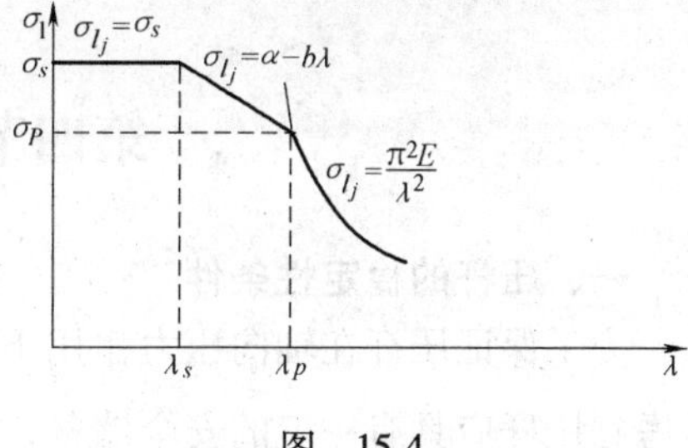

图 15-4

(1)大柔度杆或细长杆（当 $\sigma_{l_j} \leqslant \sigma_p$ 或 $\lambda \geqslant \lambda_p$ 时），用欧拉公式，即

$$P_{l_j} = \frac{\pi^2 EI}{(\mu l)^2} \text{或} \sigma_{l_j} = \frac{\pi^2 E}{\lambda^2}$$

（2）中柔度杆或中长杆（当 $\lambda_s \leqslant \lambda \leqslant \lambda_p$，$\sigma_p \leqslant \sigma_{l_j} \leqslant \sigma_s$ 时），用经验公式，即

$$\sigma_{l_j} = a - b\lambda$$

（3）小柔度杆或粗短杆（当 $\lambda \leqslant \lambda_s$ 或 $\sigma_{l_j} \geqslant \sigma_s$ 时），按强度计算，即

$$\sigma_{l_j} = \sigma_b \text{ 或 } \sigma_s$$

为了直观地表达压杆临界应力和挠度的关系，可以根据欧拉公式和经验公式绘出临界应力随柔度变化的曲线，如图 15-4 所示。这种图线称为临界应力总图。

例 15-3 图 15-5 所示矩形截面压杆，$h = 80\text{mm}$，$b = 40\text{mm}$，杆 $l = 2\text{m}$。材料为 A3 钢，$E = 200\text{GPa}$，$\sigma_s = 240\text{MPa}$，$\sigma_p = 200\text{MPa}$。杆端支持条件为：在 xy 面内相当于两端铰支；在 xz 面内相当于弹性支持，$\mu = 0.8$。试求压杆的临界应力和临界压力。

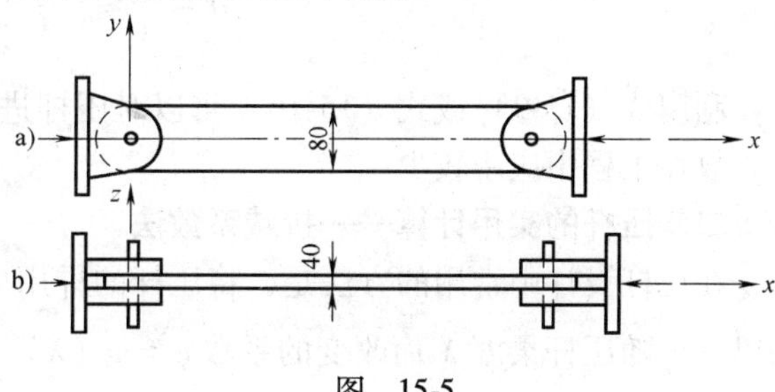

图 15-5

解：判断失稳方向。

由于两端支持条件不同，所以压杆在 xy 和 xz 面内都可能失稳。在 xy 面

$$i_z = \frac{h}{\sqrt{12}} = \frac{80}{\sqrt{12}}\text{mm} = 23.1\text{mm} \tag{a}$$

$$\lambda_z = \frac{\mu_1 l}{i_z} = \frac{1 \times 2000}{23.1} = 85.6 \tag{b}$$

在 xz 面

$$i_y = \frac{b}{\sqrt{12}} = \frac{40}{\sqrt{12}}\text{mm} = 11.55\text{mm}$$

$$\lambda_y = \frac{\mu_2 l}{i_y} = \frac{0.8 \times 2000}{11.55} = 138.5$$

因为 $\lambda_y > \lambda_z$，所以压杆若失稳，将发生在 xz 平面内。

又因为 $\lambda_y > \lambda_p$，故可用欧拉公式计算临界压力和临界应力，即

$$\sigma_{l_j}=\frac{\pi^2 E}{\lambda^2}=\frac{3.14^2\times 200\times 10^3}{138.5^2}\text{MPa}=102.8\text{MPa}$$

$$P_{l_j}=\sigma_{l_j}A=(102.8\times 40\times 80)\text{N}=329000\text{N}=329\text{kN}$$

第四节　压杆的稳定计算

一、压杆的稳定性条件

为了保证压杆在轴向压力作用下不丧失稳定，轴向压力的值不能超过临界压力 P_{l_j}，再考虑到压杆应具有一定的安全储备，则压杆的稳定条件为

$$P\leqslant\frac{P_{l_j}}{n_W}\leqslant[P_{l_j}] \tag{15-9}$$

将上式两边同时除以压杆的横截面面积 A，则压杆的稳定条件又可写成

$$\sigma=\frac{P}{A}\leqslant\frac{[P_{l_j}]}{A}=[\sigma_{l_j}] \tag{15-10}$$

利用式（15-9）或式（15-10）可以对压杆进行稳定计算。但这种方法不便用于设计计算，故在工程中应用较少。

二、压杆的实用计算——折减系数法

在压杆设计中常用的方法是，将压杆的许用应力［σ_{l_j}］表示为材料强度许用应力［σ］乘以一个随压杆柔度 λ 而改变的系数 $\varphi=\varphi$（λ），即

$$[\sigma_{l_j}]=\varphi[\sigma]$$

则压杆的稳定性条件式（15-8）、式（15-9）可以改写成与强度条件类似的公式

$$\sigma=\frac{P}{A}\leqslant[\sigma_{l_j}]=\varphi[\sigma] \tag{15-11}$$

式（15-11）是稳定条件的另一形式。由于$[\sigma_{l_j}]<[\sigma]$，所以 $\varphi<1$，因此，φ 称折减系数。式（15-11）又称为折减系数法。

通常压杆的材料是给定的，许用应力是一个常量，所以式（15-11）中的 φ 值只随 λ 变化而变化，即 $\varphi=\varphi(\lambda)$。表 15-2 给出了几种常用材料的折减系数 φ 值，以供计算查用。

例 15-4　如图 15-6 所示三角支架，压杆 BC 为 16 号工字钢，材料许用应力［σ］= 160MPa，节点 B 处作用一集中力 P，BC 杆长为 1.5m。试从 BC 杆的稳定性考虑，计算该三角支架的允许荷载。

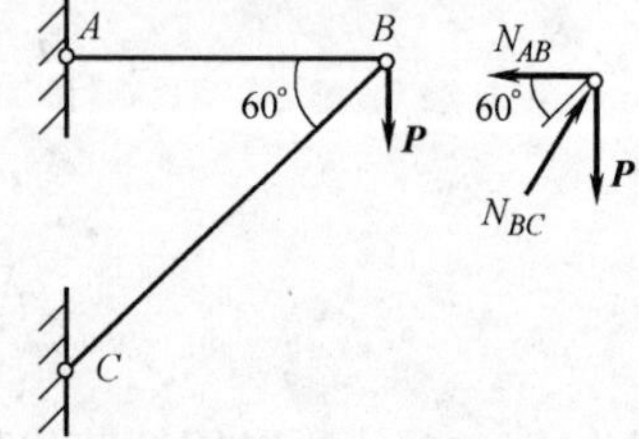

图　15-6

解：（1）取节点 B 为研究对象，由 $\Sigma F_y=0$，$N_{BC}\sin60°-P=0$得

$$N_{BC}=\frac{P}{\sin60°}=1.155P$$

（2）求 φ。

两端铰支，$\mu=1$。查型钢表，16 号工字钢 $A=26.1\text{cm}^2$，$i_y=8.58\text{cm}$，$i_z=1.89\text{cm}$，因为 $i_z<i_y$，则 $i=i_z=1.89\text{cm}$，其柔度值为

$$\lambda=\frac{\mu l}{i}=\frac{1\times 1500}{18.9}=79.4$$

查表 15-2，得

$$\varphi=0.789-\frac{79.4-70}{80-70}(0.789-0.731)=0.735$$

（3）求许用荷载［P］。

由稳定性条件　$N_{BC}=1.155P\leqslant\varphi A[\sigma]$ 得

$$p\leqslant\frac{\varphi A[\sigma]}{1.155}=\frac{0.735\times 2610\times 160}{1.155}\text{N}=265.7\times 10^3\text{N}=265.7\text{kN}$$

例 15-5　图 15-7 所示三角架中，BD 杆为圆截面钢杆，已知 $P=10\text{kN}$，BD 杆材料许用应力为［σ］$=160\text{MPa}$，直径 $d=40\text{mm}$。试校核 BD 杆的稳定性。

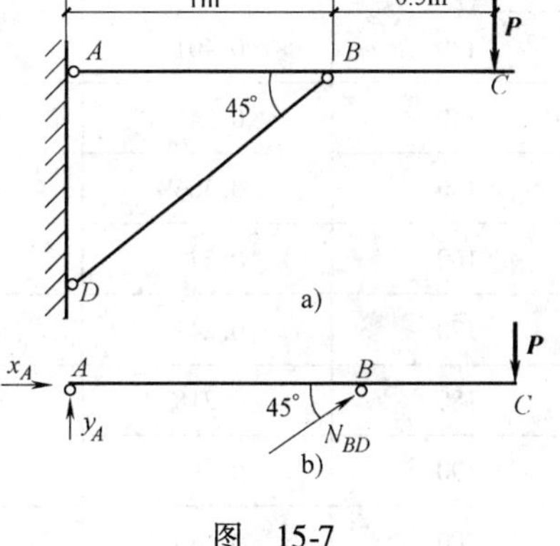

图 15-7

解：（1）取 AC 为研究对象，由 $\sum M_A=0$，$10\times 1.5-N_{BD}\times 1\times\cos 45°=0$ 得

$$N_{BD}=\frac{10\times 1.5}{\cos 45°}\text{kN}=21.22\text{kN}$$

（2）求 φ。

两端铰支，$\mu=1$。$i=\dfrac{d}{4}=\dfrac{40}{4}\text{mm}=10\text{mm}$

$$l=\frac{1}{\cos 45°}=1.414\text{m}$$

$$\lambda=\frac{\mu l}{\lambda}=\frac{1\times 1.414\times 10^3}{10}=141.4\text{mm}$$

查表 15-2 得

$$\varphi=0.349-\frac{141.4-140}{150-140}(0.349-0.306)=0.345$$

（3）校核稳定性。

$$\sigma=\frac{N}{A}=\frac{21.22\times 10^3}{\dfrac{3.14\times 40^2}{4}}\text{MPa}=16.89\text{MPa}<\varphi[\sigma]=(0.345\times 160)\text{MPa}=55.2\text{MPa}$$

故稳定性符合要求。

表 15-2 几种常见材料的折减系数 φ

λ	折减系数 φ				
	Q235A 钢（低碳钢）	16 锰钢	木材	M5 以上砂浆的砖石砌体	混凝土
20	0.981	0.973	0.932	0.95	0.96
40	0.927	0.895	0.822	0.84	0.83
60	0.842	0.776	0.658	0.69	0.70
70	0.789	0.705	0.575	0.62	0.63
80	0.731	0.627	0.460	0.56	0.57
90	0.669	0.546	0.371	0.51	0.51
100	0.604	0.462	0.300	0.45	0.46
110	0.536	0.384	0.248		
120	0.466	0.325	0.209		
130	0.401	0.279	0.178		
140	0.349	0.242	0.153		
150	0.306	0.213	0.134		
160	0.272	0.188	0.117		
170	0.243	0.168	0.102		
180	0.218	0.151	0.093		
190	0.197	0.136	0.083		
200	0.180	0.124	0.075		

第五节 提高压杆稳定性的措施

由上面分析可知，压杆临界压力或临界应力的大小决定压杆稳定性的高低，要提高压杆的稳定性，就要提高压杆的临界压力或临界应力。影响临界应力的主要因素是压杆的柔度和材料。柔度取决于压杆的长度、截面形状、尺寸和支持情况。因此要提高压杆的稳定性，要以这几个方面着手。

一、减小压杆的长度

压杆的临界压力和临界应力与压杆的长度平方成反比，所以减小杆长是提高压杆稳定性的有效措施之一。在条件许可的情况下，应尽可能使压杆增加中间支承（图 15-8）。

二、改善支持条件

支持越强，μ 值越小，压杆临界应力就越高，压杆稳定性就越好。

三、选择合理的截面形状

压杆临界应力与截面惯性半径的平方成正比。选择合理截面，使材料远离形心，从而增大截面的惯性矩和惯性半径。如图 15-9 所示，空心圆截面比实心圆截面好，四个角钢布置一个箱形，比布置一个十字形好。

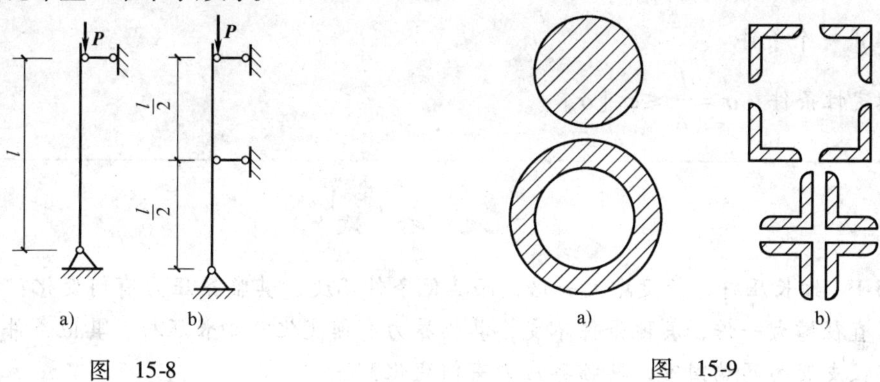

图　15-8　　　　　　　　图　15-9

四、改善结构受力情况

在可能的条件下，也可以从结构上采取措施，把压杆改为拉杆（图 15-10），从而避免了失稳的出现。

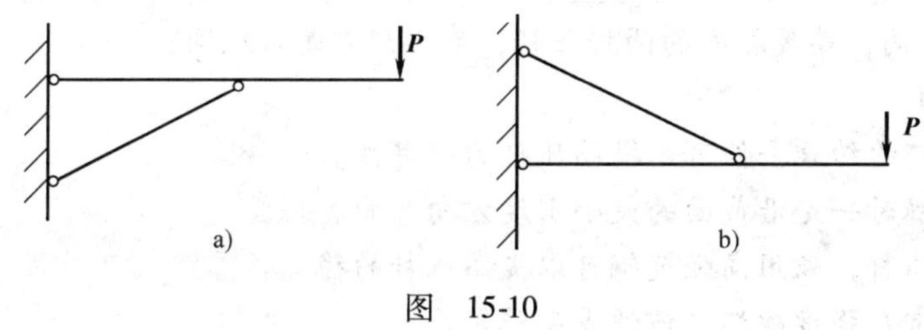

图　15-10

五、合理选择材料

细长压杆临界应力与材料弹性模量 E 成正比，选择弹性模量较高的材料，可以提高压杆的稳定性。中长杆与材料常数值 a、b 有关，材料强度越高，a 值越大，临界应力越高。因此，中长杆应尽量用高强度材料。

小　　结

（1）三个概念：稳定性、临界压力、临界应力。

（2）三种压杆：

1）细长杆　$P_{l_j}=\frac{\pi^2 EI}{(\mu l)^2}$　$\sigma_{l_j}=\frac{\pi^2 E}{\lambda^2}$

2）中长杆　$P_{l_j}=\sigma_{e_j}A$　$\sigma_{l_j}=a-b\lambda$

3）粗短杆　$P=P_b$　$\sigma=\sigma_b$ 或 σ_s

（3）两个系数

1）柔度　$\lambda=\frac{\mu l}{i}$

2）折减系数　$\varphi=\dfrac{[\sigma_{l_j}]}{[\sigma]}$

（4）一个条件

稳定性条件　$\sigma=\dfrac{P}{A}\leqslant\varphi\ [\sigma]$

思考题

15-1　细长压杆，长度增大一倍，而其他条件不变，其临界压力有何变化？圆截面积长压杆，直径增大一倍，其他条件不变，其临界力有何变化？细长压杆，其他条件不变，压杆由两端铰支变为两端固定，其临界应力有何变化？

15-2　压杆柔度 $\lambda=$__________，它与哪些因素有关？它是怎样影响压杆的稳定性的？压杆柔度表示__________、__________、__________对临界应力的综合影响。

15-3　细长杆临界压力用__________公式，中长压杆临界压力用__________公式，粗短杆按__________计算。细长压杆临界应力错用为经验公式，则偏于__________，中长压杆临界应力错用为欧拉计公式则偏于__________。欧拉公式的适用条件是__________。

15-4　材料相同，柔度相同的两杆压杆，临界应力是否相同？

15-5　判断题：

（1）改变压杆的约束条件可以提高压杆的稳定性。

（2）压杆失稳时一定沿截面的最小刚度方向弯曲。

（3）对细长压杆，采用高强度钢可以提高压杆的稳定性。

（4）压杆通常在强度破坏之前便丧失稳定。

（5）两端支持条件和截面形状沿两个方向不同的压杆，在失稳时总是沿柔度大的方向失稳。

15-6　图示四根压杆材料和截面均相同，__________种临界压力最大，__________种临界压力最小。

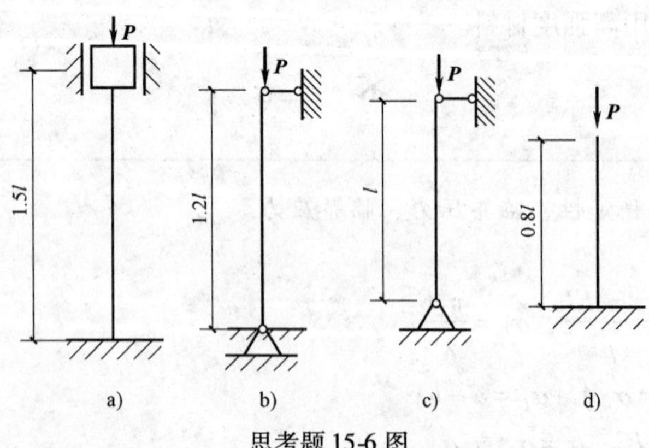

思考题15-6图

15-7　图示各细长压杆，截面均为圆截面，它们的直径和材料都相同，当荷载逐渐增加时，__________压杆先失稳。

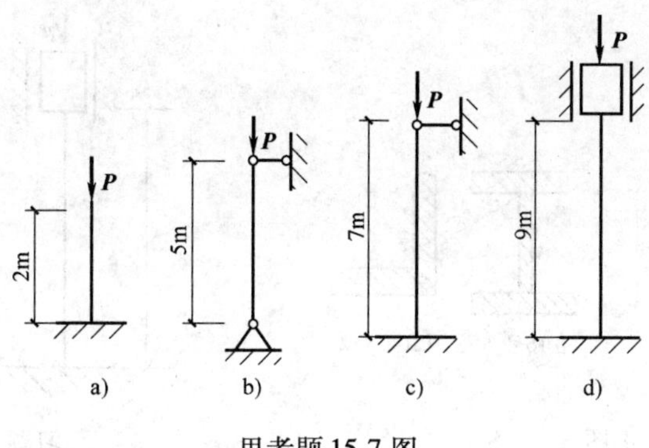

思考题 15-7 图

15-8 由 Q235 钢制成的两端铰支圆截面压杆，杆长 l 与直径 d 比值等于多少时，才能用欧拉公式计算临界压力？

15-9 图示各压杆横截面，两端沿各个方向支持条件相同，内压杆失稳时杆件将绕哪一根形心轴弯曲？

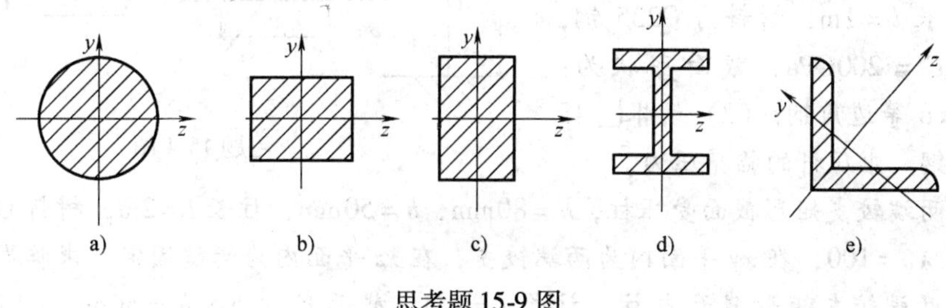

思考题 15-9 图

15-10 图示各组中两种截面压杆截面面积均相等，各组压杆的两种截面中，哪一种截面的比较合理？

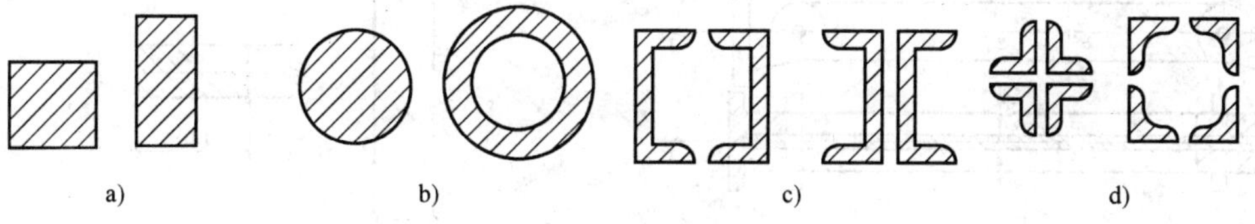

思考题 15-10 图

习　题

15-1 图示细长压杆，两端铰支，材料弹性模量 $E=200\text{GPa}$，截面形状为：（1）圆形截面 $d=50\text{mm}$；（2）矩形 $b\times h=40\text{mm}\times 80\text{mm}$；（3）16 号工字钢；（4）等边角钢∟140×12 杆长 $l=2\text{m}$，计算其临界压力 p_{ej}。

15-2 图示矩形截面压杆，已知杆长 $l=3\text{m}$，截面尺寸 $b=100\text{mm}$，材料弹性模量 $E=200\text{GPa}$，$\sigma_{\text{p}}=200\text{MPa}$，支持条件为：（1）在 xy 平面内，为上端自由，下端固定；（2）在 xz 平面内，为两端固定。求压杆的临界压力 p_{ej}。

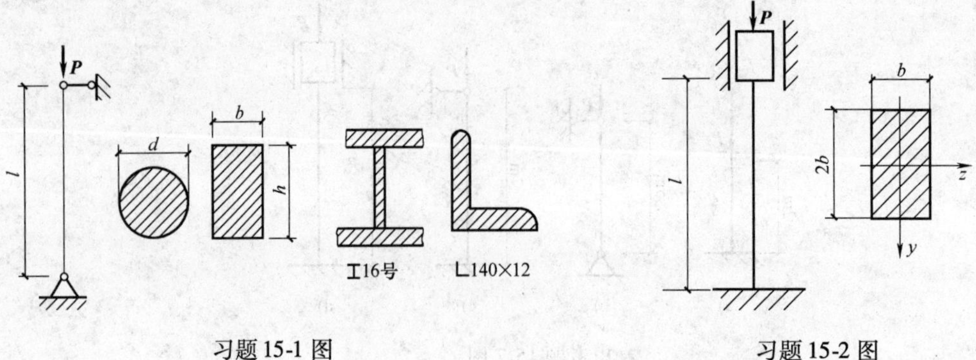

习题 15-1 图　　习题 15-2 图

15-3　直径 $d=25\text{mm}$，长为 l 的细长钢压杆，材料的弹性模量 $E=200\text{GPa}$，求压杆的临界压力。(1) 两端铰支，$l=600\text{mm}$；(2) 两端固定，$l=1500\text{mm}$；(3) 一端固定，一端铰支，$l=1000\text{mm}$。

15-4　一端自由，一端固定的中心受压柱，柱长 $l=1\text{m}$，材料为 Q235 钢，弹性模量 $E=200\text{GPa}$，截面形状为：(1) ∟45×6 等边角钢；(2) 两根∟45×6 等边角钢。求压杆的临界压力。

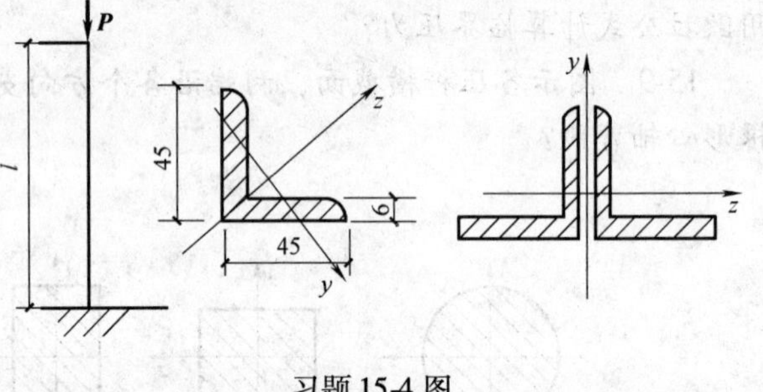

习题 15-4 图

15-5　两端铰支矩形截面受压柱，$h=80\text{mm}$，$b=50\text{mm}$，柱长 $l=2\text{m}$，材料 Q235 钢，$\sigma_s=235\text{MPa}$，$\lambda_P=100$，在 xy 平面内为两端铰支，在 xz 平面内为两端固定，求临界压力。

15-6　两端铰支矩形截面木柱，柱长 $l=2\text{m}$，截面尺寸 $b\times h=80\text{mm}\times 140\text{mm}$，$E=10\text{GPa}$，求临界压力。

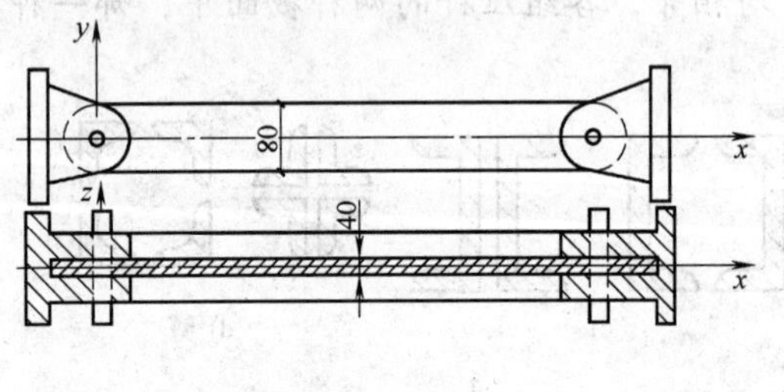

习题 15-5 图

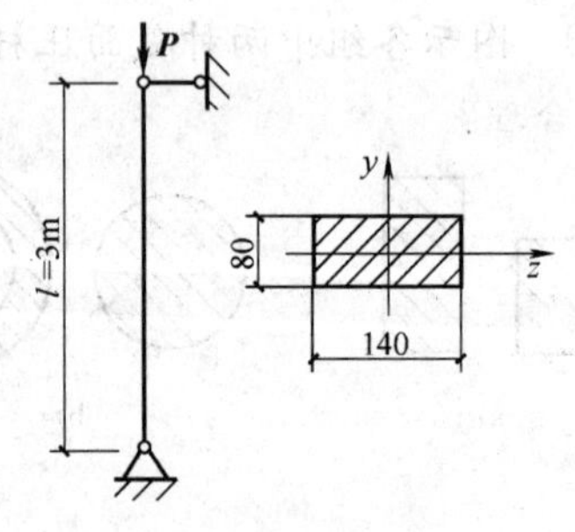

习题 15-6 图

15-7　三根直径 $d=160\text{mm}$ 圆截面木柱，两端铰支，长 $l_1=2l_2=4l_3=5\text{m}$，材料为 Q235 钢，材料弹性模量 $E=200\text{GPa}$，求临界压力。

15-8　一矩形截面木柱高 $l=4\text{m}$，截面尺寸 $b=120\text{mm}$，$h=240\text{mm}$，材料许用应力 $[\sigma]=10\text{MPa}$，受压力 $P=135\text{kN}$，试校核柱的稳定性。

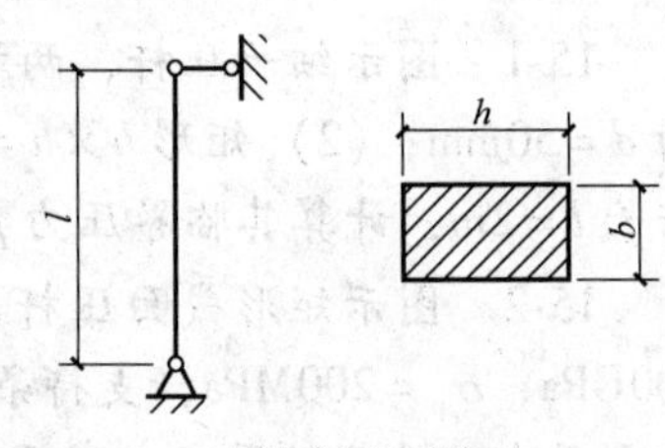

习题 15-8 图

15-9　28b 工字钢受压柱，上端固定，下端自由，柱长 $l=2\text{m}$，受压力 $P=250\text{kN}$ 材料许用应力 $[\sigma]=160\text{MPa}$，校核

柱的稳定性。

15-10 一圆柱高 $l=6\text{m}$，直径 $d=200\text{mm}$，两端铰支，承受轴向压力 $P=50\text{kN}$，材料许用应力 $[\sigma]=10\text{MPa}$，试校核木柱的稳定性。

15-11 截面为 40c 工字钢压杆，材料为 16Mn 钢，许用应力 $[\sigma]=230\text{MPa}$，柱长 $l=5.6\text{m}$，在 xz 平面内接近于两端固定，$\mu=0.65$，在 xy 平面内为两端铰支，试求压杆的允许承受的轴向压力 $[P]$。

15-12 一两端铰支钢管柱，柱长 $l=3\text{m}$，$D=100\text{mm}$，$d=70\text{mm}$，材料为 Q235，材料许用应力 $[\sigma]=160\text{MPa}$，求柱所允许承受的荷载 $[P]$。

15-13 图示两端铰支钢管柱，材料为 Q235，许用应力 $[\sigma]=170\text{MPa}$，$P=160\text{kN}$，柱长 $l=3\text{m}$，平均半径 $R=50\text{mm}$。求钢管壁厚 t。

15-14 图示结构中，CD 为钢管，$D=36\text{mm}$，$d=26\text{mm}$，许用应力 $[\sigma]=160\text{MPa}$，校核 CD 杆的稳定性。

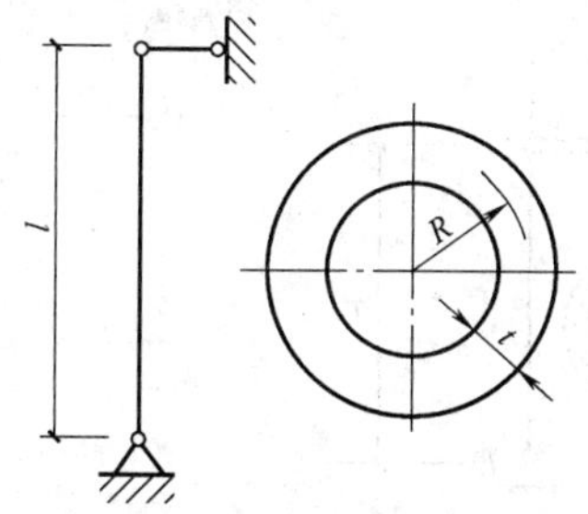

习题 15-13 图

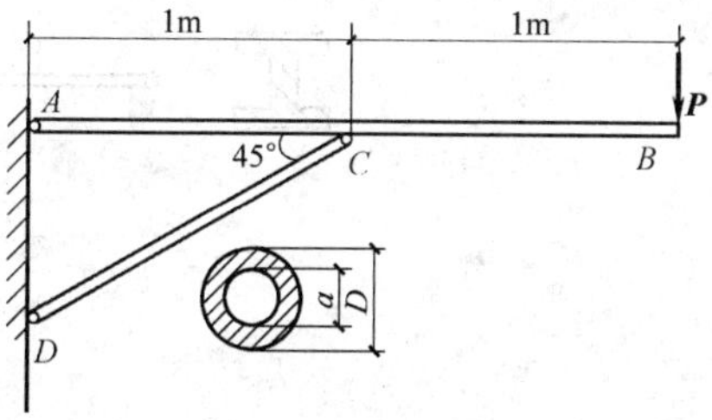

习题 15-14 图

15-15 托架如图所示，AB 杆为圆截面钢杆，许用应力 $[\sigma]=160\text{MPa}$，两端铰支，杆长 $l=800\text{mm}$，直径 $d=40\text{mm}$，求托架的许可荷载 $[P]$。

15-16 图示三角支架，已知压杆 BC 为 16 号工字钢，材料许用应力为 $[\sigma]=160\text{MPa}$。在结点 B 作用一竖向荷载 Q，BC 杆总长 $l=1.5\text{m}$，试从 BC 杆的稳定性考虑，求三角支架的许可荷载 $[Q]$。

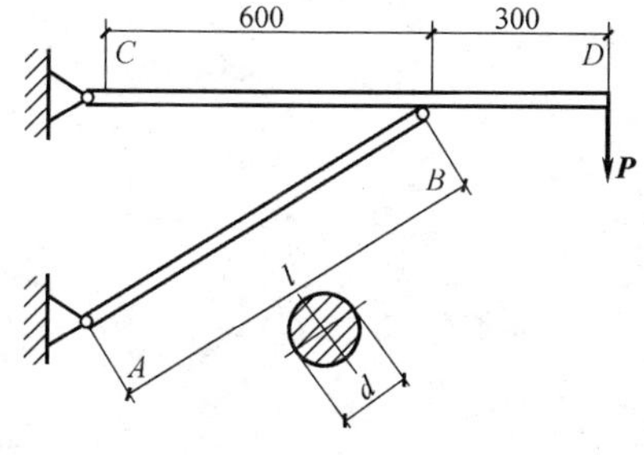

习题 15-15 图

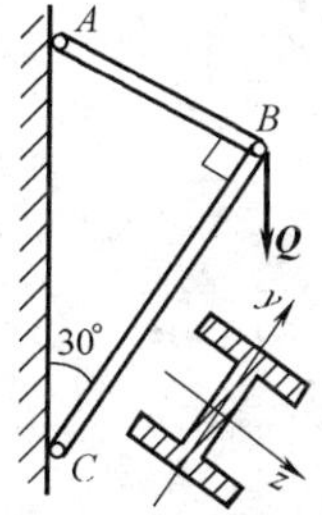

习题 15-16 图

15-17　图示结构的 CD 梁上作用着均布荷载 $q=50\text{kN/m}$，木柱 AB 为两端铰支，$[\sigma]=11\text{MPa}$，试求木柱的直径。

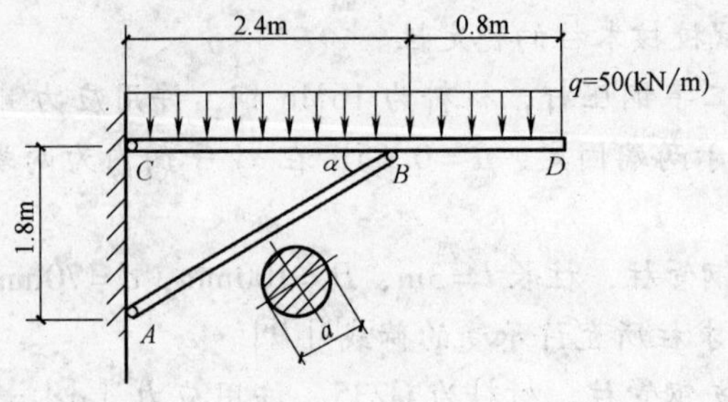

习题 15-17 图

15-18　图示结构中，横梁 AB 为 16 号工字钢，立柱 BD 为圆钢管，外径 $D=80\text{mm}$，内径 $d=76\text{mm}$，$l=6\text{m}$，$a=3\text{m}$，$q=4\text{kN/m}$，$[\sigma]=160\text{MPa}$，校核 AB 杆的强度和 BD 杆的稳定性。

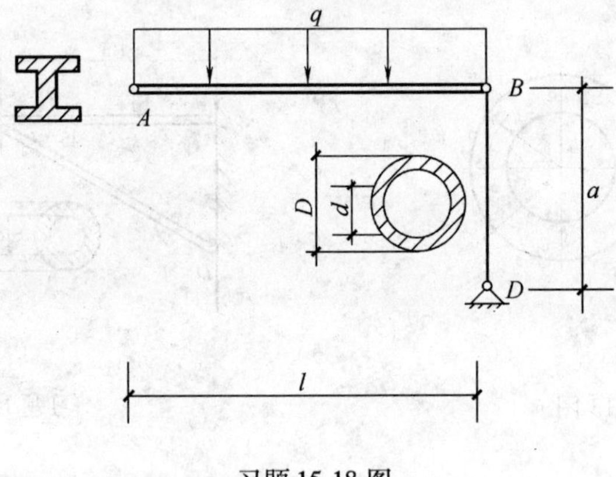

习题 15-18 图

附录A 型 钢 表

附表1 工字钢截面尺寸、截面面积、理论重量及截面特性

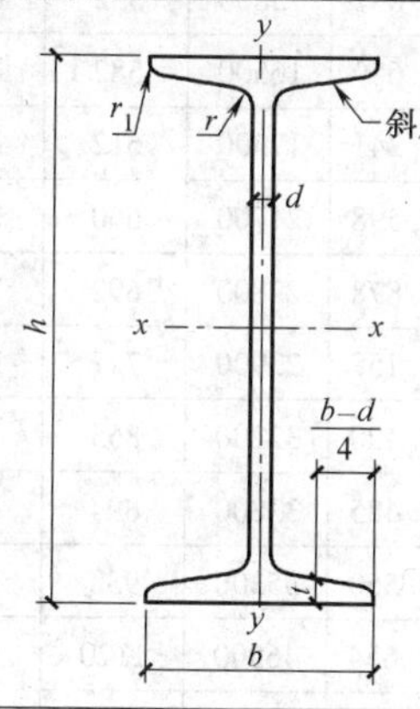

h— 高度;
b— 腿宽度;
d— 腰厚度;
t— 平均腿厚度;
r— 内圆弧半径;
r_1— 腿端圆弧半径。

型号	截面尺寸/mm						截面面积/cm²	理论重量/(kg/m)	惯性矩/cm⁴		惯性半径/cm		截面模数/cm³	
	h	b	d	t	r	r_1			I_x	I_y	i_x	i_y	W_x	W_y
10	100	68	4.5	7.6	6.5	3.3	14.345	11.261	245	33.0	4.14	1.52	49.0	9.72
12	120	74	5.0	8.4	7.0	3.5	17.818	13.987	436	46.9	4.95	1.62	72.7	12.7
12.6	126	74	5.0	8.4	7.0	3.5	18.118	14.223	488	46.9	5.20	1.61	77.5	12.7
14	140	80	5.5	9.1	7.5	3.8	21.516	16.890	712	64.4	5.76	1.73	102	16.1
16	160	88	6.0	9.9	8.0	4.0	26.131	20.513	1130	93.1	6.58	1.89	141	21.2
18	180	94	6.5	10.7	8.5	4.3	30.756	24.143	1660	122	7.36	2.00	185	26.0
20a	200	100	7.0	11.4	9.0	4.5	35.578	27.929	2370	158	8.15	2.12	237	31.5
20b		102	9.0				39.578	31.069	2500	169	7.96	2.06	250	33.1
22a	220	110	7.5	12.3	9.5	4.8	42.128	33.070	3400	225	8.99	2.31	309	40.9
22b		112	9.5				46.528	36.524	3570	239	8.78	2.27	325	42.7
24a	240	116	8.0	13.0	10.0	5.0	47.741	37.477	4570	280	9.77	2.42	381	48.4
24b		118	10.0				52.541	41.245	4800	297	9.57	2.38	400	50.4
25a	250	116	8.0				48.541	38.105	5020	280	10.2	2.40	402	48.3
25b		118	10.0				53.541	42.030	5280	309	9.94	2.40	423	52.4
27a	270	122	8.5	13.7	10.5	5.3	54.554	42.825	6550	345	10.9	2.51	485	56.6
27b		124	10.5				59.954	47.064	6870	366	10.7	2.47	509	58.9
28a	280	122	8.5				55.404	43.492	7110	345	11.3	2.50	508	56.6
28b		124	10.5				61.004	47.888	7480	379	11.1	2.49	534	61.2
30a	300	126	9.0	14.4	11.0	5.5	61.254	48.084	8950	400	12.1	2.55	597	63.5
30b		128	11.0				67.254	52.794	9400	422	11.8	2.50	627	65.9
30c		130	13.0				73.254	57.504	9850	445	11.6	2.46	657	68.5

（续）

型号	截面尺寸/mm						截面面积/cm^2	理论重量/(kg/m)	惯性矩/cm^4		惯性半径/cm		截面模数/cm^3	
	h	b	d	t	r	r_1			I_x	I_y	i_x	i_y	W_x	W_y
32a	320	130	9.5	15.0	11.5	5.8	67.156	52.717	11100	460	12.8	2.62	692	70.8
32b		132	11.5				73.556	57.741	11600	502	12.6	2.61	726	76.0
32c		134	13.5				79.956	62.765	12200	544	12.3	2.61	760	81.2
36a	360	136	10.0	15.8	12.0	6.0	76.480	60.037	15800	552	14.4	2.69	875	81.2
36b		138	12.0				83.680	65.689	16500	582	14.1	2.64	919	84.3
36c		140	14.0				90.880	71.341	17300	612	13.8	2.60	962	87.4
40a	400	142	10.5	16.5	12.5	6.3	86.112	67.598	21700	660	15.9	2.77	1090	93.2
40b		144	12.5				94.112	73.878	22800	692	15.6	2.71	1140	96.2
40c		146	14.5				102.112	80.158	23900	727	15.2	2.65	1190	99.6
45a	450	150	11.5	18.0	13.5	6.8	102.446	80.420	32200	855	17.7	2.89	1430	114
45b		152	13.5				111.446	87.485	33800	894	17.4	2.84	1500	118
45c		154	15.5				120.446	94.550	35300	938	17.1	2.79	1570	122
50a	500	158	12.0	20.0	14.0	7.0	119.304	93.654	46500	1120	19.7	3.07	1860	142
50b		160	14.0				129.304	101.504	48600	1170	19.4	3.01	1940	146
50c		162	16.0				139.304	109.354	50600	1220	19.0	2.96	2080	151
55a	550	166	12.5	21.0	14.5	7.3	134.185	105.335	62900	1370	21.6	3.19	2290	164
55b		168	14.5				145.185	113.970	65600	1420	21.2	3.14	2390	170
55c		170	16.5				156.185	122.605	68400	1480	20.9	3.08	2490	175
56a	560	166	12.5				135.435	106.316	65600	1370	22.0	3.18	2340	165
56b		168	14.5				146.635	115.108	68500	1490	21.6	3.16	2450	174
56c		170	16.5				157.835	123.900	71400	1560	21.3	3.16	2550	183
63a	630	176	13.0	22.0	15.0	7.5	154.658	121.407	93900	1700	24.5	3.31	2980	193
63b		178	15.0				167.258	131.298	98100	1810	24.2	3.29	3160	204
63c		180	17.0				179.858	141.189	102000	1920	23.8	3.27	3300	214

注：表中 r、r_1 的数据用于孔型设计，不做交货条件。

附表2 槽钢截面尺寸、截面面积、理论重量及截面特性

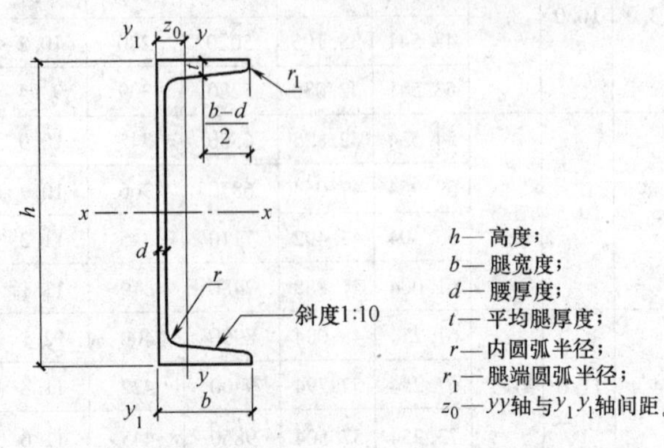

h— 高度；
b— 腿宽度；
d— 腰厚度；
t— 平均腿厚度；
r— 内圆弧半径；
r_1— 腿端圆弧半径；
z_0— yy轴与y_1y_1轴间距。

（续）

型号	截面尺寸/mm						截面面积/cm^2	理论重量/(kg/m)	惯性矩/cm^4			惯性半径/cm		截面模数/cm^3		重心距离/cm
	h	b	d	t	r	r_1			I_x	I_y	I_{y1}	i_x	i_y	W_x	W_y	z_0
5	50	37	4.5	7.0	7.0	3.5	6.928	5.438	26.0	8.30	20.9	1.94	1.10	10.4	3.55	1.35
6.3	63	40	4.8	7.5	7.5	3.8	8.451	6.634	50.8	11.9	28.4	2.45	1.19	16.1	4.50	1.36
6.5	65	40	4.3	7.5	7.5	3.8	8.547	6.709	55.2	12.0	28.3	2.54	1.19	17.0	4.59	1.38
8	80	43	5.0	8.0	8.0	4.0	10.248	8.045	101	16.6	37.4	3.15	1.27	25.3	5.79	1.43
10	100	48	5.3	8.5	8.5	4.2	12.748	10.007	198	25.6	54.9	3.95	1.41	39.7	7.80	1.52
12	120	53	5.5	9.0	9.0	4.5	15.362	12.059	346	37.4	77.7	4.75	1.56	57.7	10.2	1.62
12.6	126	53	5.5	9.0	9.0	4.5	15.692	12.318	391	38.0	77.1	4.95	1.57	62.1	10.2	1.59
14a	140	58	6.0	9.5	9.5	4.8	18.516	14.535	564	53.2	107	5.52	1.70	80.5	13.0	1.71
14b		60	8.0				21.316	16.733	609	61.1	121	5.35	1.69	87.1	14.1	1.67
16a	160	63	6.5	10.0	10.0	5.0	21.962	17.24	866	73.3	144	6.28	1.83	108	16.3	1.80
16b		65	8.5				25.162	19.752	935	83.4	161	6.10	1.82	117	17.6	1.75
18a	180	68	7.0	10.5	10.5	5.2	25.699	20.174	1270	98.6	190	7.04	1.96	141	20.0	1.88
18b		70	9.0				29.299	23.000	1370	111	210	6.84	1.95	152	21.5	1.84
20a	200	73	7.0	11.0	11.0	5.5	28.837	22.637	1780	128	244	7.86	2.11	178	24.2	2.01
20b		75	9.0				32.837	25.777	1910	144	268	7.64	2.09	191	25.9	1.95
22a	220	77	7.0	11.5	11.5	5.8	31.846	24.999	2390	158	298	8.67	2.23	218	28.2	2.10
22b		79	9.0				36.246	28.453	2570	176	326	8.42	2.21	234	30.1	2.03
24a	240	78	7.0	12.0	12.0	6.0	34.217	26.860	3050	174	325	9.45	2.25	254	30.5	2.10
24b		80	9.0				39.017	30.628	3280	194	355	9.17	2.23	274	32.5	2.03
24c		82	11.0				43.817	34.396	3510	213	388	8.96	2.21	293	34.4	2.00
25a	250	78	7.0				34.917	27.410	3370	176	322	9.82	2.24	270	30.6	2.07
25b		80	9.0				39.917	31.335	3530	196	353	9.41	2.22	282	32.7	1.98
25c		82	11.0				44.917	35.260	3690	218	384	9.07	2.21	295	35.9	1.92
27a	270	82	7.5	12.5	12.5	6.2	39.284	30.838	4360	216	393	10.5	2.34	323	35.5	2.13
27b		84	9.5				44.684	35.077	4690	239	428	10.3	2.31	347	37.7	2.06
27c		86	11.5				50.084	39.316	5020	261	467	10.1	2.28	372	39.8	2.03
28a	280	82	7.5				40.034	31.427	4760	218	388	10.9	2.33	340	35.7	2.10
28b		84	9.5				45.634	35.823	5130	242	428	10.6	2.30	366	37.9	2.02
28c		86	11.5				51.234	40.219	5500	268	463	10.4	2.29	393	40.3	1.95
30a	300	85	7.5	13.5	13.5	6.8	43.902	34.463	6050	260	467	11.7	2.43	403	41.1	2.17
30b		87	9.5				49.902	39.173	6500	289	515	11.4	2.41	433	44.0	2.13
30c		89	11.5				55.902	43.883	6950	316	560	11.2	2.38	463	46.4	2.09
32a	320	88	8.0	14.0	14.0	7.0	48.513	38.083	7600	305	552	12.5	2.50	475	46.5	2.24
32b		90	10.0				54.913	43.107	8140	336	593	12.2	2.47	509	49.2	2.16
32c		92	12.0				61.313	48.131	8690	374	643	11.9	2.47	543	52.6	2.09

（续）

型号	截面尺寸/mm						截面面积/cm^2	理论重量/(kg/m)	惯性矩/cm^4			惯性半径/cm		截面模数/cm^3		重心距离/cm
	h	b	d	t	r	r_1			I_x	I_y	I_{y1}	i_x	i_y	W_x	W_y	z_0
36a	360	96	9.0	16.0	16.0	8.0	60.910	47.814	11900	455	818	14.0	2.73	660	63.5	2.44
36b		98	11.0				68.110	53.466	12700	497	880	13.6	2.70	703	66.9	2.37
36c		100	13.0				75.310	59.118	13400	536	948	13.4	2.67	746	70.0	2.34
40a	400	100	10.5	18.0	18.0	9.0	75.068	58.928	17600	592	1070	15.3	2.81	879	78.8	2.49
40b		102	12.5				83.068	65.208	18600	640	114	15.0	2.78	932	82.5	2.44
40c		104	14.5				91.068	71.488	19700	688	1220	14.7	2.75	986	86.2	2.42

注：表中 r、r_1 的数据用于孔型设计，不做交货条件。

附表 3 等边角钢截面尺寸、截面面积、理论重量及截面特性

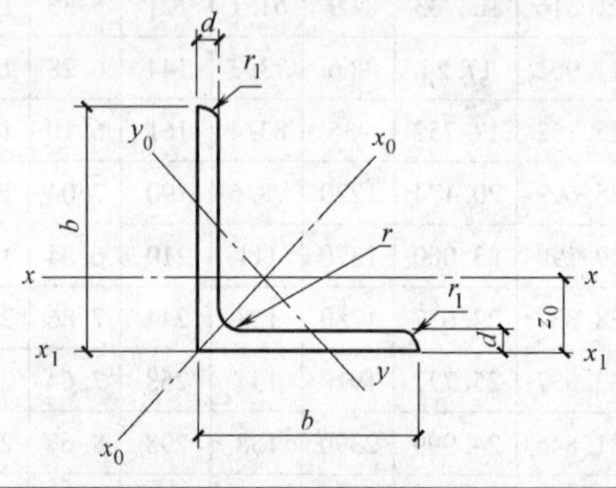

b—边宽度；
d—边厚度；
r—内圆弧半径；
r_1—边端圆弧半径；
z_0—重心距离。

型号	截面尺寸/mm			截面面积/cm^2	理论重量/(kg/m)	外表面积/(m^2/m)	惯性矩/cm^4				惯性半径/cm			截面模数/cm^3			重心距离/cm
	b	d	r				I_x	I_{x1}	I_{x0}	I_{y0}	i_x	i_{x0}	i_{y0}	W_x	W_{x0}	W_{y0}	z_0
2	20	3	3.5	1.132	0.889	0.078	0.40	0.81	0.63	0.17	0.59	0.75	0.39	0.29	0.45	0.20	0.60
		4		1.459	1.145	0.077	0.50	1.09	0.78	0.22	0.58	0.73	0.38	0.36	0.55	0.24	0.64
2.5	25	3		1.432	1.124	0.098	0.82	1.57	1.29	0.34	0.76	0.95	0.49	0.46	0.73	0.33	0.73
		4		1.859	1.459	0.097	1.03	2.11	1.62	0.43	0.74	0.93	0.48	0.59	0.92	0.40	0.76
3.0	30	3	4.5	1.749	1.373	0.117	1.46	2.71	2.31	0.61	0.91	1.15	0.59	0.68	1.09	0.51	0.85
		4		2.276	1.786	0.117	1.84	3.63	2.92	0.77	0.90	1.13	0.58	0.87	1.37	0.62	0.89
3.6	36	3		2.109	1.656	0.141	2.58	4.68	4.09	1.07	1.11	1.39	0.71	0.99	1.61	0.76	1.00
		4		2.756	2.163	0.141	3.29	6.25	5.22	1.37	1.09	1.38	0.70	1.28	2.05	0.93	1.04
		5		3.382	2.654	0.141	3.95	7.84	6.24	1.65	1.08	1.36	0.70	1.56	2.45	1.00	1.07
4	40	3	5	2.359	1.852	0.157	3.59	6.41	5.69	1.49	1.23	1.55	0.79	1.23	2.01	0.96	1.09
		4		3.086	2.422	0.157	4.60	8.56	7.29	1.91	1.22	1.54	0.79	1.60	2.58	1.19	1.13
		5		3.791	2.976	0.156	5.53	10.74	8.76	2.30	1.21	1.52	0.78	1.96	3.10	1.39	1.17
4.5	45	3		2.659	2.088	0.177	5.17	9.12	8.20	2.14	1.40	1.76	0.89	1.58	2.58	1.24	1.22
		4		3.486	2.736	0.177	6.65	12.18	10.56	2.75	1.38	1.74	0.89	2.05	3.32	1.54	1.26
		5		4.292	3.369	0.176	8.04	15.2	12.74	3.33	1.37	1.72	0.88	2.51	4.00	1.81	1.30
		6		5.076	3.985	0.176	9.33	18.36	14.76	3.89	1.36	1.70	0.8	2.95	4.64	2.06	1.33

（续）

型号	截面尺寸/mm			截面面积/cm²	理论重量/(kg/m)	外表面积/(m²/m)	惯性矩/cm⁴				惯性半径/cm			截面模数/cm³			重心距离/cm
	b	d	r				I_x	I_{x1}	I_{x0}	I_{y0}	i_x	i_{x0}	i_{y0}	W_x	W_{x0}	W_{y0}	z_0
5	50	3	5.5	2.971	2.332	0.197	7.18	12.5	11.37	2.98	1.55	1.96	1.00	1.96	3.22	1.57	1.34
		4		3.897	3.059	0.197	9.26	16.69	14.70	3.82	1.54	1.94	0.99	2.56	4.16	1.96	1.38
		5		4.803	3.770	0.196	11.21	20.90	17.79	4.64	1.53	1.92	0.98	3.13	5.03	2.31	1.42
		6		5.688	4.465	0.196	13.05	25.14	20.68	5.42	1.52	1.91	0.98	3.68	5.85	2.63	1.46
5.6	56	3	6	3.343	2.624	0.221	10.19	17.56	16.14	4.24	1.75	2.20	1.13	2.48	4.08	2.02	1.48
		4		4.390	3.446	0.220	13.18	23.43	20.92	5.46	1.73	2.18	1.11	3.24	5.28	2.52	1.53
		5		5.415	4.251	0.220	16.02	29.33	25.42	6.61	1.72	2.17	1.10	3.97	6.42	2.98	1.57
		6		6.420	5.040	0.220	18.69	35.26	29.66	7.73	1.71	2.15	1.10	4.68	7.49	3.40	1.61
		7		7.404	5.812	0.219	21.23	41.23	33.63	8.82	1.69	2.13	1.09	5.36	8.49	3.80	1.64
		8		8.367	6.568	0.219	23.63	47.24	37.37	9.89	1.68	2.11	1.09	6.03	9.44	4.16	1.68
6	60	5	6.5	5.829	4.576	0.236	19.89	36.05	31.57	8.21	1.85	2.33	1.19	4.59	7.44	3.48	1.67
		6		6.914	5.427	0.235	23.25	43.33	36.89	9.60	1.83	2.31	1.18	5.41	8.70	3.98	1.70
		7		7.977	6.262	0.235	26.44	50.65	41.92	10.96	1.82	2.29	1.17	6.21	9.88	4.45	1.74
		8		9.020	7.081	0.235	29.47	58.02	46.66	12.28	1.81	2.27	1.17	6.98	11.00	4.88	1.78
6.3	63	4	7	4.978	3.907	0.248	19.03	33.35	30.17	7.89	1.96	2.46	1.26	4.13	6.78	3.29	1.70
		5		6.143	4.822	0.248	23.17	41.73	36.77	9.57	1.94	2.45	1.25	5.08	8.25	3.90	1.74
		6		7.288	5.721	0.247	27.12	50.14	43.03	11.20	1.93	2.43	1.24	6.00	9.66	4.46	1.78
		7		8.412	6.603	0.247	30.87	58.60	48.96	12.79	1.92	2.41	1.23	5.88	10.99	4.98	1.82
		8		9.515	7.469	0.247	34.46	67.11	54.56	14.33	1.90	2.40	1.23	7.75	12.25	5.47	1.85
		10		11.657	9.151	0.246	41.09	84.31	64.85	17.33	1.88	2.36	1.22	9.39	14.56	6.36	1.93
7	70	4	8	5.570	4.372	0.275	26.39	45.74	41.80	10.99	2.18	2.74	1.40	5.14	8.44	4.17	1.86
		5		6.875	5.397	0.275	32.21	57.21	51.08	13.31	2.16	2.73	1.39	6.32	10.32	4.95	1.91
		6		8.160	6.406	0.275	37.77	68.73	59.93	15.61	2.15	2.71	1.38	7.48	12.11	5.67	1.95
		7		9.424	7.398	0.275	43.09	80.29	68.35	17.82	2.14	2.69	1.38	8.59	13.81	6.34	1.99
		8		10.667	8.373	0.274	48.17	91.92	76.37	19.98	2.12	2.68	1.37	9.68	15.43	6.98	2.03
7.5	75	5	9	7.412	5.818	0.295	39.97	70.56	63.30	16.63	2.33	2.92	1.50	7.32	11.94	5.77	2.04
		6		8.797	6.905	0.294	46.95	84.55	74.38	19.51	2.31	2.90	1.49	8.64	14.02	6.67	2.07
		7		10.160	7.976	0.294	53.57	98.71	84.96	22.18	2.30	2.89	1.48	9.93	16.02	7.44	2.11
		8		11.503	9.030	0.294	59.96	112.97	95.07	24.86	2.28	2.88	1.47	11.20	17.93	8.19	2.15
		9		12.825	10.068	0.294	66.10	127.30	104.71	27.48	2.27	2.86	1.46	12.43	19.75	8.89	2.18
		10		14.126	11.089	0.293	71.98	141.71	113.92	30.05	2.26	2.84	1.46	13.64	21.48	9.56	2.22
8	80	5		7.912	6.211	0.315	48.79	85.36	77.33	20.25	2.48	3.13	1.60	8.34	13.67	6.66	2.15
		6		9.397	7.376	0.314	57.35	102.50	90.98	23.72	2.47	3.11	1.59	9.87	16.08	7.65	2.19
		7		10.860	8.525	0.314	65.58	119.70	104.07	27.09	2.46	3.10	1.58	11.37	18.40	8.58	2.23

（续）

型号	截面尺寸/mm			截面面积/cm²	理论重量/(kg/m)	外表面积/(m²/m)	惯性矩/cm⁴				惯性半径/cm			截面模数/cm³			重心距离/cm
	b	d	r				I_x	I_{x1}	I_{x0}	I_{y0}	i_x	i_{x0}	i_{y0}	W_x	W_{x0}	W_{y0}	z_0
8	80	8	9	12.303	9.658	0.314	73.49	136.97	116.60	30.39	2.44	3.08	1.57	12.83	20.61	9.46	2.27
		9		13.725	10.774	0.314	81.11	154.31	128.60	33.61	2.43	3.06	1.56	14.25	22.73	10.29	2.31
		10		15.126	11.874	0.313	88.43	171.74	140.09	36.77	2.42	3.04	1.56	15.64	24.76	11.08	2.35
9	90	6	10	10.637	8.350	0.354	82.77	145.87	131.26	34.28	2.79	3.51	1.80	12.61	20.63	9.95	2.44
		7		12.301	9.656	0.354	94.83	170.30	150.47	39.18	2.78	3.50	1.78	14.54	23.64	11.19	2.48
		8		13.944	10.946	0.353	106.47	194.80	168.97	43.97	2.76	3.48	1.78	16.42	26.55	12.35	2.52
		9		15.566	12.219	0.353	117.72	219.39	186.77	48.66	2.75	3.46	1.77	18.27	29.35	13.46	2.56
		10		17.167	13.476	0.353	128.58	244.07	203.90	53.26	2.74	3.45	1.76	20.07	32.04	14.52	2.59
		12		20.306	15.940	0.352	149.22	293.76	236.21	62.22	2.71	3.41	1.75	23.57	37.12	16.49	2.67
10	100	6	12	11.932	9.366	0.393	114.95	200.07	181.98	47.92	3.10	3.90	2.00	15.68	25.74	12.69	2.67
		7		13.796	10.830	0.393	131.86	233.54	208.97	54.74	3.09	3.89	1.99	18.10	29.55	14.26	2.71
		8		15.638	12.276	0.393	148.24	267.09	235.07	61.41	3.08	3.88	1.98	20.47	33.24	15.75	2.76
		9		17.462	13.708	0.392	164.12	300.73	260.30	67.95	3.07	3.86	1.97	22.79	36.81	17.18	2.80
		10		19.261	15.120	0.392	179.51	334.48	284.68	74.35	3.05	3.84	1.96	25.06	40.26	18.54	2.84
		12		22.800	17.898	0.391	208.90	402.34	330.95	86.84	3.03	3.81	1.95	29.48	46.80	21.08	2.91
		14		26.256	20.611	0.391	236.53	470.75	374.06	99.00	3.00	3.77	1.94	33.73	52.90	23.44	2.99
		16		29.627	23.257	0.390	262.53	539.80	414.16	110.89	2.98	3.74	1.94	37.82	58.57	25.63	3.06
11	110	7	12	15.196	11.928	0.433	177.16	310.64	280.94	73.38	3.41	4.30	2.20	22.05	36.12	17.51	2.96
		8		17.238	13.535	0.433	199.46	355.20	316.49	82.42	3.40	4.28	2.19	24.95	40.69	19.39	3.01
		10		21.261	16.690	0.432	242.19	444.65	384.39	99.98	3.38	4.25	2.17	30.60	49.42	22.91	3.09
		12		25.200	19.782	0.431	282.55	534.60	448.17	116.93	3.35	4.22	2.15	36.05	57.62	26.15	3.16
		14		29.056	22.809	0.431	320.71	625.16	508.01	133.40	3.32	4.18	2.14	41.31	65.31	29.14	3.24
12.5	125	8	14	19.750	15.504	0.492	297.03	521.01	470.89	123.16	3.88	4.88	2.50	32.52	53.28	25.86	3.37
		10		24.373	19.133	0.491	361.67	651.93	573.89	149.46	3.85	4.85	2.48	39.97	64.93	30.62	3.45
		12		28.912	22.696	0.491	423.16	783.42	671.44	174.88	3.83	4.82	2.46	41.17	75.96	35.03	3.53
		14		33.367	26.193	0.490	481.65	915.61	763.73	199.57	3.80	4.78	2.45	54.16	86.41	39.13	3.61
		16		37.739	29.625	0.489	537.31	1048.62	850.98	223.65	3.77	4.75	2.43	60.93	96.28	42.96	3.68
14	140	10		27.373	21.488	0.551	514.65	915.11	817.27	212.04	4.34	5.46	2.78	50.58	82.56	39.20	3.82
		12		32.512	25.522	0.551	603.68	1099.28	958.79	248.57	4.31	5.43	2.76	59.80	96.85	45.02	3.90
		14		37.567	29.490	0.550	688.81	1284.22	1093.56	284.06	4.28	5.40	2.75	68.75	110.47	50.45	3.98
		16		42.539	33.393	0.549	770.24	1470.07	1221.81	318.67	4.26	5.36	2.74	77.46	123.42	55.55	4.06
15	150	8		23.750	18.644	0.592	521.37	899.55	827.49	215.25	4.69	5.90	3.01	47.36	78.02	38.14	3.99
		10		29.373	23.058	0.591	637.50	1125.09	1012.79	262.21	4.66	5.87	2.99	58.35	95.49	45.51	4.08
		12		34.912	27.406	0.591	748.85	1351.26	1189.97	307.73	4.63	5.84	2.97	69.04	112.19	52.38	4.15

（续）

型号	截面尺寸/mm			截面面积/cm^2	理论重量/(kg/m)	外表面积/(m^2/m)	惯性矩/cm^4				惯性半径/cm			截面模数/cm^3			重心距离/cm
	b	d	r				I_x	I_{x1}	I_{x0}	I_{y0}	i_x	i_{x0}	i_{y0}	W_x	W_{x0}	W_{y0}	z_0
15	150	14	14	40.367	31.688	0.590	855.64	1578.25	1359.30	351.98	4.60	5.80	2.95	79.45	128.16	58.83	4.23
		15		43.063	33.804	0.590	907.39	1692.10	1441.09	373.69	4.59	5.78	2.95	84.56	135.87	61.90	4.27
		16		45.739	35.905	0.589	958.08	1806.21	1521.02	395.14	4.58	5.77	2.94	89.59	143.40	64.89	4.31
16	160	10	16	31.502	24.729	0.630	779.53	1365.33	1237.30	321.76	4.98	6.27	3.20	66.70	109.36	52.76	4.31
		12		37.441	29.391	0.630	916.58	1639.57	1455.68	377.49	4.95	6.24	3.18	78.98	128.67	60.74	4.39
		14		43.296	33.987	0.629	1048.36	1914.68	1665.02	431.70	4.92	6.20	3.16	90.95	147.17	68.24	4.47
		16		49.067	38.518	0.629	1175.08	2190.82	1865.57	484.59	4.89	6.17	3.14	102.63	164.89	75.31	4.55
18	180	12		42.241	33.159	0.710	1321.35	2332.80	2100.10	542.61	5.59	7.05	3.58	100.82	165.00	78.41	4.89
		14		48.896	38.383	0.709	1514.48	2723.48	2407.42	621.53	5.56	7.02	3.56	116.25	189.14	88.38	4.97
		16		55.467	43.542	0.709	1700.99	3115.29	2703.37	698.60	5.54	6.98	3.55	131.13	212.40	97.83	5.05
		18		61.055	48.634	0.708	1875.12	3502.43	2988.24	762.01	5.50	6.94	3.51	145.64	234.78	105.14	5.13
20	200	14	18	54.642	42.894	0.788	2103.55	3734.10	3343.26	863.83	6.20	7.82	3.98	144.70	236.40	111.82	5.46
		16		62.013	48.680	0.788	2366.15	4270.39	3760.89	971.41	6.18	7.79	3.96	163.65	265.93	123.96	5.54
		18		69.301	54.401	0.787	2620.64	4808.13	4164.54	1076.74	6.15	7.75	3.94	182.22	294.48	135.52	5.62
		20		76.505	60.056	0.787	2867.30	5347.51	4554.55	1180.04	6.12	7.72	3.93	200.42	322.06	146.55	5.69
		24		90.661	71.168	0.785	3338.25	6457.16	5294.97	1381.53	6.07	7.64	3.90	236.17	374.41	166.65	5.87
22	220	16	21	68.664	53.901	0.866	3187.36	5681.62	5063.73	1310.99	6.81	8.59	4.37	199.55	325.51	153.81	6.03
		18		76.752	60.250	0.866	3534.30	6395.93	5615.32	1453.27	6.79	8.55	4.35	222.37	360.97	168.29	6.11
		20		84.756	66.533	0.865	3871.49	7112.04	6150.08	1592.90	6.76	8.52	4.34	244.77	395.34	182.16	6.18
		22		92.676	72.751	0.865	4199.23	7830.19	6668.37	1730.10	6.73	8.48	4.32	266.78	428.66	195.45	6.26
		24		100.512	78.902	0.864	4517.83	8550.57	7170.55	1865.11	6.70	8.45	4.31	288.39	460.94	208.21	6.33
		26		108.264	84.987	0.864	4827.58	9273.39	7656.98	1998.17	6.68	8.41	4.30	309.62	492.21	220.49	6.41
25	250	18	24	87.842	68.956	0.985	5268.22	9379.11	8369.04	2167.41	7.74	9.76	4.97	290.12	473.42	224.03	6.84
		20		97.045	76.180	0.984	5779.34	10426.97	9181.94	2376.74	7.72	9.73	4.95	319.66	519.41	242.85	6.92
		24		115.201	90.433	0.983	6763.93	12529.74	10742.67	2785.19	7.66	9.66	4.92	377.34	607.70	278.38	7.07
		26		124.154	97.461	0.982	7238.08	13585.18	11491.33	2984.84	7.63	9.62	4.90	406.50	650.05	295.19	7.15
		28		133.022	104.422	0.982	7700.60	14643.62	12219.39	3181.81	7.61	9.58	4.89	433.22	691.23	311.42	7.22
		30		141.807	111.318	0.981	8151.80	15705.30	12927.26	3376.34	7.58	9.55	4.88	460.51	731.28	327.12	7.30
		32		150.508	118.149	0.981	8592.01	16770.41	13615.32	3568.71	7.56	9.51	4.87	487.39	770.20	342.33	7.37
		35		163.402	128.271	0.980	9232.44	18374.95	14611.16	3853.72	7.52	9.46	4.86	526.97	826.53	364.30	7.48

注：截面图中的 $r_1=1/3d$ 及表中 r 的数据用于孔型设计，不做交货条件。

附表 4 不等边角钢截面尺寸、截面面积、理论重量及截面特性

B—长边宽度；
b—短边宽度；
d—边厚度；
r—内圆弧半径；
r_1—边端圆弧半径；
x_0—重心距离；
y_0—重心距离。

型号	截面尺寸/mm				截面面积	理论重量	外表面积	惯性矩/cm^4					惯性半径/cm			截面模数/cm^3			tanα	重心距离/cm	
	B	b	d	r	/cm^2	/(kg/m)	/(m^2/m)	I_x	I_{x1}	I_y	I_{y1}	I_u	i_x	i_y	i_u	W_x	W_y	W_u		x_0	y_0
2.5/1.6	25	16	3	3.5	1.162	0.912	0.080	0.70	1.56	0.22	0.43	0.14	0.78	0.44	0.34	0.43	0.19	0.16	0.392	0.42	0.86
			4		1.499	1.176	0.079	0.88	2.09	0.27	0.59	0.17	0.77	0.43	0.34	0.55	0.24	0.20	0.381	0.46	1.86
3.2/2	32	20	3		1.492	1.171	0.102	1.53	3.27	0.46	0.82	0.28	1.01	0.55	0.43	0.72	0.30	0.25	0.382	0.49	0.90
			4		1.939	1.522	0.101	1.93	4.37	0.57	1.12	0.35	1.00	0.54	0.42	0.93	0.39	0.32	0.374	0.53	1.08
4/2.5	40	25	3	4	1.890	1.484	0.127	3.08	5.39	0.93	1.59	0.56	1.28	0.70	0.54	1.15	0.49	0.40	0.385	0.59	1.12
			4		2.467	1.936	0.127	3.93	8.53	1.18	2.14	0.71	1.36	0.69	0.54	1.49	0.63	0.52	0.381	0.63	1.32
4.5/2.8	45	28	3	5	2.149	1.687	0.143	445	9.10	1.34	2.23	0.80	1.44	0.79	0.61	1.47	0.62	0.51	0.383	0.64	1.37
			4		2.806	2.203	0.143	5.69	12.13	1.70	3.00	1.02	1.42	0.78	0.60	1.91	0.80	0.66	0.380	0.68	1.47
5/3.2	50	32	3	5.5	2.431	1.908	0.161	6.24	12.49	2.02	3.31	1.20	1.60	0.91	0.70	1.84	0.82	0.68	0.404	0.73	1.51
			4		3.177	2.494	0.160	8.02	16.65	2.58	4.45	1.53	1.59	0.90	0.69	2.39	1.06	0.87	0.402	0.77	1.60
5.6/3.6	56	36	3	6	2.743	2.153	0.181	8.88	17.54	2.92	4.70	1.73	1.80	1.03	0.79	2.32	1.05	0.87	0.408	0.80	1.65
			4		3.590	2.818	0.180	11.45	23.39	3.76	6.33	2.23	1.79	1.02	0.79	3.03	1.37	1.13	0.408	0.85	1.78
			5		4.415	3.466	0.180	13.86	29.25	4.49	7.94	2.67	1.77	1.01	0.78	3.71	1.65	1.36	0.404	0.88	1.82

（续）

型号	截面尺寸/mm				截面面积	理论重量	外表面积	惯性矩/cm^4					惯性半径/cm			截面模数/cm^3			tanα	重心距离/cm	
	B	b	d	r	/cm^2	/(kg/m)	/(m^2/m)	I_x	I_{x1}	I_y	I_{y1}	I_u	i_x	i_y	i_u	W_x	W_y	W_u		x_0	y_0
6.3/4	63	40	4	7	4.058	3.185	0.202	16.49	33.30	5.23	8.63	3.12	2.02	1.14	0.88	3.87	1.70	1.40	0.398	0.92	1.87
			5		4.993	3.920	0.202	20.02	41.63	6.31	10.86	3.76	2.00	1.12	0.87	4.74	2.07	1.71	0.396	0.95	2.04
			6		5.908	4.638	0.201	23.36	49.98	7.29	13.12	4.34	1.96	1.11	0.86	5.59	2.43	1.99	0.393	0.99	2.08
			7		6.802	5.339	0.201	26.53	58.07	8.24	15.47	4.97	1.98	1.10	0.86	6.40	2.78	2.29	0.389	1.03	2.12
7/4.5	70	45	4	7.5	4.547	3.570	0.226	23.17	45.92	7.55	12.26	4.40	2.26	1.29	0.98	4.86	2.17	1.77	0.410	1.02	2.15
			5		5.609	4.403	0.225	27.95	57.10	9.13	15.39	5.40	2.23	1.28	0.98	5.92	2.65	2.19	0.407	1.06	2.24
			6		6.647	5.218	0.225	32.54	68.35	10.62	18.58	6.35	2.21	1.26	0.98	6.95	3.12	2.59	0.404	1.09	2.28
			7		7.657	6.011	0.225	37.22	79.99	12.01	21.84	7.16	2.20	1.25	0.97	8.03	3.57	2.94	0.402	1.13	2.32
7.5/5	75	50	5	8	6.125	4.808	0.245	34.86	70.00	12.61	21.04	7.41	2.39	1.44	1.10	6.83	3.30	2.74	0.435	1.17	2.36
			6		7.260	5.699	0.245	41.12	84.30	14.70	25.37	8.54	2.38	1.42	1.08	8.12	3.88	3.19	0.435	1.21	2.40
			8		9.467	7.431	0.244	52.39	112.50	18.53	34.23	10.87	2.35	1.40	1.07	10.52	4.99	4.10	0.429	1.29	2.44
			10		11.590	9.098	0.244	62.71	140.80	21.96	43.43	13.10	2.33	1.38	1.06	12.79	6.04	4.99	0.423	1.36	2.52
8/5	80	50	5		6.375	5.005	0.255	41.96	85.21	12.82	21.06	7.66	2.56	1.42	1.10	7.78	3.32	2.74	0.388	1.14	2.60
			6		7.560	5.935	0.255	49.49	102.53	14.95	25.41	8.85	2.56	1.41	1.08	9.25	3.91	3.20	0.387	1.18	2.65
			7		8.724	6.848	0.255	56.16	119.33	46.96	29.82	10.18	2.54	1.39	1.08	10.58	4.48	3.70	0.384	1.21	2.69
			8		9.867	7.745	0.254	62.83	136.41	18.85	34.32	11.38	2.52	1.38	1.07	11.92	5.03	4.16	0.381	1.25	2.73
9/5.6	90	56	5	9	7.212	5.661	0.287	60.45	121.32	18.32	29.53	10.98	2.90	1.59	1.23	9.92	4.21	3.49	0.385	1.25	2.91
			6		8.557	6.717	0.286	71.03	145.59	21.42	35.58	12.90	2.88	1.58	1.23	11.74	4.96	4.13	0.384	1.29	2.95
			7		9.880	7.756	0.285	81.01	169.60	24.36	41.71	14.67	2.86	1.57	1.22	13.49	5.70	4.72	0.382	1.33	3.00
			8		11.183	8.779	0.286	91.03	194.17	27.15	47.93	16.34	2.85	1.56	1.21	15.27	6.41	5.29	0.380	1.36	3.04
10/6.3	100	63	6	10	9.617	7.550	0.320	99.06	199.71	30.94	50.50	18.42	3.21	1.79	1.38	14.64	6.35	5.25	0.394	1.43	3.24
			7		11.111	8.722	0.320	113.45	233.00	35.26	59.14	21.00	3.20	1.78	1.38	16.88	7.29	6.02	0.394	1.47	3.28

（续）

型号	截面尺寸/mm				截面面积/cm²	理论重量/(kg/m)	外表面积/(m²/m)	惯性矩/cm⁴					惯性半径/cm			截面模数/cm³			tanα	重心距离/cm	
	B	b	d	r				I_x	I_{x1}	I_y	I_{y1}	I_u	i_x	i_y	i_u	W_x	W_y	W_u		x_0	y_0
10/6.3	100	63	8	10	12.534	9.878	0.319	127.37	266.32	39.39	67.88	23.50	3.18	1.77	1.37	19.08	8.21	6.78	0.391	1.50	3.32
			10		15.467	12.142	0.319	153.81	333.06	47.12	85.73	28.33	3.15	1.74	1.35	23.32	9.98	8.24	0.387	1.58	3.40
10/8	100	80	6		10.637	8.350	0.354	107.04	199.83	61.24	102.68	31.65	3.17	2.40	1.72	15.19	10.16	8.37	0.627	1.97	2.95
			7		12.301	9.656	0.354	122.73	233.20	70.08	119.98	36.17	3.16	2.39	1.72	17.52	11.71	9.60	0.626	2.01	3.0
			8		13.944	10.946	0.353	137.92	266.61	78.58	137.37	40.58	3.14	2.37	1.71	19.81	13.21	10.80	0.625	2.05	3.04
			10		17.167	13.476	0.353	166.87	333.63	94.65	172.48	49.10	3.12	2.35	1.69	24.24	16.12	13.12	0.622	2.13	3.12
11/7	110	70	6		10.637	8.350	0.354	133.37	265.78	42.92	69.08	25.36	3.54	2.01	1.54	17.85	7.90	6.53	0.403	1.57	3.53
			7		12.301	9.656	0.354	153.00	310.07	49.01	80.82	28.95	3.53	2.00	1.53	20.60	9.09	7.50	0.402	1.61	3.57
			8		13.944	10.946	0.353	172.04	354.39	54.87	92.70	32.45	3.51	1.98	1.53	23.30	10.25	8.45	0.401	1.65	3.62
			10		17.167	13.476	0.353	208.39	443.13	65.88	116.83	39.20	3.48	1.96	1.51	28.54	12.48	10.29	0.397	1.72	3.70
12.5/8	125	80	7	11	14.096	11.066	0.403	227.98	454.99	74.42	120.32	43.81	4.02	2.30	1.76	26.86	12.01	9.92	0.408	1.80	4.01
			8		15.989	12.551	0.403	256.77	519.99	83.49	137.85	49.15	4.01	2.28	1.75	30.41	13.56	11.18	0.407	1.84	4.06
			10		19.712	15.474	0.402	312.04	650.09	100.67	173.40	59.45	3.98	2.26	1.74	37.33	16.56	13.64	0.404	1.92	4.14
			12		23.351	18.330	0.402	364.41	780.39	116.67	209.67	69.35	3.95	2.24	1.72	44.01	19.43	16.01	0.400	2.00	4.22
14/9	140	90	8	12	18.038	14.160	0.453	365.64	730.53	120.69	195.79	70.83	4.50	2.59	1.98	38.48	17.34	14.31	0.411	2.04	4.50
			10		22.261	17.475	0.452	445.50	913.20	140.03	245.92	85.82	4.47	2.56	1.96	47.31	21.22	17.48	0.409	2.12	4.58
			12		26.400	20.724	0.451	521.59	1096.09	169.79	296.89	100.21	4.44	2.54	1.95	55.87	24.95	20.54	0.406	2.19	4.66
			14		30.456	23.908	0.451	594.10	1279.26	192.10	348.82	114.13	4.42	2.51	1.94	64.18	28.54	23.52	0.403	2.27	4.74
15/9	150	90	8		18.839	14.788	0.473	442.05	898.35	122.80	195.96	74.14	4.84	2.55	1.98	43.86	17.47	14.48	0.364	1.97	4.92
			10		23.261	18.260	0.472	539.24	1122.85	148.62	246.26	89.86	4.81	2.53	1.97	53.97	21.38	17.69	0.362	2.05	5.01
			12		27.600	21.666	0.471	632.08	1347.50	172.85	297.46	104.95	4.79	2.50	1.95	63.79	25.14	20.80	0.359	2.12	5.09
			14		31.856	25.007	0.471	720.77	1572.38	195.62	349.74	119.53	4.76	2.48	1.94	73.33	28.77	23.84	0.356	2.20	5.17

（续）

型号	截面尺寸/mm				截面面积/cm²	理论重量/(kg/m)	外表面积/(m²/m)	惯性矩/cm⁴					惯性半径/cm			截面模数/cm³			tanα	重心距离/cm	
	B	b	d	r				I_x	I_{x1}	I_y	I_{y1}	I_u	i_x	i_y	i_u	W_x	W_y	W_u		x_0	y_0
15/9	150	90	15	12	33.952	26.652	0.471	763.62	1684.93	206.50	376.33	126.67	4.74	2.47	1.93	77.99	30.53	25.33	0.354	2.24	5.21
			16		36.027	28.281	0.470	805.51	1797.55	217.07	403.24	133.72	4.73	2.45	1.93	82.60	32.27	26.82	0.352	2.27	5.25
16/10	160	100	10	13	25.315	19.872	0.512	668.69	1362.89	205.03	336.59	121.74	5.14	2.85	2.19	62.13	26.56	21.92	0.390	2.28	5.24
			12		30.054	23.592	0.511	784.91	1635.56	239.06	405.94	142.33	5.11	2.82	2.17	73.49	31.28	25.79	0.388	2.36	5.32
			14		34.709	27.247	0.510	896.30	1908.50	271.20	476.42	162.23	5.08	2.80	2.16	84.56	35.83	29.56	0.385	0.43	5.40
			16		29.281	30.835	0.510	1003.04	2181.79	301.60	548.22	182.57	5.05	2.77	2.16	95.33	40.24	33.44	0.382	2.51	5.48
18/11	180	110	10	14	28.373	22.273	0.571	956.25	1940.40	278.11	447.22	166.50	5.80	3.13	2.42	78.96	32.49	26.88	0.376	2.44	5.89
			12		33.712	26.440	0.571	1124.72	2328.38	325.03	538.94	194.87	5.78	3.10	2.40	93.53	38.32	31.66	0.374	2.52	5.98
			14		38.967	30.589	0.570	1286.91	2716.60	369.55	631.95	222.30	5.75	3.08	2.39	107.76	43.97	36.32	0.372	2.59	6.06
			16		44.139	34.649	0.569	1443.06	3105.15	411.85	726.46	248.94	5.72	3.06	2.38	121.64	49.44	40.87	0.369	2.67	6.14
20/12.5	200	125	12		37.912	29.761	0.641	1570.90	3193.85	483.16	787.74	285.79	6.44	3.57	2.74	116.73	49.99	41.23	0.392	2.83	6.54
			14		43.687	34.436	0.640	1800.97	3726.17	550.83	922.47	326.58	6.41	3.54	2.73	134.65	57.44	47.34	0.390	2.91	6.62
			16		49.739	39.045	0.639	2023.35	4258.88	615.44	1058.86	366.21	6.38	3.52	2.71	152.18	64.89	53.32	0.388	2.99	6.70
			18		55.526	43.588	0.639	2238.30	4792.00	677.19	1197.13	404.83	6.35	3.49	2.70	169.33	71.74	59.18	0.385	3.06	6.78

注：截面图中的 $r_1 = 1/3d$ 及表中 r 的数据用于孔型设计，不做交货条件。

附表 5 ∟型钢截面尺寸、截面面积、理论重量及截面特性

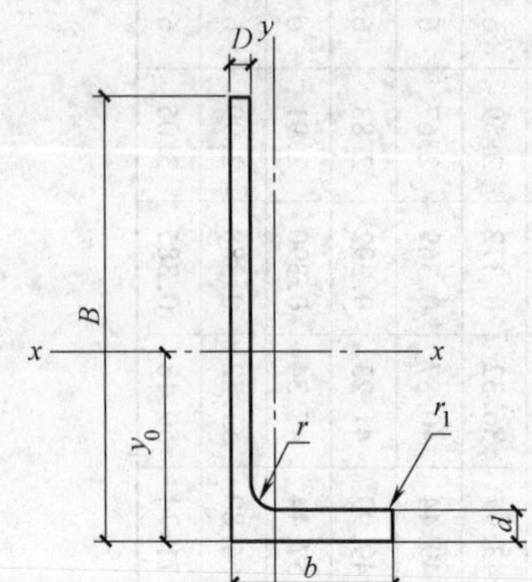

B— 长边宽度；
b— 短边宽度；
D— 长边厚度；
d— 宽边厚度；
r— 内圆弧半径；
r_1— 边端圆弧半径；
y_0— 重心距离。

型号	截面尺寸/mm						截面面积 /cm²	理论重量 /kg/m	惯性矩 I_x /cm⁴	重心距离 y_0/cm
	B	b	D	d	r	r_1				
∟250×90×9×13	250	90	9	13	15	7.5	33.4	26.2	2190	8.64
∟250×90×10.5×15			10.5	15			38.5	30.3	2510	8.76
∟250×90×11.5×16			11.5	16			41.7	32.7	2710	8.90
∟300×100×10.5×15	300	100	10.5	15			45.3	35.6	4290	10.6
∟300×100×11.5×16			11.5	16			49.0	38.5	4630	10.7
∟350×120×10.5×16	350	120	10.5	16	20	10	54.9	43.1	7110	12.0
∟350×120×11.5×18			11.5	18			60.4	47.4	7780	12.0
∟400×120×11.5×23	400	120	11.5	23			71.6	56.2	11900	13.3
∟450×120×11.5×25	450	120	11.5	25			79.5	62.4	16800	15.1
∟500×120×12.5×33	500	120	12.5	33			98.6	77.4	25500	16.5
∟500×120×13.5×35			13.5	35			105.0	82.8	27100	16.6

附录 B　习题参考答案

第三章　平面汇交力系

3-1　$F_{x1}=353.5\text{N}$，$F_{y1}=353.5\text{N}$；$F_{x2}=-300\text{N}$，$F_{y2}=519.2\text{N}$；$F_{x3}=900\text{N}$，$F_{y3}=0$；$F_{x4}=-565.5\text{N}$，$F_{y4}=565.5\text{N}$。　3-2　$R'_x=-710.6\text{N}$，$R'_y=474\text{N}$，$R'_z=853.7\text{N}$，$\alpha=-33.7°$。　3-3　a）$N_{AB}=14.14\text{kN}$，$N_{AC}=-10\text{kN}$；b）$N_{AB}=5.775\text{kN}$，$N_{AC}=-11.55\text{kN}$；c）$N_{AB}=8.66\text{kN}$，$N_{AC}=-5\text{kN}$；d）$N_{AB}=N_{AC}=5.775\text{kN}$。　3-4　$N_{AC}=9.26\text{kN}$，$N_{BC}=-35.9\text{kN}$。　3-5　$N_{AB}=-7.32\text{kN}$，$N_{AC}=-27.32\text{kN}$。　3-6　当 $\alpha=15°$，$30°$，$45°$时，$N_{AB}=N_{AC}=19.32\text{kN}$，$10\text{kN}$，$7.07\text{kN}$。　3-7　$N_{AB}=W$，$N_{BC}=-1.732W$。　3-8　$N=\dfrac{Fl}{2h}$。　3-9　$P=15\text{kN}$。

第四章　力矩和力偶

4-1　a）Fl；b）O；c）$Fl\sin\alpha$；d）Fa；e）$-Fb$；f）$F(l+r)$；g）$F\sqrt{a^2+b^2}\sin\alpha$；h）$Fa\sin\alpha-Fb\cos\alpha$；i）$3Fa\sin\alpha$；j）$Fl\sin\alpha$；k）$-2Fl\sin\alpha$；l）$\dfrac{\sqrt{2}}{2}Fa$；m）$\dfrac{F}{2}(b\cos\alpha-a\sin\alpha)$。　4-2　a）$R_A=R_B=\dfrac{P}{3}$；b）$R_A=R_B=\dfrac{5}{3}\text{kN}$；c）$R_A=R_B=\dfrac{2}{3}P$；d）$R_A=R_B=5.66\text{kN}$；e）$2.36\text{kN}$。　4-3　a）$R_A=R_B=\dfrac{m}{b}$；b）$R_A=R_B=4\text{kN}$；c）$R_A=R_B=5.66\text{kN}$

第五章　平面任意力系

5-1　$N_{BC}=130\text{kN}$，$F_{xA}=112.58\text{kN}$，$F_{yA}=25\text{kN}$。　5-2　$N_{BC}=57.1\text{kN}$，$F_{xA}=-49.64\text{kN}$，$F_{yA}=1.45\text{kN}$。5-3　$F_{xA}=-14.14\text{kN}$，$F_{yA}=-10.82\text{kN}$，$F_{yB}=24.96\text{kN}$。5-4　$F_{xA}=10\text{kN}$，$F_{yA}=14.9\text{kN}$，$F_{yB}=22.44\text{kN}$。　5-5　$R'_x=158.52\text{kN}$，$R'_y=36.57\text{kN}$，$R'=162.68\text{kN}$，$M_0=-31.65\text{kN}\cdot\text{m}$，$d=191.7\text{mm}$。5-6　a）$F_{xA}=40\text{kN}$，$F_{yA}=49.64\text{kN}$，$F_{yB}=0.36\text{kN}$；b）$F_{xA}=-14.14\text{kN}$，$F_{yA}=20.6\text{kN}$，$F_{yB}=13.54\text{kN}$；c）$F_{yA}=-3.33\text{kN}$，$F_{yB}=73.33\text{kN}$；d）$F_{yA}=70\text{kN}$，$F_{yB}=50\text{kN}$；e）$F_{yA}=24\text{kN}$，$F_{yB}=12\text{kN}$；f）$F_{yA}=100\text{kN}$，$M_A=160\text{kN}\cdot\text{m}$；g）$F_{yA}=60\text{kN}$，$F_{yB}=40\text{kN}$；h）$F_{yA}=60\text{kN}$，$F_{yB}=20\text{kN}$。　5-7　$60\text{kN}\leqslant Q\leqslant 90\text{kN}$。　5-8　（1）$F_{yA}=55.6\text{kN}$，$F_{yB}=24.4\text{kN}$；　（2）$Q_{\max}=46.7\text{kN}$。　5-9　$N_{BC}=35.36\text{kN}$，$F_{xA}=F_{yA}=25\text{kN}$。　5-10　a）$F_{xA}=-80\text{kN}$，$F_{yA}=-35\text{kN}$，$F_{yB}=45\text{kN}$；b）$F_{xA}=-30\text{kN}$，$F_{yA}=-2.5\text{kN}$，$F_{yB}=42.5\text{kN}$；c）$F_{xA}=50\text{kN}$，$F_{yA}=68.75\text{kN}$，$F_{yB}=-68.75\text{kN}$；d）$F_{xA}=-40\text{kN}$，$F_{yA}=20\text{kN}$，$F_{yB}=60\text{kN}$。　5-11　$N_{BC}=21.2\text{kN}$，$F_{xA}=-15\text{kN}$，$F_{yA}=-5\text{kN}$。　5-12　$N_{BC}=848.6\text{N}$，$F_{xA}=2400\text{N}$，$F_{yA}=1200\text{N}$。　5-13　$R'_x=-69.2\text{kN}$，$R'_y=-605.7\text{kN}$，$R'=608.6\text{kN}$，$\alpha=6.5°$，$M_0=298\text{kN}\cdot\text{m}$，$d=490\text{mm}$。　5-14　$T=49.5\text{kN}$，$F_{xA}=47.8\text{kN}$，$F_{yA}=52.8\text{kN}$。　5-15　（1）$G(x+60)\leqslant 3640\text{N}\cdot\text{cm}$；（2）$N_A=78.24\text{kN}$，

$N_B=3.76kN$。 5-16 $F_{xA}=31kN$，$F_{xB}=-31kN$，$F_{yA}=50kN$。 5-17 $T=20.9kN$，$F_{xB}=18.1kN$，$F_{yB}=32.25kN$。 5-18 $x=3.33m$，$F_{yA}=30.02kN$，$F_{yB}=29.98kN$。 5-19 a）$F_{yC}=F_{yD}=25kN$，$F_{yA}=-25kN$，$F_{yB}=150kN$；b）$R_c=69.28kN$，$F_{xB}=34.64kN$，$F_{yB}=60kN$，$F_{yA}=60kN$，$M_A=220kN$；c）$F_{yC}=-10kN$，$F_{yB}=20kN$，$F_{yA}=20kN$，$M_A=40kN\cdot m$；d）$F_{yB}=15kN$，$F_{yC}=5kN$，$F_{xA}=-8.66kN$，$F_{yA}=30kN$，$M_A=85kN\cdot m$。 5-20 a）$F_{xA}=-32.5kN$，$F_{yA}=-5kN$，$F_{xB}=-27.5kN$，$F_{yB}=105kN$；b）$F_{xA}=22.5kN$，$F_{yA}=60kN$，$F_{xB}=37.5kN$，$F_{yB}=0$。

第六章　空间力系与重心

6-1 a）$F_{x1}=0$，$F_{y1}=21.2kN$，$F_{z1}=21.2kN$；$F_{x2}=25kN$；$F_{y2}=0$，$F_{z2}=43.3kN$；$F_{x3}=51.96kN$，$F_{y3}=30kN$，$F_{z3}=0$。b）$F_{x1}=-6kN$，$F_{y1}=8kN$，$F_{z1}=0$；$F_{x2}=-4.11kN$，$F_{y2}=0$，$F_{z2}=6.86kN$；$F_{x3}=0$，$F_{y3}=3.75kN$，$F_{z3}=4.68kN$；$F_{x4}=F_{y4}=0$，$F_{z4}=20kN$。6-2 $M_x(\bar{p})=-25kN\cdot m$，$M_y(\bar{p})=-10kN\cdot m$，$M_z(\bar{p})=0$。 6-3 $P_x=0$，$P_y=500.9N$，$P_z=171N$，$M_x(\bar{p})=100.2N\cdot m$，$M_y(\bar{p})=-30.1N\cdot m$，$M_z(\bar{p})=-150.3N\cdot m$。6-4 $N_{AD}=-28.3kN$，$N_{AC}=N_{AB}=14.14kN$。 6-5 $N_A=N_B=N_C=16.67kN$。 6-6 $a=0.418m$。 6-7 $N_A=8.4kN$，$N_B=78.3kN$，$N_C=43.3kN$。 6-8 $T_{BD}=T_{BE}=11kN$，$N_{Ay}=-3.6kN$，$N_{Az}=14kN$。 6-9 $F_{yA}=50kN$，$F_{xA}=0$，$F_{zA}=-40kN$，$M_{Ax}=-200kN\cdot m$，$M_{Ay}=160kN\cdot m$，$M_{Az}=300kN\cdot m$。 6-10 a）$y_c=77.5mm$；b）$x_c=11.875mm$；c）$x_c=19.36mm$，$y_c=41.86mm$；d）$y_c=\frac{R}{6}$。

第七章　轴向拉伸与压缩

7-1 a）$N_1=40kN$，$N_2=20kN$，$N_3=60kN$；b）$N=-20kN$，$N_2=-40kN$，$N_3=10kN$；c）$N_1=F$，$N_2=0$，$N_3=F$；d）$N_1=100kN$，$N_2=60kN$，$N_3=40kN$。 7-2 a）$N=-20kN$，$N_2=-40kN$，$N_3=10kN$；b）$N_1=30kN$，$N_2=10kN$，$N_3=50kN$；c）$N_1=50kN$，$N_2=-20kN$，$N_3=30kN$。 7-3 $\sigma_{max}=\sigma_{BC}=150MPa$，$\Delta l=0.33mm$。 7-4 $\sigma_{max}=\sigma_{BC}=127.4MPa$，$\Delta l=0.573mm$。 7-5 $\sigma_{AB}=125.1MPa$，$\sigma_{BC}=10MPa$。 7-6 $\sigma=5.63MPa$。7-7 $d=17mm$。 7-8 $\sigma_1=-0.694MPa$，$\sigma_2=-0.876MPa$，$\Delta B=-1.169mm$，$\Delta A=-1.863mm$。 7-9 $W\leqslant14.33kN$。 7-10 $P_{max}=39.3kN$。 7-11 $\sigma_{AB}=160MPa$，$\sigma_{BC}=-12.8MPa$。 7-12 $\tau=14.9MPa$，$\sigma_{jy}=18.75MPa$，$\sigma=13.63MPa$。 7-13 $d=40mm$。7-14 $d=15mm$，$n=5$个。 7-15 $d=15mm$。 7-16 $P=318kN$。

第八章　扭转

8-1 a）$T_1=20kN\cdot m$，$T_2=50kN\cdot m$；b）$T_1=223N\cdot m$，$T_2=573N\cdot m$，$T_3=350N\cdot m$；c）$T_1=-3kN\cdot m$，$T_2=5kN\cdot m$；d）$T_1=20kN\cdot m$，$T_2=-60kN\cdot m$，$T_3=30kN\cdot m$。8-2 （1）$\tau_A=71.34MPa$，$\tau_B=35.66MPa$，$\tau_C=0$；（2）$\tau_{max}=71.34MPa$；（3）$Q=0.0178rad=1.02°$。 8-3 （1）$\tau_{max}=61.1MPa$；（2）$\tau_{20}=48.9MPa$；（3）1.5kN·m，放在中间。 8-4 $\tau_{AB}=63.7MPa$，$\tau_{CD}=45.5MPa$。 8-5 强度$d\geqslant28.5mm$，刚度$d\geqslant34mm$。8-6 $\tau_{AB}=50.9MPa$，$\tau_{BC}=70.7MPa$。 8-7 $\tau_{max}=51.3MPa$，$Q_{max}=0.816°/m$，$D_{实}=53mm$，$G_{空}/G_{实}=0.311$。 8-8 $M=1145N\cdot m$。 8-9 $\tau_{AE}=43.8MPa$，$\tau_{BC}=71.35MPa$，$Q_{AE}=0.44°/m$，$Q_{BC}=1.02°/m$。

第九章 截面的几何性质

9-1 a）$y_c=86.6\text{mm}$，$I_z=78.7\times10^6\text{mm}^4$，$I_y=14.72\times10^6\text{mm}^4$；b）$y_c=95\text{mm}$，$I_z=141\times10^6\text{mm}^4$，$I_y=208.21\times10^6\text{mm}^4$；c）$I_z=116.7\times10^4\text{mm}^4$。 9-2 矩形 $I_z=337.5\times10^6\text{mm}^4$，工字钢 $I_z=587.5\times10^6\text{mm}^4$。 9-3 $b=111.2\text{mm}$。 9-4 $a=77.3\text{mm}$。 9-5 a）$I_z=65.76\times10^6\text{mm}^4$；b）$I_z=90.45\times10^6\text{mm}^4$；c）$I_z=79.74\times10^6\text{mm}^4$。

第十章 平面弯曲

10-1 a）$Q_1=0$，$M_1=-Pa$，$Q_2=P$，$M_2=-Pa$，$Q_3=P$，$M_3=0$；b）$Q_1=0$，$M_1=0$，$Q_2=-P$，$M_2=Pa$；c）$Q_1=2qa$，$M_1=-\dfrac{5}{2}qa^2$，$Q_2=2qa$，$M_2=-\dfrac{3}{2}qa^2$，$Q_3=qa$，$M_3=0$；d）$Q_1=Q_2=\dfrac{qa}{4}$，$M_1=M_2=\dfrac{qa^2}{4}$；e）$Q_1=14\text{kN}$，$M_1=-40\text{kN}\cdot\text{m}$，$Q_2=14\text{kN}$，$M_2=-12\text{kN}\cdot\text{m}$；f）$Q_1=7\text{kN}$，$M_1=-12\text{kN}\cdot\text{m}$，$Q_2=-3\text{kN}$，$M_2=9\text{kN}\cdot\text{m}$；g）$Q_1=3\text{kN}$，$M_1=6\text{kN}\cdot\text{m}$，$Q_2=0$，$M_2=6\text{kN}\cdot\text{m}$。 10-2 a）$Q_1=-20\text{kN}$，$M_1=0$，$Q_2=0$，$M_2=0$；b）$Q_1=9\text{kN}$，$M_1=-18\text{kN}\cdot\text{m}$，$Q_2=3\text{kN}$，$M_2=-6\text{kN}\cdot\text{m}$；c）$Q_1=65\text{kN}$，$M_1=0$，$Q_2=25\text{kN}$，$M_2=90\text{kN}\cdot\text{m}$；d）$Q_1=3\text{kN}$，$M_1=10\text{kN}\cdot\text{m}$，$Q_2=-5\text{kN}$，$M_2=5\text{kN}\cdot\text{m}$；e）$Q_1=-4\text{kN}$，$M_1=-4\text{kN}\cdot\text{m}$，$Q_2=-1\text{kN}$，$M_2=2\text{kN}\cdot\text{m}$。 10-3 a）$|Q|_{max}=p$，$|M|_{max}=\dfrac{pL}{2}$；b）$|Q|_{max}=20\text{kN}$，$|M|_{max}=50\text{kN}\cdot\text{m}$；c）$|Q|_{max}=3\text{kN}$，$|M|_{max}=2.25\text{kN}\cdot\text{m}$；d）$|Q|_{max}=\dfrac{5}{3}\text{kN}$，$|M|_{max}=\dfrac{5}{3}\text{kN}\cdot\text{m}$；e）$|Q|_{max}=105\text{kN}$，$|M|_{max}=260\text{kN}\cdot\text{m}$；f）$|Q|_{max}=10\text{kN}$，$|M|_{max}=20\text{kN}\cdot\text{m}$。

10-4 a）$|Q|_{max}=37.5\text{kN}$，$|M|_{max}=35.156\text{kN}\cdot\text{m}$；b）$|Q|_{max}=50\text{kN}$，$|M|_{max}=60\text{kN}\cdot\text{m}$；c）$|Q|_{max}=10\text{kN}$，$|M|_{max}=20\text{kN}\cdot\text{m}$；d）$|Q|_{max}=60\text{kN}$，$|M|_{max}=80\text{kN}\cdot\text{m}$；e）$|Q|_{max}=50\text{kN}$，$|M|_{max}=40\text{kN}\cdot\text{m}$；f）$|Q|_{max}=40\text{kN}$，$|M|_{max}=40\text{kN}\cdot\text{m}$；g）$|Q|_{max}=40\text{kN}$，$|M|_{max}=40\text{kN}\cdot\text{m}$；h）$|Q|_{max}=40\text{kN}$，$|M|_{max}=40\text{kN}\cdot\text{m}$；i）$|Q|_{max}=73.3\text{kN}$，$|M|_{max}=134.56\text{kN}\cdot\text{m}$。

10-5 a）$|M|_{max}=18\text{kN}\cdot\text{m}$；b）$|M|_{max}=150\text{kN}\cdot\text{m}$；c）$|M|_{max}=80\text{kN}\cdot\text{m}$；d）$|M|_{max}=30\text{kN}\cdot\text{m}$；e）$|M|_{max}=40\text{kN}\cdot\text{m}$；f）$|M|_{max}=40\text{kN}\cdot\text{m}$；g）$|M|_{max}=80\text{kN}\cdot\text{m}$；h）$|M|_{max}=30\text{kN}\cdot\text{m}$。 10-6 $x=\dfrac{l}{2}$，$M_{max}=\dfrac{pl}{4}$。 10-7 $x=3a$，$|M|_{max}=Pa$。 10-8 （a）$a=\dfrac{l}{8}$；（b）$a=0.207l$。 10-9 （略）。 10-10 $x=\dfrac{7}{16}l$ 或 $\dfrac{9}{16}l$，$M_{max}=\dfrac{49}{256}pl$。 10-11 $x=\dfrac{l}{5}$。

第十一章 弯曲应力与强度计算

11-1 $\sigma_a=-58.6\text{MPa}$，$\sigma_b=39.06\text{MPa}$，$\sigma_c=0$，$\sigma_d=58.6\text{MPa}$。 11-2 $\sigma_{竖}=180\text{MPa}$，$\sigma_{平}=360\text{MPa}$。 11-3 a）$\sigma_{max}=12.5\text{MPa}$；b）$\sigma_{max}=13.7\text{MPa}$；c）$\sigma_{max}=69.5\text{MPa}$；d）$\sigma_{max}=7.37\text{MPa}$。 11-4 $b=36.1\text{mm}$。 11-5 $\sigma_{Cl}=60\text{MPa}$，$\sigma_{By}=90\text{MPa}$。 11-6 $\sigma_C=16.5\text{MPa}$，$\sigma_D=62\text{MPa}$。 11-7 $\sigma_{Cl}=34.55\text{MPa}$，$\sigma_{By}=45.9\text{MPa}$。 11-8 $\sigma_l=74.85\text{MPa}$，$\sigma_y=47.63\text{MPa}$。 11-9 $p_{max}=18.4\text{kN}$。 11-10 $d=145\text{mm}$。 11-11 $b=200\text{mm}$，$h=300\text{mm}$。 11-12 $\sigma=7.01\text{MPa}$，$\tau=0.476\text{MPa}$。 11-13 16 号工字钢。 11-14 $\sigma_l=37.7\text{MPa}$，$\sigma_y=6.03\text{MPa}$。 11-15 2 个 10 号槽钢。

第十二章　弯曲变形

12-1　a）$y_B=\dfrac{gl^4}{8EI}$，$\theta_B=\dfrac{ql^3}{6EI}$；b）$y_B=\dfrac{Ml^2}{2EI}$，$\theta_B=\dfrac{Ml}{EI}$；c）$\theta_B=\dfrac{Ml}{3EI}$，$x=\dfrac{l}{\sqrt{3}}$，$y=\dfrac{Ml^2}{9\sqrt{3}EI}$；d）$\theta=\dfrac{Ml}{8EI}$，$x=\dfrac{l}{2\sqrt{3}}$，$y=\dfrac{Ml^2}{72\sqrt{3}EI}$；e）$\theta=\dfrac{9Fl^2}{8EI}$，$y=\dfrac{29FL^3}{48EI}$；f）$\theta=\dfrac{Fq}{6EI}$（$2l+3a$），$y=\dfrac{Fal^2}{9\sqrt{3}EI}$；g）略。　12-2　a）$\theta=\dfrac{pl^2}{16EI}+\dfrac{ql^3}{24EI}$；$y=\dfrac{pl^3}{48EI}+\dfrac{58l^4}{384EI}$；b）～h）略。　12-3　$\sigma=56.96\text{MPa}$，$\dfrac{f}{L}=0.0017$。　12-4　$\sigma=132\text{MPa}$，$f/L=0.00375$。　12-5　$q=2.95\text{kN/m}$。12-6　强度选 14 号工字钢，刚度选 18 号工字钢。　12-7　$\sigma=118.9\text{MPa}$，$f/L=0.0022$。12-8　$f/l=0.00075$。　12-9　a）强度选 25a 工字钢，刚度选 36a 工字钢；b）强度选 12.6 号工字钢，刚度选 14 号工字钢。

第十三章　应力状态和强度理论

13-1　（略）。　13-2　a）$\sigma_\alpha=40\text{MPa}$，$\tau_\alpha=-8.66\text{MPa}$；b）$\sigma_\alpha=-17.5\text{MPa}$，$\tau_\alpha=-21.65\text{MPa}$；c）$\sigma_\alpha=-27.32\text{MPa}$，$\tau_\alpha=-27.32\text{MPa}$；d）$\sigma_\alpha=-10\text{MPa}$，$\tau_\alpha=-30\text{MPa}$；e）$\sigma_\alpha=10\text{MPa}$，$\tau_\alpha=10\text{MPa}$；f）$\sigma_\alpha=-25.5\text{MPa}$，$\tau_\alpha=20.5\text{MPa}$。　13-3　a）$\sigma_{\substack{max\\min}}=\pm25\text{MPa}$，$\alpha_{01}=-45°$，$\alpha_{02}=45°$；b）$\sigma_{\substack{max\\min}}=\begin{matrix}8.28\\-48.28\end{matrix}\text{MPa}$，$\alpha_{01}=22.5°$，$\alpha_{02}=-67.5°$；c）$\sigma_{\substack{max\\min}}=\begin{matrix}52.4\\-7.64\end{matrix}\text{MPa}$，$\alpha_{01}=-31.7°$，$\alpha_{02}=58.3°$；d）$\sigma_{\substack{max\\min}}=\begin{matrix}37\\-27\end{matrix}\text{MPa}$，$\alpha_{01}=19.3°$，$\alpha_{02}=70.7°$；e）$\sigma_{\substack{max\\min}}=\begin{matrix}176.3\\-36.3\end{matrix}\text{MPa}$，$\alpha_{01}=24.4°$，$\alpha_{02}=65.6°$；f）$\sigma_{\substack{max\\min}}=\begin{matrix}32\\-32\end{matrix}\text{MPa}$，$\alpha_{01}=19.3°$，$\alpha_{02}=70.7°$；g）$\sigma_{\substack{max\\min}}=\begin{matrix}-3.82\\-26.2\end{matrix}\text{MPa}$，$\alpha_{01}=31.7°$，$\alpha_{02}=58.3°$。13-4　a）$\sigma_1=60\text{MPa}$，$\sigma_2=40\text{MPa}$，$\sigma_3=-40\text{MPa}$，$\tau_{max}=50\text{MPa}$；b）$\sigma_1=50\text{MPa}$，$\sigma_2=4.7\text{MPa}$，$\sigma_3=-84.7\text{MPa}$，$\tau_{max}=67.4\text{MPa}$；c）$\sigma_1=130\text{MPa}$，$\sigma_2=30\text{MPa}$，$\sigma_3=-30\text{MPa}$，$\tau_{max}=80\text{MPa}$；d）$\sigma_1=30\text{MPa}$，$\sigma_2=-60\text{MPa}$，$\sigma_3=-70\text{MPa}$，$\tau_{max}=50\text{MPa}$；e）$\sigma_1=14.05\text{MPa}$，$\sigma_2=0$，$\sigma_3=64.05\text{MPa}$；f）$\sigma_1=40\text{MPa}$，$\sigma_2=\sigma_3=0$。　13-5　$p=40\text{kN}$。

第十四章　组合变形

14-1　$\sigma_{max}=8.76\text{MPa}$。　14-2　$\sigma_{max}=151.5\text{MPa}$。　14-3　$\sigma_{max}=9\text{MPa}$。　14-4　16 号工字钢。　14-5　$q=1.39\text{kN/m}$。　14-6　$\sigma_{max}=122.7\text{MPa}$。　14-7　$\sigma_{max}=126.6\text{MPa}$。14-8　$\sigma_{max}=96\text{MPa}$。　14-9　$W_z=120\text{cm}^3$，选 16 号工字钢。　14-10　（1）BC，$P\leqslant18.84\text{kN}$；（2）AB，$P\leqslant45.88\text{kN}$。　14-11　$\sigma_{max}=0.122\text{MPa}$。　14-12　（1）$\sigma_{max}=0.648\text{MPa}$，$\sigma_{min}=-6.01\text{MPa}$；（2）$h=372\text{mm}$，$\sigma_{min}=-4.33\text{MPa}$。　14-13　（1）$\sigma_{max}=55\text{MPa}$；（2）$\sigma_{max}=45.7\text{MPa}$。　14-14　$\sigma^+=25.1\text{MPa}$，$\sigma^-=-47.9\text{MPa}$。　14-15　$\sigma=85.3\text{MPa}$。　14-16　$\sigma=147\text{MPa}$。　14-17　$d=97.6\text{mm}$。

第十五章　压杆稳定

15-1 （1）151.2kN；（2）210.8kN；（3）458.98kN；（4）1225.4kN。 15-2 3651.9kN。 15-3 （1）4199kN；（2）2887.4kN；（3）3085kN。 15-4 （1）19.18kN；（2）91.99kN。 15-5 740kN。 15-6 65.5kN。 15-7 （1）2536kN；（2）10144kN；（3）40576kN。 15-8 $\sigma = 4.69\text{MPa}$。 15-9 $\sigma = 149.6\text{MPa}$。 15-10 $\sigma = 7.62\text{MPa}$。 15-11 $[p] = 543\text{kN}$。 15-12 $[p] = 65.6\text{kN}$。 15-13 $t = 4.2\text{mm}$。 15-14 $\sigma = 166\text{MPa}$。 15-15 $[p] = 59.3\text{kN}$。 15-16 $[Q] = 354.4\text{kN}$。 15-17 $d = 180\text{mm}$。 15-18 $\sigma = 24.5\text{MPa}$。

参 考 文 献

[1]　沈养中．建筑力学［M］．2 版．北京：科学出版社，2006.

[2]　周国瑾，施美丽，张景良．建筑力学［M］．2 版．上海：同济大学出版社，2000.

[3]　李前程，安学敏，赵彤．建筑力学［M］．北京：高等教育出版社，2003.

[4]　范欣珊，王淇．工程力学（Ⅰ）［M］．北京：高等教育出版社，2001.

[5]　北京科技大学，东北大学．工程力学［M］．北京：高等教育出版社，1997.

[6]　孔七一．工程力学［M］．北京：人民交通出版社，2005.

检
8